通信原理学习指导

张会生　张伟岗　张　健　编著

西北工業大學出版社

西　安

【内容简介】 本书是根据张会生教授主编的“十二五”普通高等教育本科国家级规划教材《通信原理》所编写的教学参考书，是教材的深化与补充。本书前11章与母教材章节同步，分别从大纲要求、内容概要、思考题解答、习题解答和本章知识结构等5个方面对学生提出了学习要求，对教材中的知识进行了归纳、讲解和总结，并对教材中的思考题和习题进行了解答。第12章给出了三套综合测试题，为近年来西北工业大学信息与通信工程学科硕士研究生通信原理课程入学考试试题，以帮助学生进行自我检测。

本书可作为普通高等教育、高等教育自学考试的通信、电子、信息、自动化、信号检测、计算机应用等专业学生的课程学习辅导书和报考硕士研究生的复习指导书，也可作为有关教师的教学参考书。

图书在版编目(CIP)数据

通信原理学习指导 / 张会生，张伟岗，张健编著
. —西安 ：西北工业大学出版社，2021.3
ISBN 978-7-5612-7690-7

Ⅰ. ①通… Ⅱ. ①张… ②张… ③张… Ⅲ. ①通信理论—高等学校—教学参考资料 Ⅳ. ①TN911

中国版本图书馆CIP数据核字(2021)第067

TONGXIN YUANLI XUEXI ZHIDAO
通 信 原 理 学 习 指 导

责任编辑：付高明 **策划编辑：**杨 军
责任校对：吕颐佳 **装帧设计：**李 飞
出版发行：西北工业大学出版社
通信地址：西安市友谊西路127号 邮编：710072
电 话：(029)88491757，88493844
网 址：www.nwpup.com
印 刷 者：兴平市博闻印务有限公司
开 本：787 mm×1 092 mm 1/16
印 张：16.125
字 数：423千字
版 次：2021年3月第1版 2021年3月第1次印刷
定 价：56.80元

前　言

本书是根据张会生教授主编的“十二五”普通高等教育本科国家级规划教材《通信原理》所编写的教学参考书。全书共12章：前11章与母教材章节同步，每章分为大纲要求、内容概要、思考题解答、习题解答和本章知识结构等5个部分，涵盖了“通信原理”课程学习的基本内容；第12章给出了三套综合测试题，为近年来西北工业大学信息与通信工程学科硕士研究生通信原理课程入学考试试题。

本书中：“大纲要求”对学生提出了学习任务；“内容概要”对每章的知识进行了归纳和总结；“思考题解答”和“习题解答”对教材中的思考题、习题做了详细解答；“知识结构”给出了每章知识之间的关系；“综合测试题”用于学生学习完该课程后进行自我检测。

作为通信原理课程学习的指导教材，本书注重对章节知识的总结，侧重对重点知识的讲解，重视分析问题和解决问题方法的介绍，对学生自学具有很强的指导作用，对相关教师的教学也有很大的参考价值。

在编写本书过程中，除参考母教材外，笔者同时参考了国内若干有影响力的其他教材。本书适合于本科层次的各类高校通信、电子、信息、自动化、信号检测、计算机应用等专业学生作为通信原理课程辅导教材和报考硕士研究生的复习指导书，也可供相关课程教师作为教学参考书。

本书由张会生教授、张伟岗副教授、张健副教授编著。研究生秦勇在读研期间，为本书做了许多有益的工作，在此表示诚挚感谢。

本书的出版得到了西北工业大学的大力支持和资助，以及西北工业大学出版社的认真指导和帮助，在此致以衷心感谢。

在编写本书过程中，笔者力求文字通俗易懂，基本内容归纳精准，重点知识讲解清晰，思考题、习题解答准确，以满足读者学习要求。但是由于笔者水平有限，书中难免存在不足之处，恳请读者批评指正。

编　者

2020年9月于西北工业大学兰苑

目　录

第1章 绪　论

1.1 大纲要求

(1)掌握常用通信术语。

(2)掌握通信系统的组成,熟悉其分类及通信方式。

(3)熟悉数字通信系统的主要特点。

(4)掌握通信系统的主要性能指标,理解它们之间的关系。

(5)掌握信息及其度量方法。

(6)掌握传码率、传信率、误码率和误信率的概念及计算方法。

1.2 内容概要

1.2.1 通信的基本概念

(1)通信。通信是指利用电子等技术手段,借助电信号(含光信号)实现从一地向另一地进行消息(信息)的有效传递。

(2)消息。消息是物质或精神状态的一种反映,是信息的具体表现形式,其内容包罗万象,表达形式各种各样。消息可分为两类:离散消息(状态是可数的或有限的)和连续消息(状态是连续变化的)。

(3)信息。信息的内涵,概念上与消息相似,但含义却更具普遍性、抽象性。信息可被理解为消息中包含的有意义的内容(受信者原来不知而待知的内容);消息可以有各种各样的形式,但其内容可统一用信息来表述。

(4)信号。消息的载荷者,是与消息一一对应的东西。消息以信号的形式在系统中进行传输。在电信系统里,载荷者为“电”,对应的消息被载荷在电信号的某些参量上,如电压、电流或电波等物理量。根据参量是连续取值还是离散取值可将信号分为模拟信号和数字信号。

(5)通信系统。实现信息传递所需的一切技术设备和传输媒质的总和称为通信系统。通信是典型的“信号与系统”的集合。

1.2.2 通信系统的组成

1. 通信系统的一般模型

通信系统的一般模型如图 1－1 所示，由信源、发送设备、信道、接收设备和信宿等组成。

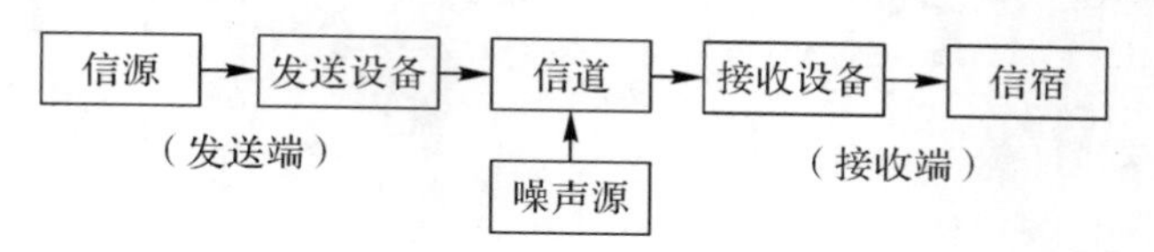

图 1－1 通信系统的一般模型

(1)信源。信源是信息源的简称，其作用是把待传输的消息转换成原始电信号，信源输出的信号一般为基带信号(信号频谱从零频附近开始，具有低通形式)。基带信号可分为数字基带信号和模拟基带信号，相应地，信源也分为数字信源和模拟信源。

(2)发送设备。它是将信源和信道匹配起来，即将信源产生的原始电信号变换成适合在信道中传输的信号的设备。其变换方式是多样的，如在需要频谱搬移的场合，调制是最常见的变换方式。

(3)信道。指信号传输的通道，可以是有线的，也可以是无线的，甚至还可以包含某些设备。信道给信号提供通路，但同时也对信号产生各种各样的干扰和噪声。

(4)噪声源。它是信道中的所有噪声与干扰，以及分散在通信系统中其他各处噪声的集合，它影响通信的质量。

(5)接收设备。其功能与发送设备相反，它能从带有干扰的接收信号中正确恢复出相应的原始电信号，进行与发送设备相对应的反变换，如解调、译码等。

(6)信宿。其指信息传输的归宿点，将复原的电信号转换成相应的消息。

通常按照信道中传输的是模拟信号还是数字信号，相应地把通信系统分为模拟通信系统和数字通信系统。

2. 模拟通信系统模型

利用模拟信号来传递信息的系统称为模拟通信系统，可由一般通信系统模型稍加改变而成，如图 1－2 所示。

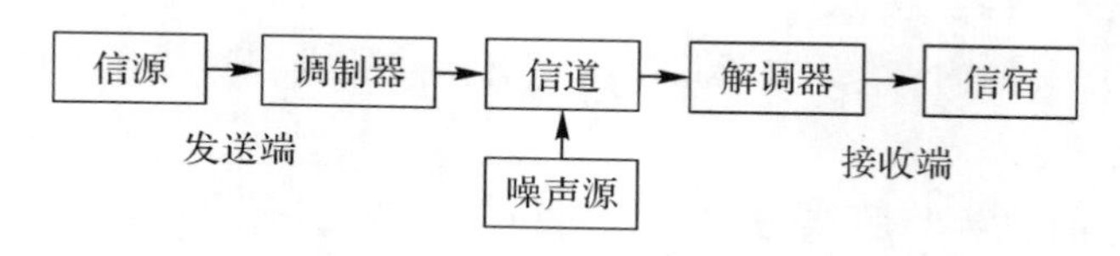

图 1－2 模拟通信系统模型

对于模拟通信系统，它主要包含两种重要变换：

(1)消息↔原始电信号(基带信号)。信源在发送端将连续消息变为原始电信号(频谱一般具有低通形式，为基带信号)。信宿将基带信号又反变换为连续消息。

(2)调制信号(基带信号)↔已调信号(频带信号)。调制器在发送端将基带信号(亦即调制信号)变为已调信号,解调器在接收端又将已调信号反变换为基带信号。

已调信号具有三个基本特性:一是携带有消息,二是适合在信道中传输,三是频谱具有带通形式,且中心频率远离零频。因此,已调信号又常称为频带信号。

系统中,调制器的主要功用有:①提高发送信号频率,便于辐射或与信道匹配;②实现频率分配、频分复用;③改善系统性能。

3. 数字通信系统模型

利用数字信号来传递消息的系统称为数字通信系统,其一般模型如图 1-3 所示。

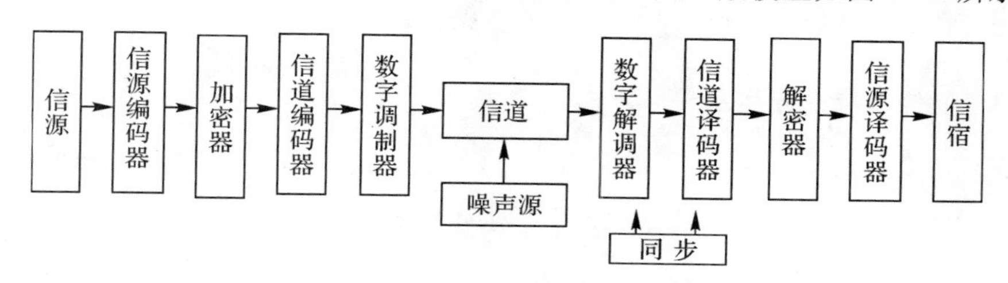

图 1-3 数字通信系统的一般模型

图 1-3 中各部分的作用:

(1)信源编/译码器。发送端的信源编码器的作用是将模拟信号转换成为数字信号,并且进行数据压缩,降低数字信号的数码率;接收端的信源译码器完成信源编码器的逆过程。

(2)信道编/译码器。发送端的信道编码器的作用是对传输的信息码元按一定的规则加入保护码元(监督码元),组成可检错或纠错的码字;接收端的信道译码器再按一定规则进行解码,在其过程中发现错误或纠正错误,从而提高通信系统的抗干扰能力,保证通信质量。

(3)加密/解密器。加密器是对数字基带信号进行人为"扰乱"(加密),以实现保密通信;接收端的解密器则按一定规则进行解密。

(4)数字调制/解调器。数字调制器是把数字基带信号变换成为适合于信道传输的数字频带信号(已调信号);数字解调器完成数字调制器的反变换。

(5)同步。其指使收发两端的信号在时间上保持步调一致,保证通信系统有序、准确、可靠的工作。按照同步作用的不同,分为载波同步、位同步、群同步和网同步。

需要说明的是,图 1-3 中的调制器/解调器、加密器/解密器、编码器/译码器等环节,在通信系统中是否采用,取决于具体设计的条件和要求。但在一个系统中,若发端有调制/加密/编码,则收端必须有与之对应的解调/解密/译码反过程。通常把有调制器/解调器的数字通信系统称为数字频带传输通信系统,把没有调制器/解调器的数字通信系统称为数字基带传输通信系统。

4. 数字通信系统的特点

数字通信系统的优点:

(1)抗噪声性能好,可以消除噪声积累;

(2)信道噪声或干扰所造成的差错,原则上可以控制;

(3)易加密,保密性能好;

(4)便于集成化,使通信设备微型化;

(5)易于与现代技术相结合,对信息进行处理、存储和变换,形成智能网。

数字通信系统的缺点:

(1)需要较大的传输带宽;

(2)对同步要求高,系统设备比较复杂。

不过,随着新的宽带传输信道的采用,以及窄带调制技术、数据压缩技术和超大规模集成电路的发展,数字通信的这些缺点造成的影响越来越弱化。

1.2.3 通信系统的分类及通信方式

1.通信系统的分类

按照不同的分法,通信系统可分成许多类别:

(1)按传输媒质分:有线通信和无线通信。

(2)按信道中所传信号的特征分:模拟通信和数字通信。

(3)按工作频段分:长波通信、中波通信、短波通信、微波通信。

(4)按调制方式分:基带传输和频带传输。

(5)按业务的不同分:话务通信和非话务通信。

(6)按收信者是否运动分:移动通信和固定通信。

(7)按信号复用方式分:频分复用(FDM)、时分复用(TDM)、码分复用(CDM)和空分复用(SDM)等。

另外,还有其他一些分类方法,如:按用户类型可分为公用通信和专用通信;按通信对象的位置分为地面通信、对空通信、深空通信、水下通信等。

2.通信的工作方式

按照不同的分法,通信的工作方式可分成不同类别:

(1)按消息传送的方向与时间分类,通信方式可分为单工、半双工及全双工三种。

单工通信是指消息只能单方向传输的工作方式,如广播、遥控、无线寻呼等。

半双工通信是指通信双方都能收发消息,但不能同时进行收和发的工作方式,如对讲机、收发报机等。

全双工通信是指通信双方可同时进行收发消息的工作方式,如普通电话、手机等。

(2)在数字通信中,按照数字信号代码排列顺序的不同,通信方式分为串序传输和并序传输。

串序传输是将代表信息的数字信号序列按时间顺序一个接一个地在信道中传输的方式。只需一条信道,且所有设备简单、传输距离远,但传输速度慢。

并序传输是将代表信息的数字信号序列分割成两路或两路以上的数字信号序列同时在信

道上传输的方式。传输速度快,但所需信道多,设备复杂、传输距离近。

(3)按通信网络形式不同分类,通信方式可分为直通方式和网通信。

直通方式是通信网络中最为简单的一种形式,两终端之间的线路是专用的。

网通信是终端之间通过交换等设备灵活地进行线路交换的一种方式,通过程序控制实现信息交换。

1.2.4　通信系统的主要性能指标

1.信息及其度量

消息具有各种各样的形式,信息是消息中包含的有意义的内容,消息中所包含信息的多少可用“信息量”进行衡量。

信息量与消息出现的概率密切相关,其函数关系表达式为

$$I = \log_a \frac{1}{P(x)} = -\log_a P(x) \tag{1-1}$$

这里,I 表示消息 x 所含的信息量,$P(x)$ 为消息 x 的出现概率。对数底数 a 决定了信息量 I 的单位:当 $a=2$ 时,单位为比特(bit),简记为 b;当 $a=\mathrm{e}$ 时,单位为奈特(nat);当 $a=10$ 时,单位为哈特莱(Hartly)。进行数字信号传输时,通常使用的单位是 b。

(1)离散消息的信息量。对于离散信源,若 M 个符号等概率($P=1/M$)出现,且每一个符号的出现是独立的,则每个符号的信息量相等,为

$$I(1) = I(2) = \cdots = I(M) = -\log_2 P = -\log_2 \frac{1}{M} = \log_2 M\ (\mathrm{b}) \tag{1-2}$$

一般情况下,$M=2^k(k=1,2,3,\cdots)$,则式(1-2)可写成

$$I(1) = I(2) = \cdots = I(M) = \log_2 M = \log_2 2^k = k\ (\mathrm{b}) \tag{1-3}$$

实际上,k 是每一个 M 进制符号用二进制符号表示时所需的符号数目。

特别是,当 $M=2$ 时

$$I(1) = I(2) = -\log_2 P = -\log_2 \frac{1}{2} = 1\mathrm{b} \tag{1-4}$$

即二进制等概率时,每个符号的信息量相等,为 1b。

(2)平均信息量。对于不等概率离散信源,每个符号的信息量不同,计算消息的信息量,常用到平均信息量的概念。平均信息量 $\bar{I}$ 定义为每个符号所含信息量的统计平均值,即等于各个符号的信息量乘各自出现的概率再相加。

设离散信源($x_1,x_2,\cdots,x_n$)的概率分布为

$$\begin{bmatrix} x_1, & x_2, & \cdots, & x_n \\ P(x_1), & P(x_2), & \cdots, & P(x_n) \end{bmatrix} \quad 且 \quad \sum_{i=1}^{n} P(x_i) = 1$$

则每个符号所含信息量的平均值(统计平均值)

$$\bar{I}=P(x_1)[-\log_2 P(x_1)]+P(x_2)[-\log_2 P(x_2)]+\cdots+P(x_n)[-\log_2 P(x_n)]=\sum_{i=1}^{n}P(x_i)[-\log_2 P(x_i)]\text{(b/ 符号)} \tag{1-5}$$

借用热力学中熵的概念,常称 $\bar{I}$ 为信息源的熵。

2. 通信系统的主要性能指标

通信的目的是快速、准确地传递信息。因此从消息的传输来说,有效性和可靠性是衡量通信系统优劣的主要性能指标。有效性是指传输消息的“速率”,即快慢问题;可靠性是指传输消息的“质量”,即好坏问题。

对于模拟通信来说,系统的有效性和可靠性具体可用系统频带利用率和输出信噪比(或均方误差)来衡量。

对于数字通信系统而言,系统的有效性和可靠性具体可用传输速率和差错率来衡量。

(1) 数字通信系统有效性的具体表述。数字通信系统的传输速率通常从以下两个角度来定义。

1)码元传输速率 R_B。码元传输速率简称码元速率,又称传码率,定义为每秒钟内传输码元的数目,单位为波特(Baud),简记为 B。R_B 与信号的进制数无关,只与码元宽度 T_B 有关,为

$$R_B=\frac{1}{T_B} \tag{1-6}$$

2)信息传输速率 R_b 。信息传输速率简称信息速率,又称为比特率,是指每秒钟内传送的信息量,单位为比特/秒(bit/s),简记为 b/s。R_b 与信号进制数 M 有关。

R_b 与 R_B 在数值上有如下关系:

$$R_{bM}=R_{BM}\cdot\log_2 M=kR_{BM} \tag{1-7}$$

式中,$M=2^k$ 表示信息符号的进制数。注意等式两端的单位不同,左端为 bit/s,右端为 B。

当 $M=2$ 时

$$R_{b2}=R_{B2}\cdot\log_2 2=R_{B2} \tag{1-8}$$

即二进制时,码元速率与信息速率数值相等。

3)频带利用率。在比较不同的通信系统的效率时,只看它们的传输速率是不够的,还应该看它们在不同传输速率下所占信道的带宽。能够真正体现信息传输效率的指标是频带利用率,即单位频带内的传输速率,分别有

$$\eta=\frac{R_B}{B}\ \text{(B/Hz)} \tag{1-9}$$

或

$$\eta_b=\frac{R_b}{B}\quad[\text{b/(s}\cdot\text{Hz)}] \tag{1-10}$$

请注意两种定义的不同,式(1-9)表示的是单位频率时的码元速率,式(1-10)表示的是单位频率时的信息速率。

(2)数字通信系统可靠性的具体表述。数字通信系统的可靠性通常用信号在传输过程中出错的概率,即差错率来衡量。有以下两种表示方法。

1)码元差错率 P_e 。码元差错率简称误码率,是指码元在传输系统中被传错的概率,定义为

$$P_e = \frac{\text{接收的错误码元数}}{\text{系统传输的总码元数}} \tag{1-11}$$

(2)信息差错率 P_{eb} 。信息差错率简称误信率,又称误比特率,是指信息在传输系统中被传错的概率,定义为

$$P_{eb} = \frac{\text{系统传输中出错的比特数}}{\text{系统传输的总比特数}} \tag{1-12}$$

1.3 思考题解答

1-1 什么是通信?常见的通信方式有哪些?

答:通信是指利用电子等技术手段,借助电信号(含光信号)实现从一地向另一地进行消息(信息)的有效传递。

常见的通信方式:按消息传递的方向与时间分有单工通信、半双工通信和全双工通信;按数字信号的排列方式分有串序传输和并序传输;按通信的网络形式分有直通方式和网通信。

1-2 通信系统是如何分类的?

答:通信系统的分类如下:

(1)按传输媒质,分为有线通信系统和无线通信系统。

(2)按信道中所传信号的特性,分为模拟通信系统和数字通信系统。

(3)按工作频段,分为长波通信系统、中波通信系统、短波通信系统和微波通信系统。

(4)按调制方式,分为基带传输系统和频带传输系统。

(5)按通信业务,分为话务通信系统和非话务通信系统。

(6)按通信者是否运动,分为移动通信系统和固定通信系统。

1-3 何谓数字通信?数字通信的优缺点是什么?

答:数字通信是指信道中传输的是数字信号的通信。

数字通信的优点:抗干扰能力强,差错可控,易加密,便于集成化,便于对信息进行处理、存储和变换。数字通信的缺点:频带利用率不高,系统设备比较复杂。

1-4 试画出模拟通信系统的模型,并简要说明各部分的作用。

答:模拟通信系统的模型如图1-2所示。

各部分的作用:信源把连续消息变换成原始电信号(基带信号);调制器将基带信号转换成其适合信道传输的频带信号;信道为信号传输提供通道;解调器将频带信号转换回基带信号;信宿再把电信号恢复成最初的连续消息。

1-5 试画出数字通信系统的一般模型,并简要说明各部分的作用。

答:数字通信系统的一般模型如图1-3所示。

各部分的作用见 1.2.2 节的第 3 点。

1－6　衡量通信系统的主要性能指标是什么？对于数字通信具体用什么来表述？

答:衡量通信系统的主要性能指标是有效性和可靠性。数字通信的可靠性用误码率表述；有效性用传码率或传信率表述。

1－7　何谓码元速率？何谓信息速率？它们之间的关系如何？

答:码元速率是指单位时间内传输码元的数目。信息速率是指单位时间内传送的信息量。M 进制信号传输中传码率 R_B 和传信率 R_b 的关系为 $R_{bM} = R_{BM} \cdot \log_2 M$ 。

1.4　习题解答

1－1　设英文字母 E 出现的概率 $P_E = 0.105$，X 出现的概率为 $P_X = 0.002$，试求 E 和 X 的信息量各为多少？

解:E 的信息量

$$I_E = -\log_2 P_E = -\log_2 0.105 = 3.25\text{b}$$

X 的信息量

$$I_X = -\log_2 P_X = -\log_2 0.002 = 8.97\text{b}$$

1－2　某信源的符号集由 A、B、C、D、E、F 组成，设每个符号独立出现，其概率分别为1/4，1/4，1/16，1/8，1/16，1/4，试求该信息源输出符号的平均信息量 $\bar{I}$ 。

解:平均信息量(熵)

$$\bar{I} = \sum_{i=1}^{n} P(x_i)[-\log_2 P(x_i)] =$$

$$-P_A\log_2 P_A - P_B\log_2 P_B - P_C\log_2 P_C - P_D\log_2 P_D - P_E\log_2 P_E - P_F\log_2 P_F =$$

$$\frac{1}{4}\times\log_2 4 + \frac{1}{4}\times\log_2 4 + \frac{1}{16}\times\log_2 16 + \frac{1}{8}\times\log_2 8 + \frac{1}{16}\times\log_2 16 + \frac{1}{4}\times\log_2 4 =$$

2.375(b/符号)

1－3　一数字传输系统传送二进制信号，码元速率 $R_{B2} = 2\ 400\text{B}$，试求该系统的信息速率 $R_{b2} =$？若该系统改为传送十六进制信号，码元速率不变，则此时的系统信息速率为多少？

解:(1)二进制信号信息速率

$$R_{b2} = R_{B2} = 2\ 400\text{b/s}$$

(2)码元速率不变，则

$$R_{B16} = R_{B2} = 2\ 400\text{B}$$

十六进制信号信息速率

$$R_{b16} = \log_2 16 \times R_{B16} = 4 \times 2\ 400 = 9\ 600\text{b/s}$$

1－4　已知某数字传输系统传送八进制信号，信息速率为 3 600b/s，试问码元速率应为多少？

解:八进制信号码元速率

$$R_{B8} = \frac{1}{\log_2 8} R_{b8} = \frac{3\ 600}{\log_2 8} = 1\ 200\text{B}$$

1-5 已知二进制信号的传输速率为4 800 b/s,试问变换成四进制和八进制数字信号时的信息传输速率各为多少(码元速率不变)?

解:二进制信号的码元速率

$$R_{B2} = R_{b2} = 4\ 800\text{B}$$

依题意

$$R_{B4} = R_{B8} = R_{B2} = 4\ 800\text{B}$$

四进制信号时信息传输速率

$$R_{b4} = R_{B4}\log_2 4 = 4\ 800 \times 2 = 9\ 600\text{b/s}$$

八进制信号时信息传输速率

$$R_{b8} = R_{B8}\log_2 8 = 4\ 800 \times 3 = 14\ 400\text{b/s}$$

1-6 已知某系统的码元速率为3 600kB,接收端在1h内共收到1 296个错误码元,试求系统的误码率 $P_e = ?$

解:码元速率

$$R_B = 3\ 600\text{kB}$$

误码率

$$P_e = \frac{1\ 296}{3\ 600 \times 10^3 \times 60 \times 60} = 10^{-7}$$

1-7 已知某四进制数字信号传输系统的信息速率为2 400b/s,接收端在0.5h内共收到216个错误码元,试计算该系统 $P_e = ?$

解:四进制信号码元速率

$$R_{B4} = \frac{1}{\log_2 4}R_{b4} = \frac{1}{2} \times 2\ 400 = 1\ 200\text{B}$$

误码率

$$P_e = \frac{216}{R_{B4} \times 0.5 \times 60 \times 60} = \frac{216}{1\ 200 \times 0.5 \times 60 \times 60} = 10^{-4}$$

1-8 强干扰环境下,某电台在5min内共接收到正确信息量为355Mb,假定系统信息速率为1 200kb/s。

(1)试问系统误信率 $P_{eb} = ?$

(2)若具体指出系统所传数字信号为四进制信号,P_{eb} 值是否改变?为什么?

(3)若假定信号为四进制信号,系统传输速率为1 200kB,5min内共接收到正确信息量为710 Mb,则 $P_{eb} = ?$

解:

(1)系统信息速率

$$R_b = 1\ 200\text{kb/s}$$

误信率

$$P_{eb} = \frac{(1\ 200 \times 10^3 \times 5 \times 60) - 355 \times 10^6}{1\ 200 \times 10^3 \times 5 \times 60} = 1.39 \times 10^{-2}$$

(2)因为 P_{eb} 仅由信息量决定,所以当系统所传输的信号为四进制时,P_{eb} 值不变。

(3)当系统传输速率改为 1 200kB 时,意味着

$$R_{B4} = 1\ 200\text{kB}$$

此时,信息速率

$$R_{b4} = \log_2 4 \cdot R_{B4} = 2\ 400\text{kb/s}$$

误信率

$$P_{eb} = \frac{(2\ 400 \times 10^3 \times 5 \times 60) - 710 \times 10^6}{2\ 400 \times 10^3 \times 5 \times 60} = \frac{7.2 \times 10^8 - 7.1 \times 10^8}{7.2 \times 10^8} = 1.39 \times 10^{-2}$$

1.5 本章知识结构

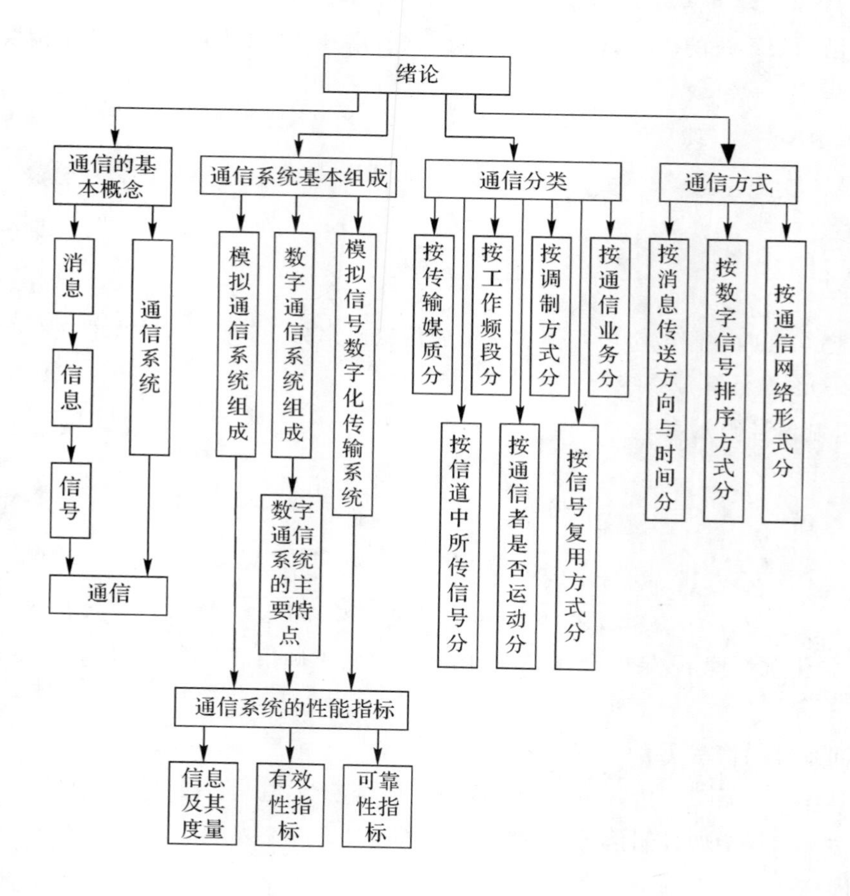

第2章　随机信号与噪声分析

2.1　大纲要求

(1)熟悉随机过程的概念,掌握其统计描述(分布函数、均值、方差、相关函数)。

(2)掌握平稳随机过程的概念、各态历经性、自相关函数、功率谱密度。

(3)掌握高斯过程、窄带随机过程、正弦波加窄带高斯过程、高斯白噪声和带限白噪声的概念及统计特性。

(4)熟悉随机过程通过线性系统的表达式、统计特性。

2.2　内容概要

2.2.1　随机过程的基本概念

通信是在噪声背景下信号通过系统的过程。通信系统中用于表述信息的信号具有不确定性和随机性,为随机信号。通信中存在的各种干扰和噪声,更是随机的、不可预测的,为随机干扰或随机噪声。

尽管随机信号和随机噪声是不可预测的、随机的,但它们具有一定的统计规律,从统计学的观点看,均可表示为随机过程。

1.随机过程的定义

随机过程 $X(t)$ 是一类随时间作随机变化的过程,定义为所有样本函数 $\{x_1(t), x_2(t), \cdots, x_n(t)\}$ 的集合。其每一个样本 $x_i(t)$ 都是一个随机起伏的时间函数——随机函数。

随机过程的基本特征是,它是时间的函数,但在任一时刻 t_1 的取值 $X(t_1)$ 却是不确定的,是一个随机变量。因此,又可以把随机过程看作是在时间进程中处于不同时刻的随机变量 $\{X(t_1), X(t_2), \cdots, X(t_i), \cdots\}$ 的集合。

随机过程的统计特性可以通过它的分布函数或数字特征加以描述。

2.分布函数和概率密度

设 $X(t)$ 表示一个随机过程,在任意时刻 t_1 的取值 $X(t_1)$ 是一个随机变量,则 $X(t_1)$ 小于或

等于某一数值 x_1 的概率

$$F_1(x_1,t_1)=P[X(t_1)\leqslant x_1] \tag{2-1}$$

定义为随机过程 $X(t)$ 的一维分布函数。若

$$f_1(x_1,t_1)=\frac{\partial F_1(x_1,t_1)}{\partial x_1} \tag{2-2}$$

存在,则称 $f_1(x_1,t_1)$ 为随机过程 $X(t)$ 的一维概率密度函数。

一维分布函数和一维概率密度仅能描述随机过程在各个孤立时刻上的统计特性,为了反映随机过程在不同时刻所取的值之间的关联程度,引入如下概念。

任意给定时刻 t_1,t_2,把 $X(t_1)\leqslant x_1$ 和 $X(t_2)\leqslant x_2$ 同时成立的概率

$$F_2(x_1,x_2;t_1,t_2)=P\{X(t_1)\leqslant x_1,X(t_2)\leqslant x_2\} \tag{2-3}$$

称为随机过程 $X(t)$ 的二维分布函数。如果

$$f_2(x_1,x_2;t_1,t_2)=\frac{\partial^2 F_2(x_1,x_2;t_1,t_2)}{\partial x_1\cdot\partial x_2} \tag{2-4}$$

存在,则称 $f_2(x_1,x_2;t_1,t_2)$ 为随机过程 $X(t)$ 的二维概率密度函数。

类推,任意给定时刻 $t_1,t_1,\cdots,t_n$,则 $X(t)$ 的任意 n 维分布函数定义为

$$F_n(x_1,x_2,\cdots,x_n;t_1,t_2,\cdots,t_n)=P\{X(t_1)\leqslant x_1,X(t_2)\leqslant x_2,\cdots,X(t_n)\leqslant x_n\} \tag{2-5}$$

如果

$$f_n(x_1,x_2,\cdots,x_n;t_1,t_2,\cdots,t_n)=\frac{\partial^n F_n(x_1,x_2,\cdots,x_n;t_1,t_2,\cdots,t_n)}{\partial x_1\partial x_2\cdots\partial x_n} \tag{2-6}$$

存在,则称其为随机过程 $X(t)$ 的 n 维概率密度函数。显然,n 越大,对随机过程统计特性的描述就越充分。

3.随机过程的数字特征

随机过程的统计描述,除了用分布函数外,还可以利用数字特征来进行。这些数字特征便于计算,且可以较容易地用实验方法来确定,能更简洁地解决实际工程问题。

(1)均值(数学期望)

$$a(t)=E[X(t)]=\int_{-\infty}^{\infty}xf_1(x,t)\mathrm{d}x \tag{2-7}$$

式中,$f_1(x,t)$ 为 $X(t)$ 的一维概率密度函数。它表示随机过程 $X(t)$ 所有样本函数曲线的摆动中心。

(2)方差

$$\sigma^2(t)=D[X(t)]=E\{[X(t)-a(t)]^2\} \tag{2-8}$$

它表示随机过程 $X(t)$ 在时刻 t 相对于均值 $a(t)$ 的偏离程度。

(3)相关函数。均值和方差仅与随机过程的一维概率密度函数有关,只能描述随机过程在各个孤立时刻的随机变量的特征。为了描述随机过程 $X(t)$ 在任意两个时刻随机变量 $X(t_1)$,$X(t_2)$ 之间的关联程度,常用到相关函数 $R(t_1,t_2)$ 和协方差函数 $B(t_1,t_2)$ 的概念。

相关函数定义为

$$R(t_1,t_2)=E[X(t_1)X(t_2)]=$$
$$\int_{-\infty}^{\infty}\int_{-\infty}^{\infty}x_1x_2f_2(x_1,x_2;t_1,t_2)\mathrm{d}x_1\mathrm{d}x_2 \tag{2-9}$$

式中，$f_2(x_1,x_2;t_1,t_2)$ 为 $X(t)$ 的二维概率密度函数。令 $t=t_1$，$\tau=t_2-t_1$，则相关函数 $R(t_1,t_2)$ 可以表示为 $R(t,\tau)$。这说明，相关函数是任选的时刻 t 和时间间隔 τ 的函数。

协方差函数定义为

$$B(t_1,t_2)=E\{[X(t_1)-a(t_1)][X(t_2)-a(t_2)]\}=$$
$$\int_{-\infty}^{\infty}\int_{-\infty}^{\infty}[x_1-a(t_1)][x_2-a(t_2)]f_2(x_1,x_2;t_1,t_2)\mathrm{d}x_1\mathrm{d}x_2 \tag{2-10}$$

式中，$a(t_1)$ 和 $a(t_2)$ 分别是 $X(t)$ 在 t_1 和 t_2 时刻的均值。

相关函数和协方差函数关系如下

$$B(t_1,t_2)=R(t_1,t_2)-a(t_1)a(t_2) \tag{2-11}$$

若随机过程的均值为 0，则 $B(t_1,t_2)$ 与 $R(t_1,t_2)$ 完全相同。

相关函数的概念还可以引申到两个随机过程，用来描述它们之间的关联程度，这种关联程度被称为互相关函数或互协方差函数。

随机过程 $X(t)$ 和 $Y(t)$ 的互相关函数和互协方差函数分别定义为

$$R_{XY}(t_1,t_2)=E[X(t_1)Y(t_2)]=\int_{-\infty}^{\infty}\int_{-\infty}^{\infty}x_1y_2f_2(x_1,y_2;t_1,t_2)\mathrm{d}x_1\mathrm{d}y_2 \tag{2-12}$$

式中，$f_2(x_1,y_2;t_1,t_2)$ 为 $X(t)$ 和 $Y(t)$ 的二维联合概率密度函数。

$$B_{XY}(t_1,t_2)=E\{[X(t_1)-a_X(t_1)][Y(t_2)-a_Y(t_2)]\}=R_{XY}(t_1,t_2)-a_X(t_1)a_Y(t_2) \tag{2-13}$$

当 $R_{XY}(t_1,t_2)=E[X(t_1)Y(t_2)]=E[X(t_1)]E[Y(t_2)]$ 时，$X(t)$ 和 $Y(t)$ 统计独立；当 $R_{XY}(t_1,t_2)=0$ 时，$X(t)$ 和 $Y(t)$ 相互正交；当 $B_{XY}(t_1,t_2)=0$ 时，$X(t)$ 和 $Y(t)$ 互不相关。统计独立的两个随机过程是不相关的。

2.2.2　平稳随机过程

随机过程的种类很多，平稳随机过程是一种特殊而又应用广泛的随机过程，在通信系统的分析研究中具有重要作用。

1. 平稳随机过程的概念

(1)严平稳随机过程。

1)定义。若一个随机过程 $X(t)$，它的任意 n 维分布或概率密度函数与时间起点无关，即对于任意的正整数 n 和任意实数 Δ，有下式

$$f_n(x_1,x_2,\cdots,x_n;t_1,t_2,\cdots,t_n)=f_n(x_1,x_2,\cdots,x_n;t_1+\Delta,t_2+\Delta,\cdots,t_n+\Delta) \tag{2-14}$$

成立，则称 $X(t)$ 为严平稳或狭义平稳随机过程。

2)含义。定义式(2-14)表明，平稳随机过程的统计特性不随时间的推移而变化。特别是：

· 一维分布函数与时间 t 无关：$f_1(x_1,t_1)=f_1(x_1)$。

· 二维分布函数只与时间间隔 $\tau=t_2-t_1$ 有关：$f_2(x_1,x_2;t_1,t_2)=f_2(x_1,x_2;\tau)$。

3)数字特征：①平稳随机过程的均值与时间 t 无关，为常数 a；②平稳随机过程的自相关函数只与时间间隔 τ 有关，为 $R(\tau)$。

(2)广义平稳随机过程。若一个随机过程的均值与时间 t 无关，且其自相关函数仅与时间间隔 τ 有关，则称这个随机过程是广义平稳的。可以看出，严平稳的随机过程必广义平稳，而广义平稳的随机过程则不一定严平稳。

通信系统中所遇到的信号及噪声，大多数可视为平稳的随机过程。

2. 平稳随机过程的各态历经性

设 $x(t)$ 是平稳随机过程 $X(t)$ 的任意一个实现，其时间均值和时间相关函数分别为

$$\begin{cases}\bar{a}=\overline{x(t)}=\lim\limits_{T\to\infty}\dfrac{1}{T}\displaystyle\int_{-T/2}^{T/2}x(t)\mathrm{d}t \\ \overline{R(\tau)}=\overline{x(t)x(t+\tau)}=\lim\limits_{T\to\infty}\dfrac{1}{T}\displaystyle\int_{-T/2}^{T/2}x(t)x(t+\tau)\mathrm{d}t\end{cases} \tag{2-15}$$

如果平稳过程使下式

$$\begin{cases}a=\bar{a} \\ R(\tau)=\overline{R(\tau)}\end{cases} \tag{2-16}$$

成立，则称该平稳过程具有各态历经性。

“各态历经”的含义是：随机过程中的任何一次实现都经历了随机过程的所有可能状态，蕴含着平稳随机过程的全部统计信息。因此，可用一次实现的“时间均值”代替过程的“统计平均”值，使得随机过程的测量和计算问题大为简化。通信系统中，所遇到的随机信号与噪声分析一般具有各态历经性。

3. 平稳随机过程的自相关函数

自相关函数是表示平稳随机过程的重要函数，它不仅可以描述平稳随机过程的统计特性，还可揭示随机过程的频谱特性。

设 $X(t)$ 为平稳过程，它的自相关函数

$$R(\tau)=E[X(t)X(t+\tau)] \tag{2-17}$$

具有如下性质：

(1) $R(\tau)$ 是偶函数，即

$$R(\tau)=R(-\tau) \tag{2-18}$$

(2) $R(0)$ 是 $R(\tau)$ 的上界，即

$$|R(\tau)|\leqslant R(0) \tag{2-19}$$

(3) $R(0)$ 为平稳随机过程 $X(t)$ 的平均功率，即

$$R(0)=E[X^2(t)] \tag{2-20}$$

(4) $R(\infty)$ 为平稳随机过程 $X(t)$ 的直流功率，即

$$R(\infty) = E^2[X(t)] = a^2 \tag{2-21}$$

(5)方差 σ^2 为平稳随机过程 $X(t)$ 的交流功率，即

$$\sigma^2 = R(0) - R(\infty) \tag{2-22}$$

通常，通信信道中噪声的均值 $a = 0$ ，在这种情况下，噪声的平均功率就等于噪声的方差。

4. 平稳随机过程的功率谱密度

随机过程存在时域和频域两种分析手段。例如平稳随机过程，其在时域的分析是利用自相关函数 $R(\tau)$ 来进行的，而在频域的分析则是通过功率谱密度 $P(\omega)$ 来进行的。

可以证明：平稳随机过程的功率谱密度 $P_X(\omega)$ 与其自相关函数 $R(\tau)$ 是一对傅里叶变换，即

$$\begin{cases} P_X(\omega) = \int_{-\infty}^{\infty} R(\tau) e^{-j\omega\tau} d\tau \\ R(\tau) = \frac{1}{2\pi}\int_{-\infty}^{\infty} P_X(\omega) e^{j\omega\tau} d\omega \end{cases} \tag{2-23}$$

简记为

$$R(\tau) \Leftrightarrow P_X(\omega) \tag{2-24}$$

这就是著名的维纳-辛钦定理，它是联系频域和时域两种分析方法的基本关系式，在平稳随机过程的理论和应用中是一种非常重要的工具。

平稳随机过程功率谱密度 $P_X(\omega)$ 具有如下性质：

(1) $P_X(\omega)$ 是确定函数，而不再具有随机性。

(2) $P_X(\omega)$ 是偶函数，即

$$P_X(-\omega) = P_X(\omega) \tag{2-25}$$

(3)对 $P_X(\omega)$ 进行积分，可以得到平稳随机过程的平均功率

$$R(0) = \frac{1}{2\pi}\int_{-\infty}^{\infty} P_X(\omega) d\omega \tag{2-26}$$

此式从频域角度给出了随机过程平均功率的计算方法。

(4)各态历经随机过程任一实现的功率谱密度等于过程的功率谱密度，即

$$P_X(\omega) = P_x(\omega) \tag{2-27}$$

也就是说，对各态历经随机过程而言，任一实现的谱特性都能很好地表现整个过程的谱特性。

2.2.3　高斯随机过程

高斯随机过程简称高斯过程，又称正态过程，是通信领域中最重要也是最常见的一种过程。如通信信道中的噪声就是高斯过程。

1. 高斯过程的定义

若随机过程 $X(t)$ 的任意 $n(n=1,2,\cdots)$ 维分布均服从正态分布，则称它为正态过程或高

斯过程。

2. 高斯过程的性质

高斯过程具有如下重要性质：

(1)高斯过程若广义平稳，则必狭义平稳。

(2)高斯过程中的随机变量之间若互不相关，则它们也必是统计独立的。

(3)若干个高斯过程之和仍是高斯过程。

(4)高斯过程经过线性变换(比如经过线性系统)后，仍是高斯过程。

3. 高斯随机变量

(1)高斯随机变量的定义/概率密度函数。高斯过程在任一时刻上的取值为高斯随机变量，其一维概率密度函数可表示为

$$f(x)=\frac{1}{\sqrt{2\pi}\sigma}\exp\left[-\frac{(x-a)^2}{2\sigma^2}\right] \tag{2-28}$$

式中，a、σ^2 分别为高斯随机变量的均值和方差。$f(x)$ 的曲线如图 2-1 所示。

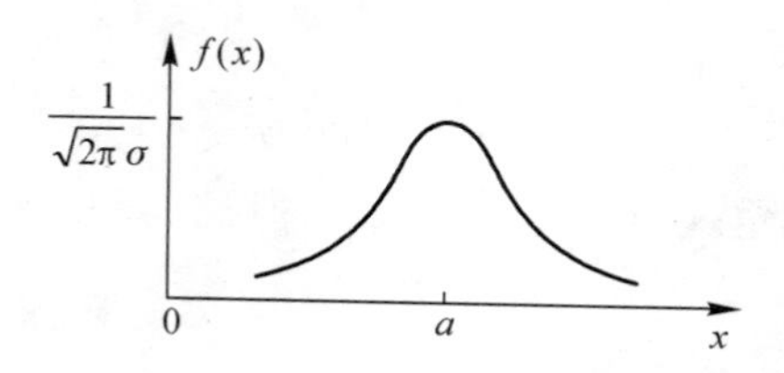

图 2-1　正态分布的概率密度

$f(x)$ 具有如下特性：

1) $f(x)$对称于直线 $x=a$。

2) $$\int_{-\infty}^{\infty} f(x)\mathrm{d}x=1 \tag{2-29}$$

以及 $$\int_{a}^{\infty} f(x)\mathrm{d}x=\int_{-\infty}^{a} f(x)\mathrm{d}x=\frac{1}{2} \tag{2-30}$$

3) a 表示分布中心，σ 表示集中的程度。$f(x)$ 的图形随不同的 a 左右平移，随 σ 的减小而变高和变窄。

(2)正态分布函数。

1)一般表示式。正态分布函数 $F(x)$ 是概率密度函数 $f(x)$ 的积分，即

$$F(x)=\int_{-\infty}^{x} f(z)\mathrm{d}z=\frac{1}{\sqrt{2\pi}\sigma}\int_{-\infty}^{x}\exp\left[-\frac{(z-a)^2}{2\sigma^2}\right]\mathrm{d}z \tag{2-31}$$

这个积分不易计算，常用误差函数或互补误差函数来表述。

2)用误差函数表示正态分布函数：

• 误差函数的概念。误差函数

$$\mathrm{erf}(x)=\frac{2}{\sqrt{\pi}}\int_0^x \mathrm{e}^{-z^2}\mathrm{d}z \tag{2-32}$$

是递增函数，且 $\mathrm{erf}(-x)=-\mathrm{erf}(x)$，$\mathrm{erf}(0)=0$，$\mathrm{erf}(\infty)=1$。

互补误差函数

$$\mathrm{erfc}(x)=1-\mathrm{erf}(x)=\frac{2}{\sqrt{\pi}}\int_x^{\infty}\mathrm{e}^{-z^2}\mathrm{d}z \tag{2-33}$$

是递减函数，且 $\mathrm{erfc}(-x)=2-\mathrm{erfc}(x)$，$\mathrm{erfc}(0)=1$，$\mathrm{erfc}(\infty)=0$，以及当 $x\gg 1$ 时，$\mathrm{erfc}(x)\approx\frac{1}{\sqrt{\pi}x}\mathrm{e}^{-x^2}$。

· 用误差函数表示正态分布函数。由正态分布函数一般表示式(2-31)入手，利用式(2-32)，并令 $t=\frac{z-a}{\sqrt{2}\sigma}$ 做变量代换，可以证得

$$F(x)=\frac{1}{2}+\frac{1}{2}\mathrm{erf}\left(\frac{x-a}{\sqrt{2}\sigma}\right) \tag{2-34}$$

或

$$F(x)=1-\frac{1}{2}\mathrm{erfc}\left(\frac{x-a}{\sqrt{2}\sigma}\right) \tag{2-35}$$

用误差函数表示 $F(x)$ 的好处是，借助误差函数表，可方便查出不同 x 值时误差函数的近似值(参见附录 B)，避免了式(2-31)的复杂积分运算。此外，误差函数的简明特性特别有助于通信系统的抗噪性能分析。

2.2.4　平稳随机过程通过线性系统

对于平稳随机过程通过线性系统问题，重点在于研究输入过程及其统计特性给定的情况下，输出过程的表达式及其统计特性。

设线性系统的冲激响应为 $h(t)$，输入随机过程为 $X(t)$，则输出随机过程

$$Y(t)=X(t)*h(t)=\int_{-\infty}^{\infty}h(\tau)X(t-\tau)\mathrm{d}\tau \tag{2-36}$$

借助此式，在已知输入随机过程 $X(t)$ 统计特性的条件下，可以求出输出端随机过程 $Y(t)$ 的统计特性。主要结论如下：

(1)若线性系统的输入随机过程 $X(t)$ 是平稳的，那么其输出随机过程 $Y(t)$ 也是平稳的。存在：

1) $Y(t)$ 的均值等于输入过程均值与线性系统直流增益的乘积，即

$$E[Y(t)]=a_X\cdot H(0)=a_Y \tag{2-37}$$

其与时间无关。

2) $Y(t)$ 的自相关函数

$$R_Y(t,t+\tau)=\int_{-\infty}^{\infty}\int_{-\infty}^{\infty}h(\alpha)h(\beta)R_X(\tau-\beta+\alpha)\mathrm{d}\alpha\mathrm{d}\beta=R_Y(\tau) \tag{2-38}$$

仅是时间间隔 τ 的函数。

(2)输出过程 $Y(t)$ 的功率谱密度是输入过程 $X(t)$ 功率谱密度与系统传输函数模的平方的乘积，即

$$P_Y(\omega) = |H(\omega)|^2 P_X(\omega) \tag{2-39}$$

该式在计算输出过程自相关函数 $R_Y(\tau)$ 时非常有用。一般先利用式(2-39)求出 $P_Y(\omega)$，再进行傅里叶反变换就可得到 $R_Y(\tau)$。

(3)如果线性系统的输入过程 $X(t)$ 是高斯的，则系统的输出过程 $Y(t)$ 也是高斯的。这一结论更一般的说法是：高斯过程经过线性变换后仍为高斯过程。

2.2.5 窄带随机过程

1. 窄带随机过程的概念

在通信系统中，许多实际的信号和噪声都满足“窄带”的假设。这里，所谓的“窄带”是指系统或信号的带宽 Δf 远小于其中心频率 f_c，即 $\Delta f \ll f_c$。

据此，窄带随机过程定义为频谱密度宽度远小于其中心频率的一类随机过程，如图2-2(a)所示。

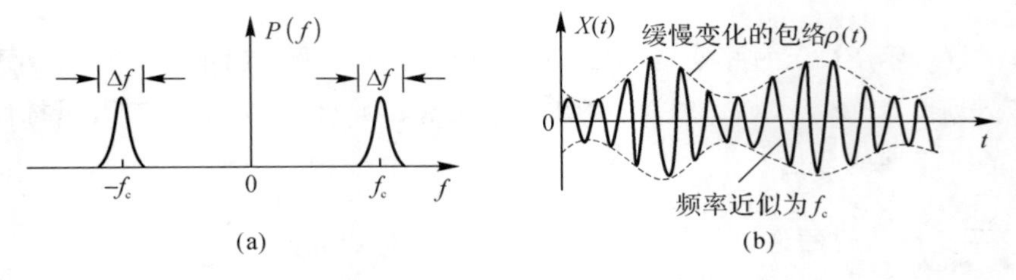

图2-2　窄带随机过程的频谱密度和波形示意图

在时域，如果用示波器观察该窄带随机过程，看到的只是它的某个实现的波形，其为幅度和相位随机缓慢变化的近似正弦波，如图2-2(b)所示。因此，窄带随机过程 $X(t)$ 可表示为

$$X(t) = \rho(t)\cos[\omega_c t + \varphi(t)],\ \rho(t) \geqslant 0 \tag{2-40}$$

或

$$X(t) = a_c(t)\cos\omega_c t - a_s(t)\sin\omega_c t \tag{2-41}$$

其中

$$a_c(t) = \rho(t)\cos\varphi(t) \tag{2-42}$$

$$a_s(t) = \rho(t)\sin\varphi(t) \tag{2-43}$$

$$\rho(t) = \sqrt{a_c^2(t) + a_s^2(t)} \tag{2-44}$$

$$\varphi(t) = \arctan\frac{a_s(t)}{a_c(t)} \tag{2-45}$$

式中，$\rho(t)$ 及 $\varphi(t)$ 分别为 $X(t)$ 的随机包络和随机相位，$a_c(t)$ 及 $a_s(t)$ 分别为 $X(t)$ 的同相分量和正交分量。它们的变化相对于载波 $\cos\omega_c t$ 的变化要缓慢得多，具有低通特性。

2. 窄带随机过程的统计特性

根据式(2-40)及式(2-41)，可由 $X(t)$ 的统计特性确定 $a_c(t)$ 、$a_s(t)$ 或 $\rho(t)$、$\varphi(t)$ 的统计特性。

(1) $a_c(t)$ 、$a_s(t)$ 的统计特性。

结论：若 $X(t)$是均值为 0、方差为 σ_X^2 的窄带、高斯、平稳随机过程，则 $a_c(t)$ 、$a_s(t)$ 同样是平稳高斯随机过程，且：

1)均值与 $X(t)$ 的相同，皆为 0，即

$$E[a_c(t)] = E[a_s(t)] = E[X(t)] = 0 \tag{2-46}$$

2)方差与 $X(t)$ 的相同，皆为 σ_X^2 ，即

$$\sigma_c^2 = \sigma_s^2 = \sigma_X^2 \tag{2-47}$$

3)在同一时刻(即 $\tau=0$)上得到的 $a_c(t)$ 及 $a_s(t)$ 互不相关(或统计独立)，即

$$R_{a_c a_s}(0) = R_{a_s a_c}(0) = 0 \text{ ，} f(a_c, a_s) = f(a_c) f(a_s) \tag{2-48}$$

(2) $\rho(t)$、$\varphi(t)$ 的统计特性。

结论：若 $X(t)$是均值为 0、方差为 σ_X^2 的窄带、高斯、平稳随机过程，则：

1)其包络 $\rho(t)$ 的一维概率密度呈瑞利分布，即

$$f(\rho) = \frac{\rho}{\sigma^2}\exp(-\frac{\rho^2}{\sigma^2}) \text{ ，} \rho \geqslant 0 \tag{2-49}$$

2)相位 $\varphi(t)$ 的一维概率密度呈均匀分布，即

$$f(\varphi) = \frac{1}{2\pi}, \quad \varphi \in (-\pi, \pi) \tag{2-50}$$

3) $\rho(t)$ 与 $\varphi(t)$ 的一维分布统计独立，即

$$f(\rho, \varphi) = f(\rho) f(\varphi) \tag{2-51}$$

窄带过程包络与相位的一维概率密度函数曲线如图 2-3 所示。

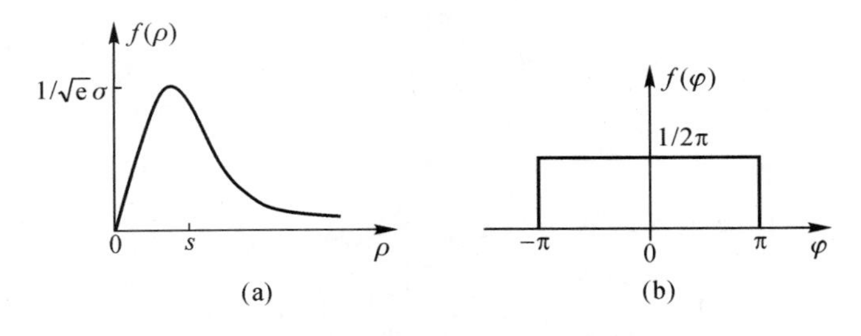

图 2-3　窄带过程包络与相位分布

2.2.6　正弦波加窄带高斯噪声

信号经过信道传输时，总会受到噪声的干扰，接收信号往往是信号与窄带噪声的混合波形，最常见的是正弦波加窄带高斯噪声形式的合成波。

1.合成波的表达式

设合成波为

$$r(t)=A\cos(\omega_c t+\theta)+n(t) \tag{2-52}$$

式中：$A\cos(\omega_c t+\theta)$ 代表各种可能的已调信号，A,ω_c,θ 皆可视为已知量；$n(t)=n_c(t)\cos\omega_c t-n_s(t)\sin\omega_c t$，是均值为0、方差为 σ_n^2 的窄带高斯噪声。

展开式(2-52)，可得正弦波加窄带高斯噪声合成波的两种不同表达形式，即

$$r(t)=[A\cos\theta+n_c(t)]\cos\omega_c t-[A\sin\theta+n_s(t)]\sin\omega_c t= z_c(t)\cos\omega_c t-z_s(t)\sin\omega_c t \tag{2-53}$$

或

$$r(t)=z(t)\cos[\omega_c t+\varphi(t)] \tag{2-54}$$

其中

$$z_c(t)=A\cos\theta+n_c(t) \tag{2-55}$$

$$z_s(t)=A\sin\theta+n_s(t) \tag{2-56}$$

分别为合成波的同相分量和正交分量；

$$z(t)=\sqrt{z_c^2(t)+z_s^2(t)},\quad z\geqslant 0 \tag{2-57}$$

$$\varphi(t)=\arctan\frac{z_s(t)}{z_c(t)},\quad 0\leqslant\varphi\leqslant 2\pi \tag{2-58}$$

分别为合成波的包络和相位。

2. 合成波的统计特性

(1) $z_c(t)$ 和 $z_s(t)$ 的统计特性。

结论：正弦波加窄带高斯噪声合成波的同相分量 $z_c(t)$ 和正交分量 $z_s(t)$ 都服从高斯分布，均值和方差分别为

$$E[z_c(t)]=A\cos\theta,\ E[z_s(t)]=A\sin\theta \tag{2-59}$$

$$\sigma_c^2=\sigma_s^2=\sigma_n^2 \tag{2-60}$$

(2) $z(t)$ 和 $\varphi(t)$ 的统计特性。在后续章节通信系统的性能分析中，我们最关心的是 $z(t)$ 和 $\varphi(t)$ 的统计特性。

结论：

1)正弦波加窄带高斯噪声合成波的包络 $z(t)$ 服从广义瑞利分布，即

$$f(z)=\frac{z}{\sigma_n^2}\exp\left(-\frac{z^2+A^2}{2\sigma_n^2}\right)I_0\left(\frac{Az}{\sigma_n^2}\right),\quad z\geqslant 0 \tag{2-61}$$

式中，$I_0(x)$ 为第一类零阶修正贝塞尔函数。小信噪比时，$f(z)$ 接近于瑞利分布；大信噪比时，$f(z)$ 接近于高斯分布。

2)正弦波加窄带高斯噪声合成波的相位 $\varphi(t)$ 不再是均匀的了。小信噪比时，$f(\varphi)$ 接近于均匀分布；大信噪比时，$f(\varphi)$ 主要集中在有用信号相位附近。

图2-4给出了不同信噪比（$\gamma=\dfrac{A^2}{2\sigma_n^2}$）时 $f(z)$ 和 $f(\varphi)$ 的曲线。

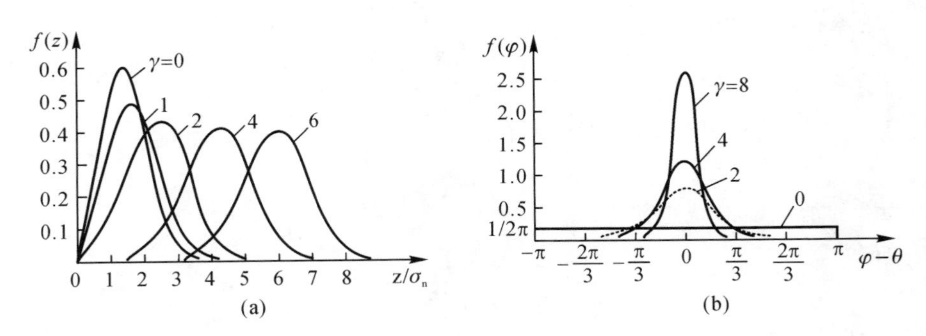

图 2－4　正弦波加窄带高斯噪声的包络和相位分布

2.2.7　高斯白噪声和带限白噪声

1. 高斯白噪声

在进行通信系统抗噪声性能分析时，常把通信信道中的噪声源视为高斯白噪声。

(1)白噪声。称功率谱密度在整个频域内均匀分布的噪声为白噪声，其功率谱密度为

$$P_{\mathrm{n}}(\omega)=\frac{n_0}{2},\quad -\infty<\omega<+\infty \tag{2-62}$$

式中，n_0 为正常数，单位为 W/Hz。相应的自相关函数为

$$R_{\mathrm{n}}(\tau)=\frac{n_0}{2}\delta(\tau) \tag{2-63}$$

这说明，白噪声在任意两个不同时刻上的随机取值都是不相关的，只有在 $\tau=0$ 时才相关。白噪声的功率谱密度及其自相关函数，如图 2－5 所示。

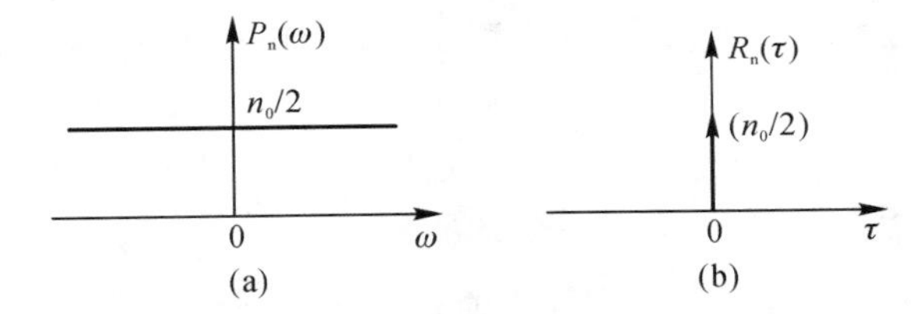

图 2－5　白噪声的功率谱密度与自相关函数

实际上完全理想的白噪声是不存在的，通常只要噪声功率谱密度在通信系统工作的频率范围内接近常数时，就可近似认为是白噪声。

(2)高斯白噪声。所谓高斯白噪声，是指噪声取值的概率密度函数满足正态分布统计特性，同时它的功率谱密度函数是常数的一类噪声。在通信系统的理论分析中，常假定系统中信道噪声为高斯白噪声。

2. 带限白噪声

白噪声功率被限制在一定范围的一类噪声，称为带限白噪声。

(1)低通白噪声。低通白噪声是指白噪声通过理想低通滤波器或理想低通信道后所产生

的噪声。其功率谱密度为

$$P_n(\omega)=\begin{cases}\dfrac{n_0}{2}, & |\omega|\leqslant\omega_H\\ 0, & \text{其他}\end{cases} \tag{2-64}$$

式中，ω_H 为低通滤波器的截止频率。

自相关函数为

$$R(\tau)=n_0 f_H \mathrm{Sa}(\omega_H\tau) \tag{2-65}$$

对应的曲线如图 2-6 所示。

由式(2-65)和图 2-6 容易得到：

1)低通白噪声的功率为

$$N=R(0)=n_0 f_H=n_0 B \tag{2-66}$$

式中，$B=f_H$ 为低通白噪声的带宽。

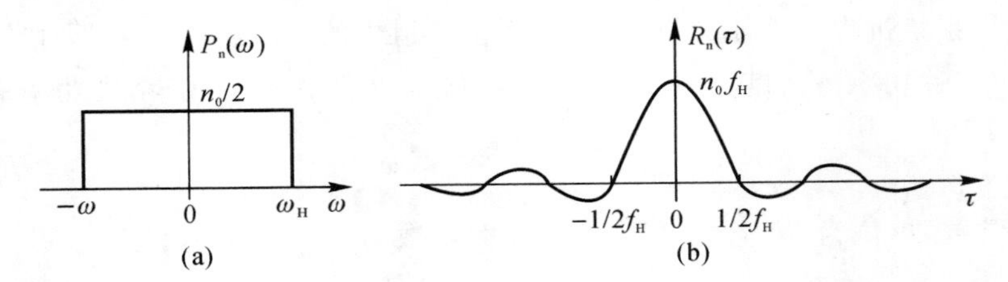

图 2-6 低通白噪声的功率谱密度和自相关函数

2)低通白噪声只在 $\tau=k/2f_H(k=1,2,3,\cdots)$ 上得到的随机变量才不相关。因此，若按奈奎斯特频率对低通白噪声进行抽样，各抽样点处的随机变量互不相关。

另外，由于理想低通系统为线性系统，故当输入高斯白噪声时，输出也必为高斯白噪声，且其均值为 0，方差

$$\sigma_n^2=n_0 B \tag{2-67}$$

与平均噪声功率 N 相同。

(2)带通白噪声。带通白噪声是指白噪声通过理想带通滤波器或理想带通信道后所产生的噪声。其功率谱密度为

$$P_n(f)=\begin{cases}\dfrac{n_0}{2}, & f_c-\dfrac{B}{2}\leqslant|f|\leqslant f_c+\dfrac{B}{2}\\ 0, & \text{其他}\end{cases} \tag{2-68}$$

式中，f_c为中心频率；B 为通带宽度。

自相关函数为

$$R(\tau)=\int_{-\infty}^{\infty}P_n(f)e^{j2\pi f\tau}df=n_0 B\mathrm{Sa}(\pi B\tau)\cos\omega_c\tau \tag{2-69}$$

带通白噪声的功率为

$$N=R(0)=n_0 B \tag{2-70}$$

与低通白噪声时相同。

带通白噪声的功率谱密度和自相关函数曲线如图 2－7 所示。

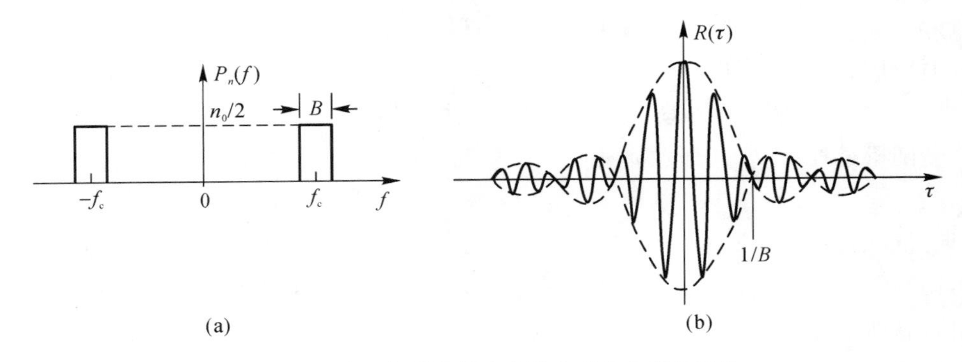

图 2－7　带通白噪声的功率谱密度和自相关函数

与低通白噪声的讨论相同，当输入的白噪声为高斯型时，理想带通滤波器的输出也是高斯的，且其均值为 0，方差

$$\sigma_{\mathrm{n}}^2 = n_0 B \tag{2-71}$$

2.3　思考题解答

2－1　何谓随机过程？它具有什么特点？

答：随机过程是一类随时间作随机变化的过程，为所有样本函数的集合。随机过程的基本特征是，它是时间的函数，但在任一时刻观察到的值却是不确定的，是一个随机变量。

2－2　随机过程的主要数字特征有哪些？试说明其意义。

答：随机过程的主要数字特征有均值、方差、相关函数等。均值表示随机过程 $X(t)$ 中所有样本函数曲线的摆动中心；方差表示随机过程相对于均值的偏离程度；相关函数描述随机过程在任意两个时刻随机变量之间的关联程度。

2－3　什么叫严平稳？什么叫广义平稳？两者之间有何关系？

答：严平稳是指任意 n 维分布或概率密度函数与时间起点无关的随机过程；广义平稳是指均值与时间 t 无关，而自相关函数仅与时间间隔τ有关的随机过程。严平稳的随机过程必广义平稳，而广义平稳的随机过程则不一定严平稳。

2－4　平稳随机过程的自相关函数有哪些性质？它与功率谱密度有什么关系？

答：平稳随机过程的自相关函数 $R(\tau)$ 的性质：$R(\tau)$ 是偶函数；$R(0)$ 是 $R(\tau)$ 的上界；$R(0)$ 为平稳随机过程的平均功率；$R(\infty)$ 为平稳随机过程 $X(t)$ 的直流功率；$R(0)-R(\infty)$ 为平稳随机过程的方差，亦即交流功率。

平稳随机过程的功率谱密度与其自相关函数是一对傅里叶变换。

2－5　什么是随机过程的各态历经性？其有什么意义？

答：设 a 、$R(\tau)$ 分别是平稳随机过程 $X(t)$ 的均值和自相关函数，$\bar{a}$ 、$\overline{R(\tau)}$ 分别是 $X(t)$ 任意一个实现 $x(t)$ 的时间均值和时间相关函数，如果有 $a=\bar{a}$ ，$R(\tau)=\overline{R(\tau)}$ 成立，则称 $X(t)$ 具

有各态历经性。

“各态历经”的意义：可用一次实现的“时间均值”代替过程的“统计平均”值，使得随机过程的测量和计算问题大为简化。

2-6　什么是高斯过程？高斯过程主要有哪些性质？

答：若随机过程 $X(t)$ 的任意 $n(n=1,2,\cdots)$ 维分布均服从正态分布，则称它为正态过程或高斯过程。

高斯过程的性质：高斯过程若广义平稳，则必狭义平稳；高斯过程中的随机变量之间若互不相关，则它们也必是统计独立的；若干个高斯过程之和仍是高斯过程；高斯过程经过线性变换后，仍是高斯过程。

2-7　试写出高斯随机变量的概率密度函数和分布函数。

答：高斯随机变量的概率密度函数为

$$f(x)=\frac{1}{\sqrt{2\pi}\sigma}\exp\left[-\frac{(x-a)^2}{2\sigma^2}\right]$$

式中，a、σ^2 分别为高斯随机变量的均值和方差。

高斯随机变量的分布函数为

$$F(x)=\frac{1}{2}+\frac{1}{2}\text{erf}\left(\frac{x-a}{\sqrt{2}\sigma}\right)\quad \text{或} \quad F(x)=1-\frac{1}{2}\text{erfc}\left(\frac{x-a}{\sqrt{2}\sigma}\right)$$

2-8　随机过程通过线性系统时，输出与输入功率谱密度的关系如何？如何求输出过程的均值和自相关函数？

答：随机过程通过线性系统时，输出过程 $Y(t)$ 的功率谱密度是输入过程 $X(t)$ 功率谱密度与系统传输函数模的二次方的乘积，即 $P_Y(\omega)=|H(\omega)|^2P_X(\omega)$。

求线性系统输出过程的均值，仅对输入过程均值乘以系统的直流增益即可，即 $a_Y=H(0)a_X$；求输出过程自相关函数 $R_Y(\tau)$，可先利用 $P_Y(\omega)=|H(\omega)|^2P_X(\omega)$ 得到 $P_Y(\omega)$，再进行傅里叶反变换即可（$R_Y(\tau)\Leftrightarrow P_Y(\omega)$）。

2-9　什么是窄带随机过程？其频谱和时间波形各有什么特点？试写出窄带随机过程的两种不同时域表达式。

答：窄带随机过程是指频谱密度带宽 Δf 远小于其中心频率 f_c 的一类随机过程；其时间波形为幅度和相位随机缓慢变化的近似正弦波。

窄带随机过程 $X(t)$ 的两种时域表达式为

$$X(t)=\rho(t)\cos[\omega_c t+\varphi(t)],\rho(t)\geqslant 0$$

$$X(t)=a_c(t)\cos\omega_c t-a_s(t)\sin\omega_c t$$

2-10　窄带随机过程的包络和相位各服从什么分布？

答：窄带随机过程包络的一维概率密度呈瑞利分布，相位的一维概率密度呈均匀分布。

2-11　窄带随机过程的同相分量和正交分量各具有什么样的统计特性？

答：窄带随机过程同相分量 $a_c(t)$ 和正交分量 $a_s(t)$ 均呈高斯分布，且其均值和方差皆分别同于窄带随机过程的均值和方差。

2－12　正弦波加窄带高斯噪声的合成波包络服从什么分布？

答：合成波的包络服从广义瑞利分布，小信噪比时接近于瑞利分布，大信噪比时接近于高斯分布。

2－13　什么是白噪声？其频谱和自相关函数有什么特点？

答：功率谱密度在整个频域内均匀分布的噪声为白噪声，其特点是功率谱密度为常数，自相关函数为冲激。

2－14　什么是高斯白噪声？什么是带限白噪声？

答：高斯白噪声是指取值满足正态分布、功率谱密度是常数的一类噪声。带限白噪声是指白噪声功率谱密度被限制在一定范围的一类噪声。

2－15　低通白噪声、带通白噪声的自相关函数、功率各如何表示？

答：低通白噪声的自相关函数为 $R(\tau)=n_0 f_H \mathrm{Sa}(\omega_H \tau)$（$f_H$ 为低通白噪声的带宽）；带通白噪声的自相关函数为 $R(\tau)=n_0 B\mathrm{Sa}(\pi B\tau)\cos\omega_c\tau$；两者的功率皆为 $N=R(0)=n_0 B$（B 为两种噪声各自的带宽）。

2.4　习题解答

2－1　已知随机变量 x 的概率密度函数为

$$f(x)=\begin{cases}\dfrac{1}{2a}, & -a\leqslant x<a\\ 0, & \text{其他}\end{cases}$$

试求其均值和方差。

解：均值

$$a(t)=\int_{-\infty}^{\infty}xf(x)\mathrm{d}x=\int_{-a}^{a}\frac{1}{2a}x\mathrm{d}x=0$$

方差

$$\sigma^2(t)=E\,[x-a(t)]^2=\int_{-\infty}^{\infty}x^2 f(x)\mathrm{d}x=$$

$$\int_{-a}^{a}\frac{1}{2a}x^2\mathrm{d}x=\frac{1}{3}a^2$$

2－2　设一个随机过程 $X(t)$ 可表示成

$$X(t)=2\cos(2\pi t+\theta)$$

式中，θ 是一个离散随机变量，且 $P(\theta=0)=1/2, P(\theta=\pi/2)=1/2$，试求 $E[X(1)]$ 及 $R_X(0,1)$。

解：(1) 因为

$$X(1)=2\cos(2\pi t+\theta)\,|_{t=1}=2\cos\theta$$

所以

$$E[X(1)]=E[2\cos\theta)]=\int_0^{2\pi}2\cos\theta f(\theta)\mathrm{d}\theta=$$

$$2[\cos\theta f(\theta)\,|_{\theta=0}+\cos\theta f(\theta)\,|_{\theta=\pi/2}=1$$

(2)

$$R_X(0,1)=E[X(0)X(1)]=E[2\cos\theta\times 2\cos(2\pi+\theta)]=4E[\cos^2\theta]=$$
$$4\int_0^{2\pi}\cos^2\theta f(\theta)\mathrm{d}\theta=$$
$$4[\cos^2\theta f(\theta)\mid_{\theta=0}+\cos^2\theta f(\theta)\mid_{\theta=\pi/2}]=2$$

2-3 某随机过程 $X(t)=(\eta+\varepsilon)\cos\omega_0 t$，其中 η 和 ε 是具有均值为 0、方差为 $\sigma_\eta{}^2=\sigma_\varepsilon{}^2=2$ 的互不相关的随机变量，试求：

(1) $X(t)$ 的均值 $a_X(t)$；

(2) $X(t)$ 的自相关函数 $R_X(t_1,t_2)$；

(3) $X(t)$ 是否平稳？

解：(1)

$$a_X(t)=E[X(t)]=E[(\eta+\varepsilon)\cos\omega_0 t]=(E[\eta]+E[\varepsilon])\cos\omega_0 t=0$$

(2)

$$R_X(t_1,t_2)=E[X(t_1)X(t_2)]=E[(\eta+\varepsilon)^2\cos\omega_0 t_1\cos\omega_0 t_2]=$$
$$E[\eta^2+\varepsilon^2+2\eta\varepsilon]\cos\omega_0 t_1\cos\omega_0 t_2=$$
$$(\sigma_\eta{}^2+\sigma_\varepsilon{}^2+0)\times\frac{1}{2}[\cos\omega_0(t_1-t_2)+\cos\omega_0(t_1+t_2)]=$$
$$2\cos\omega_0\tau+2\cos\omega_0(t_1+t_2),\quad \tau=t_1-t_2$$

其中，因 η 和 ε 均值为 0，且互不相关，$E[\eta\varepsilon]=R_{\eta\varepsilon}(\tau)=0$。

(3)因为自相关函数 $R_X(t_1,t_2)$ 与时间有关，所以 $X(t)$ 非平稳。

2-4 已知 $X(t)$ 和 $Y(t)$ 是统计独立的平稳随机过程，且它们的均值分别为 a_X 和 a_Y，自相关函数分别为 $R_X(\tau)$ 和 $R_Y(\tau)$。

(1)试求 $Z(t)=X(t)\cdot Y(t)$ 的自相关函数。

(2)试求 $Z(t)=X(t)+Y(t)$ 的自相关函数。

解：(1)

$$R_Z(t,\tau)=E[Z(t)Z(t+\tau)]=$$
$$E[X(t)Y(t)\cdot X(t+\tau)Y(t+\tau)]\xlongequal{(X(t)、Y(t)\text{ 独立})}$$
$$E[X(t)X(t+\tau)]\cdot E[Y(t)Y(t+\tau)]=$$
$$R_X(\tau)R_Y(\tau)$$

(2)

$$R_Z(t,\tau)=E[Z(t)Z(t+\tau)]=$$
$$E\{[X(t)+Y(t)]\cdot[X(t+\tau)+Y(t+\tau)]\}=$$
$$E\{X(t)X(t+\tau)+X(t)Y(t+\tau)+Y(t)X(t+\tau)+Y(t)Y(t+\tau)\}\xlongequal{(X(t)、Y(t)\text{ 平稳独立})}$$
$$R_X(\tau)+a_Xa_Y+a_Ya_X+R_Y(\tau)=$$
$$R_X(\tau)+2a_Xa_Y+R_Y(\tau)$$

2-5　某随机过程 $X(t)$ 的自相关函数如图 P2-5 所示。试求：

(1) $X(t)$ 的 $E[X(t)]$；

(2) $X(t)$ 的 $E[X^2(t)]$；

(3) $X(t)$ 的方差 $\sigma_X{}^2$ 。

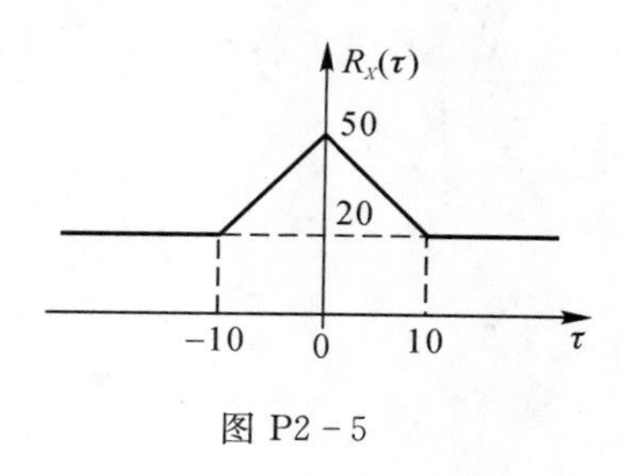

图 P2-5

解:(1)由平稳随机过程的自相关函数的性质 $R(\infty) = E^2[X(t)] = a^2$，可得

$$E[X(t)] = \pm\sqrt{R_X(\infty)} = \pm\sqrt{20}$$

由性质 $R(0) = E[X^2(t)]$，可得

$$E[X^2(t)] = R_X(0) = 50$$

由性质 $\sigma^2 = R(0) - R(\infty)$，可得

$$\sigma_X{}^2 = R(0) - R(\infty) = 50 - 20 = 30$$

2-6　随机过程 $X(t)$ 的功率谱如图 P2-6 所示。

(1)确定并画出 $X(t)$ 的自相关函数 $R_X(\tau)$ 。

(2) $X(t)$ 所含直流功率是多少？

(3) $X(t)$ 所含交流功率是多少？

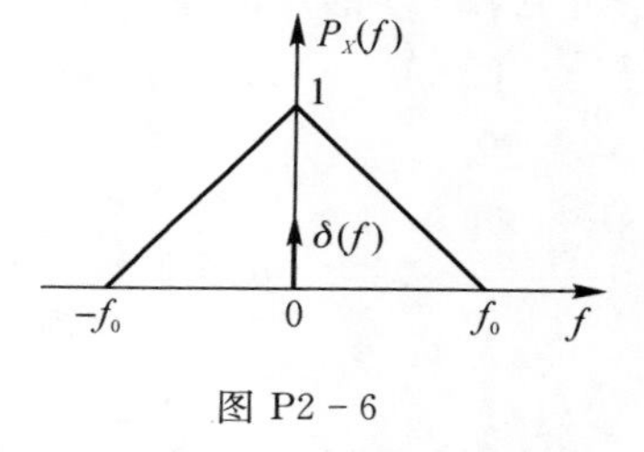

图 P2-6

解:(1)由平稳随机过程自相关函数与功率谱密度的关系，可得

$$R_X(\tau) = \frac{1}{2\pi}\int_{-\infty}^{\infty} P_X(\omega)e^{j\omega\tau}d\omega \xlongequal{(P_X(\omega)\text{ 分解为三角形}+\text{单位冲激,分别求 IFT})}$$

$$f_0 \mathrm{Sa}^2\left(\frac{\omega_0}{2}\tau\right) + 1 =$$

$$1 + f_0 \mathrm{Sa}^2(\pi f_0 \tau)$$

$R_X(\tau)$ 的曲线如图 S2-6 所示。

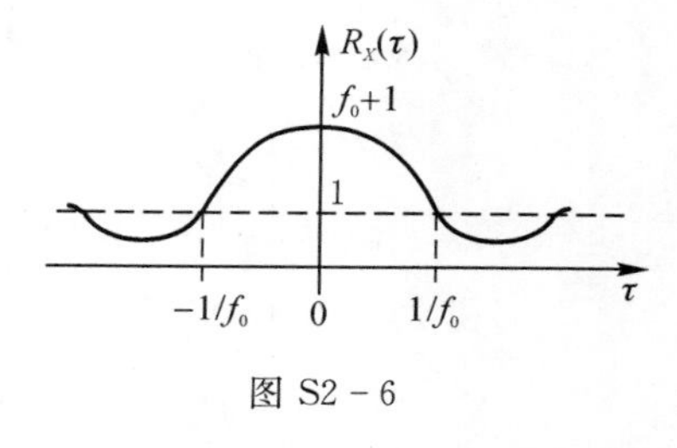

图 S2-6

(2) $X(t)$ 所含直流功率

$$R_X(\infty) = \left[f_0\ \mathrm{Sa}^2\left(\frac{\omega_0}{2}\tau\right) + 1\right]_{\tau\to\infty} = 1$$

(3) $X(t)$ 所含交流功率

$$S = \sigma^2 = R_X(0) - R_X(\infty) =$$

$$[1 + f_0\ \mathrm{Sa}^2(\pi f_0 \tau)]_{\tau=0} - 1 = f_0$$

2-7　若随机过程 $z(t) = m(t)\cos(\omega_0 t + \theta)$，其中 $m(t)$ 是广义平稳随机过程，且其自相关函数为

$$R_m(\tau) = \begin{cases} 1+\tau, & -1 < \tau < 0 \\ 1-\tau, & 0 \leqslant \tau < 1 \\ 0, & \text{其他} \end{cases}$$

θ 是在 $(0,2\pi)$ 上服从均匀分布的随机变量，它与 $m(t)$ 彼此统计独立。

(1)证明 $z(t)$ 是平稳的。

(2)画出自相关函数 $R_z(\tau)$ 的波形。

(3)求功率谱密度 $P_z(\omega)$ 及功率 S_z 。

解:(1)

$$E[z(t)]=E[m(t)\cos(\omega_0 t+\theta)]\xlongequal{(m(t)\text{与}\theta\text{独立})}E[m(t)]E[\cos(\omega_0 t+\theta)]=E[m(t)]\cdot\int_0^{2\pi}\cos(\omega_0 t+\theta)\frac{1}{2\pi}\mathrm{d}\theta=0$$

$$R_z(t,\tau)=E[z(t)z(t+\tau)]=$$

$$E\{m(t)\cos(\omega_0 t+\theta)m(t+\tau)\cos[\omega_0(t+\tau)+\theta]\}\xlongequal{(m(t)\text{与}\theta\text{独立})}E[m(t)m(t+\tau)]\cdot E\{\cos(\omega_0 t+\theta)\cos[\omega_0(t+\tau)+\theta]\}=$$

$$R_m(\tau)\cdot\frac{1}{2}E\{\cos\omega_0\tau+\cos[2(\omega_0 t+\theta)+\omega_0\tau]\}=$$

$$R_m(\tau)\cdot\frac{1}{2}[\cos\omega_0\tau+0]=\frac{1}{2}R_m(\tau)\cos\omega_0\tau=R_z(\tau)$$

可见,$z(t)$ 的均值与时间无关,自相关函数仅与时间间隔 τ 有关,故 $z(t)$ 广义平稳。

(2)

$$R_z(\tau)=\frac{1}{2}R_m(\tau)\cos\omega_0\tau=\begin{cases}\frac{1}{2}(1+\tau)\cos\omega_0\tau, & -1<\tau<0\\ \frac{1}{2}(1-\tau)\cos\omega_0\tau, & 0\leqslant\tau<1\\ 0, & \text{其他}\end{cases}$$

其波形如图 S2-7 所示。

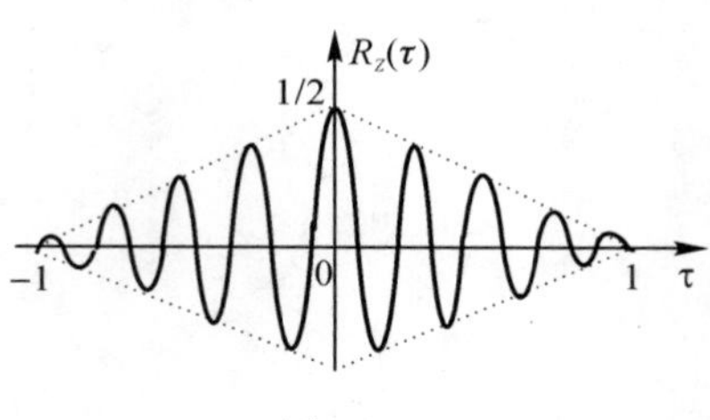

图 S2-7

(3)由关系 $P_z(\omega)\Leftrightarrow R_z(\tau)$,可得

$$P_z(\omega)=\mathscr{F}\left[\frac{1}{2}R_m(\tau)\cos\omega_0\tau\right]\xlongequal{(\text{时域相乘}\rightarrow\text{频域卷积})}\frac{1}{2}\cdot\frac{1}{2\pi}R_m(\omega)*\mathscr{F}[\cos\omega_0\tau]\xlongequal{(R_m(\tau)\text{为三角波})}$$

$$\frac{1}{2}\cdot\frac{1}{2\pi}\mathrm{Sa}^2\left(\frac{\omega}{2}\right)*\pi[\delta(\omega-\omega_0)+\delta(\omega-\omega_0)]=$$

$$\frac{1}{4}[\mathrm{Sa}^2(\frac{\omega-\omega_0}{2})+\mathrm{Sa}^2(\frac{\omega+\omega_0}{2})]$$

$$S_z=\frac{1}{2\pi}\int_{-\infty}^{\infty}P_z(\omega)\mathrm{d}\omega=\frac{1}{2}$$

或

$$S_z=R_z(0)=\frac{1}{2}$$

2-8　已知随机过程 $X(t)=A_0+A_1\cos(\omega_1 t+\theta)$，式中，$A_0$、$A_1$ 是常数，θ 是在 $(0,2\pi)$ 上均匀分布的随机变量。

(1)求 $X(t)$ 的自相关函数。

(2)求 $X(t)$ 的平均功率、直流功率、交流功率、功率谱密度。

解：(1) $X(t)$ 的自相关函数

$$\begin{aligned}R_X(\tau)&=E[X(t)X(t+\tau)]=\\&E\{[A_0+A_1\cos(\omega_1 t+\theta)]\{A_0+A_1\cos[\omega_1(t+\tau)+\theta]\}\}=\\&E\{[A_0{}^2+A_0A_1\cos[\omega_1(t+\tau)+\theta]+A_1A_0\cos(\omega_1 t+\theta)+\\&\{A_1{}^2\cos(\omega_1 t+\theta)\cos[\omega_1(t+\tau)+\theta]\}\}=\\&A_0{}^2+0+0+\frac{1}{2}A_1{}^2\cos(\omega_1\tau)=\\&A_0{}^2+\frac{1}{2}A_1{}^2\cos(\omega_1\tau)\end{aligned}$$

(2) $X(t)$ 的平均功率

$$P_a=R_X(0)=A_0{}^2+\frac{1}{2}A_1{}^2$$

直流功率　　$P=A_0{}^2$（$X(t)$ 的直流分量为 A_0）

交流功率　　$S=P_a-P=\frac{1}{2}A_1{}^2$

功率谱密度

$$\begin{aligned}P_X(\omega)&=\mathscr{F}[R_X(\tau)]=\mathscr{F}\left[A_0{}^2+\frac{1}{2}A_1{}^2\cos(\omega_1\tau)\right]=\\&2\pi A_0{}^2\delta(\omega)+\frac{A_1{}^2}{2}\pi[\delta(\omega-\omega_0)+\delta(\omega+\omega_0)]\end{aligned}$$

2-9　设随机过程 $Y(t)=X_1\cos\omega_0 t-X_2\sin\omega_0 t$，若 X_1 与 X_2 是彼此独立且均值为 0、方差为 σ^2 的高斯随机变量，试求：

(1) $E[Y(t)]$，$E[Y^2(t)]$。

(2) $Y(t)$ 的一维概率密度函数 $f(y)$。

解：(1)

$$\begin{aligned}E[Y(t)]&=E[X_1\cos\omega_0 t-X_2\sin\omega_0 t]=\\&E[X_1]\cdot\cos\omega_0 t-E[X_2]\cdot\sin\omega_0 t=0\end{aligned}$$

$$\begin{aligned}E[Y^2(t)]&=E[X_1\cos\omega_0 t-X_2\sin\omega_0 t]^2=\\&E[X_1^2\cos^2\omega_0 t+X_2^2\sin^2\omega_0 t-2X_1X_2\cos\omega_0 t\sin\omega_0 t]=\\&E[X_1^2]\cdot\cos^2\omega_0 t+E[X_2^2]\cdot\sin^2\omega_0 t-2E[X_1X_2]\cdot\cos\omega_0 t\sin\omega_0 t\overset{(X_1,X_2\text{ 独立})}{=\!=\!=}\\&\sigma^2\cos^2\omega_0 t+\sigma^2\sin^2\omega_0 t-0=\sigma^2\end{aligned}$$

(2)高斯变量的线性组合仍为高斯变量，故 $Y(t)$ 的一维概率密度函数

$$f(y)=\frac{1}{\sqrt{2\pi}\sigma_y}\exp[-\frac{(y-a_y)^2}{2\sigma_y{}^2}]=\frac{1}{\sqrt{2\pi}\sigma}\exp(-\frac{y^2}{2\sigma^2})$$

2-10　一个中心频率为 f_c、带宽为 B 的理想带通滤波器如图 P2-10 所示。假设输入是均值为 0、功率谱密度为 $n_0/2$ 的高斯白噪声，试求：

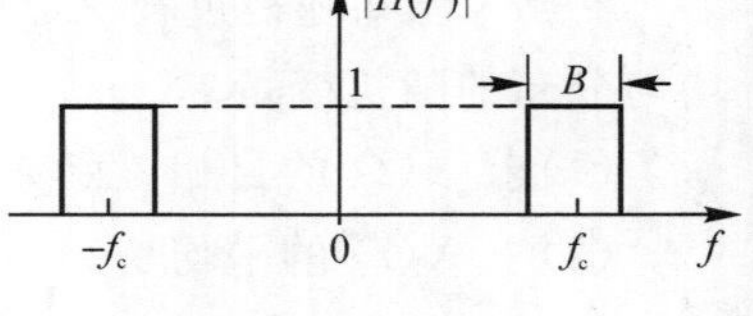

图 P2-10

(1)滤波器输出噪声的自相关函数。

(2)滤波器输出噪声的平均功率。

(3)输出噪声的一维概率密度函数。

解：(1)依题意，滤波器输出噪声的功率谱

$$P_o(f)=|H(f)|^2P_1(f)=|H(f)|^2\cdot\frac{n_0}{2}=\begin{cases}\frac{n_0}{2}, f_c-\frac{B}{2}\leqslant|f|\leqslant f_c+\frac{B}{2}\\ 0,\quad 其他\end{cases}$$

方法 1：

$$R_o(\tau)=\int_{-\infty}^{\infty}P_0(f)e^{j\omega\tau}df=\int_{-f_c-\frac{B}{2}}^{-f_c+\frac{B}{2}}\frac{n_0}{2}e^{j2\pi f\tau}df+\int_{f_c-\frac{B}{2}}^{f_c+\frac{B}{2}}\frac{n_0}{2}e^{j2\pi f\tau}df=$$

$$\frac{n_0}{2}\left[\frac{1}{j2\pi\tau}e^{j2\pi f\tau}\Big|_{-f_c-\frac{B}{2}}^{-f_c+\frac{B}{2}}+\frac{1}{j2\pi\tau}e^{j2\pi f\tau}\Big|_{f_c-\frac{B}{2}}^{f_c+\frac{B}{2}}\right]=$$

$$n_0B\mathrm{Sa}(B\pi\tau)\cos\omega_c\tau$$

方法 2：如图 S2-10 所示，滤波器输出噪声的功率谱

$$P_0(\omega)=P_1(\omega)*P_2(\omega)$$

而据 $R_X(\tau)\Leftrightarrow P_X(\omega)$，由图 S2-10(b)(c)容易得到

$$R_1(\tau)=\mathscr{F}^{-1}[P_1(\omega)]=\frac{1}{2\pi}B\pi n_0\mathrm{Sa}(B\pi\tau)=\frac{1}{2}n_0B\mathrm{Sa}(B\pi\tau)$$

$$R_2(\tau)=\mathscr{F}^{-1}[P_2(\omega)]=\frac{1}{\pi}\cos\omega_c\tau$$

于是，利用频域卷积定理 $F_1(\omega)*F_2(\omega)\Leftrightarrow 2\pi f_1(t)\cdot f_2(t)$，得

$$R_o(\tau)=\mathscr{F}^{-1}[P_0(\omega)]=\mathscr{F}^{-1}[P_1(\omega)*P_2(\omega)]=2\pi R_1(\tau)\cdot R_2(\tau)=$$

$$n_0B\mathrm{Sa}(B\pi\tau)\cos\omega_c\tau$$

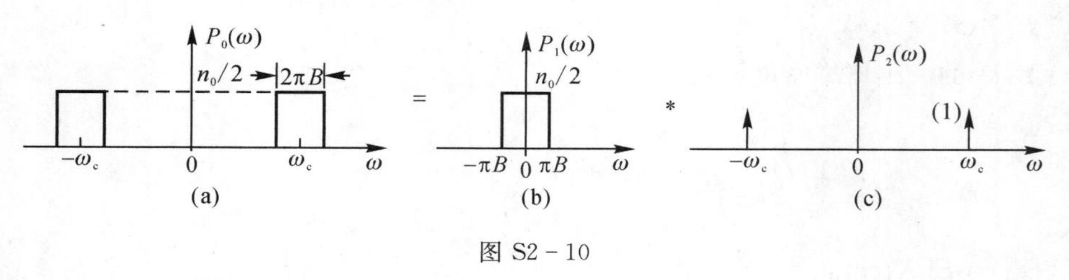

图 S2-10

(2)滤波器输出噪声的平均功率

$$N=R_o(0)=n_0B$$

或由 $P_o(f)$下的面积可得同样结果。

(3)高斯过程经过线性系统仍然为高斯的，且有

$$a=\pm\sqrt{R_o(\infty)}=0,\quad \sigma^2=R_o(0)-R_o(\infty)=n_0B$$

因此，输出噪声的一维概率密度函数

$$f(x)=\frac{1}{\sqrt{2\pi}\sigma}\exp\left[-\frac{(x-a)^2}{2\sigma^2}\right]=\frac{1}{\sqrt{2\pi n_0 B}}\exp\left(-\frac{x^2}{2n_0 B}\right)$$

2-11　设 RC 低通滤波器如图 P2-11 所示，当输入均值为 0、功率谱密度为 $n_0/2$ 的高斯白噪声时，试求：

(1)输出噪声的功率谱密度和自相关函数。

(2)输出噪声的一维概率密度函数。

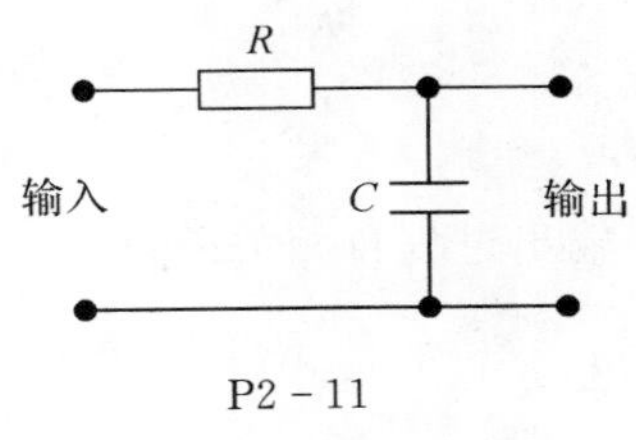

P2-11

解：(1)RC 低通滤波器的传输函数

$$H(\omega)=\frac{\frac{1}{\mathrm{j}\omega C}}{R+\frac{1}{\mathrm{j}\omega C}}=\frac{1}{1+\mathrm{j}\omega CR}$$

因此，输出噪声的功率谱密度

$$P_o(\omega)=|H(\omega)|^2P_i(\omega)=\frac{1}{1+(\omega CR)^2}\cdot\frac{n_0}{2}$$

而据 $R_o(\tau)\Leftrightarrow P_o(\omega)$，可得自相关函数

$$R_o(\tau)=\frac{n_0}{4CR}\mathrm{e}^{-\frac{1}{RC}|\tau|}$$

注意，这里应用到傅里叶变换对 $\mathrm{e}^{-a|\tau|}\Leftrightarrow\frac{2a}{a^2+\omega^2}$。

(2)高斯过程经过线性系统仍然为高斯的，且有

$$a=\pm\sqrt{R_o(\infty)}=0\ ,\ \sigma^2=R_o(0)-R_o(\infty)=\frac{n_0}{4CR}$$

因此，输出噪声的一维概率密度函数

$$f(x)=\frac{1}{\sqrt{2\pi}\sigma}\exp\left[-\frac{(x-a)^2}{2\sigma^2}\right]=\sqrt{\frac{2RC}{\pi n_0}}\exp\left(-\frac{2RC}{n_0}x^2\right)$$

2-12　$X(t)$ 是自相关函数为 $R_X(\tau)$ 的平稳随机过程，该过程通过图 P2-12 所示系统。

(1)输出过程 $Y(t)$ 是否平稳？

(2)求 $Y(t)$ 的自相关函数及功率谱密度。

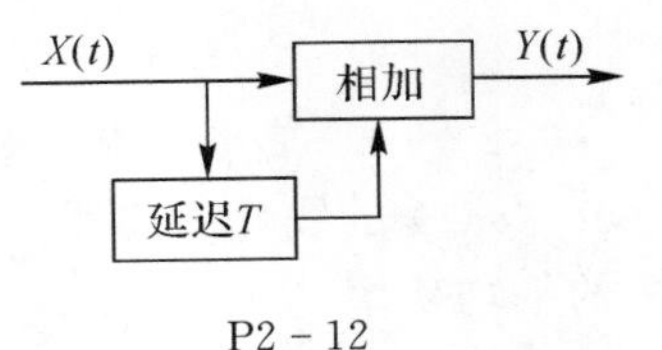

P2-12

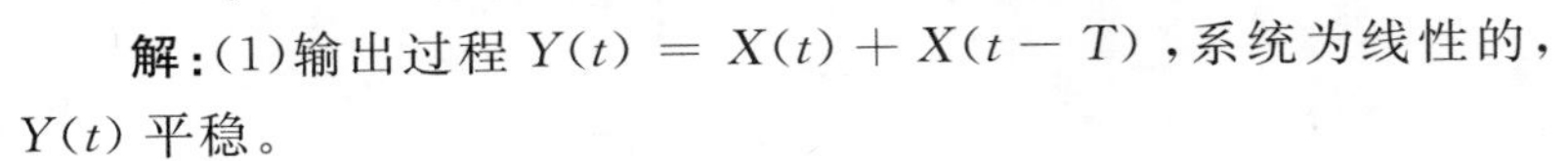

解：(1)输出过程 $Y(t)=X(t)+X(t-T)$，系统为线性的，$Y(t)$ 平稳。

(2)方法 1：输出过程自相关函数

$$\begin{aligned}R_Y(\tau)=&E[Y(t)Y(t+\tau)]=\\&E\{[X(t)+X(t-T)][X(t+\tau)+X(t+\tau-T)]\}=\\&E\{[X(t)X(t+\tau)+X(t)X(t+\tau-T)+X(t-T)X(t+\tau)+X(t-T)X(t+\tau-T)]\}=\\&R_X(\tau)+R_X(\tau-T)+R_X(\tau+T)+R_X(\tau)=\\&2R_X(\tau)+R_X(\tau-T)+R_X(\tau+T)\end{aligned}$$

依据 $P_Y(\omega)\Leftrightarrow R_Y(\tau)$，得功率谱密度

$$\begin{aligned}P_Y(\omega)=&2P_X(\omega)+P_X(\omega)\mathrm{e}^{-\mathrm{j}\omega T}+P_X(\omega)\mathrm{e}^{\mathrm{j}\omega T}=\\&2(1+\cos\omega T)P_X(\omega)\end{aligned}$$

方法 2:系统传输函数

$$H(\omega)=1+\mathrm{e}^{-\mathrm{j}\omega T}=\mathrm{e}^{-\mathrm{j}\frac{\omega T}{2}}\left(\mathrm{e}^{\mathrm{j}\frac{\omega T}{2}}+\mathrm{e}^{-\mathrm{j}\frac{\omega T}{2}}\right)=2\cos\frac{\omega T}{2}\mathrm{e}^{-\mathrm{j}\frac{\omega T}{2}}$$

输出过程功率谱密度

$$P_Y(\omega)=|H(\omega)|^2P_X(\omega)=4\cos^2\left(\frac{\omega T}{2}\right)\cdot P_X(\omega)=$$

$$2(1+\cos\omega T)P_X(\omega)$$

输出过程自相关函数

$$R_Y(\tau)=\frac{1}{2\pi}\int_{-\infty}^{\infty}P_Y(\omega)\mathrm{e}^{\mathrm{j}\omega\tau}\mathrm{d}\omega=\frac{1}{2\pi}\int_{-\infty}^{\infty}2(1+\cos\omega T)P_X(\omega)\mathrm{e}^{\mathrm{j}\omega\tau}\mathrm{d}\omega=$$

$$\frac{1}{2\pi}\int_{-\infty}^{\infty}P_X(\omega)[2+\mathrm{e}^{-\mathrm{j}\omega T}+\mathrm{e}^{\mathrm{j}\omega T}]\mathrm{e}^{\mathrm{j}\omega\tau}\mathrm{d}\omega=$$

$$2R_X(\tau)+R_X(\tau-T)+R_X(\tau+T)$$

2-13 已知线性系统的输出为$Y(t)=X(t+a)-X(t-a)$,这里输入$X(t)$是平稳过程,a为常数。试求:

(1) $Y(t)$的自相关函数。

(2) $Y(t)$的功率谱密度。

解:(1) $Y(t)$的自相关函数

$$R_Y(\tau)=E[Y(t)Y(t+\tau)]=$$

$$E\{[X(t+a)-X(t-a)][X(t+\tau+a)-X(t+\tau-a)]\}=$$

$$E[X(t+a)X(t+\tau+a)-X(t+a)X(t+\tau-a)-$$

$$X(t-a)X(t+\tau+a)+X(t-a)X(t+\tau-a)]=$$

$$R_X(\tau)-R_X(\tau-2a)-R_X(\tau+2a)+R_X(\tau)=$$

$$2R_X(\tau)-R_X(\tau-2a)-R_X(\tau+2a)$$

(2)依据$P_Y(\omega)\Leftrightarrow R_Y(\tau)$,得$Y(t)$的功率谱密度

$$P_Y(\omega)=2P_X(\omega)-P_X(\omega)\mathrm{e}^{-\mathrm{j}2a\omega}-P_X(\omega)\mathrm{e}^{\mathrm{j}2a\omega}=$$

$$2(1-\cos2a\omega)P_X(\omega)=4P_X(\omega)\sin^2a\omega$$

2-14 某平稳随机过程的双边功率谱密度为10^{-10} W/Hz,加于冲激响应为$h(t)=5\mathrm{e}^{-5t}u(t)$的线性滤波器输入端。求滤波器输出随机过程的自相关函数、功率谱密度,以及总的平均功率。

解:线性滤波器传输函数

$$H(\omega)=\int_{-\infty}^{\infty}h(t)\mathrm{e}^{-\mathrm{j}\omega t}\mathrm{d}t=\int_0^{\infty}5\mathrm{e}^{-5t}\mathrm{e}^{-\mathrm{j}\omega t}\mathrm{d}t=\frac{5}{5+\mathrm{j}\omega}$$

输出随机过程的功率谱密度

$$P_{\mathrm{o}}(\omega)=|H(\omega)|^2\frac{n_0}{2}=\frac{25}{25+\omega^2}\times10^{-10}\,\mathrm{W/Hz}$$

输出随机过程的自相关函数

$$R_{\mathrm{o}}(\tau)=\frac{1}{2\pi}\int_{-\infty}^{\infty}P_{\mathrm{o}}(\omega)\mathrm{e}^{\mathrm{j}\omega\tau}\mathrm{d}\omega=\frac{1}{2\pi}\int_{-\infty}^{\infty}\frac{25}{25+\omega^2}\times10^{-10}\mathrm{e}^{\mathrm{j}\omega\tau}\mathrm{d}\omega=$$

$$2.5\times10^{-10}\mathrm{e}^{-5|\tau|},\quad \mathrm{e}^{-a|\tau|}\Leftrightarrow\frac{2a}{a^2+\omega^2}$$

输出随机过程的平均功率

$$P = R_o(0) = 2.5 \times 10^{-10}\,\mathrm{W}$$

2-15　设 $n(t)$ 是均值为 0、双边功率谱密度为 $n_0/2 = 10^{-6}\,\mathrm{W/Hz}$ 的白噪声，$y(t) = \mathrm{d}n(t)/\mathrm{d}t$，将 $y(t)$ 通过一个截止频率为 $B = 10\mathrm{Hz}$ 的理想低通滤波器得到 $y_o(t)$，求：

(1) $y(t)$ 的双边功率谱密度。

(2) $y_o(t)$ 的平均功率。

解：(1)依题意，可构建系统模型如图 S2-15 所示。

图 S2-15

由 $\mathrm{d}/\mathrm{d}t \Leftrightarrow \mathrm{j}\omega$，得 $y(t)$ 的双边功率谱密度

$$P_Y(\omega) = |H(\omega)|^2 \frac{n_0}{2} = \omega^2 \times 10^{-6} = 3.95 \times 10^{-5} f^2 (\mathrm{W/Hz})$$

(2)因为低通滤波器理想，所以在通带内传输函数的幅频特性为 1，输出 $y_o(t)$ 与输入 $y(t)$ 功率谱密度相同，于是，$y_o(t)$ 的平均功率

$$P_{Y_o} = \int_{-\infty}^{\infty} P_{Y_o}(\omega)\,\mathrm{d}f = \int_{-10}^{10} P_Y(\omega)\,\mathrm{d}f = \int_{-10}^{10} 3.95 \times 10^{-5} f^2\,\mathrm{d}f = 26.3 \times 10^{-3}\,\mathrm{W} = 26.3\,\mathrm{mW}$$

2.5　本章知识结构

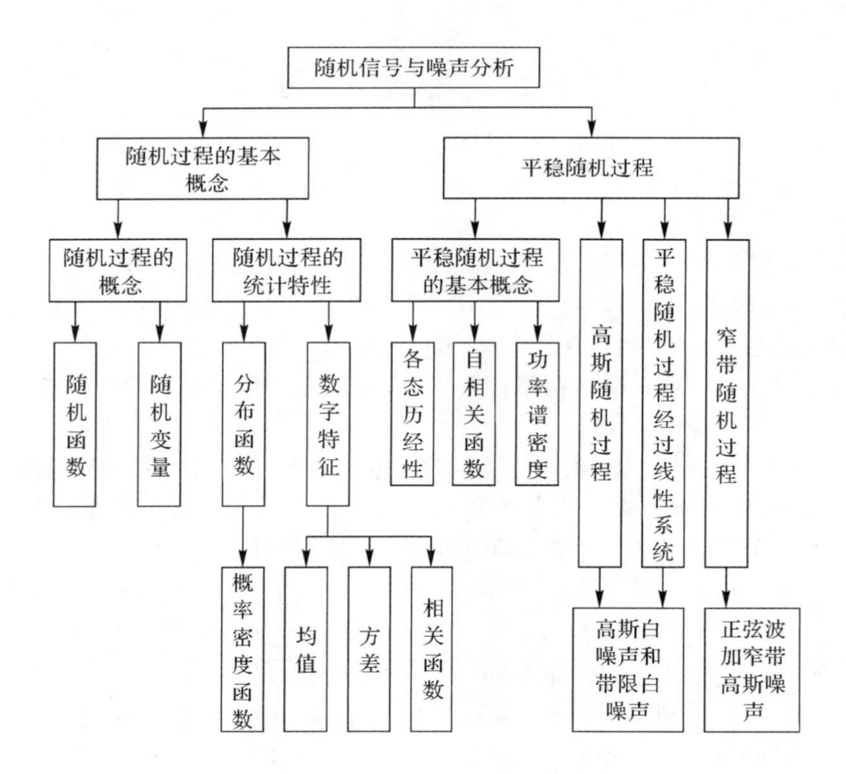

第3章 信道与噪声

3.1 大纲要求

(1)熟悉信道的定义、分类和模型。

(2)掌握恒参信道的特性及其对所传信号的影响。

(3)掌握随参信道的特性及其对所传信号的影响。

(4)掌握信道加性噪声的统计特性。

(5)理解信道容量的概念,掌握 Shannon 公式。

3.2 内容概要

3.2.1 信道的基本概念

1. 信道的定义和分类

信道是指以传输媒质为基础的信号通路。信道的作用是传输信号,它提供一段频带让信号通过,同时又给信号加以限制和损害。信道可分为狭义信道和广义信道两类。

(1)狭义信道。狭义信道仅指信号传输媒介,按具体媒介的不同可分为有线信道和无线信道。

有线信道是指传输媒介为明线、对称电缆、同轴电缆、光缆及波导等能够看得见的媒介。

无线信道的传输媒质比较多,包括中长波地表传播、短波电离层反射、对流层散射、超短波及微波视距传播、卫星中继及各种散射信道等“看”不见的媒介。

(2)广义信道。广义信道除了包括传输媒介外,还可能包括有关器件,如馈线、天线、调制器和解调器等。广义信道的引入为研究通信系统的一些基本问题带来了方便,根据它所包括的功能又将其分为调制信道和编码信道,如图 3-1 所示。

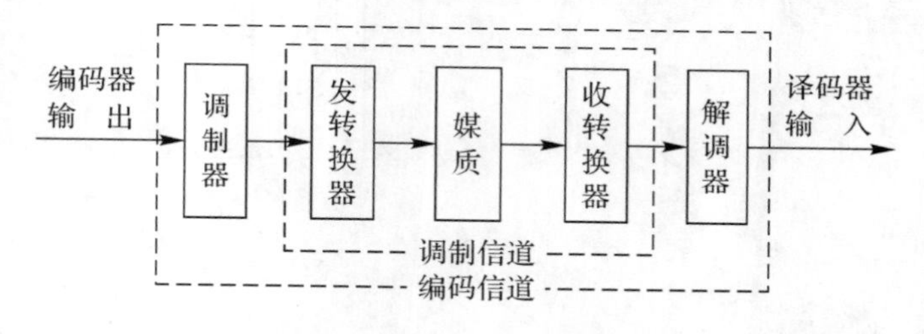

图 3-1 调制信道与编码信道

调制信道是指图 3-1 中调制器的输出端到解调器输入端的部分,是为了方便研究调制与解调问题而定义的。研究的问题是信道输出信号与输入信号之间的关系。

编码信道是指图3-1中编码器的输出端到译码器输入端的部分，是为了便于研究数字通信中的编码和译码问题而定义的。研究的问题是编码器的输出序列与译码器的输入序列的形式和关系，比如是否出现差错？出现差错的可能性多大？

2. 信道的数学模型

大量观察分析表明，调制信道可用一个二对端（点对点通信时）时变线性网络来表示，如图3-2所示。其输出与输入关系式为

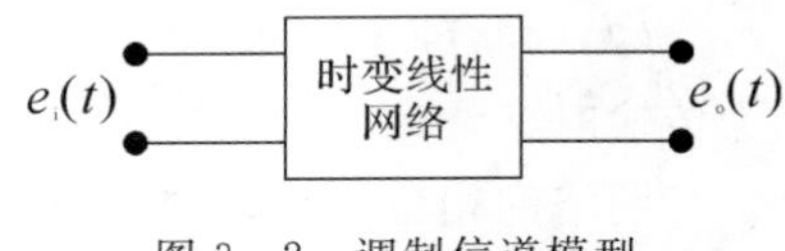

图3-2　调制信道模型

$$e_o(t)=k(t)\cdot e_i(t)+n(t) \tag{3-1}$$

式中，$e_i(t)$ 为输入的已调信号；$e_o(t)$ 为调制信道总输出波形；$n(t)$ 为信道加性干扰（噪声），独立于 $e_i(t)$；$k(t)$ 乘 $e_i(t)$ 反映网络对 $e_i(t)$ 的“时变线性”作用。对 $e_i(t)$ 来说，$k(t)$ 是一种干扰，称为乘性干扰。

信道对信号的影响可归纳为两点：一是乘性干扰 $k(t)$；二是加性干扰 $n(t)$。不同特性的信道，仅反映信道模型有不同的 $k(t)$ 及 $n(t)$。

依据 $k(t)$ 的不同，可以把调制信道分为两大类：①恒参信道（恒定参数信道），$k(t)$ 随时间不变或变化极为缓慢；②随参信道（随机参数信道），$k(t)$ 随时间随机快变。

2. 编码信道模型

编码信道是包括调制信道及调制器、解调器在内的信道。与调制信道模型明显不同的是：调制信道对信号的影响是通过 $k(t)$ 和 $n(t)$ 使调制信号发生“模拟”变化，而编码信道对信号的影响则是一种数字序列的变换，即把一种数字序列变成另一种数字序列。故常把调制信道看成是一种模拟信道，而把编码信道看成是一种数字信道。

编码信道的模型可用数字信号的转移概率来描述。例如，常见的二进制无记忆编码信道模型如图3-3所示。这里，“无记忆”是指信道中码元发生差错是独立的（当前码元的差错与其前后码元的差错没有依赖关系）。

图3-3中，$P(0/0)$，$P(1/0)$，$P(0/1)$，$P(1/1)$ 称为信道转移概率。$P(1/0)$ 表示：经信道传输，把0转移为1的概率。$P(0/0)$ 和 $P(1/1)$ 表示正确转移概率；$P(1/0)$ 和 $P(0/1)$ 表示错误转移概率。

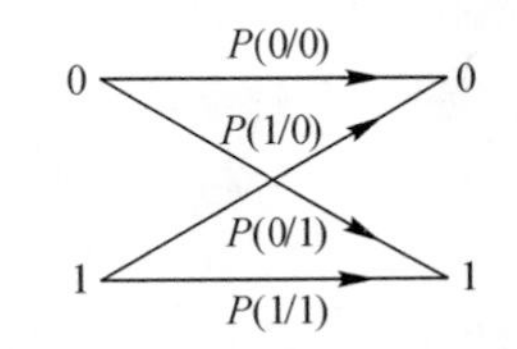

图3-3　二进制编码信道模型

信道输出总的误码率为

$$P_e=P(0)P(1/0)+P(1)P(0/1) \tag{3-2}$$

式中，$P(0)$、$P(1)$ 分别表示发送符号“0”和“1”的概率。

转移概率完全由编码信道的特性决定，一个特定的编码信道就会有相应确定的转移概率。

3.2.2　恒参信道及其对所传输信号的影响

恒参信道对信号传输的影响固定不变或变化极为缓慢，因而可以等效为一个非时变线性网络。对于信号传输而言，追求的是信号通过信道时不产生失真或者失真小到不易察觉的程度。

1. 信号不失真传输条件

网络的传输特性 $H(\omega)$ 通常可用幅度-频率特性 $|H(\omega)|$ 和相位-频率特性 $\varphi(\omega)$ 来表征

$$H(\omega) = |H(\omega)| e^{j\varphi(\omega)} \tag{3-3}$$

信号通过线性网络不失真应该具备两个理想条件：

(1)网络的幅度-频率特性 $|H(\omega)|$ 是一个不随频率变化的常数，如图 3-4(a)所示。

(2)网络的相位-频率特性 $\varphi(\omega)$ 应与频率成负斜率直线关系，如图 3-4(b)所示。其中 t_0 为传输时延常数。

网络的相位-频率特性经常采用群迟延-频率特性 $\tau(\omega)$ 来衡量

$$\tau(\omega) = \frac{d\varphi(\omega)}{d\omega} \tag{3-4}$$

此时，上述相位-频率理想条件等同于要求 $\tau(\omega)$ 是一条水平直线，如图 3-4(c)所示。

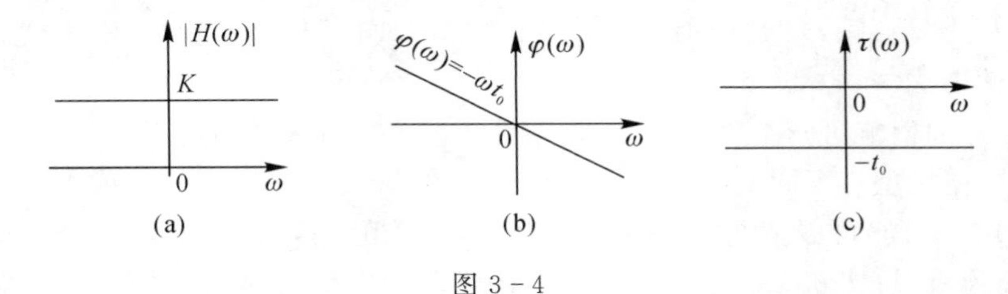

图 3-4

(a)理想的幅度-频率特性；(b)相位-频率特性；(c)群迟延-频率特性

一般情况下，恒参信道并不是理想网络，其对信号的主要影响可用幅度-频率畸变和相位-频率畸变(群迟延-频率特性)来衡量。

2. 幅度-频率畸变

幅度-频率畸变是指信道的幅度-频率特性偏离图 3-4(a)所示关系而引起的畸变。这种畸变使信号中的不同频率分量得到不同衰减，从而引起信号失真。若传输的是数字信号，还会引起相邻数字信号波形之间在时间上的相互重叠，即造成码间串扰。

3. 相位-频率畸变(群迟延畸变)

相位-频率畸变是指信道的相位-频率特性或群迟延-频率特性偏离图 3-4(b)或图 3-4(c)所示关系而引起的畸变。这种畸变使信号中的不同频率分量得到不同迟延，从而引起信号失真。

相位-频率畸变对模拟话音通道影响不显著，因为人耳对相位-频率畸变不太灵敏；但对数字信号会造成码间串扰，尤其当传输速率比较高时，会产生严重误码，给通信带来很大损害。

3. 减小畸变的措施

为了减小幅度-频率畸变，在设计总的信道传输特性时，一般都要求把幅度-频率畸变控制在一个允许的范围内。这就要求改善信道中的滤波性能，或者再通过一个线性补偿网络，使衰耗特性曲线变得平坦。后一措施通常称为“均衡”。

相位-频率畸变(群迟延畸变)也可采取均衡技术进行补偿，即在调制信道内采取相位均衡措施，使得信道的相频总特性尽量接近于线性。

3.2.3 随参信道及其对所传输信号的影响

随参信道的特性比恒参信道要复杂得多，对信号的影响也要严重得多。其根本原因在于它包含一个复杂的传输媒质。

1. 随参信道传输媒质的特点

随参信道传输媒质主要以电离层反射、对流层散射等为代表，通常具有以下特点：

(1)信号传输的衰耗随时间随机变化；

(2)信号传输的时延随时间随机变化；

(3)信号经过多条路径到达接收端，即存在多径传播现象。

2. 随参信道对信号传输的影响

随参信道对信号传输的影响主要有以下几个方面。

(1)多径衰落与频率弥散。信号经随参信道传播后，接收的信号将是衰减和时延随时间变化的多路径信号的合成。设发射信号为 $A\cos\omega_c t$，则经过 n 条路径传播后接收的合成信号 $R(t)$ 可表示为

$$R(t) = \sum_{i=1}^{n} a_i(t)\cos\omega_c[t - t_{di}(t)] = \sum_{i=1}^{n} a_i(t)\cos[\omega_c t + \varphi_i(t)] \tag{3-5}$$

式中，$a_i(t)$ 为第 i 条路径的接收信号随机振幅；$t_{di}(t)$ 为第 i 条路径的传输随机时延；$\varphi_i(t) = -\omega_c t_{di}(t)$ 为第 i 条路径的随机相位。

经简单分析，式(3－5)可写成

$$R(t) = a_c(t)\cos\omega_c t - a_s(t)\sin\omega_c t = a(t)\cos[\omega_c t + \varphi(t)] \tag{3-6}$$

其为一个窄带随机过程，波形与频谱如图 3－5 所示。

式中，$a_c(t)$、$a_s(t)$ 分别为合成波的同相分量和正交分量；$a(t)$、$\varphi(t)$ 分别为合成波的随机包络和随机相位。

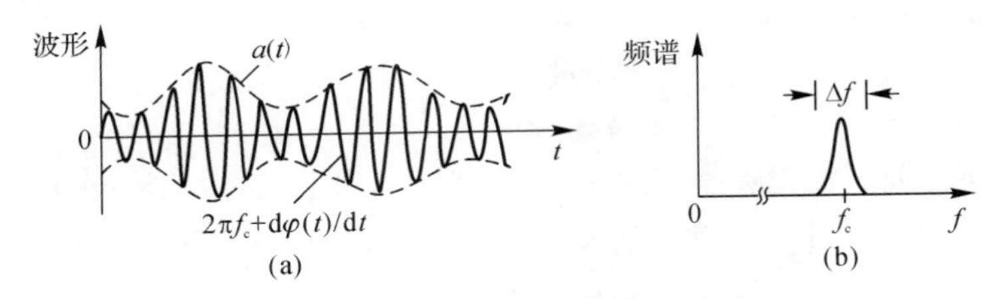

图 3－5　衰落信号的波形与频谱示意图

由式(3－6)和图 3－5 可以得到：

1)从波形上看，多径传播使确定的载频信号变成了包络和相位都随机变化的窄带信号，称为衰落信号。

2)从频谱上看，多径传播使单一谱线变成了一个窄带频谱，称作引起频率弥散。

通常将由于电离层浓度变化等因素所引起的信号衰落称为慢衰落；而把由于多径效应引起的信号衰落称为快衰落。

(2)频率选择性衰落与相关带宽。多径传播的路径只有两条时，可推导出信道的幅频特性为

$$|H(\omega)| = K|(1+\mathrm{e}^{-\mathrm{j}\omega\tau})| = 2K\left|\cos\frac{\omega\tau}{2}\right| \tag{3-7}$$

式中，K 为两条路径的衰减系数；τ 为两条路径到达信号的相对时延差。$|H(\omega)|-\omega$ 的特性曲线如图 3－6 所示。

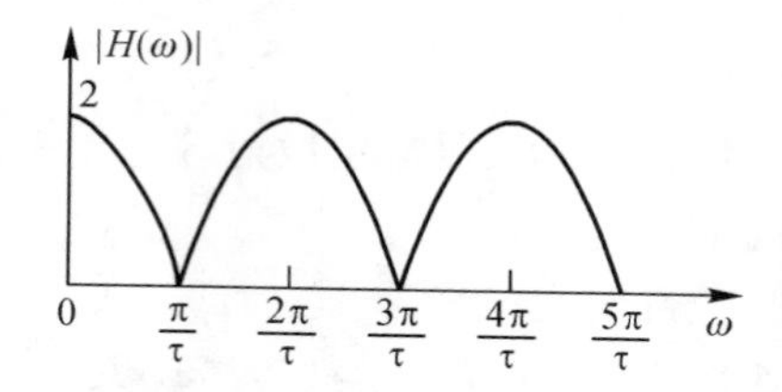

图 3－6　两条路径传播时选择性衰落特性

显见，对于不同的频率信道的衰减不同，传输信号的频谱将受到畸变。当一个传输信号的频谱宽于 $1/\tau$ 时，将致使某些分量被衰落，这种现象称为频率选择性衰落。

一般的多径传播中，频率选择性也将同样依赖于相对时延差。设信道的最大时延差为 τ_{m}，定义相邻两个零点之间的频率间隔

$$B_{\mathrm{c}} = \frac{1}{\tau_{\mathrm{m}}} \tag{3-8}$$

为多径传播信道的相关带宽。显然可见，如果传输信号的频带大于相关带宽，将产生明显的选择性衰落。为了减小选择性衰落，工程设计中，通常使发送信号带宽 B 满足

$$B = (\frac{1}{3} \sim \frac{1}{5})B_{\mathrm{c}} \tag{3-9}$$

3. 随参信道特性的改善

随参信道的衰落，将会严重降低通信系统的性能，故必须设法改善。对于慢衰落，主要采取加大发射功率和在接收机内采用自动增益控制等技术和方法；对于快衰落，明显有效且常用的抗衰落措施是分集接收技术。

“分集”是指在接收端“分散”得到多个携带同一信息的合成信号，而后适当“集中”构成总的接收信号。理论和实践证明，只要被分集的几个合成信号之间是统计独立或基本独立的，接收到的信号就不可能同时被衰减掉，那么，经过适当的合并后就能使系统性能大为改善。

常见的分集方式有空间分集、频率分集、角度分集和极化分集等；常用的集中合成信号的方式有最佳选择式、等增益相加式、最大比值相加式等。

分集方法不是互相排斥的，在实际使用时可以互相组合。例如由二重空间分集和二重频率分集组成四重分集系统等。

3.2.4　信道的加性噪声

前已指出，调制信道对信号的影响除乘性干扰外，还有加性干扰（即加性噪声）；加性噪声虽然独立于有用信号，但它却始终存在，且干扰有用信号，因而不可避免地对通信造成危害。

1. 加性干扰噪声的来源

尽管对信号传输有影响的加性干扰种类很多，但是影响最大的是起伏噪声，它是通信系统最基本的噪声源。

起伏噪声主要指信道内部的热噪声、散弹噪声，以及来自空间的宇宙噪声等。它们都是不规则的随机过程，只能采用大量统计的方法来寻求其统计特性。

2. 起伏噪声的统计特性

理论分析与实际测试表明，起伏噪声具有如下统计特性：

(1)瞬时值服从高斯分布，且均值为 0；

(2)功率谱密度在很宽的频率范围内是平坦的。

由于起伏噪声是加性噪声，又具有上述统计特性，所以常被称为加性高斯白噪声(AWGN)。

起伏噪声的一维概率密度函数为

$$f_{n}(x)=\frac{1}{\sqrt{2\pi}\sigma_{n}}\exp\left[-\frac{x^{2}}{2\sigma_{n}^{2}}\right] \tag{3-10}$$

式中，σ_n^2 为起伏噪声的功率。

起伏噪声的双边功率谱密度为

$$P_{n}(\omega)=\frac{n_{0}}{2}\ (\mathrm{W/Hz}) \tag{3-11}$$

3. 等效噪声带宽

为了减少信道加性噪声的影响，在接收机输入端常用一个滤波器滤除带外噪声。在通信系统中，这个滤波器常具有窄带性，故滤波器的输出噪声不再是白噪声，而是一个窄带噪声。且由于滤波器是一种线性电路，高斯过程经过线性系统后，仍为一高斯过程，所以该窄带噪声又常称为窄带高斯噪声。典型的窄带噪声功率谱密度曲线如图 3-7 中实线所示。

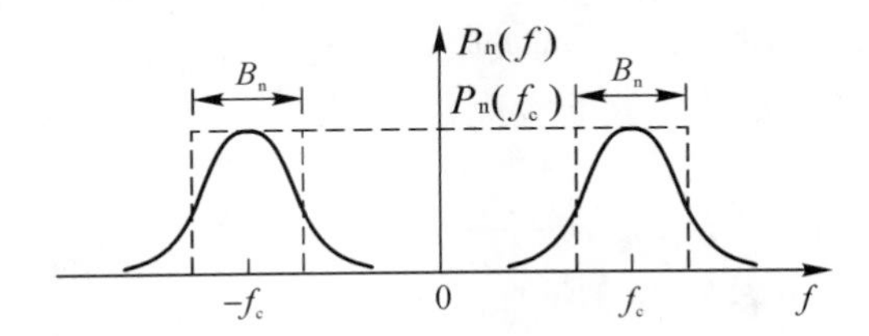

图 3-7　带通型噪声的等效噪声带宽

图 3-7 中，实线所示窄带高斯噪声的功率为

$$P_{n}=\int_{-\infty}^{\infty}P_{n}(f)\mathrm{d}f \tag{3-12}$$

图中，还以虚线画出了一个理想带通滤波器，其高度等于原噪声功率谱密度曲线的最大值 $P_n(f_c)$，而宽度 B_n 由下式决定

$$B_{n}=\frac{\int_{-\infty}^{+\infty}P_{n}(f)\mathrm{d}f}{2P_{n}(f_{c})}=\frac{\int_{0}^{+\infty}P_{n}(f)\mathrm{d}f}{P_{n}(f_{c})} \tag{3-13}$$

式中，f_c 为带通滤波器的中心频率。显然，式(3-13)所规定的 B_n，保证了图中矩形虚线下的面积和功率谱密度曲线下的面积相等，即理想带通滤波器输出噪声的功率与实际带通滤波器输出噪声的功率相等。故称 B_n 为等效噪声带宽。

在后续章节分析接收机抗噪声性能时，一般假设接收机输入端的带通滤波器为一个理想矩形，这个理想矩形的带宽实际上就是等效噪声带宽。

3.2.5 信道容量的概念

1. 信道容量的定义

在信息论中，称信道无差错传输信息的最大信息速率为信道容量。

从信息论的观点来看，各种信道可概括为两大类：离散信道（输入与输出信号都是取值离散的）和连续信道（输入和输出信号都是取值连续的）。分别对应前面讨论的广义信道中的编码信道和调制信道。

2. 香农公式

假设连续信道的加性高斯带限白噪声功率为 N (W)，信道的带宽为 B (Hz)，信号功率为 S (W)，则该信道的信道容量为

$$C = B\log_2\left(1+\frac{S}{N}\right) \quad \text{(b/s)} \tag{3-14}$$

这就是信息论中具有重要意义的香农公式，它表明了当信号与作用在信道上的起伏噪声的平均功率给定时，在具有一定频带宽度的信道上，理论上单位时间内可能传输的信息量的极限数值。

若噪声的单边功率谱密度为 n_0 (W/Hz)，则信道带宽 B 内的噪声功率 $N = n_0 B$。因此，香农公式的另一种形式为

$$C = B\log_2\left(1+\frac{S}{n_0 B}\right) \quad \text{(b/s)} \tag{3-15}$$

3. 关于香农公式的几点讨论

(1)在给定 B、S/N 的情况下，信道的极限传输能力为 C，而且此时能够做到无差错传输（即差错率为零）。反过来说，如果信道的实际传输速率大于 C 值，则无差错传输在理论上就已不可能。

(2)提高信噪比 S/N（通过减小 n_0 或增大 S），可提高信道容量 C。特别是，若 $n_0 \to 0$，则 $C \to \infty$，这意味着无干扰信道容量为无穷大。

(3)增加信道带宽 B，也可增加信道容量 C，但做不到无限制地增加。这是因为如果 S、n_0 一定，有

$$\lim_{B\to\infty} C = \lim_{B\to\infty} B\log_2\left(1+\frac{S}{n_0 B}\right) \approx 1.44\frac{S}{n_0} \tag{3-16}$$

(4)信道容量可以通过系统带宽 B 与信噪比 S/N 的互换而保持不变。据此，为达到某个实际传输速率，在系统设计时可以利用香农公式中的互换原理，确定合适的系统带宽和信噪比。

通常，把实现了极限信息速率传送（即达到信道容量值）且能做到任意小差错率的通信系统，称为理想通信系统。Shannon 只证明了理想通信系统的“存在性”，却没有指出具体的实现方法，但这并不影响香农定理在通信系统理论分析和工程实践中所起的重要指导作用。

3.3 思考题解答

3-1 什么是狭义信道？什么是广义信道？

答:信道是指以传输媒介为基础的信号通路。狭义信道仅指信号传输媒介;广义信道不仅包括传输媒介,还包括有关的器件或设备,如馈线、天线、调制器、解调器等。

3－2　在广义信道中,什么是调制信道?什么是编码信道?

答:调制信道是从研究调制与解调的基本问题出发而构成的,它的范围是从调制器输出端到解调器输入端。编码信道着眼于编码和译码问题,它是指从编码器输出端到译码器输入端的所有转换器及传输媒质。

3－3　试画出调制信道模型和二进制无记忆编码信道模型。

答:调制信道模型的如图 3－2 所示。二进制无记忆编码信道模型如图 3－3 所示,其中 $P(0/0)$,$P(1/0)$,$P(0/1)$,$P(1/1)$ 为转移概率。

3－4　信道无失真传输的条件是什么?

答:①网络的幅度一频率特性 $|H(\omega)|$ 是一个不随频率变化的常数;②网络的相位一频率特性 $\varphi(\omega)$ 与频率成负斜率直线关系。

3－5　恒参信道的主要特性有哪些?对所传信号有何影响?如何改善?

答:恒参信道的传输媒质随时间不变或变化极为缓慢。恒参信道不理想时,会使所传信号发生幅度-频率畸变和相位-频率畸变,引起信号波形失真和码间干扰。

幅度-频率特性通常采用均衡措施来改善,即再通过一个线性补偿网络,使衰耗特性曲线变得平坦;相位-频率特性则采取相位均衡技术来改善。

3－6　随参信道的主要特性有哪些?对所传信号有何影响?如何改善?

答:随参信道的主要特性有:①信号传输的衰耗随时间随机变化;②信号传输的时延随时间随机变化;③存在多径传播现象。这些特性会对使所传信号产生多径衰落与频率弥散,以及频率选择性衰落。对于慢衰落,可以采取加大发射功率和在接收机内采用自动增益控制等技术来改善;对于快衰落,可以采用分集接收技术来改善。

3－7　什么是多径衰落?什么是选择性衰落?

答:多径传播使确定的载频信号变成了包络和相位都随机变化的窄带信号的现象称为多径衰落。随参信道中,当传输信号的频谱大于相关带宽时,发生某些分量被衰落的现象称为选择性衰落。

3－8　什么是相关带宽?相关带宽对于随参信道信号传输具有什么意义?

答:相关带宽是指多径传播时,随参信道传输函数相邻两个零点之间的频率间隔,即信道的最大时延差 τ_m 的倒数。当传输信号的频带 B 大于相关带宽 B_c 时,将产生明显的选择性衰落。工程上常取 $B=(1/5\sim1/3)B_c$,以减少选择性衰落。

3－9　什么是分集接收?常见的几种分集方式有哪些?

答:分集接收是指在接收端"分散"得到多个携带同一信息、统计独立或基本独立的合成信号,而后适当"集中"构成总的接收信号,以减小衰落的影响。

常见的分集方式有空间分集、频率分集、角度分集和极化分集等。

3－10　根据噪声的性质来分类,噪声可以分为哪几类?

答:根据噪声的性质,噪声可以分为单频噪声、脉冲干扰和起伏噪声。

3－11　信道中常见的起伏噪声有哪些?它们的统计特性如何?

答:信道中常见的起伏噪声主要有信道内部的热噪声、散弹噪声以及来自空间的宇宙噪声。起伏噪声特性:①瞬时值服从高斯分布,且均值为 0;②功率谱密度在很宽的频率范围内是平坦的。即为高斯白噪声。

3－12　等效噪声带宽是如何定义的？其有何用途？

答：用带限高斯白噪声代替窄带高斯噪声时，要求两者功率相等、最大值相同，由此所决定的带限白噪声的带宽，称为等效噪声带宽。

3－13　信道容量是如何定义的？香农公式有何意义？

答：称信道无差错传输信息的最大信息速率为信道容量。香农公式为

$$C = B\log_2\left(1+\frac{S}{N}\right)\quad(\mathrm{b/s})$$

它表明了当信号与作用在信道上的起伏噪声的平均功率（S，N）给定时，在具有一定频带宽度B的信道上，理论上单位时间内可能传输的信息量的极限数值（信道容量C）。

3.4　习题解答

3－1　设有两个恒参信道，其模型分别如图P3－1(a)(b)所示。试求这两个信道的群延迟特性，并画出它们的群迟延曲线。说明信号通过它们时，有无群迟延畸变？

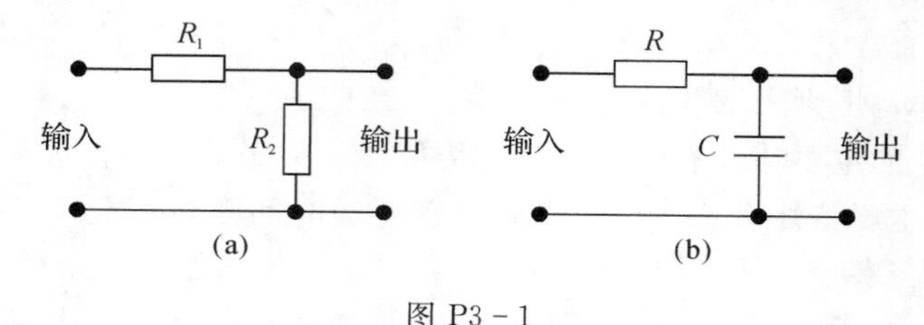

图P3－1

解：(1)信道图P3－1(a)传输函数

$$H(\omega)=\frac{R_2}{R_1+R_2}$$

相频特性

$$\varphi(\omega)=0$$

群延迟特性

$$\tau(\omega)=\frac{\mathrm{d}\varphi(\omega)}{\mathrm{d}\omega}=0$$

群迟延曲线如图S3－1(a)所示，信号通过信道图P3－1(a)时无群迟延畸变。

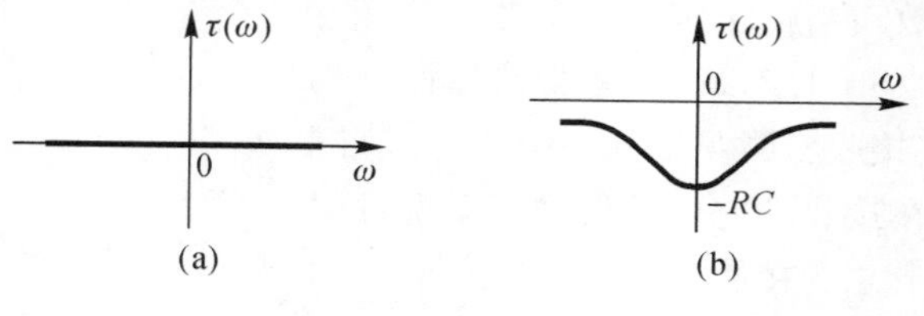

图S3－1

(2)信道图P3－1(b)传输函数

$$H(\omega)=\frac{\dfrac{1}{\mathrm{j}\omega C}}{R+\dfrac{1}{\mathrm{j}\omega C}}=\frac{1}{1+\mathrm{j}\omega CR}$$

相频特性 $$\varphi(\omega) = -\arctan\omega CR$$

群延迟特性 $$\tau(\omega) = \frac{-RC}{1+(\omega CR)^2} \neq 常数$$

曲线如图 S3-1(b)所示，故信号通过信道图 P3-1(b)时有群迟延畸变。

3-2　设某恒参信道的传递函数 $H(\omega) = K_0 e^{-j\omega t_d}$，$K_0$ 和 t_d 都是常数。试确定信号 $s(t)$ 通过该信道后的输出信号的时域表达式，并讨论信号有无失真？

解：根据 $h(t) \Leftrightarrow H(\omega)$，得信道冲激响应

$$h(t) = K_0\delta(t-t_d)$$

输出信号

$$s_o(t) = s(t) * h(t) = s(t) * K_0\delta(t-t_d) = K_0 s(t-t_d)$$

因为幅频特性

$$|H(\omega)| = K_0 = 常数$$

群延迟

$$\tau(\omega) = \frac{d\varphi(\omega)}{d\omega} = \frac{d}{d\omega}(-\omega t_d) = -t_d = 常数$$

故该恒参信道对信号传输，既不会产生幅频失真，也不会产生相频失真。

3-3　某恒参信道的传输函数为

$$H(\omega) = [1+\cos\omega T_0]e^{-j\omega t_d}$$

式中，T_0 和 t_d 为常数，试确定信号 $s(t)$ 通过该信道后的输出信号表示式，并讨论有无失真。

解：由信道传输函数

$$H(\omega) = [1+\cos\omega T_0]e^{-j\omega t_d} = e^{-j\omega t_d} + \frac{1}{2}[e^{j\omega T_0} + e^{-j\omega T_0}]e^{-j\omega t_d}$$

得系统冲激响应

$$h(t) = \delta(t-t_d) + 0.5\delta(t-t_d+T_0) + 0.5\delta(t-t_d-T_0)$$

输出信号

$$y(t) = s(t) * h(t) = s(t-t_d) + 0.5s(t-t_d+T_0) + 0.5s(t-t_d-T_0)$$

因为幅频特性

$$|H(\omega)| = 1+\cos\omega T_0 \neq 常数$$

群延迟

$$\tau(\omega) = \frac{d\varphi(\omega)}{d\omega} = \frac{d}{d\omega}(-\omega t_d) = -t_d = 常数$$

故该恒参信道对信号传输不会产生相频失真，但会产生幅频失真。

3-4　假设某随参信道的二径时延差 τ 为 1 ms，试问在该信道哪些频率上传输衰耗最大？选用哪些频率传输信号最有利(即增益最大，衰耗最小)？

解：二径传播时信道的幅频特性为

$$|H(\omega)| = 2K\left|\cos\frac{\omega\tau}{2}\right|$$

式中，K 为两条路径的衰减系数。选择性衰落特性曲线如图 S3-4 所示。

传播零点为 $$\omega = \frac{(2n+1)\pi}{\tau},\ f = \frac{n+\frac{1}{2}}{\tau} = \left(n+\frac{1}{2}\right)(\text{kHz}),\ n = 0,1,2,\cdots$$

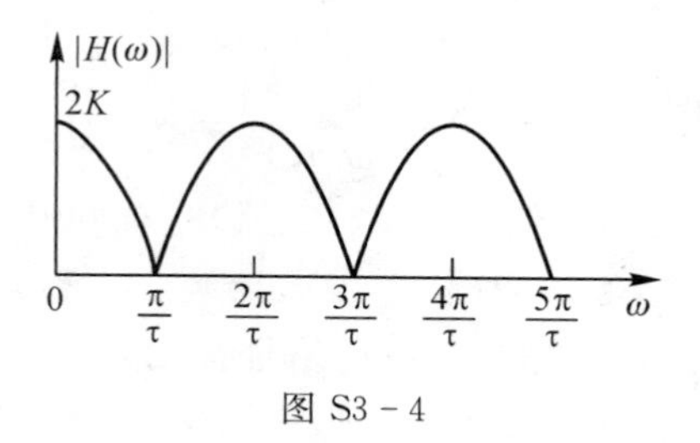

图 S3-4

传播极点为 $\omega = \frac{2n\pi}{\tau}, f = \frac{n}{\tau} = n(\text{kHz}), n = 0,1,2,\cdots$

故当 $\tau = 1$ ms 时，该二径传播信道在 $f = 0,1,2,\cdots(\text{kHz})$ 处传输最有利，在 $f = 0.5$，1.5，2.5，…(kHz)处传输衰耗最大。

3-5　设某随参信道的最大多径时延差为 3 ms，为了避免发生频率选择性衰落，试估算在该信道上传输的数字基带信号的脉冲宽度(数字基带信号的带宽等于脉冲宽度的倒数)。

解:依题意，系统相关带宽为

$$B_c = \frac{1}{\tau_m}$$

为了减小选择性衰落，发送信号带宽 B 应满足

$$B = (\frac{1}{3} \sim \frac{1}{5})B_c = (\frac{1}{3} \sim \frac{1}{5})\frac{1}{\tau_m}$$

信号的脉冲宽度

$$T_b = \frac{1}{B} = (3 \sim 5)\tau_m = (9 \sim 15)\ \text{ms}$$

3-6　已知高斯信道的带宽为 4 kHz，信号与噪声的功率比为 63，试确定这种理想通信系统的极限传输速率。

解:由香农公式可知系统的极限传输速率为

$$R_{bm} = C = B\log_2\left(1 + \frac{S}{N}\right) = 4 \times 10^3 \log_2(1 + 63) = 24\text{kb/s}$$

3-7　已知有线电话信道的传输带宽为 3.4 kHz:

(1)试求信道输出信噪比为 30 dB 时的信道容量;

(2)若要求在该信道中传输 33.6 kb/s 的数据，试求接收端要求的最小信噪比为多少?

解:已知信道带宽 $B = 3.4 \times 10^3$ Hz。

(1)当信道输出信噪比 $\frac{S}{N} = 30\ \text{dB} = 10^3$ 时

由香农公式可求得信道容量

$$C = B\log_2(1 + \frac{S}{N}) = 3.4 \times 10^3 \log_2(1 + 10^3) = 33.9\text{kb/s}$$

(2)若要求传输速率 $R_b = 33.6 \times 10^3$ b/s，由香农公式

$$C = B\log_2(1 + \frac{S}{N}) \geqslant R_b = 33.6 \times 10^3$$

易求得接收端输入最小信噪比

$$\frac{S}{N} \geqslant 2^{\frac{C}{B}} - 1 = 2^{\frac{33.6\times10^3}{3.4\times10^3}} - 1 = 942.81 = 29.75\text{dB}$$

3-8 具有 6.5 MHz 带宽的某高斯信道，若信道中信号功率与噪声功率谱密度之比为 45.5 MHz，试求其信道容量。

解：已知 $S/n_0 = 45.5\text{MHz}$ 、$B = 6.5\text{MHz}$ 。由香农公式可得

$$C = B\log_2(1+\frac{S}{N}) = B\log_2(1+\frac{S}{n_0 B}) =$$

$$6.5\times10^6\times\log_2(1+45.5\times10^6\times\frac{1}{6.5\times10^6}) = 19.5\text{Mb/s}$$

3.5　本章知识结构

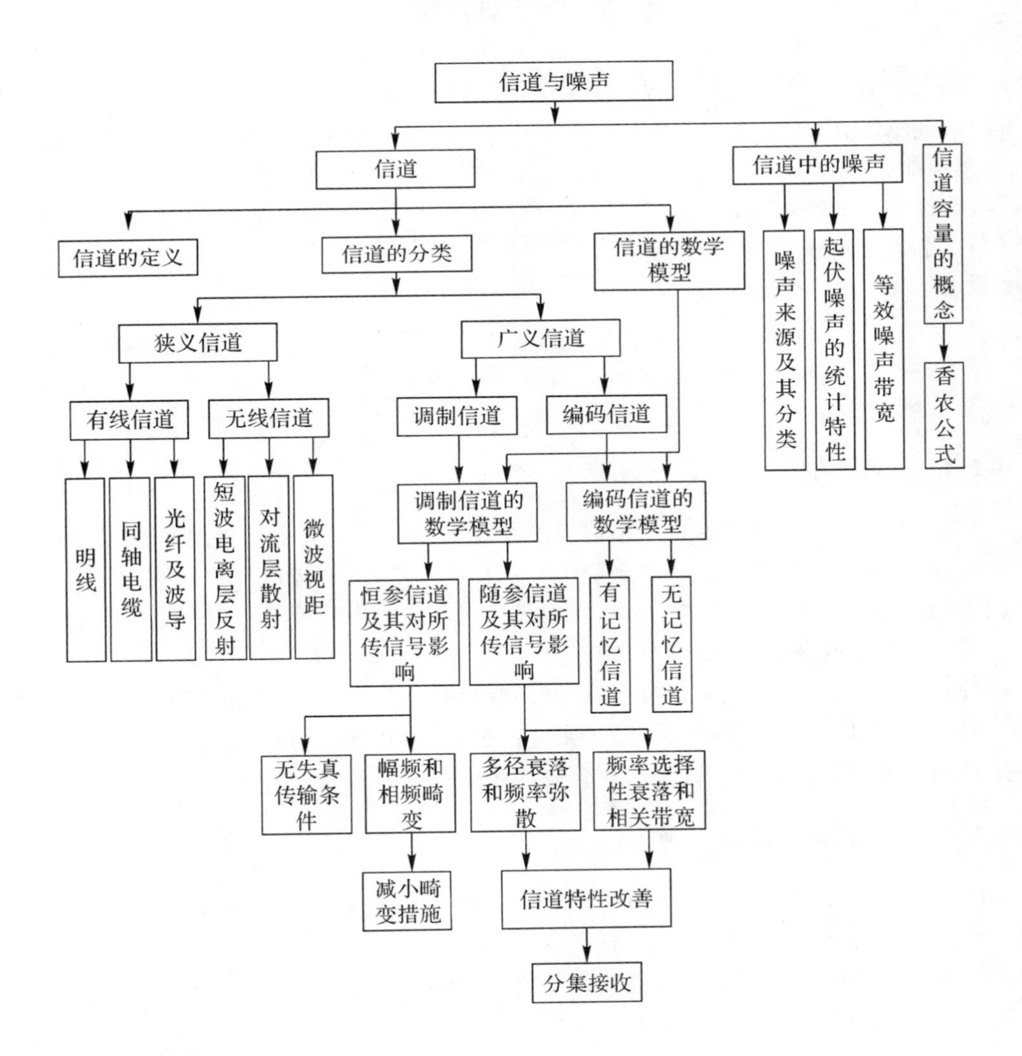

第4章　模拟调制系统

4.1　大纲要求

(1)熟悉调制的目的、定义、分类。

(2)掌握 AM、DSB、SSB 和 VSB 的基本原理(信号表达式、频谱及带宽、调制/解调方式)及抗噪声性能。

(3)掌握 FM 的基本原理(信号表达式、频谱及带宽、调制/解调方式)及抗噪声性能。

(4)了解各种模拟调制系统的比较。

(5)熟悉频分复用的概念。

4.2　内容概要

4.2.1　调制的概念

(1)调制的定义。调制就是按基带信号的变化规律去改变高频载波某些参量的过程。基带信号常称为调制信号,调制后所得到的信号称为已调信号(频带信号)。

(2)调制的作用:①将基带调制信号变换成适合在信道中传输的已调频带信号。②实现信道的多路复用。③改善通信系统的抗噪声性能。

(3)调制的分类。调制的方式很多,根据调制信号的形式可分为模拟调制和数字调制;根据载波的形式可以分为连续波调制(以正弦波作为载波)和脉冲调制(以脉冲串作为载波)。

最常用的模拟调制是用正弦波作为载波的幅度调制和角度调制。

4.2.2　幅度调制的原理

幅度调制是用调制信号去控制高频正弦载波的幅度,使其按调制信号的规律变化的过程,一般模型如图 4-1 所示。$m(t)$ 为调制信号,$\cos\omega_c t$ 为高频正弦载波,$s_m(t)$ 为已调信号,$h(t)$ 为滤波器的冲激响应。已调信号的时域和频域表达式分别为

$$s_m(t) = [m(t)\cos\omega_c t] * h(t) \qquad (4-1)$$

$$S_m(\omega) = \frac{1}{2}[M(\omega+\omega_c) + M(\omega-\omega_c)]H(\omega) \qquad (4-2)$$

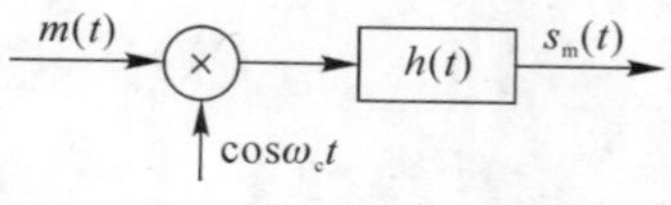

式中,$M(\omega)$ 为 $m(t)$ 的频谱;$H(\omega) \Leftrightarrow h(t)$;$\omega_c$ 为载波角

图 4-1　幅度调制器的一般模型

频率。

由以上两式可见，在波形上，$s_m(t)$ 的幅度随基带信号规律而变化；在频谱结构上，$s_m(t)$ 的频谱完全是基带信号频谱在频域内的简单搬移。由于这种搬移是线性的，因此幅度调制常称为线性调制。

在图 4 - 1 中，适当选择滤波器的特性 $H(\omega)$ 及 $m(t)$，便可得到各种不同的幅度调制信号，如 AM、DSB、SSB、VSB 信号等。

1. 常规双边带调幅(AM)

(1)AM 信号的表达式、频谱和带宽。在图 4 - 1 中，若滤波器为全通网络（$H(\omega)=1$），调制信号 $m(t)$ 叠加直流 A_0 后再与载波相乘，输出的信号就是 AM 信号。

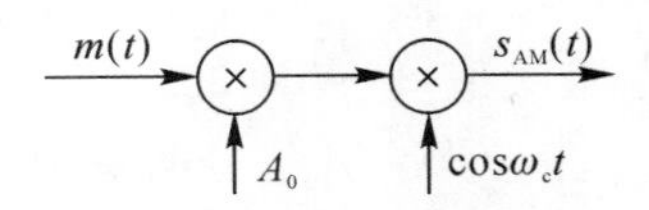

图 4 - 2　AM 调制器模型

AM 调制器的模型如图 4 - 2 所示，其时域和频域表示式分别为

$$s_{AM}(t) = [A_0 + m(t)]\cos\omega_c(t) = A_0\cos\omega_c(t) + m(t)\cos\omega_c(t) \tag{4-3}$$

$$S_{AM}(\omega) = \pi A_0[\delta(\omega+\omega_c)+\delta(\omega-\omega_c)] + \frac{1}{2}[M(\omega+\omega_c)+M(\omega-\omega_c)] \tag{4-4}$$

式中，A_0 为外加的直流分量；$m(t)$ 平均值为 0，即 $\overline{m(t)}=0$ 。

AM 信号的波形和频谱如图 4 - 3 所示。

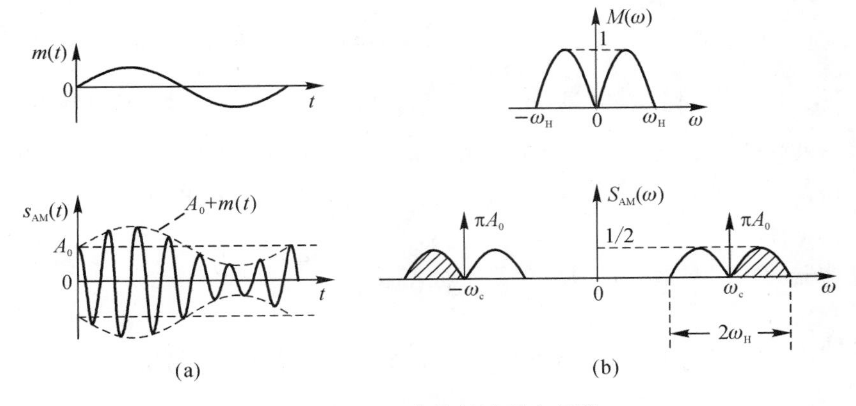

图 4 - 3　AM 信号的波形和频谱

由图 4 - 3 可见：

1)AM 信号波形的包络与输入基带信号 $m(t)$ 成正比，用包络检波的方法很容易恢复原始调制信号。但必须保证 $A_0 \geqslant |m(t)|_{max}$，否则将出现过调幅现象。

2)AM 信号的频谱 $S_{AM}(\omega)$ 由载频分量和上、下两个完全对称边带组成[图 4 - 3(b)频谱中画斜线的部分为上边带，不画斜线的部分为下边带]，故被称为带有载波的双边带信号。显然，每个边带都含有原调制信号的全部信息

3)AM 信号带宽

$$B_{AM} = 2B_m = 2f_H \tag{4-5}$$

式中，f_H 为调制信号的最高频率；$B_m = f_H$ 为基带信号带宽。

(2)AM 信号的功率分配及调制效率。AM 信号平均功率为 $s_{AM}(t)$ 的均方值，即

$$P_{AM}=\overline{s_{AM}{}^{2}(t)}=\overline{[A_0+m(t)]^2\cos^2\omega_c t}=\frac{A_0^2}{2}+\frac{\overline{m^2(t)}}{2}=P_c+P_s \quad (4-6)$$

式中，$P_c=A_0^2/2$ 为载波功率；$P_s=\overline{m^2(t)}/2$ 为边带功率，它是调制信号功率 $P_m=\overline{m^2(t)}$ 的一半。

因为只有边带功率与调制信号有关，载波功率不携带信息，AM 信号的调制效率

$$\eta_{AM}=\frac{P_s}{P_{AM}}=\frac{\overline{m^2(t)}}{A_0^2+\overline{m^2(t)}} \quad (4-7)$$

显然，AM 信号的调制效率总是小于 1。当 $A_0=|m(t)|_{max}$，即进行 100%的调制时达到最大值，但仅为 33.3%。

(3)AM 信号的解调。解调是调制的逆过程，从频谱上看，就是将已调信号的频谱搬回到原始的基带位置。AM 信号的解调方法有两种：相干解调和包络检波解调。

1)相干解调。相干解调又称为同步检波，基本思想是在接收端对已调信号乘上一个与信号载波一致的同频同相位的本地载波(相干载波)，经过一个低通滤波器 LPF，滤除高频分量，恢复出原始信号。

相干解调的一般模型如图 4－4 所示。解调器输出

$$m_o(t)=\frac{1}{2}[A_0+m(t)] \quad (4-8)$$

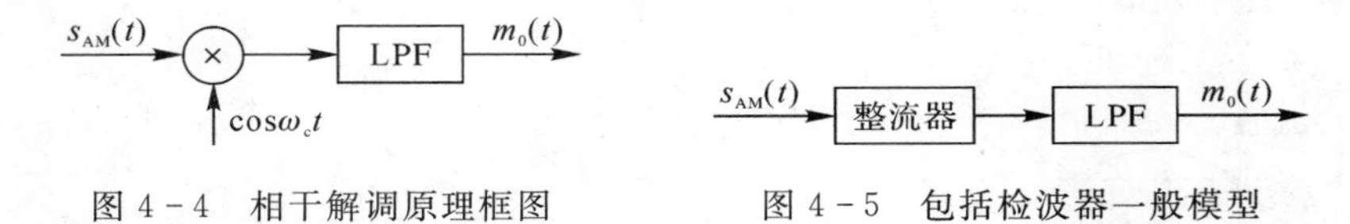

图 4－4　相干解调原理框图　　　图 4－5　包括检波器一般模型

2)包络检波法。AM 信号波形的包络与输入基带信号 $m(t)$ 成正比，故可以用包络检波的方法恢复原始调制信号。包络检波器一般由半波或全波整流器和低通滤波器组成，如图 4－5 所示。

包络检波器的输出与输入信号的包络十分相近，为

$$m_o(t)\approx A_0+m(t) \quad (4-9)$$

包络检波法属于非相干解调法，解调效率高、解调电路简单、容易实现，所以几乎所有的调幅(AM)式接收机都采用这种电路。

AM 调制的好处是解调电路简单，可采用包络检波法，但调制效率低。如果抑制载波分量的传送，则可演变出另一种调制方式，即抑制载波的双边带调幅(DSB-SC)。

2. 抑制载波的双边带调幅(DSB-SC)

(1) DSB 信号的表达式、频谱及带宽。在图 4－1 的一般模型中，若滤波器为全通网络($H(\omega)=1$)，调制信号不含直流分量($\overline{m(t)}=0$)，则输出的已调信号就是抑制载波双边带调幅信号(DSB-SC)，简称 DSB 信号。

DSB 调制器模型如图 4－6 所示，时域和频域表示式分别为

$$s_{DSB}(t)=m(t)\cos\omega_c t \quad (4-10)$$

$$S_{DSB}(\omega)=\frac{1}{2}[M(\omega+\omega_c)+M(\omega-\omega_c)] \quad (4-11)$$

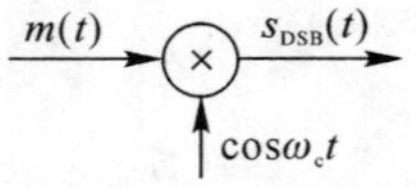

图 4－6　DSB 调制器模型

其波形和频谱分别如图 4－7(a)(b)所示。

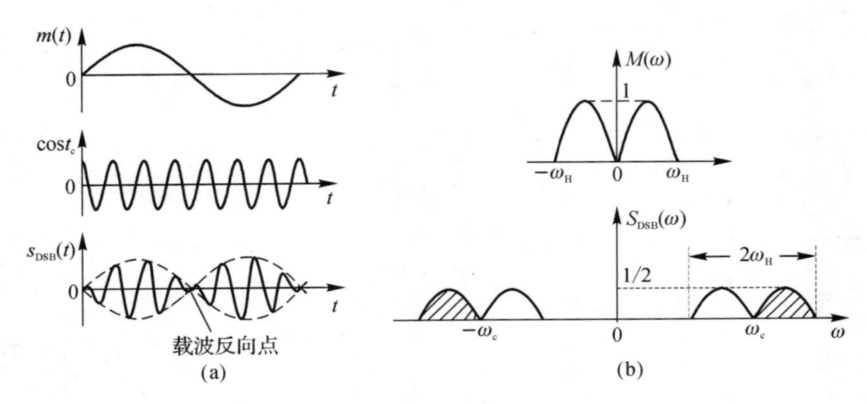

图 4－7　DSB 信号的波形和频谱

由图 4－7 可见：

1）DSB 信号的包络不再与 $m(t)$ 成正比，故不能进行包检法解调，需采用相干解调。

2）除不再含有载频分量离散谱外，DSB 信号的频谱与 AM 信号的完全相同，仍由上下对称的两个边带组成。

3）DSB 信号的带宽与 AM 信号相同，也为基带信号带宽的两倍，即

$$B_{DSB} = B_{AM} = 2B_m = 2f_H \tag{4-12}$$

（2）DSB 信号的功率分配及调制效率。由于不再包含载波成分，因此 DSB 信号的功率就等于边带功率，是调制信号功率的一半，即

$$P_{DSB} = \overline{s_{DSB}^2(t)} = P_s = \frac{1}{2}\overline{m^2(t)} = \frac{1}{2}P_m \tag{4-13}$$

显然，DSB 信号的调制效率为 100％。

（3）DSB 信号的解调。DSB 信号只能采用相干解调，其模型与 AM 信号相干解调时完全相同，如图 4－4 所示。此时，解调器输出

$$m_o(t) = \frac{1}{2}m(t) \tag{4-14}$$

抑制载波的双边带幅度调制的好处是，节省了载波发射功率，调制效率高；调制电路简单，仅用一个乘法器就可实现。缺点是占用频带宽度仍比较宽，为基带信号的 2 倍。

3．单边带调制（SSB）

由于 DSB 信号的上、下两个边带是完全对称的，皆携带了调制信号的全部信息，因此，从信息传输的角度，仅传输其中一个边带就够了。这就又演变出另一种新的调制方式——单边带调制（SSB）。

（1）SSB 信号的产生。产生 SSB 信号的方法很多，其中最基本的方法有滤波法和相移法。

1）滤波法。用滤波法生成 SSB 信号的模型如图 4－8 所示。图中单边带滤波器

$$H_{SSB}(\omega) = \begin{cases} H_H(\omega)\ \text{时，产生上边带信号}\ S_{USB}(\omega) \\ H_L(\omega)\ \text{时，产生下边带信号}\ S_{LSB}(\omega) \end{cases}$$

$H_H(\omega)$，$H_L(\omega)$，$S_{USB}(\omega)$，$S_{LSB}(\omega)$ 的频谱分别如图 4－9、图 4－10（实线）所示。

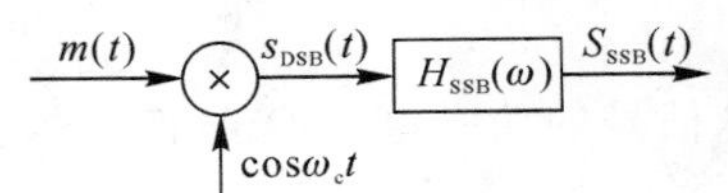

图 4－8　SSB 信号的滤波法产生

SSB 信号的频谱可表示为

$$S_{\mathrm{SSB}}(\omega) = S_{\mathrm{DSB}}(\omega)H_{\mathrm{SSB}}(\omega) = \frac{1}{2}[M(\omega+\omega_c)+M(\omega-\omega_c)]H_{\mathrm{SSB}}(\omega) \tag{4-15}$$

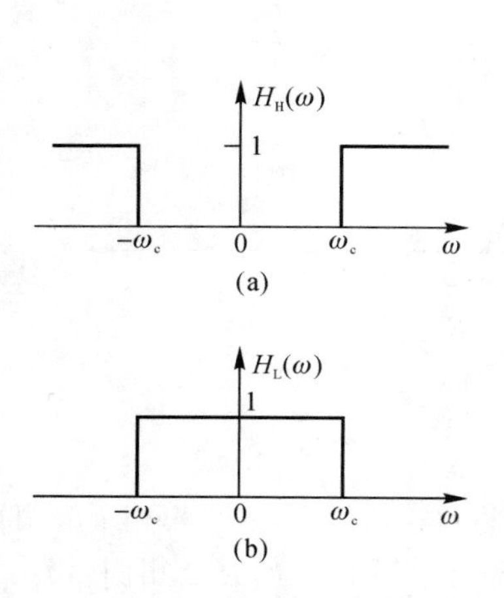

图 4-9　形成 SSB 信号的滤波器

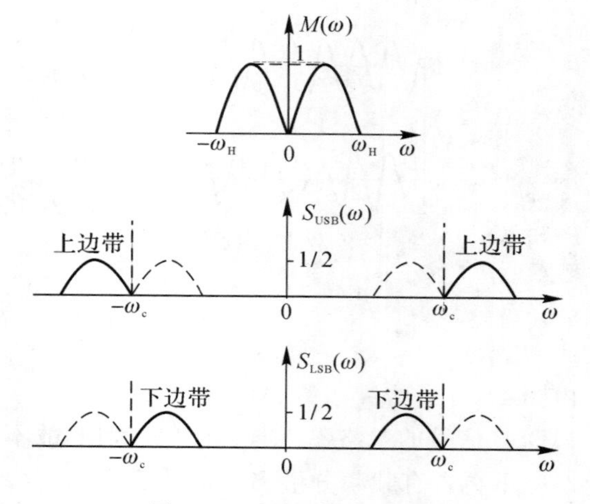

图 4-10　SSB 信号的频谱

2)相移法。可以证明,SSB 信号的时域表达式可以表达为

$$s_{\mathrm{SSB}}(t) = \frac{1}{2}m(t)\cos\omega_c t \mp \frac{1}{2}\hat{m}(t)\sin\omega_c t \tag{4-16}$$

式中,"－"对应上边带信号,"＋"对应下边带信号;$\hat{m}(t)$ 是 $m(t)$ 的希尔伯特变换,其特征是把 $m(t)$ 的所有频率成分均相移 $-\pi/2$,而保持幅度-频率特性不变。

根据式(4-16)可构建用相移法形成 SSB 信号的模型,如图 4-11 所示。图中,$H_h(\omega)$ 为希尔伯特滤波器,它实质上是一个宽带相移网络,对 $m(t)$ 中的任意频率分量均相移 $-\pi/2$ 。

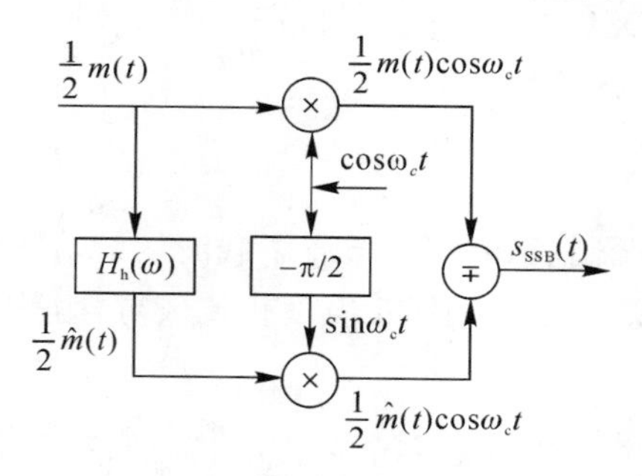

图 4-11　相移法形成 SSB 信号的模型

(2)SSB 信号的带宽、功率和调制效率。由于 SSB 信号的带宽为 DSB 信号的一半,与基带信号带宽相同,即

$$B_{\mathrm{SSB}} = \frac{1}{2}B_{\mathrm{DSB}} = B_m = f_H \tag{4-17}$$

SSB 信号的功率也为 DSB 信号的一半,即

$$P_{\mathrm{SSB}} = \frac{1}{2}P_{\mathrm{DSB}} = \frac{1}{4}\overline{m^2(t)} \tag{4-18}$$

显然,SSB 信号不含载波成分,调制效率为 100%。

(3)SSB 信号的解调。SSB 信号的包络不再与调制信号 $m(t)$ 成正比,因此也只能采用相干解调,其模型与图 4-4 相同。此时,解调器输出

$$m_o(t) = \frac{1}{4}m(t) \tag{4-19}$$

SSB 调制的好处是,节省载波发射功率,调制效率高;频带宽度只有双边带的一半,频带利用率提高一倍。其缺点是制作难度大:采用滤波法时,过渡带陡峭的单边带滤波器不易实现;采用相移法时,希尔伯特宽带相移网络难以实现。

4. *残留边带调制*(VSB)

残留边带调制是介于 SSB 与 DSB 之间的一种调制方式,它既克服了 DSB 信号占用频带宽的问题,又解决了单边带滤波器不易实现的难题。

用滤波法实现残留边带调制的原理图如图 4-12 所示,图中的 $H_{\mathrm{VSB}}(\omega)$ 为残留边带滤波器。

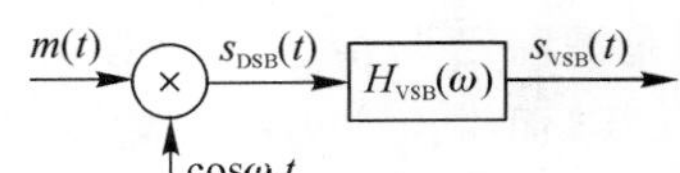

图 4-12　VSB 信号的滤波法产生

对残留边带滤波器的传输函数的要求是,在载频 ω_c 附近具有"互补对称滚降特性"。图4-13示出的是满足该条件的典型实例。以图 4-13(a)所示残留下边带为例,此处"互补对称滚降特性"是指,以(ω_c ,1/2)为坐标原点,建立一坐标系,则残留边带滤波器的过渡带关于原点(ω_c ,1/2)应呈现奇对称性。因为此时,保留的下边带信号在 $|\omega| < \omega_c$ 所损失的部分,"奇对称"由 $|\omega| > \omega_c$ 残留的上边带信号补充回来。

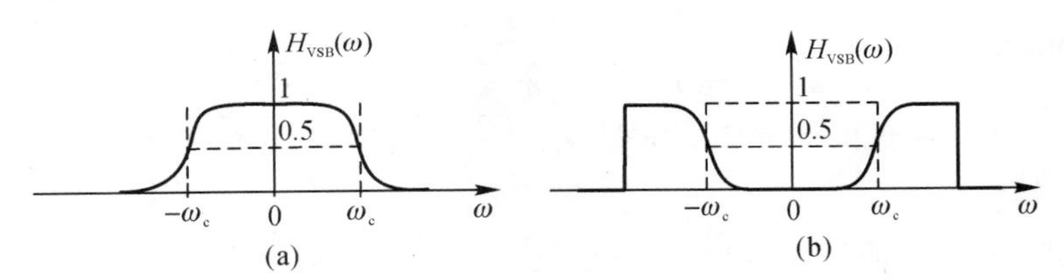

图 4-13　残留边带滤波器特性

残留边带滤波器可以看作是对截止频率为 ω_c 的理想滤波器进行"平滑"的结果,称这种"平滑"为"滚降"。由于"滚降",滤波器截止频率特性的"陡度"变缓,实现难度降低,但滤波器的带宽变宽。

VSB 信号的频域、时域表达式分别为

$$S_{\mathrm{VSB}}(\omega) = S_{\mathrm{DSB}}(\omega) \cdot H_{\mathrm{VSB}}(\omega) = \frac{1}{2}[M(\omega - \omega_c) + M(\omega + \omega_c)]H_{\mathrm{VSB}}(\omega) \tag{4-20}$$

$$s_{\mathrm{VSB}}(t) \approx s_{\mathrm{SSB}}(t) = \frac{1}{2}m(t)\cos\omega_c t \mp \frac{1}{2}\hat{m}(t)\sin\omega_c t \tag{4-21}$$

其中的近似程度与残留边带滤波器过渡带的陡度有关,过渡带愈陡,近似程度愈高。

残留边带信号显然也不能简单地采用包络检波,而必须采用相干解调。VSB 基本性能接近 SSB,在广播电视、通信等系统中得到广泛应用。

4.2.3　线性调制系统的抗噪声性能

任何通信系统都避免不了噪声,研究信道存在加性高斯白噪声时各种线性调制系统的抗

噪声性能具有重要意义。

1. 通信系统抗噪声性能分析模型

由于加性噪声只对已调信号的接收产生影响，因而通信系统的抗噪声性能可用解调器的抗噪声性能来衡量，分析模型如图 4－14 所示。

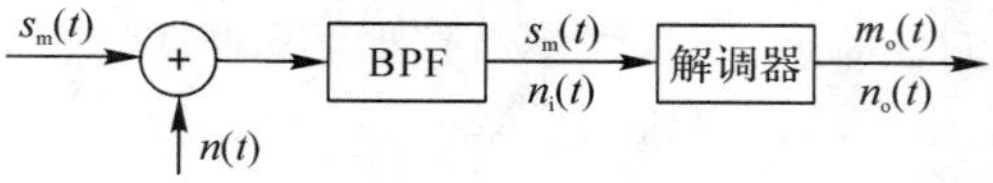

图 4－14　分析解调器抗噪声性能的模型

图中，$s_m(t)$ 为已调信号；$n(t)$ 为传输过程中叠加的高斯白噪声。带通滤波器 BPF 的作用是滤除已调信号频带以外的噪声。因此，经过 BPF 后，到达解调器输入端的信号仍为 $s_m(t)$，而噪声变为窄带高斯噪声 $n_i(t)$。解调器可以是相干解调器或包络检波器，输出的有用信号为 $m_o(t)$，噪声为 $n_o(t)$。

根据第 2 章的讨论，$n_i(t)$ 有两种表达式

$$n_i(t) = n_c(t)\cos\omega_0 t - n_s(t)\sin\omega_0 t \tag{4-22}$$

$$n_i(t) = V(t)\cos[\omega_0 t + \theta(t)] \tag{4-23}$$

其中，$n_i(t)$ 的同相分量 $n_c(t)$、正交分量 $n_s(t)$ 都是高斯变量，它们的均值和方差都与 $n_i(t)$ 的相同，即

$$\overline{n_c(t)} = \overline{n_s(t)} = \overline{n_i(t)} = 0 \tag{4-24}$$

$$\overline{n_c^2(t)} = \overline{n_s^2(t)} = \overline{n_i^2(t)} = N_i = n_0 B \tag{4-25}$$

而 $n_i(t)$ 包络 $V(t)$ 的一维概率密度函数呈瑞利分布，相位 $\theta(t)$ 的一维概率密度函数呈均匀分布。

式(4－25)中，N_i 为解调器的输入噪声功率，n_0 为高斯白噪声的单边功率谱密度，B 为带通滤波器的带宽，一般等于已调信号的带宽。

衡量模拟通信系统质量好坏的指标是输出信噪比，定义为

$$\frac{S_o}{N_o} = \frac{\text{解调器输出有用信号的平均功率}}{\text{解调器输出噪声的平均功率}} = \frac{\overline{m_o^2(t)}}{\overline{n_o^2(t)}} \tag{4-26}$$

只要解调器输出端有用信号能与噪声分开，则输出信噪比就能确定。

为了便于衡量同类调制系统的不同解调器对输入信噪比的影响，广泛使用信噪比增益（调制制度增益）的概念，定义为

$$G = \frac{S_o/N_o}{S_i/N_i} \tag{4-27}$$

其中

$$\frac{S_i}{N_i} = \frac{\text{解调器输入已调信号的平均功率}}{\text{解调器输入噪声的平均功率}} = \frac{\overline{s_m^2(t)}}{\overline{n_i^2(t)}} \tag{4-28}$$

为输入信噪比。显然，在给定的 $s_m(t)$ 及 n_0 的情况下信噪比增益越高，解调器的抗噪声性能越好。

2. 线性调制相干解调的抗噪声性能分析

线性调制相干解调系统的抗噪声性能分析模型如图 4－15 所示。

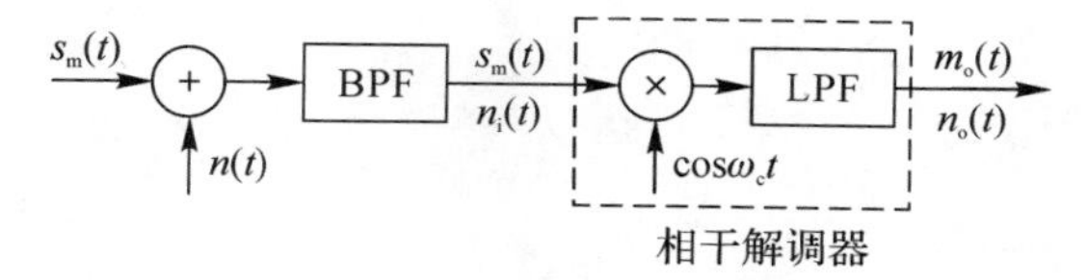

图 4－15　线性调制相干解调的抗噪性能分析模型

相干解调属于线性解调，适用于所有线性调制（DSB，SSB，VSB，AM）信号的解调。其在解调过程中，可以将信号与噪声分开单独考虑。

（1）DSB 调制系统的性能。设解调器输入信号

$$s_m(t) = m(t)\cos\omega_c t \tag{4-29}$$

带宽 $B = 2f_H$（f_H 为基带信号带宽）。则，输入信号平均功率

$$S_i = \overline{s_m^2(t)} = \overline{[m(t)\cos\omega_c t]^2} = \frac{1}{2}\overline{m^2(t)} \tag{4-30}$$

输入噪声平均功率

$$N_i = \overline{n_i^2(t)} = n_0 B \tag{4-31}$$

输入信噪比

$$\frac{S_i}{N_i} = \frac{\overline{s_m^2(t)}}{\overline{n_i^2(t)}} = \frac{\frac{1}{2}\overline{m^2(t)}}{n_0 B} \tag{4-32}$$

相干解调后，解调器输出的信号和噪声分别为

$$m_o(t) = \frac{1}{2}m(t)\ ,\ n_o(t) = \frac{1}{2}n_c(t)$$

可得，解调器输出信号、输出噪声平均功率分别为

$$S_o = \overline{m_o^2(t)} = \frac{1}{4}\overline{m^2(t)} \tag{4-33}$$

$$N_o = \overline{n_o^2(t)} = \frac{1}{4}\overline{n_c^2(t)} = \frac{1}{4}N_i = \frac{1}{4}n_0 B \tag{4-34}$$

输出信噪比

$$\frac{S_o}{N_o} = \frac{\frac{1}{4}\overline{m^2(t)}}{\frac{1}{4}N_i} = \frac{\overline{m^2(t)}}{n_0 B} \tag{4-35}$$

DSB 调制系统制度增益

$$G_{DSB} = \frac{S_o/N_o}{S_i/N_i} = 2 \tag{4-36}$$

结论：DSB 信号的解调器使信噪比改善了一倍。这是因为采用相干解调，把噪声中的正交分量 $n_s(t)$ 抑制掉了，从而使噪声功率减半。

（2）SSB 调制系统相干解调性能。设解调器输入信号

$$s_m(t) = \frac{1}{2}m(t)\cos\omega_c t \mp \frac{1}{2}\hat{m}(t)\sin\omega_c t \tag{4-37}$$

带宽 $B = f_H$（f_H 为基带信号带宽）。则，输入信号平均功率

$$S_i = \frac{1}{4}\overline{m^2(t)} \tag{4-38}$$

输入噪声平均功率

$$N_i = \overline{n_i^2(t)} = n_0 B \tag{4-39}$$

输入信噪比

$$\frac{S_i}{N_i} = \frac{\frac{1}{4}\overline{m^2(t)}}{n_0 B} = \frac{\overline{m^2(t)}}{4n_0 B} \tag{4-40}$$

相干解调后,解调器输出的信号和噪声分别为

$$m_o(t) = \frac{1}{4}m(t)\ ,\ n_o(t) = \frac{1}{2}n_c(t)$$

可得,解调器输出信号、输出噪声平均功率分别为

$$S_o = \overline{m_o^2(t)} = \frac{1}{16}\overline{m^2(t)} \tag{4-41}$$

$$N_o = \overline{n_o^2(t)} = \frac{1}{4}\overline{n_c^2(t)} = \frac{1}{4}N_i = \frac{1}{4}n_0 B \tag{4-42}$$

输出信噪比

$$\frac{S_o}{N_o} = \frac{\frac{1}{16}\overline{m^2(t)}}{\frac{1}{4}n_0 B} = \frac{\overline{m^2(t)}}{4n_0 B} \tag{4-43}$$

SSB 调制系统制度增益

$$G_{\mathrm{SSB}} = \frac{S_o/N_o}{S_i/N_i} = 1 \tag{4-44}$$

结论:SSB 信号的解调器对信噪比没有改善。这是因为在 SSB 系统中,信号和噪声具有相同的表示形式,所以相干解调过程中,信号和噪声的正交分量均被抑制掉,故信噪比不会得到改善。

(3) VSB 调制系统相干解调性能。在残留边带滤波器滚降范围不大的情况下,可将 VSB 信号近似看成 SSB 信号,即

$$s_{\mathrm{VSB}}(t) \approx s_{\mathrm{SSB}}(t) \tag{4-45}$$

因此,VSB 调制系统的抗噪性能与 SSB 系统相近,不再赘述。

3. 常规调幅包络检波的抗噪声性能

包络检波仅适用于 AM 信号的解调,属于非线性解调,解调过程中信号与噪声无法分开处理。

常规调幅包络检波法解调模型如图 4-16 所示。

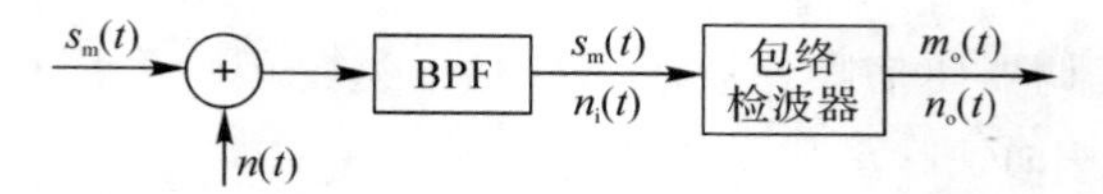

图 4-16　AM 包络检波的抗噪性能分析模型

设解调器输入信号

$$s_m(t) = [A_0 + m(t)]\cos\omega_c t\ ,\ A_0 \geqslant |m(t)|_{\max} \tag{4-46}$$

带宽 $B = 2f_H$ (f_H 为基带信号带宽)。则,输入信号平均功率

$$S_i = \overline{s_m^2(t)} = \frac{A_0^2}{2} + \frac{1}{2}\overline{m^2(t)} \tag{4-47}$$

输入噪声功率 N_i 为

$$N_i = \overline{n_i^2(t)} = n_0 B \tag{4-48}$$

所以，解调器输入信噪比

$$\frac{S_i}{N_i} = \frac{A_0^2 + \overline{m^2(t)}}{2n_0 B} \tag{4-49}$$

解调器输入的是信号加噪声的合成波形，即

$$\begin{aligned} s_m(t) + n_i(t) &= [A_0 + m(t) + n_c(t)]\cos\omega_c t - n_s(t)\sin\omega_c t \\ &= A(t)\cos[\omega_c t + \psi(t)] \end{aligned} \tag{4-50}$$

其中合成包络为

$$A(t) = \sqrt{[A_0 + m(t) + n_c(t)]^2 + n_s^2(t)} \tag{4-51}$$

合成相位为

$$\psi(t) = \arctan\frac{n_s(t)}{A_0 + m(t) + n_c(t)} \tag{4-52}$$

理想包络检波器的输出就是 $A(t)$ 。由式(4－51)可知，检波输出中的有用信号和噪声信号无法完全分开，计算输出信噪比是件困难的事。为简化起见，考虑两种特殊情况。

(1)大信噪比情况。大信噪比时，$[A_0 + m(t)] \gg \sqrt{n_c(t)^2 + n_s^2(t)}$，输出包络为

$$A(t) \approx A_0 + m(t) + n_c(t) \tag{4-53}$$

可见，有用信号与噪声分成两项，因而可分别计算出输出信号功率及噪声功率

$$S_o = \overline{m^2(t)} \tag{4-54}$$

$$N_o = \overline{n_c^2(t)} = \overline{n_i^2(t)} = n_0 B \tag{4-55}$$

所以，输出信噪比为

$$\frac{S_o}{N_o} = \frac{\overline{m^2(t)}}{n_0 B} \tag{4-56}$$

调制制度增益为

$$G_{AM} = \frac{S_o/N_o}{S_i/N_i} = \frac{2\,\overline{m^2(t)}}{A_0^2 + \overline{m^2(t)}} \tag{4-57}$$

结论：大信噪比时，AM 的调制制度增益随 A_0 的减小而增加，在不发生过调制时总小于1；在 100％调制(即 $A_0 = |m(t)|_{max}$)时，获最大值

$$G_{AM} = \frac{2}{3} \tag{4-58}$$

(2)小信噪比情况。小信噪比时，$\sqrt{n_c(t)^2 + n_s^2(t)} \gg [A_0 + m(t)]$，输出包络为

$$A(t) \approx V(t) + [A_0 + m(t)]\cos\theta(t) \tag{4-59}$$

其中 $V(t) = \sqrt{n_c^2(t) + n_s^2(t)}$ 和 $\theta(t) = \arctan\left[\frac{n_s(t)}{n_c(t)}\right]$ 分别表示噪声 $n_i(t)$ 的包络及相位。

结论：小信噪比时，信号 $m(t)$ 无法与噪声分开，有用信号被“淹没”在噪声之中。这时，输出信噪比不是按比例地随着输入信噪比下降，而是急剧恶化。这种现象称为门限效应。开始出现门限效应的输入信噪比称为门限值。

AM 信号也可采用相干解调法，其系统的性能分析方法与 DSB 信号的相同。相干解调不

存在门限效应，可以证明，相干解调时常规调幅的调制制度增益与式(4-58)相同。

4.2.4 角度调制(非线性调制)的原理

角度调制与线性调制不同，已调信号频谱不再是原调制信号频谱的线性搬移，会产生与频谱搬移不同的新的频率成分，故又称为非线性调制。

角调制可分为频率调制(FM)和相位调制(PM)。

1. 角度调制的基本概念

(1)角度调制信号的一般表达式

$$s_m(t) = A\cos[\omega_c t + \varphi(t)] \tag{4-60}$$

式中，A 为载波的恒定振幅；$[\omega_c t + \varphi(t)]$ 是信号的瞬时相位，$\varphi(t)$ 为相对于载波相位 $\omega_c t$ 的瞬时相位偏移。$\mathrm{d}[\omega_c t + \varphi(t)]/\mathrm{d}t$ 是信号的瞬时频率，$\mathrm{d}\varphi(t)/\mathrm{d}t$ 为相对于载频 ω_c 的瞬时频率偏移。

(2)相位调制。相位调制是指瞬时相位偏移 $\varphi(t)$ 随基带信号 $m(t)$ 变化而线性变化的调制，即

$$\varphi(t) = K_P m(t) \tag{4-61}$$

式中，K_P 为调相灵敏度(rad/V)，于是调相信号可表示为

$$s_{PM}(t) = A\cos[\omega_c t + \varphi(t)] = A\cos[\omega_c t + K_P m(t)] \tag{4-62}$$

(3)频率调制。频率调制是指瞬时频率偏移 $\mathrm{d}\varphi(t)/\mathrm{d}t$ 随基带信号 $m(t)$ 变化而线性变化的调制，即

$$\frac{\mathrm{d}\varphi(t)}{\mathrm{d}t} = K_F m(t) \tag{4-63}$$

式中，K_F 为调频灵敏度(rad/(s·V))，则调频信号为

$$s_{FM}(t) = A\cos[\omega_c t + \varphi(t)] = A\cos[\omega_c t + K_F \int_{-\infty}^{t} m(\tau)\mathrm{d}\tau] \tag{4-64}$$

(4) FM 和 PM 的关系。由式(4-62)和式(4-64)可见：

1)FM 和 PM 非常相似，如果预先不知道调制信号的具体形式，则无法判断已调信号是调频信号还是调相信号。

2)PM 较 FM 仅少了一个积分！如果将调制信号先微分，而后进行调频，则可得到调相信号；同样，如果将调制信号先积分，而后进行调相，则得到的是调频信号。这就为 FM、PM 信号的实现(调制、解调)提供了新的方法，称为间接法。

2. 窄带调频与宽带调频

由调频所引起的最大瞬时相位偏移远小于 30°，即

$$\left| K_F \int_{-\infty}^{t} m(\tau)\mathrm{d}\tau \right|_{\max} << \frac{\pi}{6} \tag{4-65}$$

时，称为窄带调频(NBFM)。否则，称为宽带调频(WBFM)。

(1)窄带调频(NBFM)。极易推导 NBFM 信号的时域表达式为

$$s_{NBFM}(t) \approx \cos\omega_c t - [K_F \int_{-\infty}^{t} m(\tau)\mathrm{d}\tau]\sin\omega_c t \tag{4-66}$$

频域表达式为

$$S_{\mathrm{NBFM}}(\omega)=\pi[\delta(\omega+\omega_{c})+\delta(\omega-\omega_{c})]-\frac{K_{F}}{2}\left[\frac{M(\omega+\omega_{c})}{\omega+\omega_{c}}-\frac{M(\omega-\omega_{c})}{\omega-\omega_{c}}\right] \tag{4-67}$$

可以看出，NBFM 信号带宽

$$B_{\mathrm{NBFM}}=2B_{m}=2f_{H} \tag{4-68}$$

与 AM 信号相同，但 NBFM 信号的频谱不再是基带信号频谱的线性搬移。式中，$B_m=f_H$ 为基带信号 $m(t)$ 的带宽。

（2）宽带调频（WBFM）。调频信号为宽带调频时，分析变得很困难。为使问题简化，先研究单音调制的情况，再把分析的结果推广到一般情况。

1）单音调频信号的表达式。单频调制时，设基带信号

$$m(t)=A_{m}\cos\omega_{m}t \tag{4-69}$$

则得单音调频信号

$$s_{\mathrm{FM}}(t)=A\cos\left[\omega_{c}t+\frac{K_{F}A_{m}}{\omega_{m}}\sin\omega_{m}t\right]=A\cos[\omega_{c}t+m_{f}\sin\omega_{m}t] \tag{4-70}$$

式中，K_FA_m 为最大角频偏，记为 $\Delta\omega$；ω_m 为调制角频率；m_f 称为调频指数

$$m_{f}=\frac{K_{F}A_{m}}{\omega_{m}}=\frac{\Delta\omega}{\omega_{m}}=\frac{\Delta f}{f_{m}} \tag{4-71}$$

m_f 对调频波的性能有重要影响。

式(4－70)可展开成如下形式

$$s_{\mathrm{FM}}(t)=A\sum_{n=-\infty}^{\infty}\mathrm{J}_{n}(m_{f})\cos(\omega_{c}+n\omega_{m})t \tag{4-72}$$

式中，$\mathrm{J}_n(m_f)$ 为第一类 n 阶贝塞尔函数，它是调频指数 m_f 的函数。

式(4－72)的傅里叶变换即为单音调频信号的频谱

$$S_{\mathrm{FM}}(\omega)=\pi A\sum_{n=-\infty}^{\infty}\mathrm{J}_{n}(m_{f})[\delta(\omega-\omega_{c}-n\omega_{m})+\delta(\omega+\omega_{c}+n\omega_{m})] \tag{4-73}$$

由此可知，调频信号的频谱中含有无穷多个频率分量，其载波分量幅度正比于 $\mathrm{J}_0(m_f)$，各次边频分量 $\omega_c\pm n\omega_m$ 的幅度则正比于 $\mathrm{J}_n(m_f)$。

2）单音调频信号的频带宽度。理论上调频信号的带宽为无限，实际上因各次边频幅度随着 n 的增大而减小，广泛用来计算调频波频带宽度的公式（卡森公式）为

$$B_{\mathrm{FM}}=2(m_{f}+1)f_{m}=2(\Delta f+f_{m}) \tag{4-74}$$

3）单音调频信号的功率分配。调频信号的平均功率等于它所包含的各分量的平均功率之和，即

$$P_{\mathrm{FM}}=\overline{s_{\mathrm{FM}}^{2}(t)}=\frac{A^{2}}{2}\sum_{n=-\infty}^{\infty}\mathrm{J}_{n}^{2}(m_{f})=\frac{A^{2}}{2} \tag{4-75}$$

其中，根据贝塞尔函数的性质，$\sum_{n=-\infty}^{\infty}\mathrm{J}_{n}^{2}(m_{f})=1$。这说明，调频信号的平均功率等于未调载波的平均功率。这是因为，调频信号虽然频率在不停地变化，但振幅不变是个等幅波，而正弦量的功率仅由幅度决定，与频率无关。

4）任意限带信号调制时宽带调频信号的带宽。对于多音或其他任意信号调制的调频波的频谱分析极其复杂。经验表明，对卡森公式做适当修改，即可得到任意限带信号调制时调频信号带宽的估算公式

$$B_{FM} = 2(D+1)f_m \tag{4-76}$$

这里，f_m 是调制信号 $m(t)$ 的最高频率；$D=\Delta f/f_m$ 为频偏比；$\Delta f = K_F\,|m(t)|_{\max}$ 是最大频率偏移。

3. 调频信号的产生与解调

(1)调频信号的产生。调频信号的产生方法通常有两种：直接法和间接法。

1)直接法。直接法就是利用调制信号直接控制振荡器的频率，使其按调制信号的规律线性变化。

压控振荡器(VCO)自身就是一个调频器，它产生的输出频率正比于所加的控制电压，即

$$\omega_o(t) = \omega_c + K_F m(t) \tag{4-77}$$

式中，ω_c 是外加控制电压为零时 VCO 的自由振荡频率。若用调制信号 $m(t)$ 作控制电压，改变振荡器谐振回路的电抗元件 L 或 C，产生的就是 FM 波。

直接法的主要优点是在实现线性调频的要求下，可以获得较大的频偏。其缺点是频率稳定度不高，往往需要附加稳频电路来稳定中心频率。

2)间接法。间接法是先对调制信号积分，再对载波进行相位调制，从而产生窄带调频信号。接着利用倍频器再把窄带调频信号变换成宽带调频信号。其原理框图如图 4－17 示。图中，倍频器的作用是提高调频指数 m_f，从而获得宽带调频。但是倍频后的载波频率往往太高，又需要用混频器进行下变频。

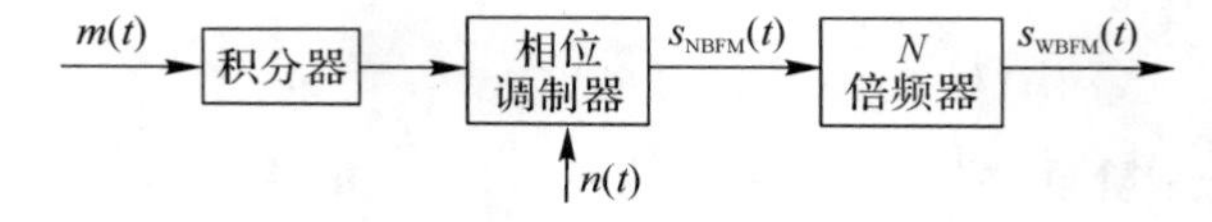

图 4－17　间接调频框图

阿姆斯特朗法为间接法实现 WBFM 的典型方案，如图 4－18 所示。适当地选择 f_1、Δf_1 和 f_2、n_1、n_2，便可实现 WBFM 所需的载频 f_c 和最大频偏 Δf 要求。

$$\begin{cases} f_c = n_2(n_1 f_1 - f_2) \\ \Delta f = n_2 n_1 \Delta f_1 \end{cases} \tag{4-78}$$

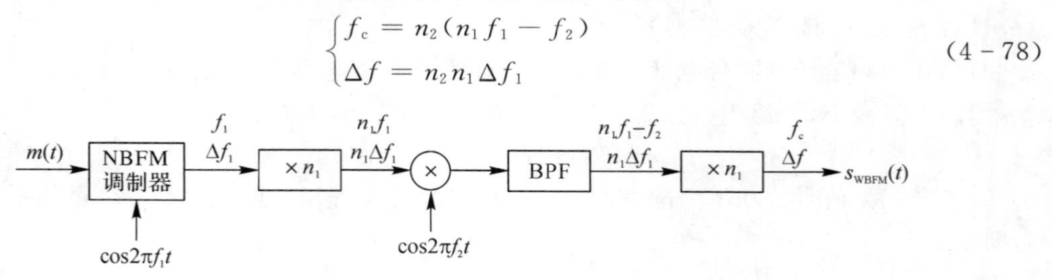

图 4－18　阿姆斯特朗法

间接法的优点是频率稳定度好，缺点是需要多次倍频和混频，电路复杂。

(2)调频信号的解调。调频信号的解调有相干解调和非相干解调两种方式。相干解调仅适于窄带调频系统，而非相干解调适用于窄带和宽带调频信号。

1)非相干解调。最简单的非相干解调器是具有频率-电压转换作用的鉴频器，其输出电压与输入信号的瞬时频偏成正比。图 4－19(a)给出了理想鉴频特性，图 4－19(b)给出了鉴频器的方框图，它可以看成是微分器与包络检波器的级联。图中，限幅器用以消除接收信号上可能

出现的幅度畸变，带通滤波器的作用是抑制信号带宽以外的噪声。

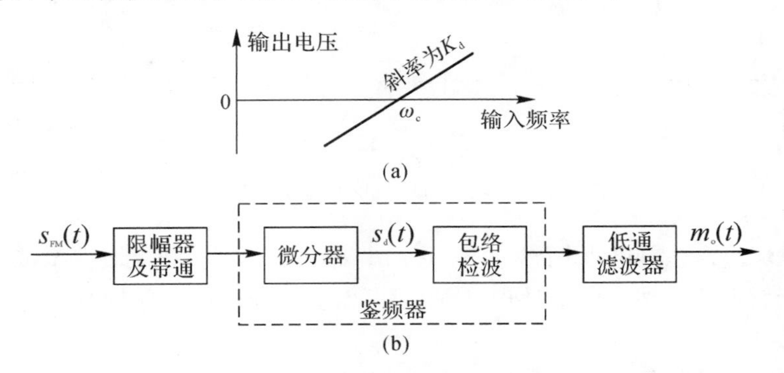

图 4-19　调频信号的非相干解调

微分器输出为

$$\begin{aligned} s_d(t) &= \frac{\mathrm{d}s_{FM}(t)}{\mathrm{d}t} = \frac{\mathrm{d}}{\mathrm{d}t}A\cos[\omega_c t + K_F\int_{-\infty}^{t} m(\tau)\mathrm{d}\tau] = \\ &-A[\omega_c + K_F m(t)]\sin[\omega_c t + K_F\int_{-\infty}^{t} m(\tau)\mathrm{d}\tau] \end{aligned} \tag{4-79}$$

这是一个调幅调频信号，其幅度和频率皆包含调制信息。用包络检波器取出其包络，并滤去直流后可得

$$m_o(t) = K_d K_F m(t) \tag{4-80}$$

即恢复出原始调制信号。K_d 称为鉴频器灵敏度。

2）相干解调。窄带调频信号相干解调原理框图如图 4-20 所示。

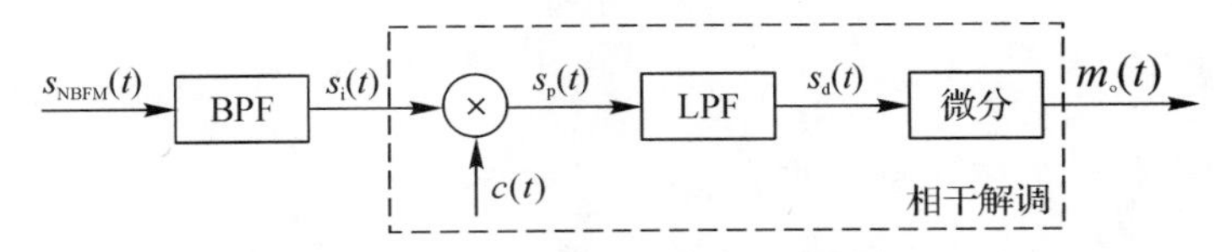

图 4-20　窄带调频信号的相干解调

如式(4-66)，设窄带调频信号为

$$s_{NBFM}(t) = A\cos\omega_c t - A[K_F\int_{-\infty}^{t} m(\tau)\mathrm{d}\tau]\sin\omega_c t$$

取相干载波 $c(t) = -\sin\omega_c t$，则低通滤波器 LPF 输出为

$$s_d(t) = \frac{A}{2}K_F\int_{-\infty}^{t} m(\tau)\mathrm{d}\tau$$

经微分，得输出信号

$$m_o(t) = \frac{A}{2}K_F m(t) \tag{4-81}$$

显然，相干解调法只适用于窄带调频。

4.2.5　调频系统的抗噪声性能

调频系统抗噪性能与解调方法有关，非相干解调系统的抗噪性能分析模型如图 4-21

所示。

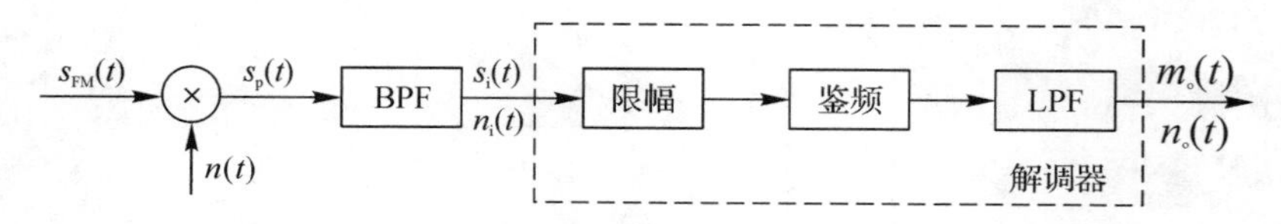

图 4-21 调频系统抗噪性能分析模型

图中，$n(t)$是均值为 0、单边功率谱密度为 n_0 的高斯白噪声，经 BPF 后变为窄带高斯噪声 $n_i(t)$。

由于非相干解调不是线性叠加处理过程，因而无法分别计算信号与噪声功率。经分析，可得如下结论：

(1)大信噪比时，解调器的输出信噪比为

$$\frac{S_o}{N_o}=\frac{3A^2K_F^2\overline{m^2(t)}}{8\pi^2 n_0 f_m^3} \tag{4-82}$$

解调器制度增益

$$G_{FM}=\frac{S_o/N_o}{S_i/N_i}=\frac{3K_F^2B_{FM}\overline{m^2(t)}}{4\pi^2 f_m^3} \tag{4-83}$$

如果 $m(t)$ 为单音信号 $A_m\cos\omega_m t$，其解调器制度增益为

$$G_{FM}=3m_f^2(m_f+1)\approx 3m_f^3 \tag{4-84}$$

式(4-84)表明，在大信噪比的情况下，宽带调频解调器的制度增益是很高的，与调制指数的三次方成正比。加大调制指数 m_f，可使系统抗噪性能大大改善。

(2)小信噪比时，解调器输出中已没有单独存在的有用信号，几乎完全由噪声决定，因而输出信噪比急剧下降。这种情况与常规调幅包络检波时相似，也称之为门限效应。

4.2.6 频分复用

“复用”是一种将若干个彼此独立的信号，合并为一个可在同一信道上传输的复合信号的方法。复用的目的在于提高频带利用率。

有三种基本的多路复用方式，分别是：频分复用(FDM)、时分复用(TDM)和码分复用(CDM)。频分复用系统的组成框图如图 4-22 所示。

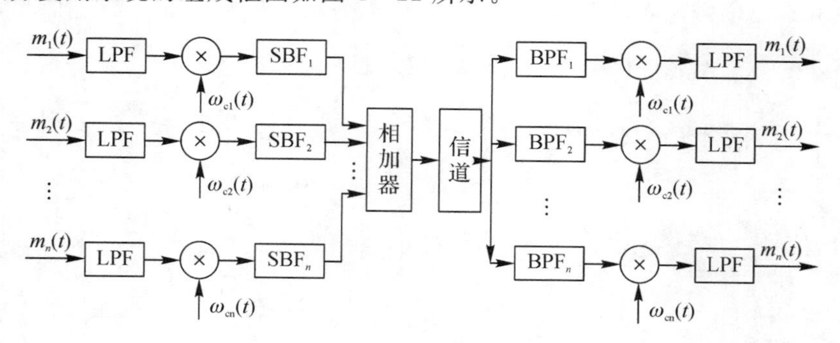

图 4-22 频分复用系统组成框图

图中，复用的信号共有 n 路。每路信号首先通过低通滤波器(LPF)以限制各自的最高频率 f_m，然后通过调制器进行频谱搬移。再将它们合并成适合信道内传输的复用信号，其频谱

结构如图 4－23 所示。图中，各路信号具有相同的 f_m，但它们的频谱结构可能不同。n 路单边带信号的总频带宽度

$$B_n = nf_m + (n-1)f_g = (n-1)(f_m + f_g) + f_m = (n-1)B_1 + f_m \qquad (4-85)$$

式中，f_g 为防止邻路信号间相互干扰而设置的防护频带，$B_1 = f_m + f_g$ 为一路信号占用的带宽。

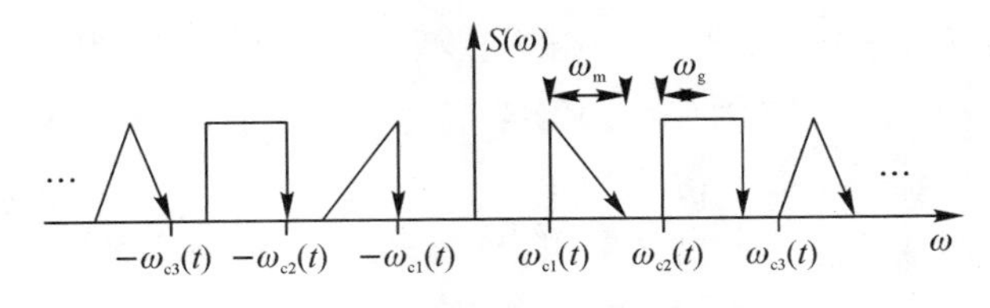

图 4－23　频分复用信号的频谱结构

合并后的复用信号，原则上可以在信道中传输，但有时为了更好地利用信道的传输特性，还可以再进行一次调制。

在接收端，可利用相应的带通滤波器(BPF)来区分开各路信号的频谱。然后，再通过各自的相干解调器便可恢复各路调制信号。

频分复用系统的最大优点是信道复用率高，容许复用的路数多，分路也很方便。因此，它成为目前模拟通信中最主要的一种复用方式。

4.3　思考题解答

4－1　什么是调制？调制的目的是什么？

答：调制就是按基带信号的变化规律去改变高频载波某些参量，使其按照基带信号的变化而变化。

调制的目的是将基带调制信号变换成适合在信道中传输的已调信号，可实现信道的多路复用，改善通信系统的抗噪声性能。

4－2　什么是线性调制？常见的线性调制有哪些。

答：线性调制是指已调信号的幅度随基带信号的变化规律而变化的调制方式，已调信号的频谱是原调制信号频谱的线性搬移。常见的线性调制有常规双边带调幅(AM)、抑制载波双边带调幅(DSB-SC)、单边带调制(SSB)和残留边带调制(VSB)等。

4－3　AM 信号、DSB 信号的波形和频谱各有什么特点？

答：AM 信号波形的包络与输入基带信号成正比，AM 信号的频谱为含有载频分量的双边带信号。

DSB 信号波形的包络不再与输入基带信号成正比，DSB 信号的频谱为抑制载频分量的双边带信号。

4－4　SSB 信号的产生方法有哪些？

答：SSB 信号的产生方法有滤波法和相移法。

4－5　VSB 滤波器的传输特性应满足什么条件？

答：VSB 滤波器的传输特性应满足在载频附近具有互补对称性，即其传输函数 $H_{VSB}(\omega)$

必须满足：$H_{\text{VSB}}(\omega+\omega_c)+H_{\text{VSB}}(\omega-\omega_c)=$ 常数，$|\omega|\leqslant\omega_H$ 。

4-6　什么叫调制制度增益？其物理意义是什么？

答：调制制度增益定义为解调器输出信噪比与输入信噪比的比值。其物理意义是：用以衡量同类调制系统的不同解调器对输入信噪比的影响。调制制度增益越高，解调器的抗噪声性能越好。

4-7　DSB调制系统和SSB调制系统的抗噪性能是否相同？为什么？

答：这两者的抗噪性能相同，因在相同的噪声背景和相同的输入信号功率条件下，DSB和SSB的解调器输出端的信噪比是相等的。

4-8　什么是门限效应？AM信号采用包络检波法解调时为什么会产生门限效应？

答：门限效应是指在小信噪比情况下，解调器输出信噪比不是按比例地随着输入信噪比下降，而是急剧恶化的现象。

AM系统产生门限效应主要是因为包络检波法的非线性解调作用所引起的。在小信噪比情况下，解调器输出包络中的有用信号被“淹没”在噪声之中，无法与噪声分开，从而导致输出信噪比急剧变坏，即发生门限效应。

4-9　什么是频率调制？什么是相位调制？两者关系如何？

答：频率调制FM是指载波的幅度保持不变，而载波的瞬时频率偏移随基带信号变化而线性变化的调制方式。相位调制PM是指载波的幅度保持不变，而载波的瞬时相位偏移随基带信号变化而变化的调制方式。

FM和PM非常相似，如果预先不知道调制信号的具体形式，则无法判断已调信号是调频信号还是调相信号；如果将调制信号先微分，而后进行调频，则得到的是调相信号；同样，如果将调制信号先积分，而后进行调相，则得到的是调频信号。

4-10　FM系统产生门限效应的主要原因是什么？

答：FM系统产生门限效应主要是由解调器的非线性解调作用所引起的。小信噪比时，解调器输出中没有单独存在的有用信号，几乎完全由噪声决定，输出信噪比急剧下降。

4-11　FM系统调制制度增益和信号带宽的关系如何？这一关系说明什么？

答：FM系统调制制度增益和信号带宽的关系为：$G_{\text{FM}}=\dfrac{S_o/N_o}{S_i/N_i}=\dfrac{3K_F^2\,\overline{m^2(t)}}{4\pi^2 f_m^3}\cdot B_{\text{FM}}$ 。这一关系说明，FM系统调制制度增益和信号带宽成正比，即以牺牲带宽换取输出信噪比的改善。

4-12　什么是频分复用？频分复用的目的是什么？

答：频分复用是指按频率不同将若干个彼此独立的信号，合并为一个可在同一信道上传输的复合信号的方法。频分复用的目的在于提高频带利用率。

4.4　习题解答

4-1　已知调制信号 $m(t)=\cos 2\,000\pi t$ ，载波为 $c(t)=2\cos 10^4\pi t$ ，分别写出AM、DSB、SSB(上边带)，SSB(下边带)信号的表示式，并画出频谱图。

解:(1)AM 信号表示式

$$s_{\mathrm{AM}}(t)=[A_0+m(t)]\cdot c(t)=2[A_0+\cos 2\,000\pi t]\cos 10^4\pi t=$$
$$2A_0\cos 10^4\pi t+\cos 8\,000\pi t+\cos 12\,000\pi t, A_0\geqslant 1$$

(2)DSB 信号表示式

$$s_{\mathrm{DSB}}(t)=m(t)\cdot c(t)=2\cos 2\,000\pi t\cos 10^4\pi t=$$
$$\cos 8\,000\pi t+\cos 12\,000\pi t$$

(3)USB(上边带)信号表示式

$$s_{\mathrm{USB}}(t)=\frac{1}{2}m(t)\cdot 2\cos\omega_c t-\frac{1}{2}\hat{m}(t)\cdot 2\sin\omega_c t=$$
$$\cos 2\,000\pi t\cdot\cos 10^4\pi t-\sin 2\,000\pi t\cdot\sin 10^4\pi t=$$
$$\frac{1}{2}\cos 8\,000\pi t+\frac{1}{2}\cos 12\,000\pi t-\left[\frac{1}{2}\cos 8\,000\pi t-\frac{1}{2}\cos 12\,000\pi t\right]=$$
$$\cos 12\,000\pi t$$

(4)LSB(下边带)信号表示式

$$s_{\mathrm{LSB}}(t)=\frac{1}{2}m(t)\cdot 2\cos\omega_c t+\frac{1}{2}\hat{m}(t)\cdot 2\sin\omega_c t=$$
$$\cos 2\,000\pi t\cdot\cos 10^4\pi t+\sin 2\,000\pi t\cdot\sin 10^4\pi t=$$
$$\frac{1}{2}\cos 8\,000\pi t+\frac{1}{2}\cos 12\,000\pi t+\left[\frac{1}{2}\cos 8\,000\pi t-\frac{1}{2}\cos 12\,000\pi t\right]=$$
$$\cos 8\,000\pi t$$

AM、DSB、SSB(上边带)、SSB(下边带)信号的频谱分别如图 S4－1 所示。

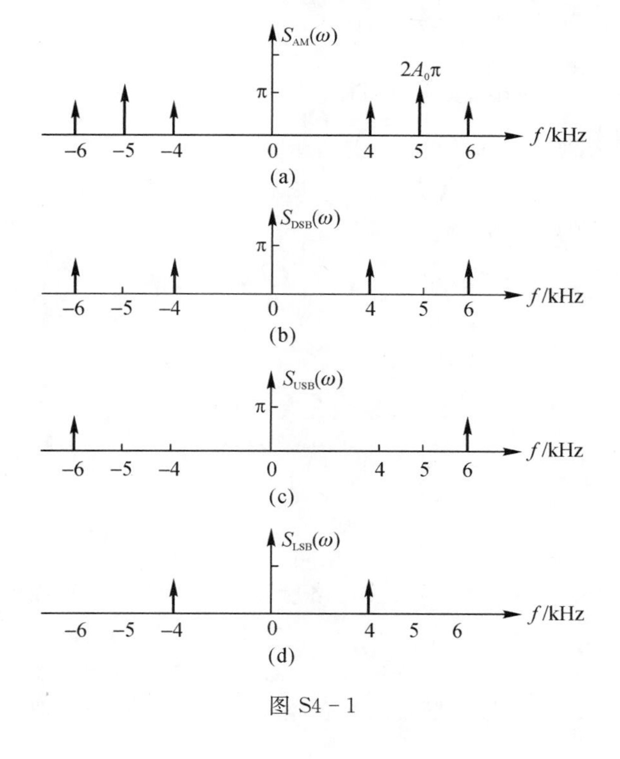

图 S4－1

4－2　已知线性调制信号表示式为

(1) $s_m(t) = \cos\Omega t \cos\omega_c t$；

(2) $s_m(t) = (1 + 0.5\cos\Omega t)\cos\omega_c t$。

式中，$\omega_c = 6\Omega$，试分别画出它们的波形图和频谱图。

解：(1) $s_m(t) = \cos\Omega t \cos\omega_c t = \frac{1}{2}[\cos(\omega_c - \Omega)t + \cos(\omega_c + \Omega)t] = \frac{1}{2}[\cos5\Omega t + \cos7\Omega t]$

波形图和频谱图分别如图 S4－2(a)(b)所示。

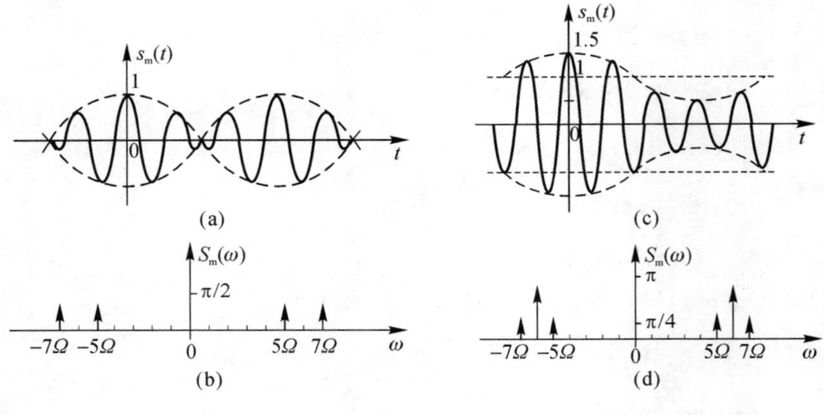

图 S4－2

(2)

$$s_m(t) = (1 + 0.5\cos\Omega t)\cos\omega_c t = \cos\omega_c t + \frac{1}{4}[\cos(\omega_c - \Omega)t + \cos(\omega_c + \Omega)t] =$$

$$\cos\omega_c t + \frac{1}{4}[\cos5\Omega t + \cos7\Omega t]$$

波形图和频谱图分别如图 S4－2(c)(d)所示。

4－3 根据图 P4－3 所示的调制信号波形，试画出 DSB 及 AM 信号的波形图，并比较它们分别通过包络检波器后的波形差别。

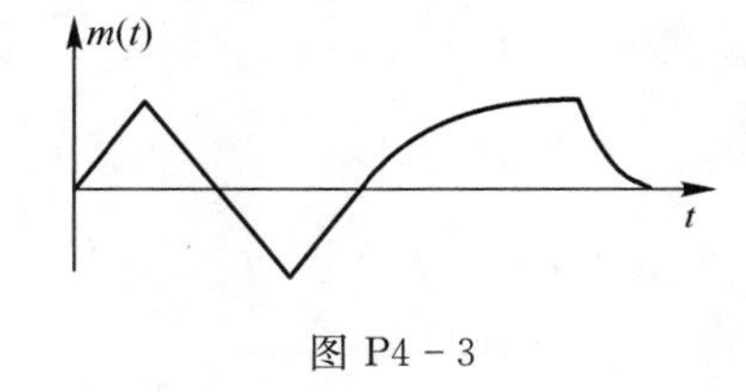

图 P4－3

解：(1)DSB 信号

$$s_{DSB}(t) = m(t)\cos\omega_c t$$

其包络为 $|m(t)|$。DSB 信号波形及通过包络检波器后的波形分别如图 S4－3(a)(b)所示。

(2)AM 信号

$$s_{AM}(t) = [A_0 + m(t)]\cos\omega_c t, A_0 \geqslant |m(t)|_{max}$$

其包络为 $A_0 + m(t)$。AM 信号波形及通过包络检波器后的波形分别如图 S4－3(c)(d)所示。

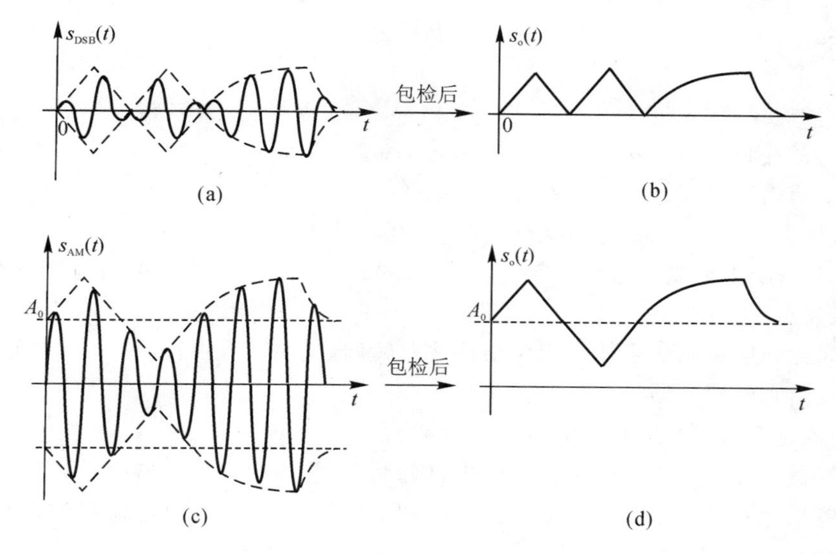

图 S4-3

4-4　已知某调幅波的展开式为

$$s_{AM}(t)=0.125\cos 2\pi(10^4)t+4\cos 2\pi(1.1\times10^4)t+0.125\cos 2\pi(1.2\times10^4)t$$

试确定：

(1)载波信号表达式；

(2)调制信号表达式。

解:方法一

对此调幅波做傅立叶变换,得

$$S_{AM}(\omega)=F[s_{AM}(t)]=$$
$$0.125\pi[\delta(\omega-2\pi\times10^4)+\delta(\omega+2\pi\times10^4)]+4\pi[\delta(\omega-2\pi\times1.1\times10^4)+\delta(\omega+2\pi\times1.1\times10^4)]+$$
$$0.125\pi[\delta(\omega-2\pi\times1.2\times10^4)+\delta(\omega+2\pi\times1.2\times10^4)]$$

据此,可画出该调幅波频谱如图 S4-4 所示。

易见,该调幅波载波为：$c(t)=\cos 2\pi(1.1\times10^4)t$

调制信号为：$m(t)=4+0.25\cos 2\pi(10^3)t$

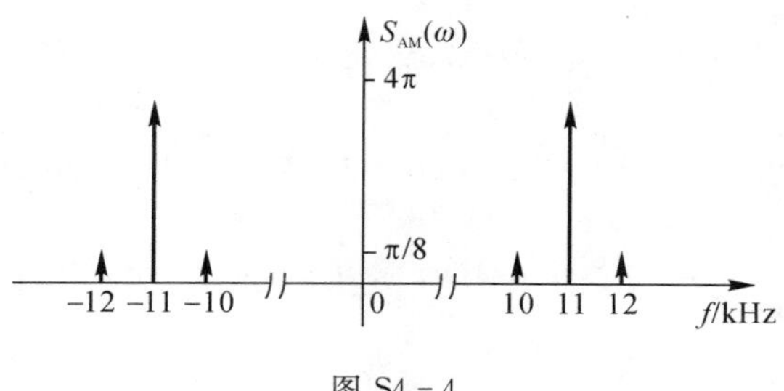

图 S4-4

方法二

因为

$$s_{AM}(t)=0.125\cos2\pi(10^4)t+4\cos2\pi(1.1\times10^4)t+0.125\cos2\pi(1.2\times10^4)t=$$
$$[4+0.25\cos2\pi(10^3)t]\cos2\pi(1.1\times10^4)t$$

所以,该调幅波载波为 $c(t)=\cos2\pi(1.1\times10^4)t$

调制信号为 $m(t)=4+0.25\cos2\pi(10^3)t$

4-5 某一幅度调制信号 $s(t)=(1+A\cos2\pi f_m t)\cos2\pi f_c t$,其中调制信号的频率 $f_m=5\text{kHz}$,载频 $f_c=100\text{kHz}$,常数 $A=15$。

(1)请问此幅度调制信号能否用包络检波器解调,说明其理由;

(2)请画出它的解调器框图。

解:(1)依题意,调制信号 $m(t)=A\cos2\pi f_m t=15\cos10^4\pi t$

显然,直流偏置 $A_0=1<|m(t)|_{max}$,产生过调制,不能用包络检波器解调。

(2)只能采用相干法解调,解调器框图如图 S4-5 所示。其中本地载波 $f_c=100\text{kHz}$,LPF 截止频率 $f_m=5\text{kHz}$。

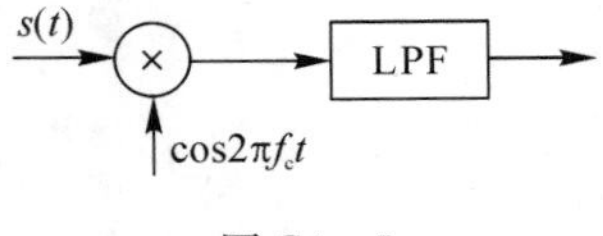

图 S4-5

4-6 设有一调制信号为 $m(t)=\cos\Omega_1 t+\cos\Omega_2 t$,载波为 $A\cos\omega_c t$,试写出当 $\Omega_2=2\Omega_1$,载波频率 $\omega_c=5\Omega_1$ 时,相应的 SSB 信号的表达式,并画出频谱图。

解:SSB 信号的时域表示形式为

$$s_{SSB}(t)=\frac{1}{2}m(t)\cos\omega_c t\mp\frac{1}{2}\hat{m}(t)\sin\omega_c t$$

式中,"-"为上边带,"+"为下边带,$\hat{m}(t)$ 是 $m(t)$ 的希尔伯特变换。

由于希尔伯特变换的特征,是把 $m(t)$ 的所有频率成分均相移 $-\pi/2$,而保持幅-频特性不变。故有

$$\hat{m}(t)=\sin\Omega_1 t+\sin\Omega_2 t$$

从而,可得 SSB 信号的表达式

$$s_{SSB}(t)=\frac{A}{2}m(t)\cos\omega_c t\mp\frac{A}{2}\hat{m}(t)\sin\omega_c t=$$
$$\frac{A}{2}[(\cos\Omega_1 t+\cos\Omega_2 t)\cdot\cos\omega_c t\mp(\sin\Omega_1 t+\sin\Omega_2 t)\cdot\sin\omega_c t]=$$
$$\frac{A}{2}[(\cos\Omega_1 t+\cos2\Omega_1 t)\cdot\cos5\Omega_1 t\mp(\sin\Omega_1 t+\sin2\Omega_1 t)\cdot\sin5\Omega_1 t]=$$
$$\frac{A}{2}\left\{\frac{1}{2}[(\cos6\Omega_1 t+\cos4\Omega_1 t)+(\cos7\Omega_1 t+\cos3\Omega_1 t)]\mp\right.$$
$$\left.\frac{1}{2}[(\cos4\Omega_1 t-\cos6\Omega_1 t)+(\cos3\Omega_1 t-\cos7\Omega_1 t)]\right.$$

上边带信号为:$s_{USB}(t)=\frac{A}{2}[\cos6\Omega_1 t+\cos7\Omega_1 t]$

下边带信号为
$$s_{\mathrm{LSB}}(t)=\frac{A}{2}[\cos 4\Omega_1 t+\cos 3\Omega_1 t]$$

调制信号、上边带信号、下边带信号的频谱分别如图 S4－6(a)(b)(c)所示。

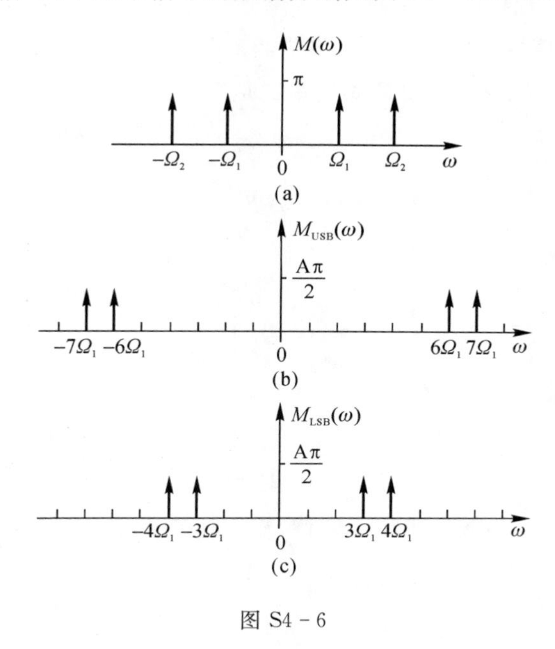

图 S4－6

4－7　已知调制信号 $m(t)=\cos(10\pi\times10^3 t)\mathrm{V}$，对载波 $c(t)=10\cos(20\pi\times10^6 t)\mathrm{V}$ 进行 SSB 调制，已调信号通过双边噪声功率谱密度为 $n_0/2=0.5\times10^{-11}\,\mathrm{W/Hz}$ 的信道传输，信道衰减为 1dB/km。试问若要求接收机输出信噪比为 20dB，发射机设在离接收机 100km 处，此发射机的发射功率应为多少？

解：由
$$G_{\mathrm{SSB}}=\frac{S_o/N_o}{S_i/N_i}=1$$

得输入信噪比
$$\frac{S_i}{N_i}=\frac{S_o}{N_o}=20\mathrm{dB}=100$$

而输入噪声功率
$$N_i=n_0 B_{\mathrm{SSB}}=n_0 f_m=2\times0.5\times10^{-11}\times5\times10^3=5\times10^{-8}\ \mathrm{W}$$
其中 $f_m=5\times10^3\,\mathrm{Hz}$ 为调制信号截止频率。所以，输入信号功率
$$S_i=100N_i=5\times10^{-6}\ \mathrm{W}$$

考虑到 100km 信道衰减 $\alpha=\dfrac{S_T}{S_i}=100\ \mathrm{dB}=10^{10}$，发射机的发射功率应为
$$S_T=\alpha S_i=10^{10}\times5\times10^{-6}=5\times10^4\,\mathrm{W}=50\mathrm{kW}$$

4－8　若对某一信号用 DSB 进行传输，设加至接收机的调制信号 $m(t)$ 的功率谱密度为
$$p_m(f)=\begin{cases}\dfrac{n_m}{2}\cdot\dfrac{|f|}{f_m}, & |f|\leqslant f_m\\ 0, & |f|>f_m\end{cases}$$

试求：

(1)接收机的输入信号功率；

(2)接收机的输出信号功率；

(3)若叠加于 DSB 信号的白噪声双边功率谱密度为 $n_0/2$，解调器的输出端接有截止频率为 f_m 的理想低通滤波器，那么，输出信噪功率比是多少？

解：(1)设接收到的 DSB 信号为 $s_i(t)=m(t)\cos\omega_c t$，则输入信号功率

$$S_i=\overline{s_i^2(t)}=\frac{1}{2}\overline{m^2(t)}=\frac{1}{2}P_m$$

其中 P_m 为基带信号功率，依题意

$$P_m=\overline{m^2(t)}=\int_{-\infty}^{\infty}p_m(f)\mathrm{d}f=\int_{-f_m}^{f_m}\frac{n_m}{2}\cdot\frac{|f|}{f_m}\mathrm{d}f=\frac{1}{2}n_m f_m$$

所以接收机的输入信号功率

$$S_i=\frac{1}{4}n_m f_m$$

(2)因为是 DSB 信号，只能采用相干解调，输出信号为

$$m_o(t)=\frac{1}{2}m(t)$$

所以，接收机输出信号功率为

$$S_o=\overline{m_o^2(t)}=\frac{1}{4}\overline{m^2(t)}=\frac{1}{4}P_m=\frac{1}{8}n_m f_m$$

(3)解调器输入噪声功率为

$$N_i=n_0 B=2n_0 f_m$$

所以，输入信噪比

$$\frac{S_i}{N_i}=\frac{\frac{1}{4}n_m f_m}{2n_0 f_m}=\frac{n_m}{8n_0}$$

输出信噪比为

$$\frac{S_o}{N_o}=G_{DSB}\frac{S_i}{N_i}=2\frac{S_i}{N_i}=\frac{n_m}{4n_0}$$

4-9　设某信道具有均匀的双边噪声功率谱密度 $n_0/2=0.5\times10^{-3}$ W/Hz，该信道中传输 SSB(上边带)信号，并设调制信号 $m(t)$ 的频带限制在 5 kHz，而载波为 100 kHz，已调信号的功率为 10kW。若接收机的输入信号在加至解调器之前，先经过一理想带通滤波器滤波，试问：

(1)该理想带通滤波器该具有怎样的传输特性 $H(\omega)$？

(2)解调器输入端的信噪功率比为多少？

(3)解调器输出端的信噪功率比为多少？

解：(1)SSB 信号带宽等于调制信号带宽，即

$$B_{SSB} = f_m = 5 \times 10^3 \text{Hz}$$

所以，载波 $f_c = 100\text{kHz}$、传输 SSB 上边带信号时，理想带通滤波器的传输特性应为

$$H(\omega) = \begin{cases} k_0, & 100\text{kHz} < |f| < 105\text{kHz} \\ 0, & \text{其他} \end{cases}, k_0 \text{ 为常数}$$

(2)输入端噪声功率

$$N_i = n_0 B_{SSB} = 2 \times 0.5 \times 10^{-3} \times 5 \times 10^3 = 5\text{W}$$

已知输入信号功率 $S_i = 10^4 \text{W}$，所以解调器输入信噪功率比

$$\frac{S_i}{N_i} = \frac{10^4}{5} = 2\ 000$$

(3)解调器输出端的信噪功率比

$$\frac{S_o}{N_o} = G_{SSB} \frac{S_i}{N_i} = 1 \times \frac{S_i}{N_i} = 2\ 000$$

4-10　抑制载波双边带调制和单边带调制中，若基带信号均为 3kHz 限带低频信号，载频为 1MHz，接收信号功率为 1mW，加性高斯白噪声双边功率谱密度为 $10^{-3}\mu\text{W/Hz}$。接收信号经带通滤波器后，进行相干解调。

(1)比较解调器输入信噪比；

(2)比较解调器输出信噪比。

解：(1)依题意，基带信号带宽 $f_m = 3 \times 10^3 \text{Hz}$，高斯白噪声功率谱密度 $n_0 = 2 \times 10^{-9} \text{W}$。可得双边带和单边带解调器输入噪声功率分别为

$$N_{iDSB} = n_0 B_{DSB} = n_0 \times 2f_m = 2 \times 10^{-9} \times 2 \times 3 \times 10^3 = 1.2 \times 10^{-5}\ \text{W}$$

$$N_{iSSB} = n_0 B_{SSB} = n_0 f_m = 2 \times 10^9 \times 3 \times 10^3 = 6 \times 10^{-6}\ \text{W}$$

双边带和单边带解调器输入信噪比分别为

$$\left(\frac{S_i}{N_i}\right)_{DSB} = \frac{S_i}{N_{iDSB}} = \frac{10^{-3}}{1.2 \times 10^{-5}} = 83.\dot{3}$$

$$\left(\frac{S_i}{N_i}\right)_{SSB} = \frac{S_i}{N_{iSSB}} = \frac{10^{-3}}{0.6 \times 10^{-5}} = 166.\dot{6}$$

于是

$$\frac{(S_i/N_i)_{SSB}}{(S_i/N_i)_{DSB}} = \frac{166.\dot{6}}{83.\dot{3}} = 2$$

可见，同一噪声背景情况下(n_0相同)，因为单边带信号的带宽是双边带信号带宽的一半，所以单边带解调器的输入噪声功率是双边带的一半；又因为接收的信号功率相同，所以单边带解调器的输入信噪比是双边带的一倍。

(2)双边带和单边带解调器输出信噪比分别为

$$\left(\frac{S_o}{N_o}\right)_{DSB} = G_{DSB} \left(\frac{S_i}{N_i}\right)_{DSB} = 2 \times \left(\frac{S_i}{N_i}\right)_{DSB} = 166.\dot{6}$$

$$\left(\frac{S_o}{N_o}\right)_{SSB} = G_{SSB} \left(\frac{S_i}{N_i}\right)_{SSB} = 1 \times \left(\frac{S_i}{N_i}\right)_{SSB} = 166.\dot{6}$$

于是

$$\frac{(S_o/N_o)_{SSB}}{(S_o/N_o)_{DSB}} = \frac{166.\dot{6}}{166.\dot{6}} = 1$$

可见，二者输出信噪比是相同的。虽然双边带信号的制度增益是单边带信号的两倍，但是它的带宽也是边带的两倍，因之噪声功率是单边带时的两倍，只要接收的信号功率相同，输出信噪比是不会得到改善的。

4－11　某线性调制系统的输出信噪比为20dB，输出噪声功率为10^{-9}W，由发射机输出端到解调器输入端之间总的传输损耗为100dB，试求：

(1)DSB时的发射机输出功率；

(2)SSB时的发射机输出功率。

解：依题意，调制系统输出信噪比 $\frac{S_o}{N_o} = 20\text{dB} = 100$，输出噪声功率 $N_o = 10^{-9}$ W。

(1)DSB时。解调器的输入信噪比

$$\left(\frac{S_i}{N_i}\right)_{DSB} = \frac{1}{G_{DSB}} \frac{S_o}{N_o} = \frac{1}{2} \frac{S_o}{N_o} = 50$$

DSB只能相干解调，所以 $N_o = \frac{1}{4} N_i$，得解调器输入端噪声功率和信号功率分别为

$$N_i = 4N_o = 4 \times 10^{-9}\,\text{W}$$

$$S_i = 50N_i = 2 \times 10^{-7}\,\text{W}$$

信道传输损耗 $\alpha = \frac{S_T}{S_i} = 100\ \text{dB} = 10^{10}$，所以DSB时的发射机输出功率

$$S_{TDSB} = \alpha S_i = 10^{10} \times 2 \times 10^{-7} = 2\ 000\text{W}$$

(2)SSB时。解调器的输入信噪比

$$\left(\frac{S_i}{N_i}\right)_{SSB} = \frac{1}{G_{SSB}} \frac{S_o}{N_o} = \frac{S_o}{N_o} = 100$$

类同于(1)，得解调器输入端噪声功率和信号功率分别为

$$N_i = 4N_o = 4 \times 10^{-9}\,\text{W}$$

$$S_i = 100N_i = 4 \times 10^{-7}$$

所以，SSB时的发射机输出功率

$$S_{TSSB} = \alpha S_i = 10^{10} \times 4 \times 10^{-7} = 4\ 000\text{W}$$

4－12　已知一角调信号为 $s(t) = A\cos(\omega_0 t + 100\cos\omega_m t)$

(1)如果它是调相波，并且 $K_P=2$，试求调制信号 $m(t)$；

(2)如果它是调频波，并且 $K_F=2$，试求调制信号 $m(t)$；

(3)它们的最大频偏是多少？

解：(1)如果角调信号 $s(t)$ 是调相波，则由调相波的一般表达式

$$s_{PM}(t) = A\cos[\omega_c t + K_P m(t)]$$

可知
$$K_P m(t) = 100\cos\omega_m t$$
所以，调制信号为
$$m(t) = \frac{1}{K_P} \times 100\cos\omega_m t = 50\cos\omega_m t$$

(2)如果角调信号 $s(t)$ 是调频波，则由调频波的一般表达式
$$s_{FM}(t) = A\cos[\omega_c t + K_F \int_{-\infty}^{t} m(\tau)d\tau]$$
可知
$$K_F \int_{-\infty}^{t} m(\tau)d\tau = 100\cos\omega_m t$$
所以，调制信号为
$$m(t) = \frac{1}{K_F} \cdot \frac{d}{dt} 100\cos\omega_m t = -\frac{100}{2}\omega_m \sin\omega_m t = -50\omega_m \sin\omega_m t$$

(3)角调信号的瞬时相位偏移
$$\varphi(t) = 100\cos\omega_m t$$
它们的最大频偏
$$\Delta f = \frac{1}{2\pi} \left| \frac{d\varphi(t)}{dt} \right|_{max} = \frac{1}{2\pi} \left| \frac{d}{dt} 100\cos\omega_m t \right|_{max} = 100 f_m (Hz)$$

4-13　已知 $s_{FM}(t) = 100\cos(2\pi \times 10^6 t + 5\cos 4\,000\pi t)$V，试求：已调波信号功率、最大频偏、调制指数和已调信号带宽。

解：已调波信号功率
$$P_{FM} = \overline{s_{FM}^2(t)} = \frac{1}{2} \times 100^2 = 5\,000W$$
最大频偏
$$\Delta f = \frac{1}{2\pi} \left| \frac{d\varphi(t)}{dt} \right|_{max} = \frac{1}{2\pi} \left| \frac{d}{dt} 5\cos 4\,000\pi t \right|_{max} = 10^4 Hz = 10kHz$$
调频指数
$$m_f = \frac{\Delta f}{f_m} = \frac{10\,000}{2\,000} = 5$$
已调信号带宽
$$B_{FM} = 2f_m(m_f + 1) = 2 \times 2 \times 10^3 \times (5 + 1) = 24 \times 10^3 Hz = 24kHz$$
或
$$B_{FM} = 2(\Delta f + f_m) = 2(10^4 + 2 \times 10^3) = 24 \times 10^3 Hz = 24kHz$$

4-14　已知某调频波的振幅是 10V，瞬时频率为
$$f(t) = 10^6 + 10^4 \cos 2\,000\pi t\ (Hz)$$
试确定：

(1)此调频波的表达式；

(2)此调频波的最大频偏、调频指数和频带宽度；

(3)若调制信号频率提高到 2×10^3 Hz,则调频波的最大频偏、调频指数和频带宽度如何变化?

解:(1)该调频波的瞬时角频率为

$$\omega(t)=2\pi f(t)=2\pi\times10^6+2\pi\times10^4\cos2\,000\pi t\ (\text{rad/s})$$

此时,该调频波的瞬时相位

$$\theta(t)=\int_{-\infty}^{t}\omega(\tau)\mathrm{d}\tau=2\pi\times10^6 t+10\sin2\,000\pi t$$

因此,调频波的时域表达式

$$s_{\mathrm{FM}}(t)=A\cos\theta(t)=10\cos(2\times10^6\pi t+10\sin2\,000\pi t)(\mathrm{V})$$

(2)依题意,该调频波瞬时频率偏移

$$\Delta f(t)=10^4\cos2\,000\pi t$$

最大频偏

$$\Delta f=|\Delta f(t)|_{\max}=|10^4\cos2\,000\pi t|_{\max}=10^4\,\mathrm{Hz}=10\mathrm{kHz}$$

调频指数为

$$m_{\mathrm{f}}=\frac{\Delta f}{f_{\mathrm{m}}}=\frac{10^4}{10^3}=10$$

调频波的带宽为

$$B=2f_{\mathrm{m}}(m_{\mathrm{f}}+1)=2\times1\,000\times(10+1)=22\,000\mathrm{Hz}=22\mathrm{kHz}$$

(3)若调制信号频率 f_{m} 由 10^3 Hz 提高到 2×10^3 Hz,瞬时频率

$$f(t)=10^6+10^4\cos4\,000\pi t$$

最大频偏与调制信号频率无关,仍然是

$$\Delta f=10\mathrm{kHz}$$

而这时调频指数变为

$$m_{\mathrm{f}}=\frac{\Delta f}{f_{\mathrm{m}}}=\frac{10^4}{2\times10^3}=5$$

相应的调频信号带宽为

$$B=2f_{\mathrm{m}}(m_{\mathrm{f}}+1)=2\times2\times1\,000\times(5+1)=24\,000\mathrm{Hz}=24\mathrm{kHz}$$

4-15　2MHz 载波受 10kHz 单频正弦信号调频,峰值频偏为 10kHz,求:

(1)调频信号的带宽;

(2)调频信号幅度加倍时,调频信号的带宽;

(3)调制信号频率加倍时,调频信号的带宽;

(4)若峰值频偏减为 1kHz,重复计算(1)(2)(3)。

解:依题意,调频信号载波 $f_{\mathrm{c}}=2\mathrm{MHz}=2\,000\mathrm{kHz}$,调制信号频率 $f_{\mathrm{m}}=10\mathrm{kHz}$,峰值频偏 $\Delta f=10\mathrm{kHz}$。则

(1)调频信号的带宽为

$$B_{FM} = 2(\Delta f + f_m) = 2 \times (10 + 10) = 40\text{kHz}$$

(2)调频信号幅度加倍时，由(1)可知，调频信号的带宽不受影响，仍为

$$B_{FM} = 40\text{kHz}$$

(3)调制信号频率加倍时，即 $f_m = 20\text{kHz}$，Δf 不变，调频信号带宽

$$B_{FM} = 2(\Delta f + f_m) = 2 \times (10 + 20) = 60\text{kHz}$$

(4)若峰值频偏减为 1kHz，即 $\Delta f = 1\text{kHz}$，则

$$B_{FM} = 2(\Delta f + f_m) = 2(1 + 10) = 22\text{kHz}$$

调频信号幅度加倍时，B_{FM} 不变，仍为 22kHz

调制信号频率加倍时，即 $f_m = 20\text{kHz}$，则

$$B_{FM} = 2(\Delta f + f_m) = 2 \times (1 + 20) = 42\text{kHz}$$

4－16　已知调制信号是 8MHz 的单频余弦信号，若要求输出信噪比为 40dB，试比较制度增益为 2/3 的 AM 系统和调频指数为 5 的 FM 系统的带宽和发射功率。设信道噪声单边功率谱密度 $n_0 = 5 \times 10^{-15}\text{W/Hz}$，信道衰耗 α 为 60dB。

解：(1)带宽比较。FM 系统的带宽和制度增益分别为

$$B_{FM} = 2f_m(m_f + 1) = 2 \times 8 \times 10^6 \times (5 + 1) = 96\text{MHz}$$

$$G_{FM} = 3m_f^2(m_f + 1) = 3 \times 25 \times 6 = 450$$

AM 系统的带宽和制度增益分别为

$$B_{AM} = 2f_m = 2 \times 8 \times 10^6 = 16\text{MHz}$$

$$G_{AM} = \frac{2}{3}$$

可见，FM 系统的带宽是 AM 系统的带宽的 6 倍。

(2)发射功率比较。由输入信噪比 $\frac{S_i}{N_i} = \frac{1}{G_{FM}} \cdot \frac{S_o}{N_o}$，及发射功率 $S_T = \alpha \cdot S_i$，可得 FM 系统的发射功率为

$$S_T = \alpha \cdot S_i = \alpha \cdot \frac{1}{G_{FM}} \cdot \frac{S_o}{N_o} \cdot N_i = \alpha \cdot \frac{1}{G_{FM}} \cdot \frac{S_o}{N_o} \cdot n_0 B_{FM} =$$

$$10^6 \times \frac{1}{450} \times 10^4 \times 5 \times 10^{-15} \times 96 \times 10^6 = 10.67\text{W}$$

类似地，AM 系统的发射功率为

$$S_T = \alpha \cdot S_i = \alpha \cdot \frac{1}{G_{AM}} \cdot \frac{S_o}{N_o} \cdot N_i = \alpha \cdot \frac{1}{G_{AM}} \cdot \frac{S_0}{N_0} \cdot n_0 B_{AM} =$$

$$10^6 \times \frac{3}{2} \times 10^4 \times 5 \times 10^{-15} \times 16 \times 10^6 = 1\,200\text{W}$$

可见，在噪声背景相同、输出信噪比要求相同情况下，FM 系统的发射功率远小于 AM 系统的发射功率，这正是牺牲带宽所带来的好处。

4.5 本章知识结构

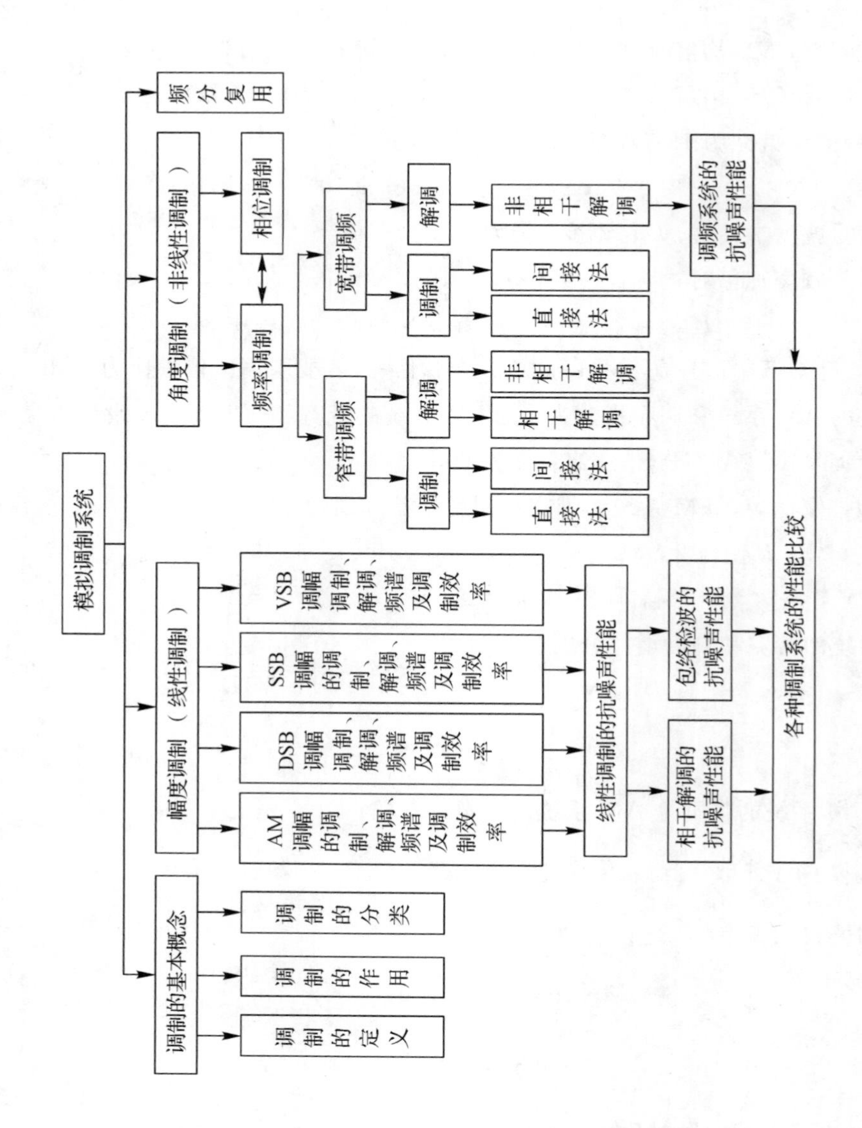
模拟调制系统
频分复用
角度调制（非线性调制）
相位调制
频率调制
宽带调频
解调
非相干解调
调制
间接法
直接法
调频系统的抗噪声性能
窄带调频
解调
非相干解调
相干解调
调制
间接法
直接法
幅度调制（线性调制）
VSB调幅调制、解调、频谱及调制效率
SSB调幅的调制、解调、频谱及调制效率
DSB调幅调制、解调、频谱及调制效率
AM调幅的调制、解调、频谱及调制效率
线性调制的抗噪声性能
包络检波的抗噪声性能
相干解调的抗噪声性能
各种调制系统的性能比较
调制的基本概念
调制的分类
调制的作用
调制的定义

第 5 章　数字基带传输系统

5.1　大纲要求

(1)熟悉数字基带信号传输的概念及码型设计原则。
(2)熟悉数字基带信号的常用码型,掌握数字基带信号的时域表达式及频谱特性。
(3)掌握基带系统的脉冲传输与码间干扰的概念。
(4)掌握无码间干扰等效传输特性、无码间干扰基带系统的抗噪性能。
(5)熟悉部分响应系统、眼图的基本概念。
(6)了解时域均衡的概念。

5.2　内容概要

5.2.1　数字基带传输的概念

数字基带传输系统是指不使用调制和解调装置而直接传输数字基带信号的系统,一般由发送滤波器、信道、接收滤波器以及抽样判决器组成,基本结构如图 5－1 所示。

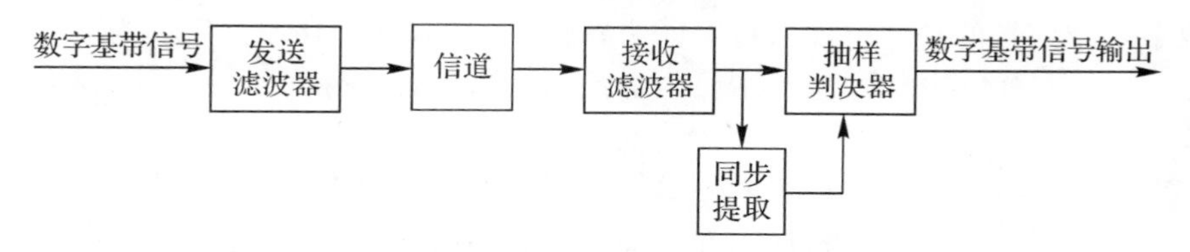

图 5－1　数字基带传输系统基本结构

发送滤波器把原始基带信号变换成为适合于信道传输的基带信号;信道是基带信号传输的媒质,既传送信号,又因存在噪声和频率特性不理想而对数字信号造成损害;接收滤波器滤除带外噪声,并且对信道特性进行均衡,使输出的基带信号波形有利于抽样判决;抽样判决器在位定时脉冲的控制下对接收滤波器的输出信号进行抽样判决,再生出基带信号。

5.2.2　数字基带信号

1. 数字基带信号的码型设计原则

所谓数字基带信号,就是消息代码的电波形。在实际基带传输系统中,并非所有的原始基带信号都能在信道中传输，在设计数字基带信号码型时常考虑以下原则：① 不含直流，低频分量应尽量少；② 包含丰富的定时信息；③功率谱主瓣宽度窄，以节省传输频带；④ 编码方案应对信源具有透明性（不受信息源统计特性的影响）；⑤ 具有内在的检错能力；⑥低误码增殖；⑦编译码设备简单。

实际上，并不是所有基带传输码型均要完全满足上述原则，依照要求满足其中若干项即可。常用的数字基带信号码型有单极性 NRZ（非归零）码、双极性 NRZ 码、单极性 RZ（归零）码、双极性 RZ 码、差分码、AMI 码、HDB_3码、Manchester 码、Miller 码、CMI 码、nBmB、4B3T 码等。

3. 数字基带信号的表达式及其频谱特性

（1）数字基带信号的时域表示。数字基带信号通常是一个随机脉冲序列，二进制时可表示为

$$s(t) = \sum_{n=-\infty}^{\infty} s_n(t) \tag{5-1}$$

其中

$$s_n(t) = \begin{cases} g_1(t-nT_b)\text{，以概率 } P\text{，发“0”码} \\ g_2(t-nT_b)\text{，以概率 } 1-P\text{，发“1”码} \end{cases} \tag{5-2}$$

注意：此处 $g_1(t)$，$g_2(t)$ 为任意形状的不同脉冲；P 为“0”码出现概率；T_b 为码元宽度 。

若表示各码元的脉冲波形相同，仅电平取值不同，数字基带信号可进一步表示为

$$s(t) = \sum_{n=-\infty}^{\infty} a_n g(t-nT_b) \tag{5-3}$$

式中，$g(t)$ 为某种脉冲波形；a_n 为第 n 个码元（符号）的电平值，它是一个随机量。二进制时

$$a_n = \begin{cases} 0/-1, & \text{以概率 } P \text{ 发“0”码} \\ 1/+1, & \text{以概率}(1-P)\text{ 发“1”码} \end{cases} \tag{5-4}$$

单极性信号时，a_n 取值为 0，1；双极性信号时，a_n 取值为 -1，$+1$。

（2）数字基带信号的频谱特性。可以证明，脉冲序列 $s(t)$ 的功率谱密度为

$$P_s(f) = f_b P(1-P) \left| G_1(f) - G_2(f) \right|^2 + \sum_{m=-\infty}^{\infty} \left| f_b [PG_1(mf_b) + (1-P)G_2(mf_b)] \right|^2 \delta(f-mf_b) \tag{5-5}$$

式中，$G_1(f)$，$G_2(f)$ 分别为 $g_1(t)$，$g_2(t)$ 的傅里叶变换；$f_b = 1/T_b$ 。

由式(5-5)可见：

1）当 $g_1(t)$、$g_2(t)$、P 及 T_b 给定后，随机脉冲序列的功率谱就确定了。

2）随机脉冲序列功率谱包括两部分：连续谱和离散谱。连续谱确定带宽；离散谱确定有无所关注的离散分量，如直流分量、同步信息 f_b 分量等。

3）连续谱始终存在[因 $g_1(t) \neq g_2(t)$]；离散谱不一定存在，如双极性脉冲等概率出现时。

4）上述公式并未约束 $g_1(t)$、$g_2(t)$ 波形，甚至可以不是基带波形，而是数字调制波形。

以矩形脉冲构成的基带信号为例，应用式(5-5)可以得到如下有意义的结论：

1）单极性 NRZ 信号的功率谱只有连续谱和直流分量，不含可用于提取同步信息的 f_b 分量。

2)双极性 NRZ 信号(等概时)的功率谱只有连续谱,不含任何离散分量。特别是不含可用于提取同步信息的 f_b 分量。

3)单极性 RZ 信号的功率谱不但有连续谱,而且还存在离散谱。特别是含有可用于提取同步信息的 f_b 分量。

4)双极性 RZ 信号(等概时)的功率谱只有连续谱,不含任何离散分量。特别是不含可用于提取同步信息的 f_b 分量。

5)NRZ 信号功率谱的带宽为 $B = 1/T_b$,RZ 信号的功率谱的带宽为 $B = 1/\tau$(τ 为 RZ 脉冲宽度),与极性的单、双无关。

5.2.3　基带系统的脉冲传输与码间干扰

1. 脉冲传输与码间干扰

依据图 5-1 数字基带传输系统基本结构可建立基带传输系统的数学模型如图 5-2 所示。图中,$G_T(\omega)$ 、$C(\omega)$ 、$G_R(\omega)$ 分别表示发送滤波器、信道、接收滤波器的传递函数。

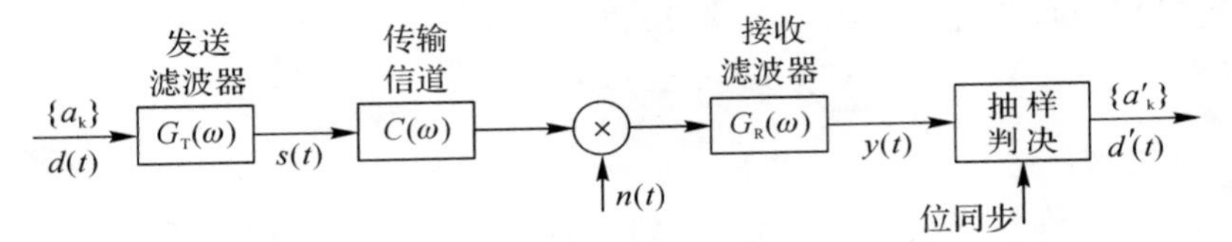

图 5-2　基带传输系统数学模型

设发送的数字信号的基带信号为

$$d(t) = \sum_{k=-\infty}^{\infty} a_k \delta(t - kT_b) \tag{5-6}$$

其中,a_k 的取值为 0、1(单极性信号)或 −1、+1(双极性信号)。则发送滤波器产生的基带信号为

$$s(t) = \sum_{k=-\infty}^{\infty} a_k g(t - nT_b) \tag{5-7}$$

定义发送滤波器至接收滤波器总的传输特性为

$$H(\omega) = G_T(\omega)C(\omega)G_R(\omega) \tag{5-8}$$

其冲激响应

$$h(t) = \frac{1}{2\pi}\int_{-\infty}^{\infty} H(\omega)\mathrm{e}^{\mathrm{j}\omega t}\,\mathrm{d}\omega \tag{5-9}$$

则抽样判决器输入的信号

$$y(t) = d(t) * h(t) + n_R(t) = \sum_{k=-\infty}^{\infty} a_k h(t - kT_b) + n_R(t) \tag{5-10}$$

式中,$n_R(t)$ 是加性高斯白噪声 $n(t)$ 经过接收滤波器后输出的窄带噪声。

抽样判决器对 $y(t)$ 进行抽样判决。为得到第 j 个码元 a_j ,取抽样时刻 $t = jT_b + t_0$,得抽样值

$$y(jT_b+t_0)=\sum_{k=-\infty}^{\infty}a_k h[(jT_b+t_0)-kT_b]+n_R(jT_b+t_0)= \\ a_j h(t_0)+\sum_{k\neq j}a_k h[(j-k)T_b+t_0]+n_R(jT_b+t_0) \tag{5-11}$$

式中,右边第一项 $a_j h(t_0)$ 是第 j 个接收波形的取样值,它是确定 a_j 信息的依据;第二项 $\sum_{k\neq j}a_k h[(j-k)T_b+t_0]$ 是接收信号中除第 j 个以外所有其它波形在 $t=jT_b+t_0$ 时刻取值的总和,对当前码元 a_j 的判决起着干扰的作用,称之为码间串扰值;第三项 $n_R(jT_b+t_0)$ 是输出噪声在抽样瞬间的值,是一个随机干扰。

码间串扰也称码间干扰,实质上是因为信道频率特性不理想而引起波形畸变,导致实际抽样判决值是本码元脉冲波形的值与其他所有脉冲波形拖尾的叠加,并在接收端造成判决困难的现象。因此,为使基带脉冲传输获得足够小的误码率,必须最大限度的减小码间串扰和随机噪声的影响。这也是研究基带脉冲传输的基本出发点。

2. 码间串扰的消除

从式(5-11)可知,要想消除码间串扰,应该有

$$\sum_{k\neq j}a_k h[(j-k)T_b+t_0]=0 \tag{5-12}$$

这可通过合理构建 $H(\omega)$,使得系统冲激响应 $h(t)$ 满足前一个码元的波形在到达后一个码元抽样判决时刻已衰减到 0,或在其他取样判决时刻正好为 0 来实现。如图 5-3 所示。

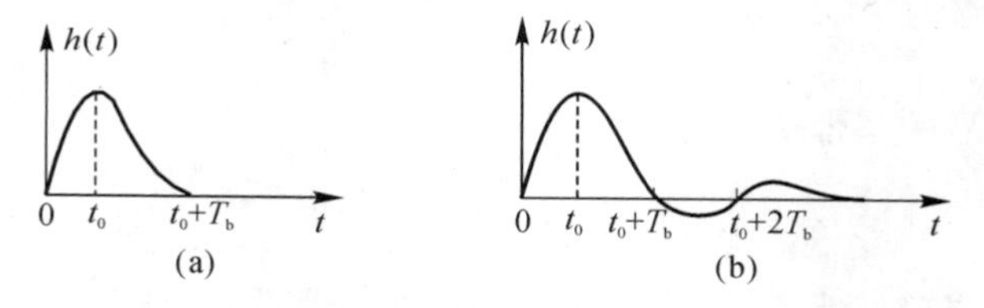

图 5-3　理想的系统冲激响应波形

实际应用时,由于抽样判决时刻不一定很准确,如果 $h(t)$ 尾巴拖得太长,任一个码元都要对后面好几个码元产生串扰,因此还要求 $h(t)$ 尾部衰减要快。

5.2.4　无码间串扰的基带传输系统

1. 无码间串扰的时域条件

由上节的讨论可知,无码间串扰对基带传输系统冲激响应 $h(t)$ 的要求可概括为

$$h[(j-k)T_b+t_0]=\begin{cases}1(\text{或常数}), & j=k\\ 0, & j\neq k\end{cases} \tag{5-13}$$

且 $h(t)$ 尾部衰减要快。

假设 $t_0=0$,令 $k'=j-k$,因为 k' 也为整数,可再用 k 表示,则式(5-13)的无码间串扰条件等效为

$$h(kT_b)=\begin{cases}1(\text{或常数}), & k=0\\ 0, & k\neq 0\end{cases} \tag{5-14}$$

可见,无码间串扰的基带系统冲激响应除 $t=0$ 时取值不为零外,其他抽样时刻 $t=kT_b$ 上的

抽样值均为零。抽样函数 $h(t)=\mathrm{Sa}(\pi t/T_b)$ 曲线，就满足此要求。

称式(5-14)为无码间串扰基带传输系统的时域条件。

2. 无码间串扰的频域条件

根据 $H(\omega)\Leftrightarrow h(t)$，由式(5-14)可以得到无码间串扰对基带传输系统传输函数的频域要求

$$H_{eq}(\omega)=\sum_i H(\omega+\frac{2\pi i}{T_b})=\frac{1}{T_b},\quad |\omega|\leqslant\frac{\pi}{T_b} \tag{5-15}$$

这就是无码间串扰基带传输系统的频域条件，也称为奈奎斯特第一准则。

式(5-15)表明，把一个无码间干扰的基带传输系统的传输特性 $H(\omega)$ 在 ω 轴上以 $2\pi/T_b$ 宽度为间隔切开，然后分段沿 ω 轴平移到 $(-\pi/T_b\sim\pi/T_b)$，进行叠加，其结果应当为一常数(不必一定是 $1/T_b$)。这一过程可以归述为：一个实际的 $H(\omega)$ 特性若能"切段叠加"等效成一个理想低通滤波器特性，则可实现无码间串扰。

3. 理想基带传输系统

满足奈奎斯特第一准则的 $H(\omega)$ 很多，最容易想到的是理想基带传输系统。

理想基带传输系统的传输特性具有理想低通特性，为

$$H(\omega)=\begin{cases}T_b(\text{或常数}), & |\omega|\leqslant\pi/T_b\\ 0, & |\omega|>\pi/T_b\end{cases} \tag{5-16}$$

如图 5-4(a)所示。显见其满足系统无码间串扰的频域条件，是仅有 $i=0$ 项的特例。

从时域更易理解，此时系统的冲激响应为

$$h(t)=\frac{\sin(\pi t/T_b)}{\pi t/T_b}=\mathrm{Sa}\,\frac{\pi}{T_b}t \tag{5-17}$$

如图 5-4(b)所示。显见，其满足系统无码间串扰的时域条件。

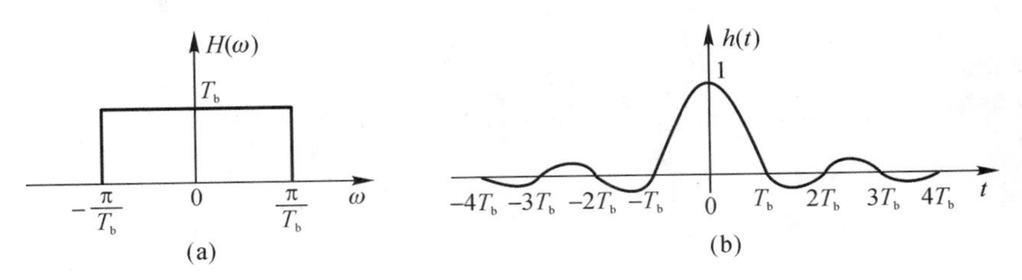

图 5-4　理想基带传输系统的 $H(\omega)$ 和 $h(t)$

截止频率为 $\omega_H=\frac{\pi}{T_b}$ (弧度)[或 $B=\frac{1}{2T_b}$ (Hz)]的理想基带传输系统的性能指标：

(1) T_b 为系统传输无码间串扰的最小码元间隔，称为奈奎斯特间隔。

(2) $R_B=\frac{1}{T_b}$ 为系统的最大无码间串扰传输速率，称为奈奎斯特速率。

(3) $B=\frac{1}{2T_b}$ 为系统传输速率为 $\frac{1}{T_b}$ 时的最小传输带宽，称为奈奎斯特带宽。

(4)频带利用率 $\eta=\frac{R_B}{B}=2$ (B/Hz)。这是最大的频带利用率，因为如果系统用高于 $1/T_b$ 的码元速率传送信码时，将存在码间串扰。可以降低传码速率，但必须整数倍下降，频带利用

率将相应降低。

理想低通传输函数具有最大的频带利用率，但因其理想特性难以实现，且冲激响应的尾部衰减慢（正比于 $1/t$），故实际上得不到应用。

4. 实用的无码间串扰基带传输特性

理想低通冲激响应 $h(t)$ 尾巴衰减慢的原因是系统的频率特性 $H_L(\omega)$ 截止过于陡峭，实际应用中常对其进行"滚降"，形成如图 5－5(b)所示特性。

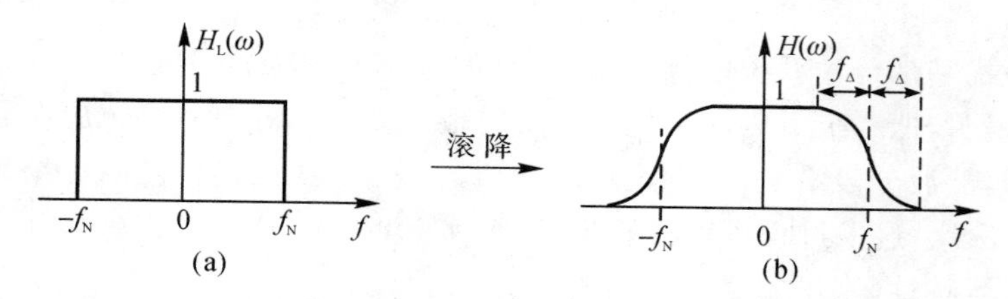

图 5－5　滚降特性的形成

(a)理想基带传输系统；(b)实用基带传输系统

根据无码间串扰基带传输系统的频域条件，容易得到，只要 $H(\omega)$ 关于 f_N (Hz)呈"互补对称"的幅度特性，则 $H(\omega)$ 即无码间串扰。这里，f_N 为 $H(\omega)$ 的奈奎斯特带宽（或称等效低通截止频率、互补对称点频率），相应的最大无码间串扰传输速率为 $2f_N$（波特）。

定义滚降系数

$$\alpha = \frac{f_\Delta}{f_N} \tag{5-18}$$

式中，f_Δ 为相对于 f_N 的滚降范围。显然，$0 \leqslant \alpha \leqslant 1$ 。α 越大，$h(t)$的拖尾衰减越快，对抽样定时精度要求越低，但同时滚降使带宽增大为 $B = f_N + f_\Delta = (1+\alpha)f_N$ ，系统频带利用率降低为

$$\eta = \frac{R_B}{B} = \frac{2f_N}{(1+\alpha)f_N} = \frac{2}{1+\alpha}\ (\mathrm{B/Hz}) \tag{5-19}$$

满足互补对称滚降特性的 $H(\omega)$ 很多，实际中常使用的是余弦滚降特性。其传输函数 $H(\omega)$ 为

$$H(\omega) = \begin{cases} T_b, & |\omega| \leqslant \dfrac{(1-\alpha)\pi}{T_b} \\ \dfrac{T_b}{2}\left[1 + \sin\dfrac{T_b}{2\alpha}\left(\dfrac{\pi}{T_b} - \omega\right)\right], & \dfrac{(1-\alpha)\pi}{T_b} < |\omega| < \dfrac{(1+\alpha)\pi}{T_b} \\ 0, & |\omega| \geqslant \dfrac{(1+\alpha)\pi}{T_b} \end{cases} \tag{5-20}$$

所对应的冲激响应为

$$h(t) = \frac{\sin\pi t/T_b}{\pi t/T_b} \cdot \frac{\cos\alpha\pi t/T_b}{1-(2\alpha t/T_b)^2} \tag{5-21}$$

式中，$0 \leqslant \alpha \leqslant 1$ 为滚降系数。其奈奎斯特带宽 $f_N = \dfrac{1}{2T_b}$ ，最大无码间干扰传输速率为 $\dfrac{1}{T_b}$ 。

不同的 α 有不同的滚降特性：

(1) $\alpha = 0$ 时，就是理想低通特性，无"滚降"，系统带宽最小，等于奎斯特带宽（ $B = f_N = 1/2T_b$ ），频带利用率达最大值 2B/Hz，但 $h(t)$ 的"尾巴"衰减速度慢，正比于 $1/t$ 。

(2) $\alpha = 1$ 时，就是实际中常采用的升余弦滚降传输特性

$$H(\omega) = \begin{cases} \frac{T_b}{2}\left(1 + \cos\frac{\omega T_b}{2}\right), & |\omega| \leqslant \frac{2\pi}{T_b} \\ 0, & |\omega| \leqslant \frac{2\pi}{T_b} \end{cases} \tag{5-22a}$$

$$h(t) = \frac{\sin(\pi t/T_b)}{\pi t/T_b} \cdot \frac{\cos(\pi t/T_b)}{1-(2t/T_b)^2} \tag{5-22b}$$

此时，$h(t)$ 的“尾巴”衰减速度快，正比于 $1/t^3$，但系统带宽最大，为奎斯特带宽 2 倍（$B = 2f_N = 1/T_b$），频带利用率最小，仅为 1B/Hz。

(3) $0 \leqslant \alpha \leqslant 1$ 时，为余弦滚降基带传输系统，$h(t)$ 的“尾巴”衰减速度快，正比于 $1/t^3$，与理想低通系统比较，带宽增大为 $B = (1+\alpha)f_N$，频带利用率降低为(2～1)B/Hz。且 α 越大，“尾部”衰减越快，但带宽越宽、频带利用率越低。

进行无码间串扰基带传输系统性能分析时，采用“作图法”非常方便。可简单描述为：当实际传输系统相应的等效理想低通的截止频率（即互补对称点频率）为 $\underline{*}\,\pi$（弧度，以 ω 为横轴）时，则 $\underline{*}$ 即为系统的最大无码间串扰传输速率。

例 5.1　设基带传输系统的频率特性 $H(\omega)$ 如图 5-6 所示，若要求以 $R_1 = 2/T$（B）的速率进行数据传输，试分析图中各 $H(\omega)$ 是否满足无码间串扰条件。

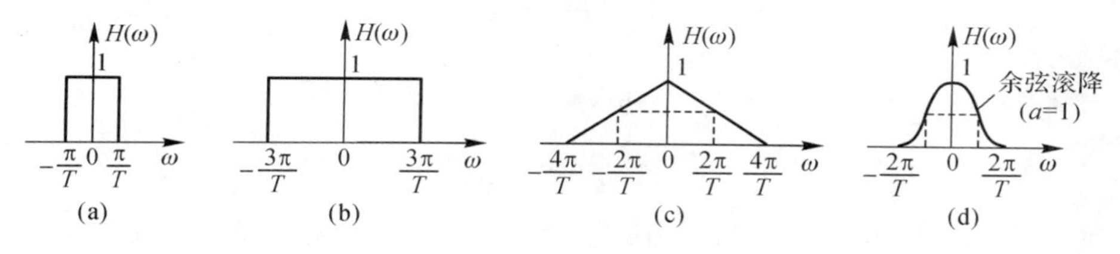

图 5-6　例 5.1 图

解 (1)系统图(a)为理想低通，其截止频率亦即互补对称点频率为 $\frac{1}{T}\pi$，故依“作图法”知其最大无码间串扰传输速率为 $R_{Ba} = \frac{1}{T}$。因为 $R_{Ba} < R_1 = \frac{2}{T}$，故此系统有码间串扰。

(2)系统图(b)也为理想低通，其截止频率为 $\frac{3}{T}\pi$，依“作图法”知其最大无码间串扰传输速率为 $R_{Bb} = \frac{3}{T}$。虽然 $R_{Bb} > R_1$，但因为 $R_{Bb}/R_1 = 1.5$，不为整数，故此系统也有码间串扰。

(3)系统图(c)的互补对称点频率为 $\frac{2}{T}\pi$，依“作图法”知其最大无码间串扰传输速率为 $R_{Bc} = \frac{2}{T}$。因为 $R_{Bc} = R_1$，故此系统无码间串扰。

(4)系统图(d)为升余弦滚降传输系统，其互补对称点频率为 $\frac{1}{T}\pi$，依“作图法”知其最大无码间串扰传输速率为 $R_{Bd} = \frac{1}{T}$。因为 $R_{Bd} < R_1$，故此系统有码间串扰。

5.2.5 无码间串扰基带系统的抗噪声性能

上节讨论了能够消除码间串扰的基带传输系统，本节讨论这种系统中叠加噪声后的抗噪性能，分析模型如图 5-7 所示。

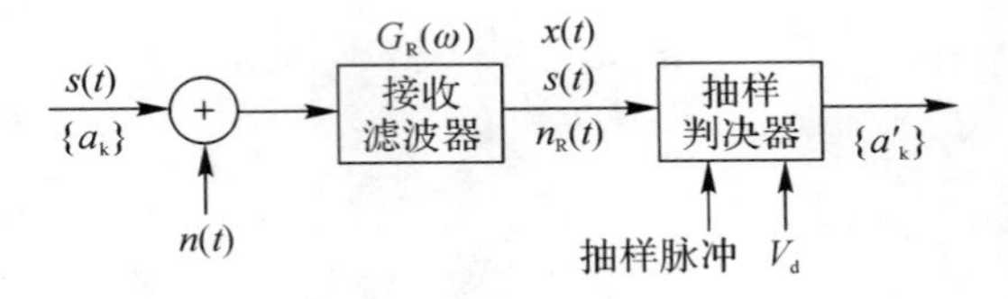

图 5-7 抗噪性能分析模型

图中，设二进制接收波形为 $s(t)$，信道噪声 $n(t)$ 是均值为 0、功率谱密度为 $n_0/2$ 的高斯白噪声，其通过接收滤波器后的输出噪声为 $n_R(t)$，则接收滤波器的输出是信号加噪声的混合波形，即 $x(t)=s(t)+n_R(t)$。

(1)若传输的是双极性二进制基带信号，设它在抽样时刻的电平取值为 $+A$ 或 $-A$（分别对应于信码"1"或"0"），发送"1"的概率为 $P(1)$，发送"0"的概率为 $P(0)$，可以证明，判决器最佳(误码率最小)判决门限为

$$V_d^*=\frac{\sigma_n^2}{2A}\ln\frac{P(0)}{P(1)} \tag{5-23}$$

当 $P(1)=P(0)=1/2$ 时，$V_d^*=0$。这时，基带信号系统的误码率为

$$P_e=\frac{1}{2}\mathrm{erfc}\left(\frac{A}{\sqrt{2}\sigma_n}\right) \tag{5-24}$$

(2)对于单极性信号，设它在抽样时刻的电平取值为 $+A$（对应"1"码）或 0(对应"0"码)。此时，最佳判决门限为

$$V_d^*=\frac{A}{2}+\frac{\sigma_n^2}{A}\ln\frac{P(0)}{P(1)} \tag{5-25}$$

当 $P(1)=P(0)=1/2$ 时，$V_d^*=\frac{A}{2}$，系统误码率为

$$P_e=\frac{1}{2}\mathrm{erfc}\left(\frac{A}{2\sqrt{2}\sigma_n}\right) \tag{5-26}$$

不难看出，在基带信号峰值 A、噪声均方根值 σ_n 都相同时，单极性基带系统的抗噪性能不如双极性基带系统。

5.2.6 部分响应系统

比较前述讨论的理想低通和等效理想低通传输(如升余弦频率)系统，可以知道，高的频带利用率与"尾巴"衰减快是相互矛盾的。需要找到一种频带利用率既高、"尾巴"衰减又快的传输波形，这就是部分响应波形。利用这种波形进行传送的基带传输系统称为部分响应系统。

部分响应波形的一般表示形式为

$$g(t)=R_1\mathrm{Sa}\left(\frac{\pi}{T_b}t\right)+R_2\mathrm{Sa}\left[\frac{\pi}{T_b}(t-T_b)\right]+\cdots+R_N\mathrm{Sa}\left\{\frac{\pi}{T_b}[t-(N-1)T_b]\right\} \tag{5-27}$$

这是 N 个相继间隔 T_b 的 $\mathrm{Sa}(x)$ 波形之和，其中 $R_m(m=1,2,\cdots,N)$ 为 N 个冲激响应波形的加权系数，其取值可为正、负整数（包括取 0 值）。

$g(t)$ 的频谱函数 $G(\omega)$ 为

$$G(\omega)=\begin{cases} T_b\sum_{m=1}^{N}R_m\mathrm{e}^{-\mathrm{j}\omega(m-1)T_b}, & |\omega|\leqslant\dfrac{\pi}{T_b} \\ 0, & |\omega|>\dfrac{\pi}{T_b}\end{cases} \tag{5-28}$$

可见，$G(\omega)$ 仅在频域 $(-\pi/T_b,\pi/T_b)$ 内才有非零值。

R_m 不同，部分响应波形不同。目前常见的部分响应波形有五类，分别命名为Ⅰ，Ⅱ，Ⅲ，Ⅳ，Ⅴ类，其定义、波形、频谱及加权系数 R_m 示于表 5-1。

表 5-1　常见的部分响应波形

类别	R_1	R_2	R_3	R_4	R_5	$g(t)$	$\lvert G(\omega)\rvert,\lvert\omega\rvert\leqslant\frac{\pi}{T_b}$	二进制输入时 c_k 的电平数
0	1					T_s; t	0; $\frac{1}{2T_b}$; f	2
Ⅰ	1	1				t	$2T_b\cos\frac{\omega T_b}{2}$; 0; $\frac{1}{2T_b}$; f	3
Ⅱ	1	2	1			t	$4T_b\cos^2\frac{\omega T_b}{2}$; 0; $\frac{1}{2T_b}$; f	5
Ⅲ	2	1	−1			t	$2T_b\cos\frac{\omega T_b}{2}\sqrt{5-4\cos\omega T_b}$; 0; $\frac{1}{2T_b}$; f	5
Ⅳ	1	0	−1			t	$2T_b\sin\omega T_b$; 0; $\frac{1}{2T_b}$; f	3
Ⅴ	−1	0	2	0	−1	t	$4T_b\sin^2\omega T_b$; 0; $\frac{1}{2T_b}$; f	5

部分响应系统的最大无码间串扰传输速率为$1/T_b$，从表5－1可以看出，各类部分响应波形的频谱宽度均不超过理想低通的频带宽度，且频率截止缓慢，所以采用部分响应波形，能实现2B/Hz的极限频带利用率，而且“尾巴”衰减大、收敛快。此外，部分响应系统还可实现基带频谱结构的变化。

部分响应系统由“预编码－相关编码－模L判决”三部分组成。其中相关编码是为了得到预期的部分响应波形，预编码则是为了避免因相关编码而引起的“差错传播”，模L判决用以恢复发送数字序列。第Ⅰ类部分响应系统组成框图如图5－8所示，系数$R_1=1$，$R_2=1$，其余为0。

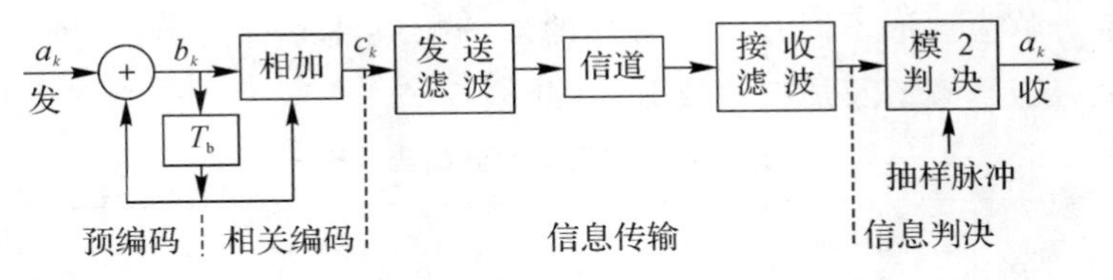

图5－8　第Ⅰ类部分响应系统组成框图

图中，a_k为绝对码，b_k为相对码，两者之间的关系为

$$b_k = a_k \oplus b_{k-1} \tag{5-29}$$

$$a_k = b_k \oplus b_{k-1} \tag{5-30}$$

这里，⊕表示模2和。

5.2.7　眼图

眼图是指利用实验的方法估计和改善（通过调整）传输系统性能时在示波器上观察到的一种图形，传输二进制信号波形时很像人的眼睛。

从眼图上可以观察出码间串扰和噪声的影响，从而估计系统优劣程度：

(1)眼图的“眼睛”张开的大小反映着码间串扰的强弱。“眼睛”张的越大，且眼图越端正，表示码间串扰越小，如图5－9(c)所示；反之表示码间串扰越大，如图5－9(d)所示。

(2)噪声越大，线迹越宽，越模糊；码间串扰越大，眼图越不端正。

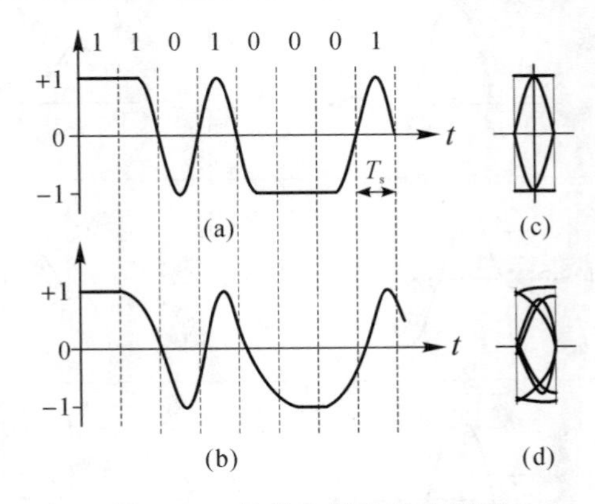

图5－9　基带信号波形及眼图

为了说明眼图和系统性能的关系，常把眼图简化为图5－10所示的模型。从该模型可以

得到如下信息：

(1)最佳抽样时刻应在“眼睛”张开最大的时刻。

(2)对定时误差的灵敏度由眼图斜边的斜率决定。斜率越大,定时误差就越灵敏。

(3)眼图阴影区的垂直高度,表示最大信号畸变。

(4)眼图中央的横轴位置应对应判决门限电平。

(5)在抽样时刻上,上下两分支离门限最近的一根线迹至门限的距离表示电平的噪声容限,噪声瞬时值超过它就可能发生错误判决。

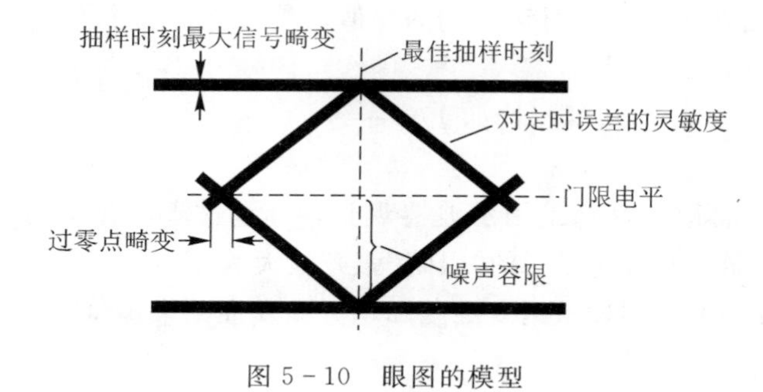

图 5 - 10　眼图的模型

5.2.8　时域均衡原理

1. 均衡的概念

为了减小码间串扰的影响,在基带系统中插入一种可调(或不可调)滤波器来补偿整个系统的幅频特性和相频特性,这个对系统校正的过程称为均衡,实现均衡的滤波器称为均衡器。

均衡分为频域均衡和时域均衡。频域均衡是从频率响应考虑,使包括均衡器在内的整个系统的总传输函数满足无失真传输条件;时域均衡是直接从时间响应考虑,使包括均衡器在内的整个系统的冲激响应满足无码间串扰条件。

2. 时域均衡的基本原理及其实现

时域均衡的基本原理如图 5 - 11 所示。

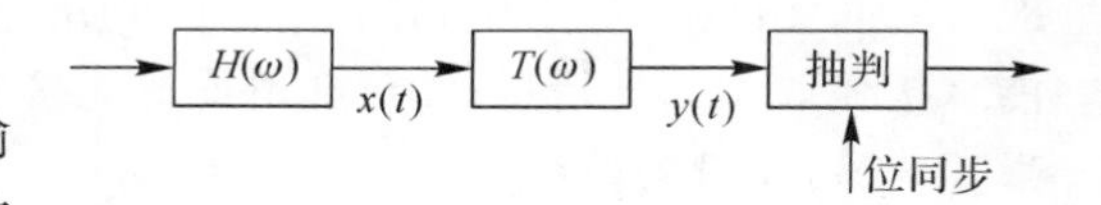

图 5 - 11　时域均衡的基本思想

图中, $H(\omega)$ 不满足无码间串扰条件时,其输出信号 $x(t)$ 将存在码间串扰。为此,插入一个称之为横向滤波器的可调滤波器 $T(\omega)$,形成新的总传输函数

$$H'(\omega) = H(\omega)T(\omega) \tag{5-31}$$

显然,只要 $H'(\omega)$ 满足

$$H'_{\mathrm{eq}}(\omega) = \sum_i H'\left(\omega + \frac{2\pi i}{T_{\mathrm{b}}}\right) = T_{\mathrm{b}}(\text{或其他常数}),\ |\omega| \leqslant \frac{\pi}{T_{\mathrm{b}}} \tag{5-32}$$

则抽样判决器输入端的信号 $y(t)$ 将不含码间串扰,即这个包含 $T(\omega)$ 在内的 $H'(\omega)$ 将可消除码间串扰。

分析表明,采用插入无限长的横向滤波器可以消除抽样时刻上的码间干扰,但是无限长横向滤波器是物理不可实现的。实际中,采用有限长的横向滤波器来减小抽样时刻的码间干扰。如图 5 - 12 所示。

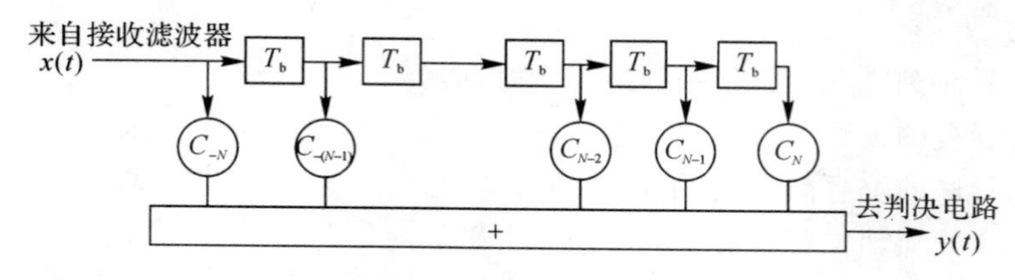

图 5-12　有限长横向滤波器

此时，均衡器输出在第 k 抽样时刻得到的样值，将由 $2N+1$ 个 C_i 与 x_{k-i} 的乘积之和来确定。希望抽样时刻无码干扰，即

$$y_k=\begin{cases}\text{常数(比如 1)}, & k=0\\ 0, & k\neq 0, k=\pm 1,\pm 2,\cdots\end{cases}$$

但完全做到有困难。实际应用时，是用示波器观察均衡滤波器输出信号 $y(t)$ 的眼图，通过反复调整各个增益放大器的 C_i，使眼图的"眼睛"张开最大为止。

均衡器的均衡效果可以用峰值畸变准则和均方畸变准则来衡量。

5.3　思考题解答

5-1　什么是数字基带信号？数字基带信号的常用码型有哪些？它们各有什么特点？

答：数字基带信号就是消息代码的电脉冲表示，即电波形，它用不同的电平或脉冲表示相应的消息代码。常用的数字基带传输码型有：

(1)单极性非归零(NRZ)码。其特点是：①有直流分量，将导致信号的失真与畸变；②波形之间无间隔，易产生码间干扰；③不能直接提取位同步信息；④判决门限不能稳定在最佳电平，抗噪性能差；⑤传输时需一端接地；⑥发送能量大，有利于提高接收端信噪比；⑦占用频带较窄。

(2)双极性非归零(NRZ)码。其特点是：①直流分量小，当"1""0"等概时，无直流成分；②波形之间无间隔，易产生码间干扰；③判决门限为 0，容易设置并且稳定，抗干扰能力强；④不能直接提取位同步信息；⑤可在电缆等无接地线上传输；⑥发送能量大，有利于提高接收端信噪比；⑦占用频带较窄。

(3)单极性归零(RZ)码。其特点是：①波形之间有间隔，码间干扰小；②可以直接提取同步信号；③发送能量小、占用频带宽；④传输时需一端接地。

(4)双极性归零(RZ)码。其特点是：①波形之间有间隔，码间干扰小；②收发之间无需特别定时，各符号独立地构成起止方式，可以经常保持正确的比特同步；③抗干扰能力强；④码中不含直流成分。

(5)差分码。其特点是：代表的信息符号与码元本身电位或极性无关，而仅与相邻码元的电位变化有关。这样即使接收端收到的码元极性与发送端完全相反，也能正确进行判决。

(6)AMI 码。其特点是：①无直流成分，零频附近低频分量小；②即使接收端收到的码元极性与发送端的完全相反，也能正确判决；③便于观察误码情况；④电路简单；⑤可能出现长的连 0 串，会造成提取定时信号困难。

(7)HDB_3 码。其特点是：①保持 AMI 码的优点，还易于恢复定时信号；②编码复杂，但译码简单。

(8)Manchester 码。其特点是:①无直流成分;②定时信息丰富;③编译码电路简单;④占用带宽宽。

(9)Miller 码。其特点是:①没有直流分量,连 0 最多占 2 个 T_b,可用于宏观检错;②缺点同于双相码,占用带宽宽。

(10) CMI 码。其特点是:①无直流成分;②波形跳变频繁,便于定时信息提取;③有误码监测能力;④编译码电路简单。

(11)多进制码。其特点是:一个脉冲可以代表多个二进制符号,所以码元速率一定时可提高信息速率。

5－2　构成 AMI 码和 HDB_3码的规则是什么?

答:AMI 码编码规则:把单极性方式中的"0"码仍与零电平对应,而"1"码对应发送极性交替的正、负电平。

HDB_3码编码规则:

(1)先把消息代码变成 AMI 码,当无 3 个以上连"0"码时,该 AMI 码就是 HDB_3码。

(2)当出现 4 个或 4 个以上连 0 码时,则将每 4 个连"0"小段的第 4 个"0"变换成"非 0"码。这个由"0"码改变来的"非 0"码称为破坏符号,用符号 V 表示,而原来的二进制码元序列中所有的"l"码称为信码,用符号 B 表示。当信码序列中加入破坏符号以后,信码 B 与破坏符号 V 的正负必须满足如下两个条件:

1)B 码和 V 码各自都应始终保持极性交替变化的规律,以便确保编好的码中没有直流成分;

2)V 码必须与前一个码(信码 B)同极性,以便和正常的 AMI 码区分开来。如果这个条件得不到满足,那么应该在 4 个连"0"码的第一个"0"码位置上加一个与 V 码同极性的补信码,用符号 B′表示,并做调整,使 B 码和 B′码合起来保持条件 1)中信码(含 B 及 B′)极性交替变换的规律。

5－3　研究数字基带信号功率谱的目的是什么?信号带宽怎么确定?

答:不同形式的数字基带信号具有不同的频谱结构,研究数字基带信号的功率谱的目的:依据给定信道传输特性的结构,合理地设计或选择信号;或者,依据数字信号的频谱结构,合理设计或选择信道,使得信号与信道匹配,利于传输。

基带信号功率谱分为连续谱和离散谱,通常以连续谱的第一个零点作为序列的带宽。

5－4　在 $P(0)=P(1)=1/2$ 的条件下,判断常用的各种码型中,哪几种有离散分量。

答:当 $P(0)=P(1)=1/2$ 时:

(1)单极性 NRZ 信号功率谱密度为

$$P_x(\omega)=\frac{1}{4}T_b\,\mathrm{Sa}^2(\pi f T_b)+\frac{1}{4}\delta(f)$$

可见,单极性 NRZ 信号的功率谱只有连续谱和直流分量,离散谱仅含零频分量。

(2)双极性 NRZ 信号功率谱密度为

$$P_x(\omega)=T_b\,\mathrm{Sa}^2(\pi f T_b)$$

可见,双极性 NRZ 信号的功率谱只有连续谱,不含任何离散分量。

(3)单极性 RZ 信号的功率谱密度为

$$P_x(\omega)=\frac{1}{4}f_b\tau^2\,\mathrm{Sa}^2(\pi f\tau)+\frac{1}{4}f_b^2\tau^2\sum_{m=-\infty}^{\infty}\mathrm{Sa}^2(\pi m f_b\tau)\delta(f-mf_b)$$

可见，单极性 RZ 信号的功率谱不但有连续谱，而且在 $f=0,\pm f_b,\pm 2f_b,\cdots$ 等处还存在离散谱。

(4)双极性 RZ 信号功率谱为

$$P_x(\omega)=f_b\tau^2\,\mathrm{Sa}^2(\pi f\tau)$$

可见，双极性 RZ 信号的功率谱只有连续谱。

其余几种码型的情况，可以参考上述讨论，按照归零、非归零，单极性、双极性情况分类进行分析，请读者自行完成。

5-5　数字基带传输系统的基本结构如何表示？

答：数字基带传输系统的模型如图 SS5-5 所示。

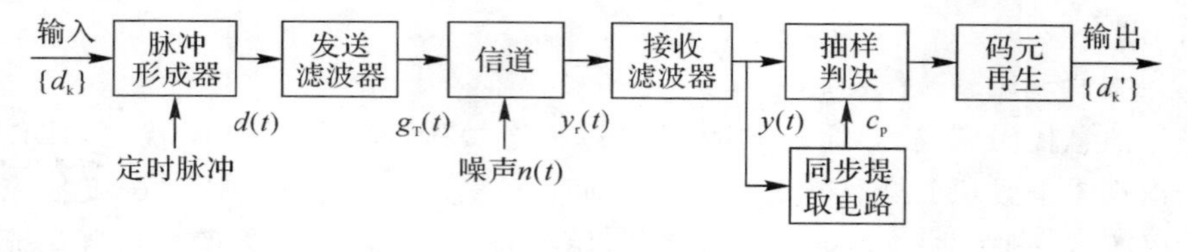

图 SS5-5

5-6　什么叫码间串扰？它是怎样产生的？对通信质量有什么影响？

答：码间串扰又称为码间干扰，它是因为信道频率特性不理想而引起波形畸变，导致实际抽样判决值是本码元脉冲波形的值与其他所有脉冲波形拖尾的叠加，在接收端造成判决困难的现象。

由于码间串扰的存在，使抽样判决电路在判决时可能判对，也可能判错（产生误码），最终影响通信系统的可靠性。

5-7　满足无码间串扰条件的传输特性的冲击响应 $h(t)$ 具备什么特征？为什么说能满足无码间串扰条件的 $h(t)$ 不是唯一的？

答：满足无码间串扰条件的基带传输系统冲激响应 $h(t)$ 的要求如下：

(1)基带信号经过传输后在抽样点上无码间串扰，也即瞬时抽样值应满足

$$h(kT_b)=\begin{cases}1(\text{或常数}), & k=0\\ 0, & k\neq 0\end{cases}$$

(2) $h(t)$ 尾部衰减要快。无码间串扰的基带系统冲激响应要求在除 $t=0$ 时取值不为零外，在其他抽样时刻上的抽样值均为零，能满足这个要求的 $h(t)$ 是很多的，因此说能满足无码间串扰条件的 $h(t)$ 不是唯一的。

5-8　为了消除码间串扰，基带传输系统的传输函数应满足什么条件？

答：无码间串扰基带传输系统的传输函数（频域条件）为

$$H_{eq}(\omega)=\sum_i H\left(\omega+\frac{2\pi i}{T_b}\right)=\begin{cases}\text{常数(比如 }T_b\text{)}, & |\omega|\leqslant \pi/T_b\\ 0, & |\omega|>\pi/T_b\end{cases}$$

此条件是把一个基带传输系统的传输特性 $H(\omega)$ 等间隔分割为 $2\pi/T_b$ 的宽度，若各段经过平移在 $(-\pi/T_b\sim\pi/T_b)$ 区间内能叠加成一个等效理想低通频率特性，那么它在以 $f_b=1/T_b$ 速率传输基带信号时，就能做到无码间串扰。

5－9　什么是奈奎斯特间隔和奈奎斯特速率？

答:在截止频率为 B 的理想基带传输系统中，$T_b = 1/2B$ 为系统传输无码间串扰的最小码元间隔，称为奈奎斯特间隔。相应地，称 $R_B = 1/T_b = 2B$ 为奈奎斯特速率，它是系统的最大码元传输速率。

5－10　在二进制数字基带传输系统中，有哪两种误码？它们各在什么情况下发生？

答:在二进制数字基带传输系统中，两种误码是发"1"错判为"0"，其概率为 $P(0/1)$ 和发"0"错判为"1"，其概率为 $P(1/0)$。且

$$P(0/1) = P(x < V_d) = \int_{-\infty}^{V_d} f_1(x)\mathrm{d}x$$

$$P(1/0) = P(x > V_d) = \int_{V_d}^{\infty} f_0(x)\mathrm{d}x$$

$f_1(x)$ 和 $f_0(x)$ 分别是发"1"和发"0"判决器抽样值的一维概率密度函数；V_d 是判决门限电平。

5－11　什么是最佳判决门限电平？当 $P(0) = P(1) = 1/2$ 时，传送单极性基带波形和双极性基带波形的最佳判决门限各为多少？

答:最佳判决门限电平是指在信号的抽样值 A 和噪声功率 σ_n^2 一定的条件下，使误码率最小的判决门限电平。

当 $P(0) = P(1) = 1/2$ 时，单极性基带波形的最佳判决门限电平为 $V_d^* = A/2$；双极性基带波形的最佳判决门限电平为 $V_d^* = 0$。

5－12　部分响应技术解决了什么问题？

答:在理想低通和等效理想低通传输（如升余弦频率）系统中，高的频带利用率与快的"尾巴"衰减是相互矛盾的。采用部分响应技术，可以达到提高频带利用率而同时系统拖尾衰减快，对定时精度要求降低。

5－13　什么叫眼图？它有什么用处？

答:眼图是指利用实验的方法估计和改善传输系统性能时在示波器上观察到的一种图形，因为在示波器屏幕上看到的图像人的眼睛，故称为"眼图"。

作用:从眼图上可以观察出码间串扰和噪声的影响，从而估计系统优劣程度。以此图形为观察点，对接收滤波器的特性进行调整，可以减小码间串扰，改善系统的传输性能。

5－14　什么是时域均衡？横向滤波器为什么能实现时域均衡？

答:在基带系统中插入一种可调（或不可调）滤波器用以补偿整个系统的幅频和相频特性，从而减小码间串扰的影响。这个系统校正的过程称为均衡，直接从时间响应考虑的方式称为时域均衡。

横向滤波器之所以能实现时域均衡，是因为设计它的传输函数为 $T(\omega)$，使总的传输函数 $H'(\omega) = H(\omega)T(\omega)$ 满足无码间串扰的条件。

5.4　习题解答

5－1　设二进制符号序列为 100110001110，试以矩形脉冲为例，分别画出相应的单极性 NRZ 码、双极性 NRZ 码、单极性 RZ 码、双极性 RZ 码、二进制差分码波形。

解: 各种码的波形如图 S5－1 所示。

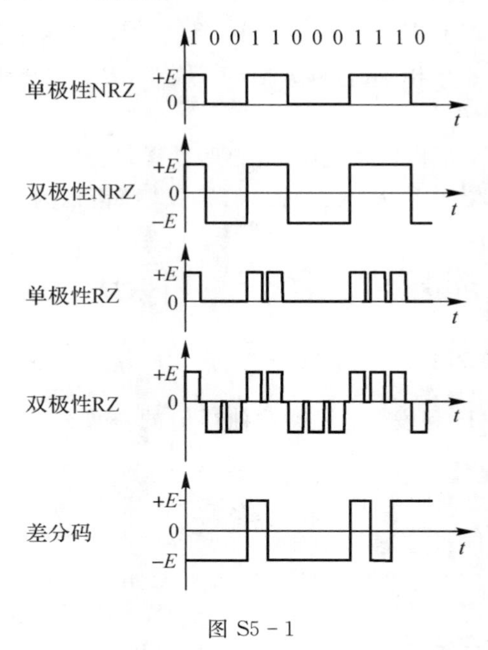

图 S5－1

5－2　已知信息代码为 100000000011，求相应的 AMI 码和 HDB_3 码。

解: 编码过程如下：

码元:	1	0	0	0	0	0	0	0	0	0	1	1
AMI:	+1	0	0	0	0	0	0	0	0	0	−1	+1
加 V:	+1	0	0	0	V_+	0	0	0	V_-	0	−1	+1
加 B′、调整:	+1	0	0	0	V_+	B'_-	0	0	V_-	0	+1	−1
HDB_3:	+1	0	0	0	+1	−1	0	0	−1	0	+1	−1

5－3　已知 HDB_3 码为 0+100−1000−1+1000+1−1+1−100−1+100−1，试译出原信息代码。

解: 译码如下：

HDB_3 码：0 +1 0 0 −1 0 0 0 −1 +1 0 0 0 +1 −1 +1 −1 0 0 −1 +1 0 0 −1

译码：　0 1 0 0 1 0 0 0 0 1 0 0 0 0 1 1 0 0 0 0 1 0 0 1

5－4　设某二进制数字基带信号的基本脉冲如图 P5－4 所示。图中 T_b 为码元宽度，数字信息"1"和"0"分别用 $g(t)$ 的有无表示，它们出现的概率分别为 P 及 $(1-P)$。

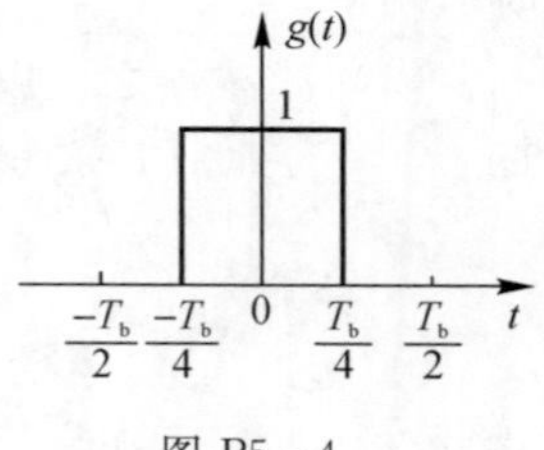

图 P5－4

(1)求该数字信号的功率谱密度，并画图；

(2)该序列是否存在离散分量 $f_b = 1/T_b$？

(3)该数字基带信号的带宽是多少？

解: (1)由题可知 $g_1(t) = g(t)$，$g_2(t) = 0$，所以

$$G_1(f)=G(f)=\frac{1}{2}T_b\mathrm{Sa}(\frac{T_b}{4}\omega)=\frac{1}{2}T_b\mathrm{Sa}(\frac{1}{2}\pi T_b f),\ G_2(f)=0$$

$$G_1(mf_b)=G(mf_b)=\frac{1}{2}T_b\mathrm{Sa}(\frac{1}{2}m\pi T_b f_b)=\frac{1}{2}T_b\mathrm{Sa}(\frac{1}{2}m\pi),G_2(mf_b)=0$$

$$P_s(\omega)=f_bP(1-P)\left|G_1(f)-G_2(f)\right|^2+\sum_m\left|f_b[PG_1(mf_b)+(1-P)G_2(mf_b)\right|^2\delta(f-mf_b)=$$

$$f_bP(1-P)G^2(f)+\sum_m f_b^2P^2G^2(mf_b)\delta(f-mf_b)=$$

$$\frac{T_b}{4}P(1-P)\mathrm{Sa}^2(\frac{1}{2}\pi T_b f)+\frac{1}{4}\sum_m P^2\ \mathrm{Sa}^2(\frac{1}{2}m\pi)\delta(f-mf_b)$$

功率谱密度如图 S5 - 4 所示。

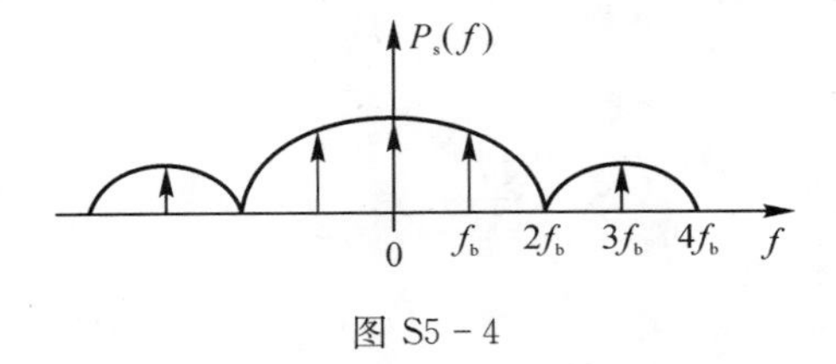

图 S5 - 4

(2)无论等概与否，$m=1$ 时，离散分量不为零，即含有 $f_b=1/T_b$ 分量。

(3)信号带宽 $B=2f_b$ 。

5 - 5　若数字信息“1”和“0”改用 $g(t)$ 和 $-g(t)$ 表示，重做上题。

解：(1)由题可知 $g_1(t)=g(t)$ ，$g_2(t)=-g(t)$

而

$$G_1(f)=-G_2(f)=G(f)=\frac{1}{2}T_b\mathrm{Sa}(\frac{T_b}{4}\omega)=\frac{1}{2}T_b\mathrm{Sa}(\frac{1}{2}\pi T_b f)$$

$$G_1(mf_b)=-G_2(mf_b)=G(mf_b)=\frac{1}{2}T_b\mathrm{Sa}(\frac{1}{2}m\pi T_b f_b)=\frac{1}{2}T_b\mathrm{Sa}(\frac{1}{2}m\pi)$$

所以

$$P_s(\omega)=f_bP(1-P)\left|G_1(f)-G_2(f)\right|^2+\sum_m\left|f_b[PG_1(mf_b)+(1-P)G_2(mf_b)\right|^2\delta(f-mf_b)=$$

$$f_bP(1-P)4G^2(f)+\sum_m f_b^2\ (2P-1)^2G^2(mf_b)\delta(f-mf_b)=$$

$$P(1-P)T_b\mathrm{Sa}^2(\frac{1}{2}\pi T_b f)+\sum_m\frac{1}{4}\ (2P-1)^2\ \mathrm{Sa}^2(\frac{1}{2}m\pi)\delta(f-mf_b)$$

数字信息“1”和“0”不等概率时，功率谱密度类同于图 S5 - 4；等概率时，功率谱密度如图 S5 - 5 所示。

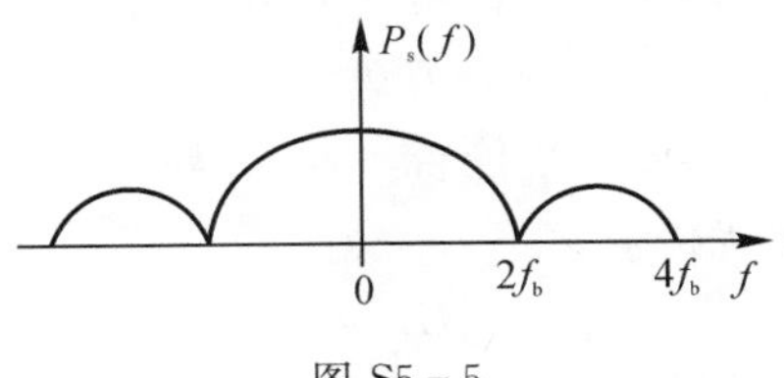

图 S5 - 5

(2)等概时,不含 f_b 分量;不等概率时,含 f_b 分量。

(3)信号带宽 $B = 2f_b$ 。

5-6 设某二进制数字基带信号的基本脉冲为三角形脉冲,如图 P5-6 所示。图中 T_b 为码元宽度,数字信息"1"和"0"分别用 $g(t)$ 的有无表示,且"1"和"0"出现的概率相等。

(1)求该数字信号的功率谱密度,并画图;

(2)能否从该数字基带信号中提取 $f_b = 1/T_b$ 的位定时分量?若能,试计算该分量的功率。

(3)该数字基带信号的带宽是多少?

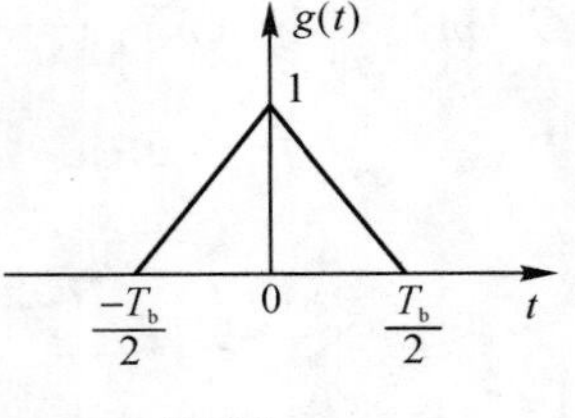

图 P5-6

解:(1)由题可知 $g_1(t) = g(t)$, $g_2(t) = 0$, $P = \frac{1}{2}$

而

$$G(f) = \frac{1}{2}T_b \, \mathrm{Sa}^2(\frac{T_b}{4}\omega) = \frac{1}{2}T_b \, \mathrm{Sa}^2(\frac{1}{2}\pi T_b f)$$

$$G(mf_b) = \frac{1}{2}T_b \, \mathrm{Sa}^2(\frac{1}{2}m\pi T_b f_b) = \frac{1}{2}T_b \, \mathrm{Sa}^2(\frac{1}{2}m\pi)$$

$$P_s(\omega) = f_b P(1-P) \, |G_1(f) - G_2(f)|^2 + \sum_m \, |f_b[PG_1(mf_b) + (1-P)G_2(mf_b)|^2 \delta(f - mf_b) =$$

$$\frac{1}{4}f_b G^2(f) + \frac{1}{4}\sum_m f_b^2 G^2(mf_b)\delta(f - mf_b) =$$

$$\frac{1}{16}T_b \mathrm{Sa}^4(\frac{1}{2}\pi T_b f) + \frac{1}{16}\sum_m \mathrm{Sa}^4(\frac{1}{2}m\pi)\delta(f - mf_b)$$

功率谱密度如图 S5-6 所示。

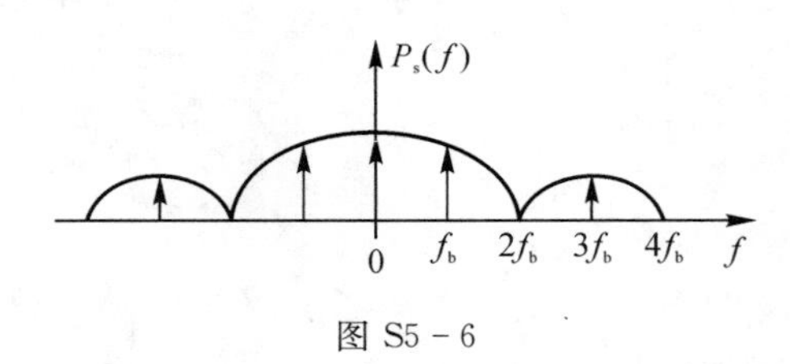

图 S5-6

(2)当 $m = 1$ 时,因为离散分量 $\frac{1}{16}\mathrm{Sa}^4(\frac{1}{2}\pi)\delta(f - f_b) = \frac{1}{\pi^4}\delta(f - f_b)$ 存在,故可以从该数字基带信号中提取 $f_b = 1/T_b$ 的位定时分量,功率为 $P_{f_b} = \frac{2}{\pi^4}$ (双边)。

(3)信号带宽 $B = 2f_b$ 。

5-7 设某基带系统的频率特性是截止频率为 100kHz 的理想低通滤波器,试问:

(1)当码元速率为 150kB 时,此系统是否有码间串扰。

(2)当信息速率为 400kb/s 时,此系统能否实现无码间串扰传输,为什么?

解:此系统的最大无码间串扰传输速率为

$$R_{Bmax} = 2B = 200\text{kB}$$

(1)当码元速率为 $R_B = 150\text{kB}$ 时,虽有 $R_{Bmax} > R_B$,但不为整数倍,所以无法实现无码间串扰传输。

(2)当信息速率为 400kb/s 时，传输速率过大，显然不能直接采用二进制波形进行传输。但可采用四进制波形进行传输，此时码元速率为 $R_{B4}=200\text{kB}$，刚好与系统最大无码间串扰传输速率 R_{Bmax} 相等，所以能实现无码间串扰传输。

5-8　已知某信道的截止频率为 1 600Hz，其滚降系数 $\alpha=1$。问：

(1)为了得到无串扰的信息接收，系统最大传输速率为多少？

(2)接收机采用什么样的时间间隔抽样，便可得到无串扰接收？

解：(1)该系统的等效理想低通截止频率(互补对称点频率)为 800 Hz，即 1 600π(弧度)，利用作图法可知，系统最大无码间串扰传输速率(奈奎斯特速率)为 $R_{Bmax}=1\,600\text{B}$。

(2)无串扰接收的最小抽样时间间隔为 $T_{smin}=\dfrac{1}{R_{Bmax}}=\dfrac{1}{1\,600}\text{s}$。

5-9　已知码元速率为 64kB，若采用 $\alpha=0.4$ 的余弦滚降频谱信号，试求：

(1)系统传输带宽；

(2)系统频带利用率。

解：依题意，可画出所采用的余弦滚降频谱信号频谱如图 S5-9 所示。显见，其互补对称点频率为 f_N (kHz)，或 $2\pi f_N$ (krad)。由作图法可知其最大无码间串扰传输速率(奈奎斯特速率)为 $R_{Bmax}=2f_N$(kB)。当码元速率 $R_B=64\text{kB}$ 时，可求得

$$f_N=\frac{1}{2}R_B=32\text{kHz}$$

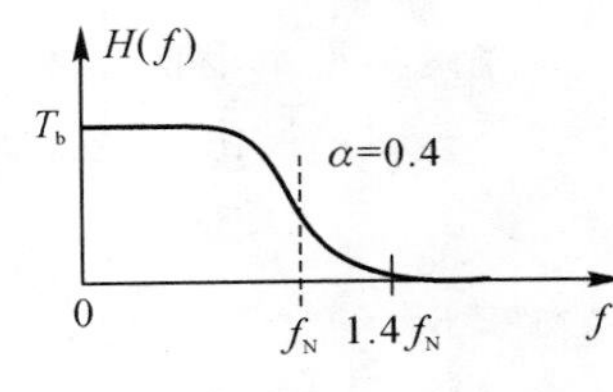

图 S5-9

于是

(1)系统传输带宽为　$B=1.4f_N=44.8\text{kHz}$；

(2)系统频带利用率为 $\eta=\dfrac{R_B}{B}=\dfrac{64}{44.8}=1.43\text{B/Hz}$。

5-10　已知滤波器的 $H(\omega)$ 具有如图 P5-10(a)所示的特性(码元速率变化时特性不变)，当采用以下码元速率时：(a)码元速率 $R_B=500\text{B}$；(b)码元速率 $R_B=1\,000\text{B}$；(c)码元速率 $R_B=1\,500\text{B}$；(d)码元速率 $R_B=2\,000\text{B}$。

问：(1)哪种码元速率不会产生码间串扰？

(2)如果滤波器的 $H(\omega)$ 改为图 P5-10(b)，重新回答(1)。

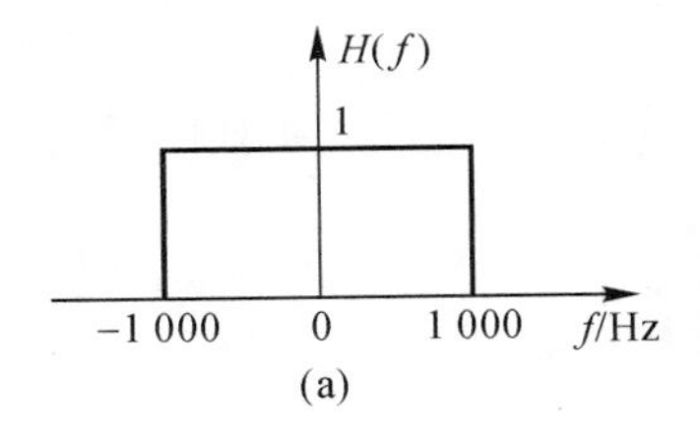

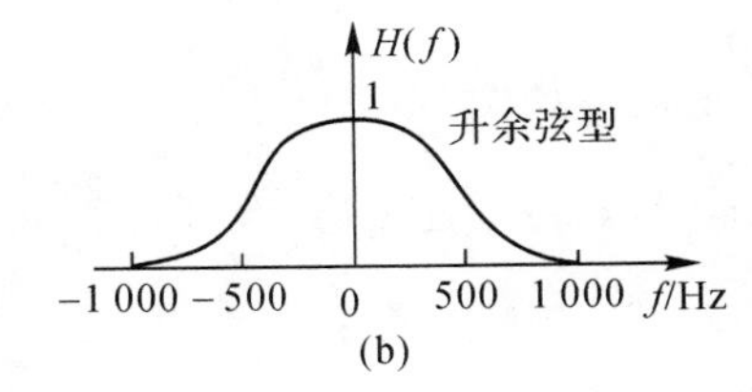

图 P5-10

解：(1)该系统为理想低通系统，奈奎斯特速率为 2 000B，所以当以码元速率为 500B，1 000B，2 000B 进行传输时无码间串扰，为 1 500B 时有码间串扰。

(2)该系统为升余弦型，其互补对称点频率(等效低通截止频率)为 500Hz，即 1 000π (rad)。由作图法可知其最大无码间串扰传输速率(奈奎斯特速率)为 $R_{Bmax}=1\,000\text{B}$。所以

当以码元速率为 500B，1 000B 时无码间串扰，为 1 500B，2 000B 时有码间串扰。

5－11　设基带传输系统的发送滤波器、信道、接收滤波器组成总特性为 $H(\omega)$，若要求以 $2/T_b$ 波特的速率进行数据传输，试检验图 P5－11 各种系统是否满足无码间串扰条件。

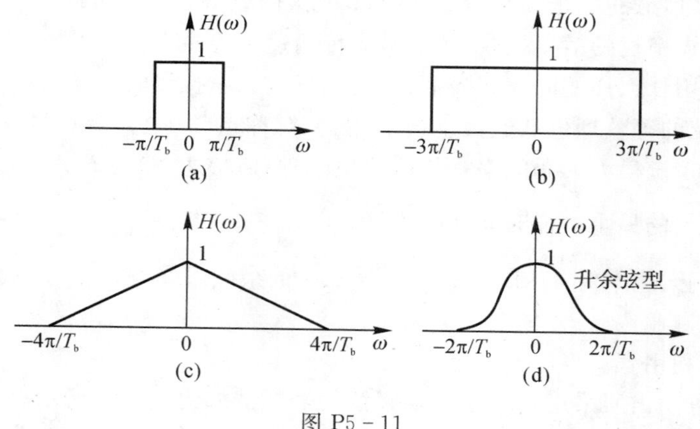

图 P5－11

解：参见本书例 5.1。

5－12　设由发送滤波器、信道、接收滤波器组成二进制基带系统的总传输特性 $H(\omega)$ 为

$$H(\omega)=\begin{cases}\tau_0(1+\cos\omega\tau_0)\,, & |\omega|\leqslant\dfrac{\pi}{\tau_0}\\ 0\,, & \text{其他}\end{cases}$$

试确定该系统最高传码率 R_B 及相应的码元间隔 T_b。

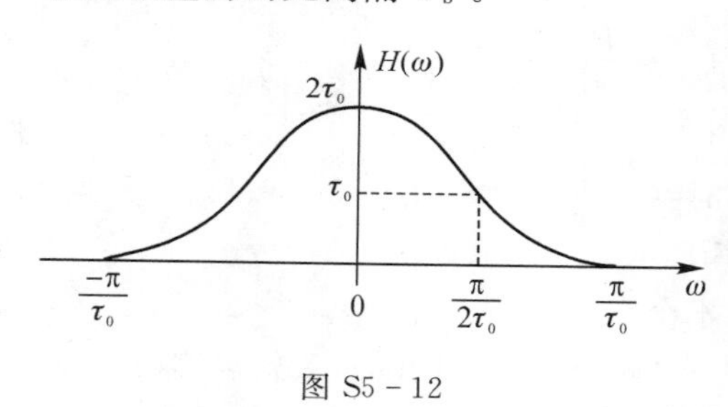

图 S5－12

解：$H(\omega)$ 的波形如图 S5－12 所示，为升余弦传输特性，其互补对称点频率为 $\dfrac{\pi}{2\tau_0}$ (rad)。由作图法可知，其最大传输速率（奈奎斯特速率）为

$$R_B=\frac{1}{2\tau_0}\text{(B)}$$

相应的奈奎斯特间隔为

$$T_b=\frac{1}{R_B}=2\tau_0\ \text{(s)}$$

5－13　已知基带传输系统的发送滤波器、信道、接收滤波器组成总特性 $H(\omega)$ 如图 P5－13 所示，其中 α 为某个常数（$0\leqslant\alpha\leqslant1$）。试求该系统的最大码元传输速率为多少？这时的频带利用率为多大？

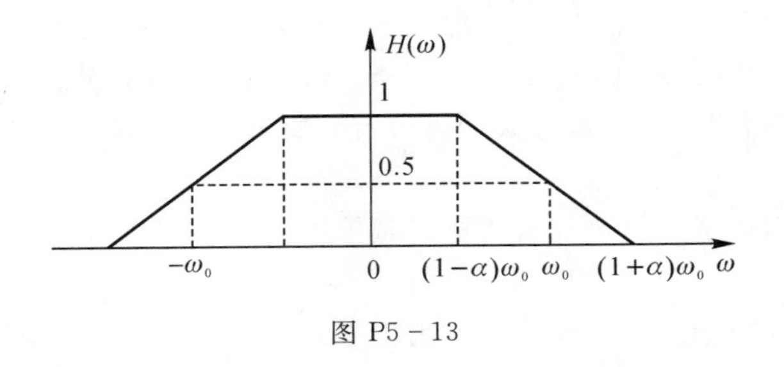

图 P5 - 13

解:(1)该系统可以等效为理想低通特性,其互补对称点频率为 $\omega_0 = 2\pi f_0$ (rad)。由作图法可知,其最大无码间干扰传输速率(奈奎斯特速率)为 $2f_0$ 。

(2)频带利用率为　$\eta = \dfrac{2f_0}{(1+\alpha)f_0} = \dfrac{2}{1+\alpha}$ 。

5 - 14　为了传送码元速率 $R_B = 10^3$ B 的数字基带信号,试问系统采用图 P5 - 14 所画的哪一种传输特性较好? 并简要说明其理由。

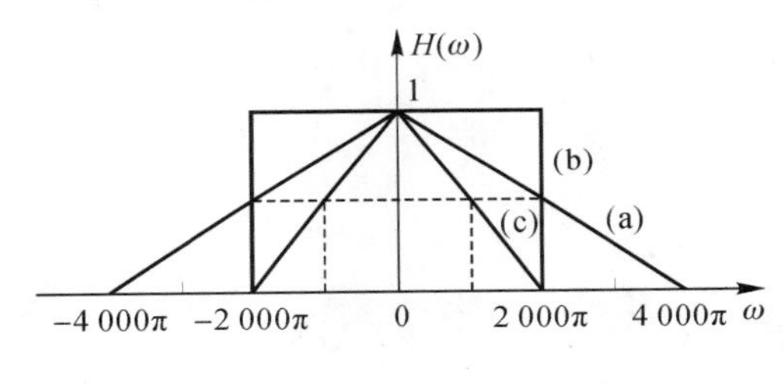

图 P5 - 14

解:(1)传输函数 (a) 为三角形,其奈奎斯特速率为 2 000B ,是 $R_B = 10^3$ B 的两倍,所以无码间串扰。

频带宽度:　$B = \dfrac{4\,000\pi}{2\pi} = 2 \times 10^3$ Hz

频带利用率:$\eta = \dfrac{R_B}{B} = \dfrac{10^3}{2 \times 10^3} = 0.5$B/Hz

(2)传输函数(b)为理想低通,其奈奎斯特速率为 2 000B ,是 $R_B = 10^3$ B 两倍,所以无码间串扰。

频带宽度:　$B = \dfrac{2\,000\pi}{2\pi} = 10^3$ Hz

频带利用率:$\eta = \dfrac{R_B}{B} = \dfrac{10^3}{10^3} = 1$B/Hz

(3) 传输函数 (c)为三角形,其奈奎斯特速率为 1 000B ,与 $R_B = 10^3$ B 相等,所以无码间串扰。

频带宽度:　$B = \dfrac{2\,000\pi}{2\pi} = 10^3$ Hz

频带利用率:$\eta = \dfrac{R_B}{B} = \dfrac{10^3}{10^3} = 1$B/Hz

从频带利用率方面比较:传输函数(b)(c)大于(a),所以选择(b)(c)合适。

从 $h(t)$ 收敛速度方面比较：(b)为理想低通特性，响应 $h(t)$ 是 $\mathrm{Sa}(x)$ 型，尾部衰减慢，与时间 t 成反比；(c)为三角形特性，响应 $h(t)$ 是 $\mathrm{Sa}^2(x)$ 型，尾部衰减快，与时间 t^2 成反比。

从易实现程度方面比较：(b)难以实现，(c)较易实现。

综上，选择传输函数(c)较好。

5-15　某二进制数字基带系统所传送的是单极性基带信号，且数字信息“1”和“0”的出现概率相等。

(1)若数字信息为“1”时，接收滤波器输出信号在抽样判决时刻的值 $A=1\mathrm{V}$，且接收滤波器输出噪声是均值为 0，均方根值 $\sigma_n=0.2\mathrm{V}$，试求这时的误码率 P_e；

(2)若要求误码率 P_e 不大于 10^{-5}，试确定 A 至少应该是多少？

解：(1)已知传送的是单极性基带信号，且 $P(0)=P(1)=\dfrac{1}{2}$，$\sigma_n=0.2$，$A=1$。所以

$$P_e=\frac{1}{2}\mathrm{erfc}(\frac{A}{2\sqrt{2}\sigma_n})=\frac{1}{2}\left[1-\mathrm{erf}\,\frac{A}{2\sqrt{2}\sigma_n}\right]=\frac{1}{2}[1-\mathrm{erf}(1.77)]$$

查表得

$$\mathrm{erf}(1.77)=0.987\ 6$$

所以

$$P_e=\frac{1}{2}\times(1-0.987\ 6)=0.006\ 2=6.2\times10^{-3}$$

(2)依题意得

$$P_e=\frac{1}{2}\mathrm{erfc}(\frac{A}{2\sqrt{2}\sigma_n})\leqslant10^{-5}$$

即

$$\frac{1}{2}\left[1-\mathrm{erf}\left(\frac{A}{2\sqrt{2}\sigma_n}\right)\right]\leqslant10^{-5}$$

$$\mathrm{erf}(\frac{A}{2\sqrt{2}\sigma_n})\geqslant1-2\times10^{-5}=0.999\ 98$$

查表得

$$\frac{A}{2\sqrt{2}\sigma_n}\geqslant3.02$$

所以

$$A\geqslant3.02\times2\sqrt{2}\sigma_n=3.02\times2\sqrt{2}\times0.2=1.71\mathrm{V}$$

5-16　若将上题中的单极性基带信号改为双极性基带信号，而其他条件不变，重做上题中的各问。

解：(1)双极性基带信号误码率

$$P_e=\frac{1}{2}\mathrm{erfc}(\frac{A}{\sqrt{2}\sigma_n})=\frac{1}{2}\mathrm{erfc}(\frac{1}{\sqrt{2}\times0.2})=\frac{1}{2}\mathrm{erfc}(3.536)=\frac{1}{2}[1-\mathrm{erf}(3.536)]=$$
$$2.8\times10^{-7}$$

(2)若要求 $P_e\leqslant10^{-5}$，即

$$P_e=\frac{1}{2}\mathrm{erfc}(\frac{A}{\sqrt{2}\sigma_n})\leqslant10^{-5}$$

可求得

$$\mathrm{erfc}(\frac{A}{\sqrt{2}\sigma_n})=1-\mathrm{erf}(\frac{A}{\sqrt{2}\sigma_n})\leqslant2\times10^{-5}$$

$$\mathrm{erf}\,\frac{A}{\sqrt{2}\sigma_n}\geqslant1-2\times10^{-5}=0.999\ 98$$

查表得
$$\frac{A}{\sqrt{2}\sigma_n} \geqslant 3.02$$

所以
$$A \geqslant 3.02 \times \sqrt{2}\sigma_n = 3.02 \times \sqrt{2} \times 0.2 = 0.854\text{V}$$

5－17　设一相关编码系统如图 P5－17 所示。图中，理想低通滤波器的截止频率为 $1/2\,T_b$，通带增益为 T_b。试求该系统的频率特性和单位冲激响应。

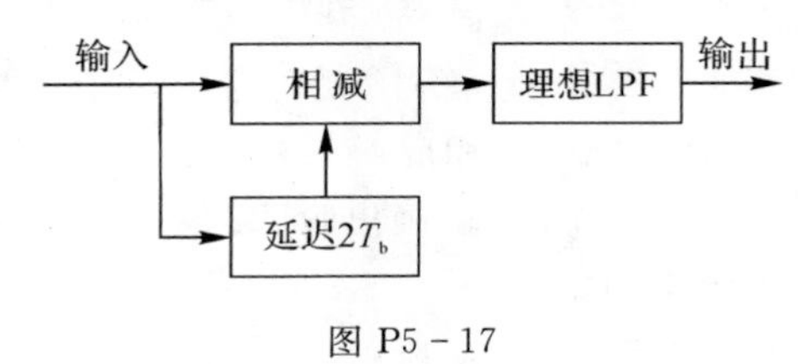

图 P5－17

解：依题意，可知理想低通滤波器传输函数为

$$H_L(\omega) = \begin{cases} T_b, & |\omega| \leqslant \dfrac{\pi}{T_b} \\ 0, & \text{其他} \end{cases}$$

其冲激响应为
$$h_L(t) = \frac{1}{2\pi} \times 2\pi \text{Sa}(\frac{\pi}{T_b}t) = \text{Sa}(\frac{\pi}{T_b}t)$$

设相减器输出为 $g(t)$，可得整个系统的冲激响应为

$$h(t) = g(t) * h_L(t) = [\delta(t) - \delta(t - 2T_b)] * h_L(t) =$$
$$h_L(t) - h_L(t - 2T_b) = \text{Sa}\,\frac{\pi}{T_b}t - \text{Sa}\,\frac{\pi}{T_b}(t - 2T_b)$$

相应地，整个系统的传输函数为

$$H(\omega) = \mathscr{F}[h(t)] = \mathscr{F}[h_L(t) - h_L(t - 2T_b)] = H_L(\omega)[1 - e^{-j2T_b\omega}] =$$
$$H_L(\omega)e^{-jT_b\omega}[e^{j\omega T_b} - e^{-j\omega T_b}] = 2jH_L(\omega)e^{-j\omega T_b}\sin\omega T_b$$

幅频特性

$$G(\omega) = |H(\omega)| = |2H_L(\omega)\sin\omega T_b| = \begin{cases} 2T_b\sin\omega T_b, & |\omega| \leqslant \dfrac{\pi}{T_b} \\ 0, & \text{其他} \end{cases}$$

讨论：由 $h(t) = \text{Sa}\,\frac{\pi}{T_b}t - \text{Sa}\,\frac{\pi}{T_b}(t - 2T_b)$ 可知系统为第Ⅳ类部分响应系统；频带利用率为 2B/Hz。

5－18　以表 5－1 中第 IV 类部分响应系统为例，试画出包括预编码在内的系统组成方框图。

解：第 IV 类部分响应系统的加权系数为 $R_1 = 1, R_2 = 0, R_3 = -1$，其余为 0。即

$$g(t) = \text{Sa}\,\frac{\pi}{T_b}t - \text{Sa}\,\frac{\pi}{T_b}(t - 2T_b)$$

预编码：$a_k = b_k \oplus b_{k-2}$ 或　$b_k = a_k \oplus b_{k-2}$。

相关编码：$c_k = b_k - b_{k-2}$

系统组成方框图如图 S5－18 所示。

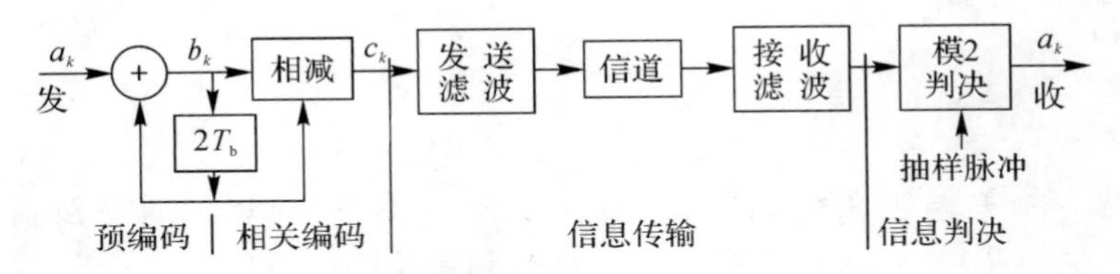

图 S5-18

5-19　一随机二进制序列 101100…，符号"1"对应的基带波形为升余弦波形，持续时间为 T_b，符号"0"对应的基带波形恰好与"1"相反：

(1)当示波器的扫描周期 $T_0=T_b$ 时，试画出眼图；

(2)当 $T_0=2T_b$ 时，试重画眼图。

解：该基带信号的波形图如图 S5-19(a)所示。

$T_0=T_b$ 和 $T_0=2T_b$ 时的眼图分别如图 S5-19(b)(c)所示。

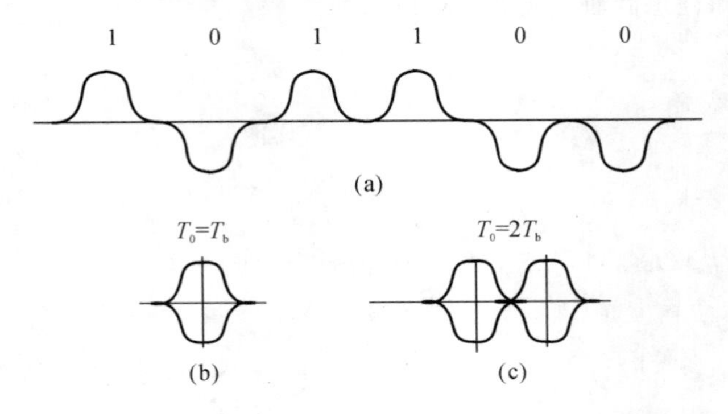

图 S5-19

5-20　设有一个三抽头的时域均衡器，如图 P5-20 所示。输入波形 $x(t)$ 在各抽样点的值依次为 $x_{-2}=1/8$，$x_{-1}=1/3$，$x_0=1$，$x_{+1}=1/4$，$x_{+2}=1/16$(在其它抽样点均为 0)。试求均衡器输出波形 $y(t)$ 在各抽样点的值。

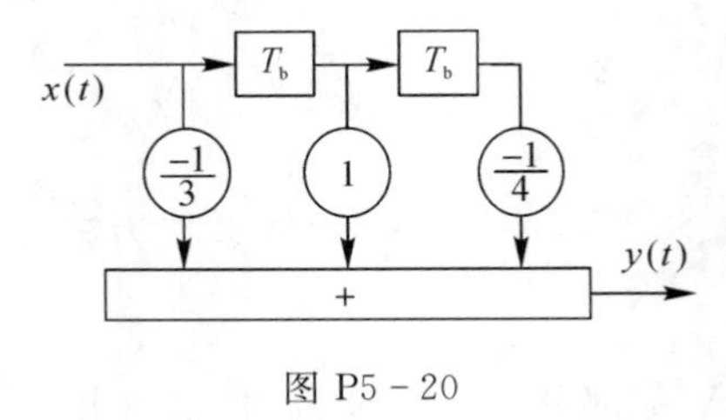

图 P5-20

解：由　$y_k=\sum_{i=-1}^{1}c_i x_{k-i}=c_{-1}x_{k+1}+c_0x_k+c_1x_{k-1}$，得

$$y_{-3}=c_{-1}x_{-2}+c_0x_{-3}+c_{+1}x_{-4}=-\frac{1}{3}\times\frac{1}{8}+0=-\frac{1}{24}$$

$$y_{-2}=c_{-1}x_{-1}+c_0x_{-2}+c_1x_{-3}=-\frac{1}{3}\times\frac{1}{3}+1\times\frac{1}{8}+0=-\frac{1}{9}+\frac{1}{8}=\frac{1}{72}$$

$$y_{-1}=c_{-1}x_0+c_0x_{-1}+c_1x_{-2}=-\frac{1}{3}\times1+1\times\frac{1}{3}-\frac{1}{4}\times\frac{1}{8}=-\frac{1}{3}+\frac{1}{3}-\frac{1}{32}=-\frac{1}{32}$$

$$y_0 = c_{-1}x_1 + c_0x_0 + c_1x_{-1} = -\frac{1}{3}\times\frac{1}{4} + 1\times -\frac{1}{4}\times\frac{1}{3} = -\frac{1}{12} + 1 - \frac{1}{12} = \frac{10}{12} = \frac{5}{6}$$

$$y_{+1} = c_{-1}x_2 + c_0x_1 + c_1x_0 = -\frac{1}{3}\times\frac{1}{16} + 1\times\frac{1}{4} - \frac{1}{4}\times 1 = -\frac{1}{48} + \frac{1}{4} - \frac{1}{4} = -\frac{1}{48}$$

$$y_{+2} = c_{-1}x_3 + c_0x_2 + c_1x_1 = 0 + 1\times\frac{1}{16} - \frac{1}{4}\times\frac{1}{4} = -\frac{1}{16} - \frac{1}{16} = 0$$

$$y_{+3} = c_{-1}x_4 + c_0x_3 + c_1x_2 = 0 + 0 - \frac{1}{4}\times\frac{1}{16} = -\frac{1}{64}$$

其他 y_k 都为 0。

5.5　本章知识结构

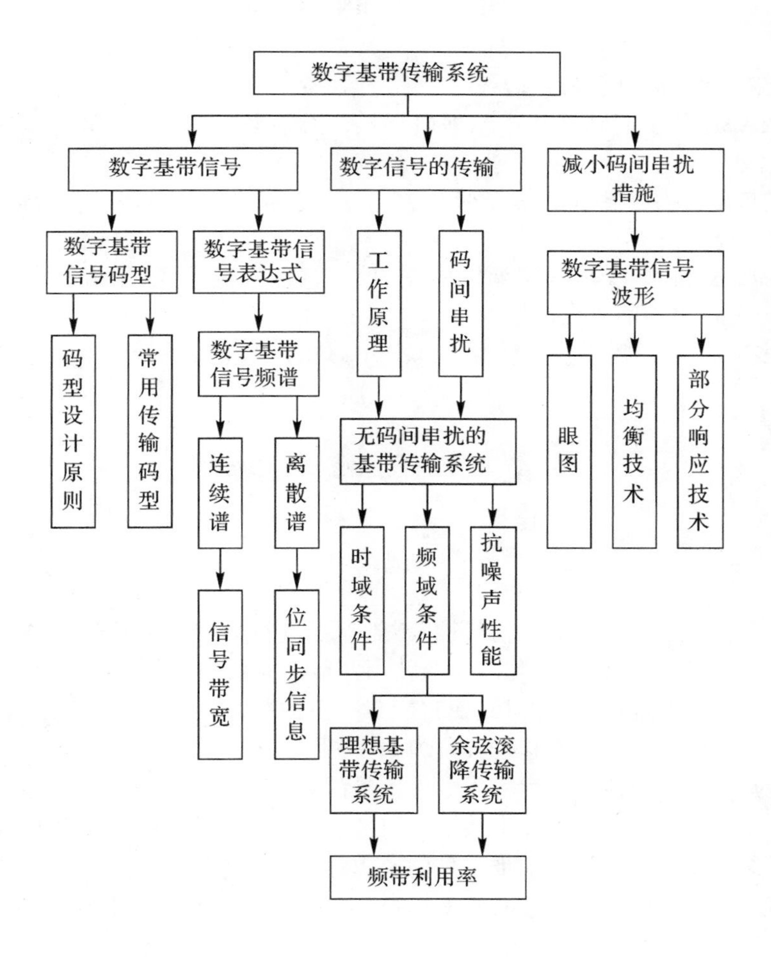

第6章 数字信号的频带传输

6.1 大纲要求

(1)熟悉数字调制的概念和目的。

(2)掌握2ASK数字调制的基本原理(信号表达式、频谱及带宽、调制/解调方式)以及系统的抗噪声性能。

(3)掌握2FSK数字调制的基本原理(信号表达式、频谱及带宽、调制/解调方式)以及系统的抗噪声性能。

(4)掌握2PSK和2DPSK数字调制的基本原理(信号表达式、频谱及带宽、调制/解调方式)以及系统的抗噪声性能。

(5)熟悉多进制数字调制的概念;掌握QPSK,QDPSK的基本原理(频谱及带宽、调制/解调方式)。

6.2 内容概要

6.2.1 引言

现实中大多数信道具有带通传输特性,不能直接进行数字基带信号的传输。为了有效利用传输媒介,必须使信号与信道匹配。普遍使用并行之有效的匹配方法是,借助载波调制把具有低通频谱的基带信号进行频谱搬移,使它能在一定的频带内传输。在发送端把数字基带信号变成适合于信道传输的频谱搬移过程称为数字调制,在接收端恢复原始数字基带信号的过程称为数字解调。整个的传输过程称为数字信号的频带传输。

数字调制和解调的基本原理在本质上与模拟调制系统相同,定义为用基带信号去改变高频载波的某些参量。但由于数字基带信号的离散性,使得数字信号的调制存在更为简单的方式,比如键控方式。数字调制有三种:幅度键控(ASK)、频移键控(FSK)和相移键控(PSK),分别对应于用正弦波的幅度、频率和相位来传递数字基带信号。

本章着重讨论二进制数字调制系统的基本原理及其抗噪声性能,并简要介绍多进制数字调制的基本原理和相关知识。

6.2.2 二进制幅度键控(2ASK)

数字幅度调制又称幅度键控(ASK),二进制幅度键控记作2ASK。

1. 2ASK 信号的原理及表达式

2ASK 是利用代表数字信息“0”或“1”的基带矩形脉冲去键控一个连续的高频载波，使载波时断时续地输出，常被称为 OOK 信号(通断键控信号)。

2ASK 信号可表示为

$$s_{2ASK}(t) = s(t)\cos\omega_c t \tag{6-1}$$

式中，ω_c 为载波角频率；$s(t)$ 为单极性 NRZ 矩形脉冲序列

$$s(t) = \sum_n a_n g(t - nT_b) \tag{6-2}$$

式中，$g(t)$ 是持续时间为 T_b、高度为 1 的矩形脉冲，常称为门函数；a_n 为二进制数字信息

$$a_n = \begin{cases} 1, & \text{出现概率为 } P \\ 0, & \text{出现概率为}(1-P) \end{cases} \tag{6-3}$$

不难看出，2ASK 信号是一种 100% 的 AM 调制信号。

2. 2ASK 信号的产生方法及时间波形

2ASK 信号的产生可以采用模拟相乘的方法实现，也可以采用数字键控的方法实现，如图 6-1 所示，其时间波形如图 6-2 所示。

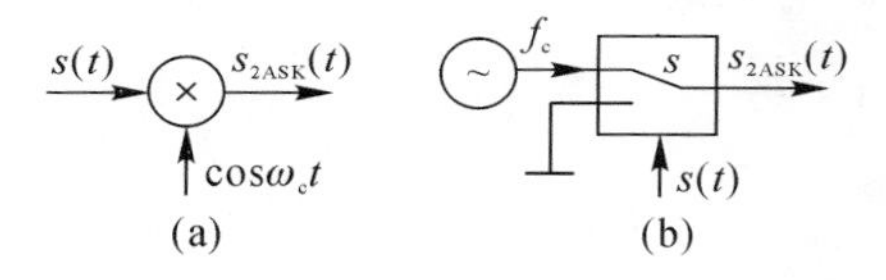

图 6-1　2ASK 信号产生方法

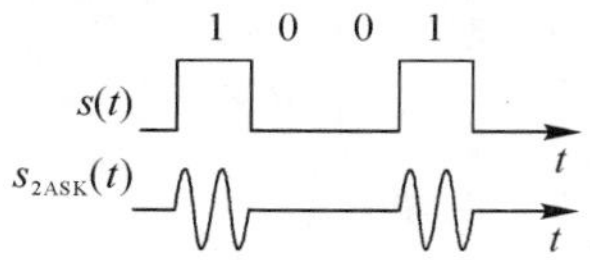

图 6-2　2ASK 信号波形

3. 2ASK 信号的解调方法

2ASK 信号解调的方法主要有两种：包络检波法和相干检测法。

(1)包络检波法。包络检波法的原理框图如图 6-3 所示。

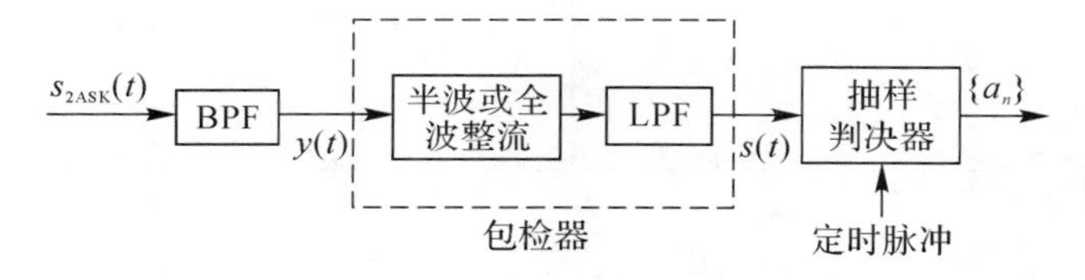

图 6-3　2ASK 信号的包络解调

不计噪声影响时，带通滤波器输出为 2ASK 信号，即 $y(t) = S_{2ASK}(t) = s(t)\cos\omega_c t$，包络检波器输出为 $s(t)$。经抽样、判决后将码元再生，即可恢复出数字序列 $\{a_n\}$。

(2)相干检测法。相干检测法原理方框图如图 6-4 所示。

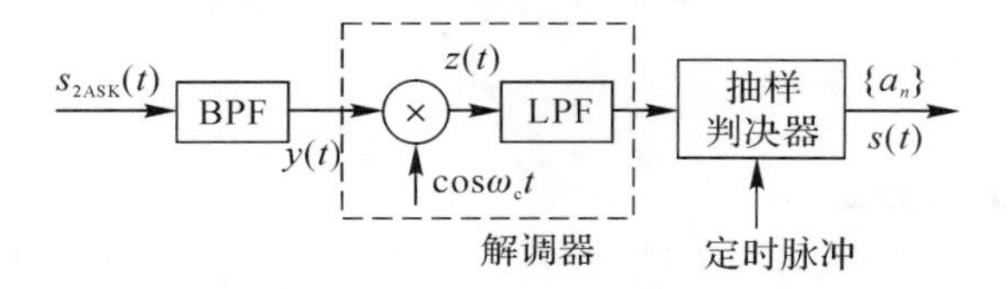

图 6-4　2ASK 信号的相干解调

相干检测要求接收机产生一个与发送载波同频同相的本地载波信号，称为同步载波或相干载波。利用此载波与收到的已调信号相乘，输出为

$$z(t)=y(t)\cos\omega_c t=s(t)\cos^2\omega_c t=\frac{1}{2}s(t)+\frac{1}{2}s(t)\cos 2\omega_c t \tag{6-4}$$

经低通滤波滤除第二项高频分量后，即可输出 $s(t)$ 信号。由于噪声影响及传输特性的不理想，低通滤波器输出波形有失真，经抽样判决、整形后再生数字基带脉冲。

虽然 2ASK 信号中确实存在着载波分量，原则上可以通过窄带滤波器或锁相环来提取同步载波，但这会给接收设备增加复杂性。因此，实际中很少采用相干解调法来解调 2ASK 信号。

4. 2ASK 信号的功率谱及带宽

$s_{2ASK}(t)$ 信号的功率谱密度可以表示为

$$\begin{aligned}P_e(f)=&\frac{1}{4}[P_s(f+f_c)+P_s(f-f_c)]=\\&\frac{T_b}{16}\{\mathrm{Sa}^2[\pi(f+f_c)T_b]+\mathrm{Sa}^2[\pi(f-f_c)T_b]\}+\frac{1}{16}[\delta(f+f_c)+\delta(f-f_c)]\end{aligned} \tag{6-5}$$

式中，$P_s(f)$ 为单极性 NRZ 基带信号 $s(t)$ 的功率谱

$$P_s(f)=\frac{1}{4}T_b\,\mathrm{Sa}^2(\pi f T_b)+\frac{1}{4}\delta(f) \tag{6-6}$$

其示意图如图 6-5 所示。

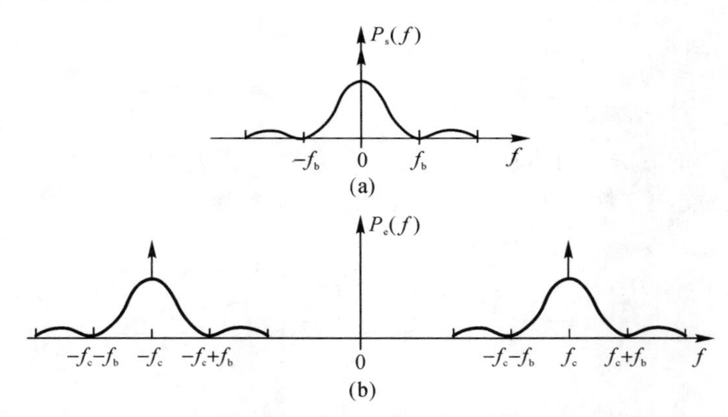

图 6-5　2ASK 信号的功率谱

由图 6-5 可以看出：

(1)2ASK 信号的功率谱由连续谱和离散谱两部分组成。其中，连续谱取决于数字基带信号 $s(t)$ 经线性调制后的双边带谱，而离散谱则由载波分量确定。

(2)2ASK 信号的带宽 B_{2ASK} 是数字基带信号带宽 f_b 的两倍，为

$$B_{2ASK}=2f_b=\frac{2}{T_b}=2R_B \tag{6-7}$$

式中，$R_B=1/T_b$ 为码元传输速率。

(3)由式(6-7)，可得 2ASK 系统的频带利用率为

$$\eta=\frac{R_B}{B_{2ASK}}=\frac{1}{2}(\mathrm{B/Hz}) \tag{6-8}$$

这意味着用 2ASK 方式传送码元速率为 R_B 的二进制数字信号时，系统带宽至少为 $2R_B$ 。

5. 2ASK 系统的抗噪声性能

通信系统的抗噪声性能在数字系统中通常采用误码率来衡量。假定信道噪声 $n(t)$ 为加性高斯白噪声，其均值为 0、双边噪声功率谱密度为 $n_0/2$；接收的 2ASK 信号在任一码元 T_b 内的波形为

$$s_R(t) = \begin{cases} a\cos\omega_c t\,, & 发“1” \\ 0\,, & 发“0” \end{cases} \tag{6-9}$$

可以证明：

(1)同步检测法解调(相干解调)时，系统的误码率为

$$P_e = \frac{1}{2}\mathrm{erfc}\sqrt{\frac{r}{4}} \tag{6-10}$$

(2)包络检波法解调(非相干解调)时，系统性能的误码率为

$$P_e = \frac{1}{2}e^{-\frac{r}{4}} \tag{6-11}$$

以上两式中，$r = a^2/(2\sigma_n^2)$ 为解调器输入信噪比。

必须注意，式(6-11)、式(6-12)的适用条件是等概、最佳门限。其最佳判决门限为

$$U_d^* = \frac{a}{2} \tag{6-12}$$

当 $r \gg 1$ 时，式(6-10)近似为

$$P_e \approx \frac{1}{\sqrt{\pi r}}e^{-\frac{r}{4}} \tag{6-13}$$

可以看出，在相同大信噪比情况下，2ASK 信号相干解调时的误码率总是低于包络检波时的误码率，即相干解调 2ASK 系统的抗噪声性能优于非相干解调系统。但包络检波解调不需要本地相干载波，在电路上要比相干解调简单的多。

6.2.3　二进制频移键控(2FSK)

数字频率调制又称频移键控(FSK)，二进制幅度频移键控记作 2FSK。

1. 2FSK 信号的原理与实现方法

数字频移键控是用载波的频率来传送数字消息，即用所传送的数字消息控制载波的频率。2FSK 信号便是符号“1”对应于载频 f_1 ，而符号“0”对应于载频 f_2 。

数字调频可用模拟调频法来实现，也可用键控法来实现。其产生方法及波形示例如图 6-6所示。

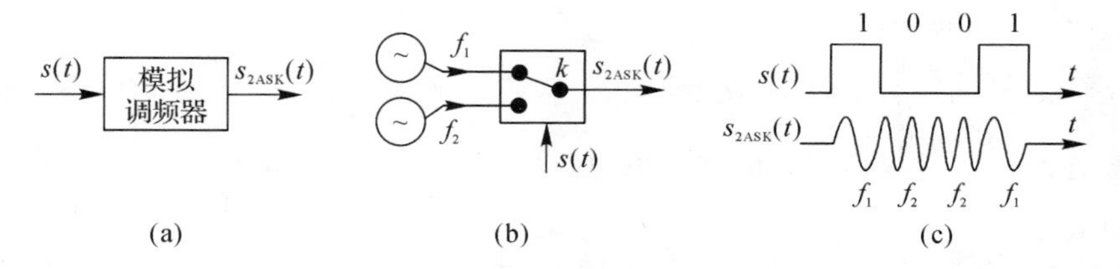

图 6-6　2FSK 信号产生方法及波形示例

2FSK 信号的数字表达式可以表示为

$$s_{2FSK}(t)=s(t)\cos(\omega_1 t+\varphi_n)+\overline{s(t)}\cos(\omega_2 t+\theta_n) \tag{6-14}$$

式中，$s(t)$ 为单极性非归零矩形脉冲序列；$\overline{s(t)}$ 为对 $s(t)$ 逐码元取反而形成的脉冲序列；φ_n，θ_n 分别是第 n 个信号码元的初相位。

由式(6－14)可以看出，一个 2FSK 信号可视为两路 2ASK 信号的合成，其中一路以 $s(t)$ 为基带信号、ω_1 为载频，另一路以 $\overline{s(t)}$ 为基带信号、ω_2 为载频。图 6－7 给出的是用键控法实现 2FSK 信号的电路框图。

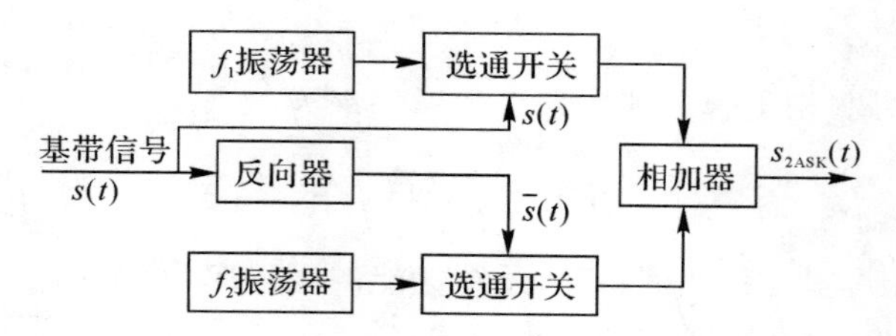

图 6－7　数字键控法实现 2FSK 信号的电路框图

2. 2FSK 信号的解调

2FSK 信号的解调方法很多，主要有相干检测法、包络检波法、鉴频法、过零检测法和差分检测法等。

(1)相干检测法。2FSK 信号的相干检测解调电路如图 6－8 所示，它相当于两路 2ASK 信号的解调。两个带通滤波器起分路作用，它们的输出分别与相应的同步相干载波相乘，再分别经过低通滤波器滤掉二倍频信号，取出含基带数字信息的低频信号；抽样判决器在脉冲到来时刻对两个低频信号的抽样值 v_1、v_2 进行比较判决，还原出基带数字信号。

(2)包络检波法。2FSK 信号的包络检波法解调方框图如图 6－9 所示，其也可视为由两路 2ASK 解调电路组成。两个带通滤波器用以分开两路 2ASK 信号，经包络检测后分别取出它们的包络 $s(t)$ 及 $\overline{s(t)}$；抽样判决器在定时脉冲的控制下，比较两路包络信号，并判决输出基带数字信号。

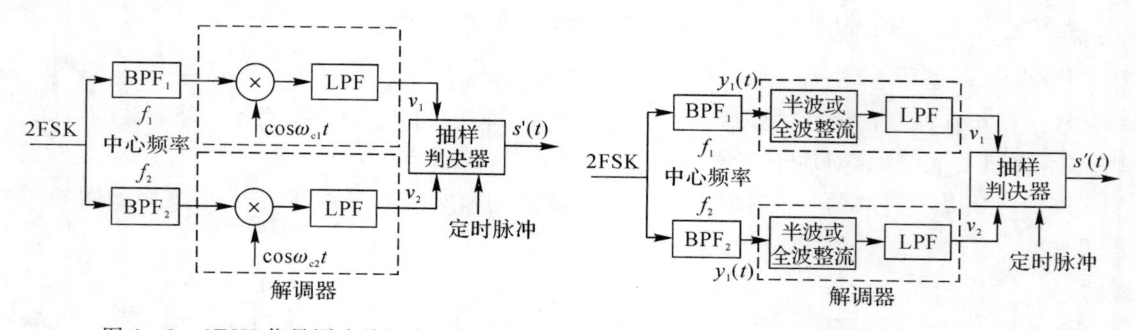

图 6－8　2FSK 信号同步检测方框图　　　图 6－9　2FSK 信号包络检波方框图

(3)过零检测法。过零检测法的基本思想是根据单位时间内信号经过零点的次数多少来衡量频率的高低。

过零检测法方框图及各点波形如图 6－10 所示。

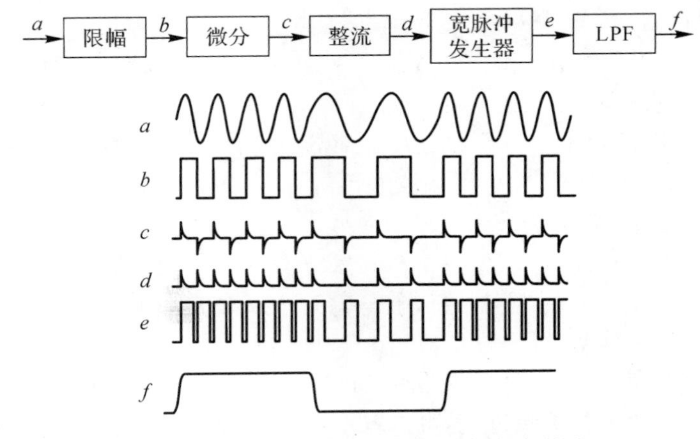

图 6-10　过零检测法方框图及各点波形图

(4)差分检测法。2FSK 信号的差分检测法框图如图 6-11 所示。输入信号 $A\cos(\omega_c+\omega)t$（$\omega_c+\omega=\omega_1$ 发送"1"码，$\omega_c+\omega=\omega_2$ 发送"0"码）经带通滤波器滤除带外噪声后被分成两路，一路直接送入乘法器，另一路经时延 τ 后送入乘法器，相乘后再经低通滤波器去除高频成分即可提取基带信号。τ 的选取应满足 $\cos\omega_c\tau=0$ 。

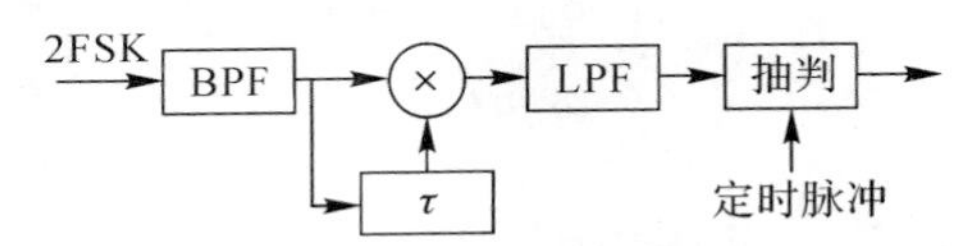

图 6-11　差分检测法方框图

3. 2FSK 信号的功率谱及带宽

2FSK 信号功率谱的表示式为

$$P_e(f)=\frac{T_b}{16}\{\mathrm{Sa}^2[\pi(f+f_1)T_b]+\mathrm{Sa}^2[\pi(f-f_1)T_b]+\mathrm{Sa}^2[\pi(f+f_2)T_b]+\mathrm{Sa}^2[\pi(f-f_2)T_b]\}+\frac{1}{16}[\delta(f+f_1)+\delta(f-f_1)+\delta(f+f_2)+\delta(f-f_2)] \tag{6-15}$$

式中，T_b 为码元持续时间。其功率谱曲线如图 6-12 所示。

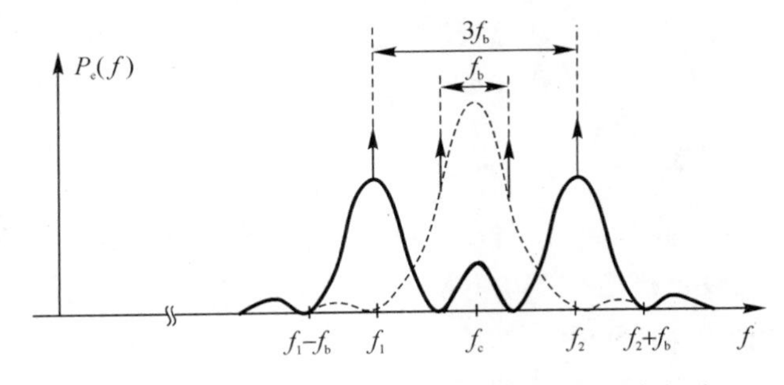

图 6-12　2FSK 信号的功率谱(仅画出正频率部分)

由图 6－12 可以看出：

(1)2FSK 信号的功率谱由离散谱和连续谱两部分组成。连续谱由两个双边谱叠加而成，而离散谱出现在两个载频位置上。

(2)连续谱的形状随着 $|f_2-f_1|$ 的大小而异。$|f_2-f_1|>f_b$ 出现双峰(图中实线波形)；$|f_2-f_1|<f_b$ 出现单峰(图中虚线波形)。

(3)2FSK 信号的频带宽度为

$$B_{2FSK}=|f_2-f_1|+2f_b=2(f_D+f_b)=(2+D)f_b \tag{6-18}$$

式中，$f_b=1/T_b$ 是基带信号的带宽，数值上与码元速率 R_B 相等；$f_D=|f_1-f_2|/2$ 为频偏；$D=|f_2-f_1|/f_b$ 为偏移率(或频移指数)。

可见，当码元速率 f_b 一定时，2FSK 信号的带宽比 2ASK 信号的带宽要宽 $2f_D$。通常为了便于接收端检测，又使带宽不致过宽，可选取 $f_D=f_b$，此时 $B_{2FSK}=4f_b$，是 2ASK 带宽的两倍，相应地系统频带利用率只有 2ASK 系统的 1/2，为 $\frac{1}{4}$B/Hz。

4. *2FSK 系统的抗噪声性能*

假定信道噪声 $n(t)$ 为加性高斯白噪声，其均值为 0，双边噪声功率谱密度为 $n_0/2$；在一个码元持续时间 $(0,T_b)$ 内，接收机输入端合成波形为

$$y_i(t)=\begin{cases}a\cos\omega_1 t+n(t),\text{发“1”}\\ a\cos\omega_2 t+n(t),\text{发“0”}\end{cases} \tag{6-19}$$

可以证明：

(1)同步检测法解调时，系统的误码率为

$$P_e=\frac{1}{2}\operatorname{erfc}\sqrt{\frac{r}{2}} \tag{6-20}$$

(2)包络检波法解调时，系统性能的误码率为

$$P_e=\frac{1}{2}e^{-\frac{r}{2}} \tag{6-21}$$

式中，$r=a^2/(2\sigma_n^2)$ 为解调器输入信噪比。

在大信噪比条件下，即 $r>>1$ 时，式(6－20)可近似表示为

$$P_e\approx\frac{1}{\sqrt{2\pi r}}e^{-\frac{r}{2}} \tag{6-22}$$

可以看出：在输入信号信噪比 r 一定时，相干解调的误码率小于非相干解调的误码率。但相干解调时，需要插入两个相干载波，电路较为复杂。一般而言，大信噪比时常用包络检测法，小信噪比时才用相干解调法，这与 2ASK 的情况相同。

6.2.4 二进制相移键控

二进制相移键控是利用高频载波相位的变化来传送数字信息的。根据载波相位表示数字信息的方式不同，分为绝对相移键控(2PSK)和相对相移键控(2DPSK)两种。

6.2.4.1 二进制相移键控(2PSK)

1. *一般原理及实现方法*

2PSK 是指利用载波的初相位直接表示数字信号的相移方式，通常用相位 0 和 π 来分别

表示符号“0”和“1”。

2PSK 已调信号的时域表达式为

$$s_{2PSK}(t) = s(t)\cos\omega_c t \tag{6-23}$$

这里，$s(t)$ 为双极性数字基带信号，即

$$s(t) = \sum_n a_n g(t - nT_b) \tag{6-24}$$

式中，$g(t)$ 是高度为 1，宽度为 T_b 的门函数；

$$a_n = \begin{cases} +1, & \text{概率为 } P \\ -1, & \text{概率为}(1-P) \end{cases} \tag{6-25}$$

因此，在某一个码元持续时间 T_b 内观察时，有

$$s_{2PSK}(t) = \pm\cos\omega_c t = \cos(\omega_c t + \varphi_i)\ ,\ \varphi_i = 0 \text{ 或 } \pi \tag{6-26}$$

即用相位 0 和 π 来分别表示“0”或“1”。

2PSK 信号可以采用模拟调制法产生，也可以采用数字键控法产生。其原理框图 6-13 所示，典型波形如图 6-14 所示。

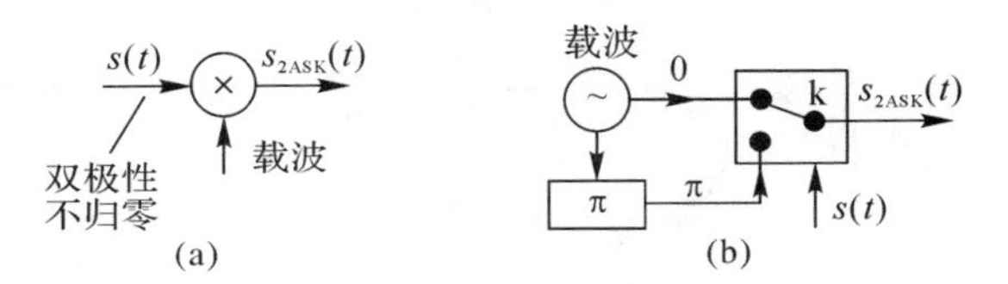

图 6-13　2PSK 调制器框图

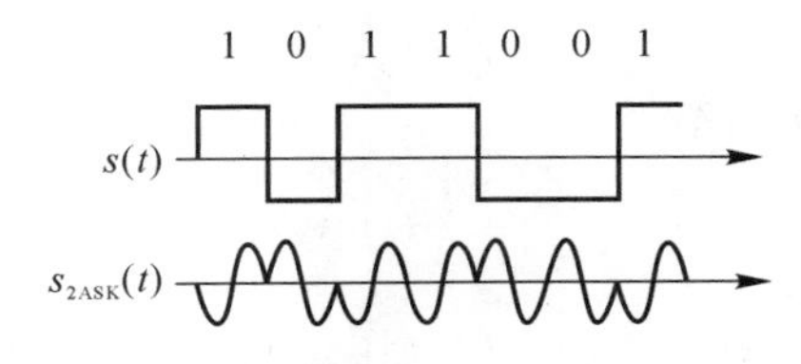

图 6-14　2PSK 信号的典型波形图

2PSK 属于 DSB 调制，只能进行相干解调，原理框图如图 6-15 所示。

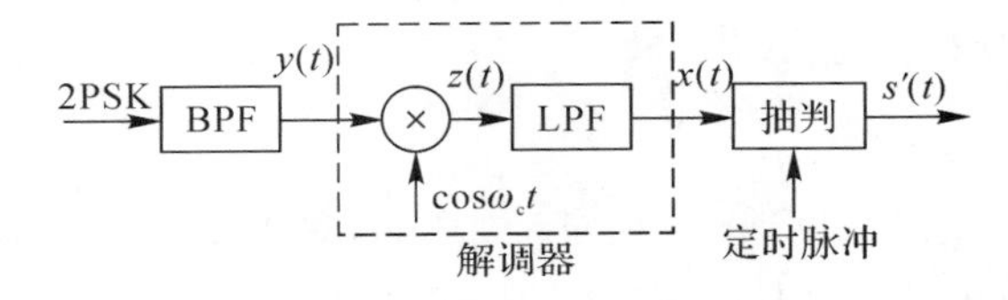

6-15　2PSK 信号接收系统方框图

绝对移相的主要缺点是容易产生“倒 π”（载波提取的原因，接收端恢复的载波与所需的相干载波可能同相，也可能反相。亦称“180°相位模糊”）问题，从而造成严重误码。这也是它实际应用较少的主要原因。

2. 2PSK 信号的频谱和带宽

在双极性基带信号“0”“1”等概出现的条件下，2PSK 信号的功率谱密度为

$$P_e(f)=\frac{T_b}{4}\{\mathrm{Sa}^2[\pi(f+f_c)T_b]+\mathrm{Sa}^2[\pi(f-f_c)T_b]\} \tag{6-27}$$

其示意图如图 6-16 所示。

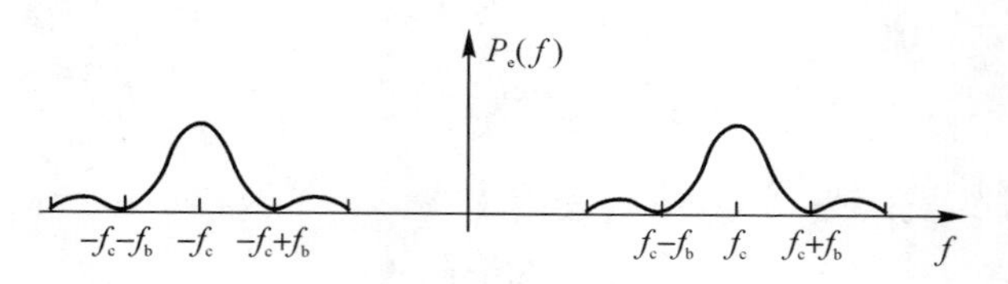

图 6-16 2PSK 信号的功率谱

由图可见：

(1)当双极性基带信号以相等的概率($P=1/2$)出现时，2PSK 信号的功率谱仅由连续谱组成。

(2)2PSK 的连续谱部分与 2ASK 信号的连续谱基本相同(仅差一个常数因子)。因此，2PSK 信号的带宽、频带利用率也与 2ASK 信号的相同，即有

$$B_{2\mathrm{PSK}}=B_{2\mathrm{ASK}}=2f_b=\frac{2}{T_b}=2R_B \tag{6-28}$$

$$\eta_{2\mathrm{PSK}}=\eta_{2\mathrm{ASK}}=\frac{1}{2}\mathrm{B/Hz} \tag{6-29}$$

式中，$f_b=1/T_b$ 是基带信号的带宽，数值上与码元速率 R_B 相等。这就表明，在数字调制中，2PSK(后面将会看到 2DPSK 也同样)的频谱特性与 2ASK 十分相似。

3. 2PSK 系统的抗噪声性能

可以证明，2PSK 系统的误码率为

$$P_e=\frac{1}{2}\mathrm{erfc}(\sqrt{r}) \tag{6-30}$$

式中，$r=\frac{a^2}{2\sigma_n^2}$ 为解调器输入信噪比。在大信噪比条件下，上式近似为

$$P_e\approx\frac{1}{2\sqrt{\pi r}}\mathrm{e}^{-r} \tag{6-31}$$

6.2.4.2 二进制差分相移键控(2DPSK)

1. 一般原理及实现方法

二进制差分相移键控记作 2DPSK。相对于 2PSK，它不是利用载波相位的绝对数值传送数字信息，而是用前后码元的相对载波相位值传送数字信息。这里，所谓相对载波相位是指本码元初相与前一码元初相之差。

假设相对载波相位值用相位偏移 $\Delta\varphi$ 表示，并规定数字信息序列与 $\Delta\varphi$ 之间的关系为

$$\Delta\varphi=\begin{cases}0, & \text{数字信息“0”}\\ \pi, & \text{数字信息“1”}\end{cases}$$

2DPSK 信号的波形如图 6-17 所示。

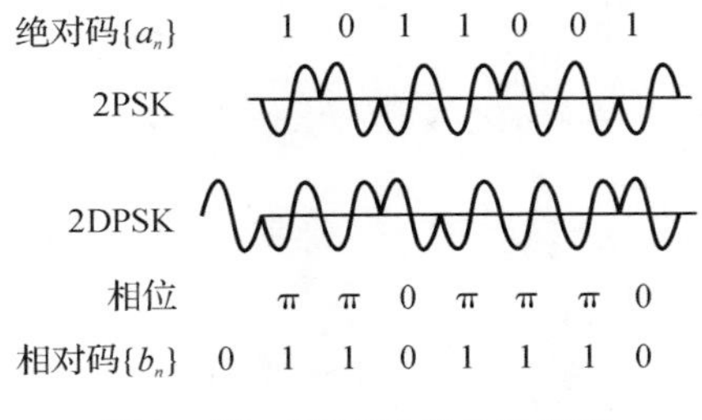

图 6－17　2DPSK 信号的波形

由于初始参考相位有两种可能，因此 2DPSK 信号的波形可以有两种（另一种相位完全相反，图中未画出）。为便于比较，图中还给出了 2PSK 信号的波形。

由图 6－17 可以看出：

（1）与 2PSK 的波形不同，2DPSK 波形的同一相位并不对应相同的数字信息符号，而前后码元的相对相位才唯一确定信息符号。这说明解调 2DPSK 信号时，并不依赖于某一固定的载波相位参考值，只要前后码元的相对相位关系不破坏，则鉴别这个相位关系就可正确恢复数字信息。这就避免了 2PSK 方式中的"倒 π"现象发生。

（2）单从波形上看，2DPSK 与 2PSK 是无法分辨的，比如图 6－17 中 2DPSK 也可以是另一符号序列（见图中下部的序列 $\{b_n\}$，称为相对码，而将原符号序列 $\{a_n\}$ 称为绝对码）经绝对移相而形成的。这说明，相对移相信号可以看作是把数字信息序列变换成相对码，然后再根据相对码进行绝对移相而形成。

绝对码 $\{a_n\}$ 和相对码 $\{b_n\}$ 可以互相转换，其关系为

$$b_n = a_n \oplus b_{n-1} \tag{6-32}$$

$$a_n = b_n \oplus b_{n-1} \tag{6-33}$$

这里，$\oplus$ 表示模二和。可见，使用模二加法器和一个码元宽延迟器就可以完成转换，分别称为差分编码器和差分译码器，如图 6－18(a)(b)所示。

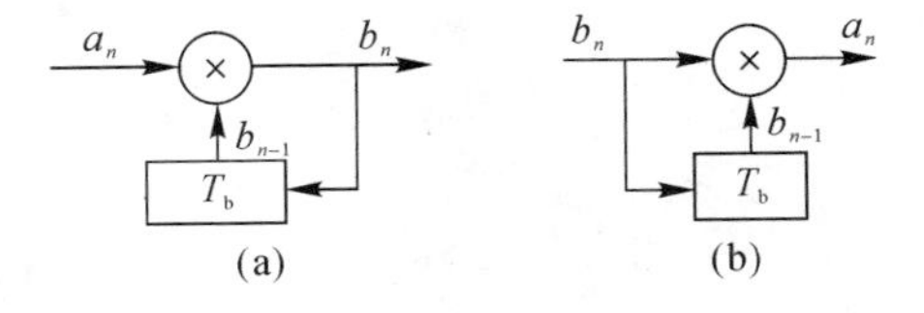

图 6－18　绝对码与相对码的互相转换

2DPSK 信号的表达式与 2PSK 的形式完全相同，只是 $s(t)$ 信号表示的是差分码数字序列。即

$$s_{2DPSK}(t) = s(t)\cos\omega_c t \tag{6-34}$$

式中，$s(t) = \sum_n b_n g(t - nT_b)$，$b_n$ 与 a_n 的关系由式(6－32)确定。

同实现 2PSK 信号一样，2DPSK 也可以采用模拟相乘法和数字键控法实现，只是数字基带码元在进入调制器之前先对数字信号进行差分编码，然后再进行绝对调相。其调制器原理图如图 6－19 所示。

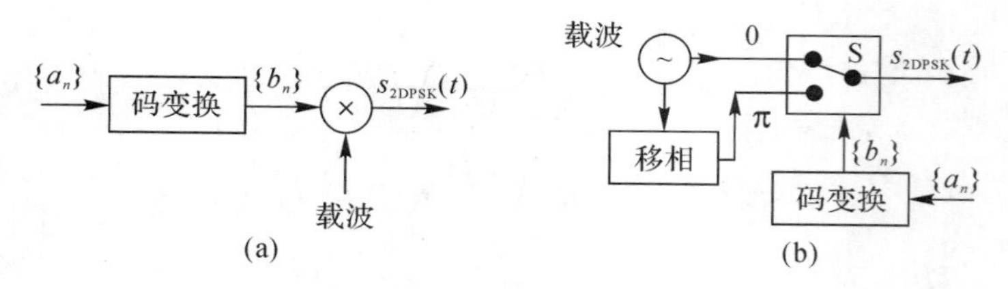

图 6－19　2DPSK 调制器框图

2DPSK 信号有两种解调方式，一种是相干解调-码变换法，另一种是差分相干解调。

(1)相干解调-码变换法。此法即是 2PSK 解调加差分译码，其方框图如图 6－20 所示。2PSK 解调器将输入的 2DPSK 信号还原成相对码 $\{b_n\}$，再由差分译码器(码反变换器)把相对码转换成绝对码，输出 $\{a_n\}$。

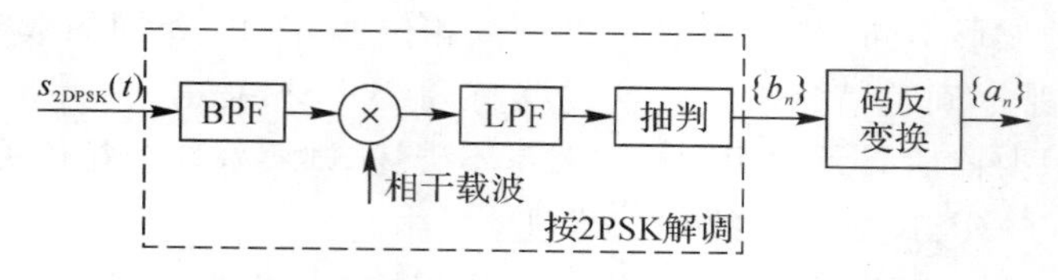

图 6－20　相干解调-码变换法解调 2DPSK 信号框图

(2)差分相干解调法。它是直接比较前后码元的相位差而构成的，故也称为相位比较法解调，其原理框图如图 6－21 所示。它不需要码变换器，也不需要相干载波发生器，设备简单、实用。图 6－21 中 T_b 延时电路的输出起着参考载波的作用，乘法器起着相位比较(鉴相)的作用。

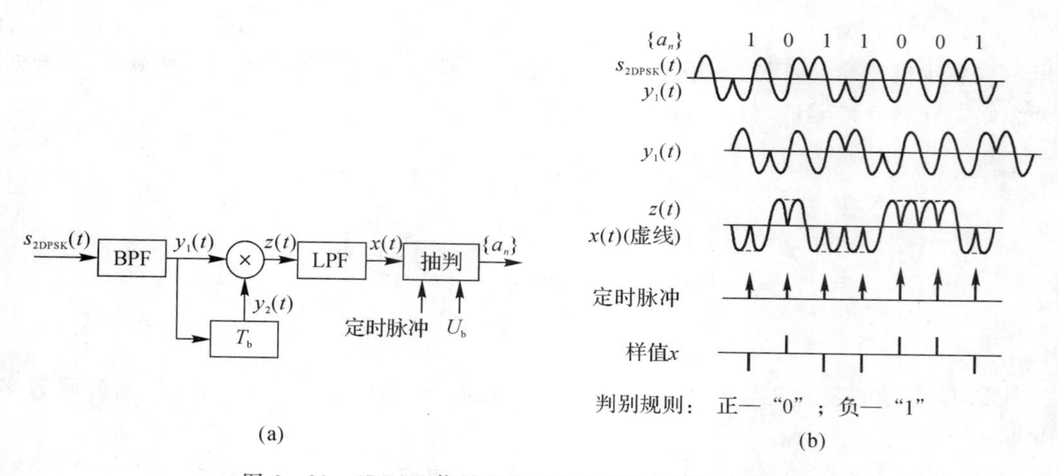

图 6－21　2DPSK 信号差分相干法解调框图及各点波形

2. 2DPSK 信号的频谱和带宽

无论是 2PSK 还是 2DPSK 信号，就波形本身而言，都可以等效成双极性基带信号作用下的调幅信号，无非是一对倒相信号的序列。因此，2DPSK 和 2PSK 信号具有相同形式的表达式，所不同的是 2PSK 表达式中的 $s(t)$ 是数字基带信号，2DPSK 表达式中的 $s(t)$ 是由数字基带信号变换而来的差分码数字信号。据此，有以下结论：

(1)2DPSK 与 2PSK 信号有相同的功率谱,如图 6-16 所示。

(2)2DPSK 与 2PSK 信号带宽相同,是基带信号带宽的两倍,即

$$B_{2DPSK}=B_{2PSK}=B_{2ASK}=2f_b=\frac{2}{T_b}=2R_B \tag{6-35}$$

(3)2DPSK 与 2PSK 信号频带利用率也相同,为

$$\eta_{2DPSK}=\eta_{2PSK}=\eta_{2ASK}=\frac{1}{2}\text{B/Hz} \tag{6-36}$$

3. 2DPSK 系统的抗噪声性能

(1)相干解调-码变换法解调时 2DPSK 系统的抗噪声性能。2DPSK 信号相干解调-码变换法解调系统性能分析模型如图 6-22 所示,系统总的误码率为

$$P_e' \approx 2P_e = \text{erfc}(\sqrt{r}) \tag{6-37}$$

式中,$r=\dfrac{a^2}{2\sigma_n^2}$ 为 2PSK 解调器输入信噪比。

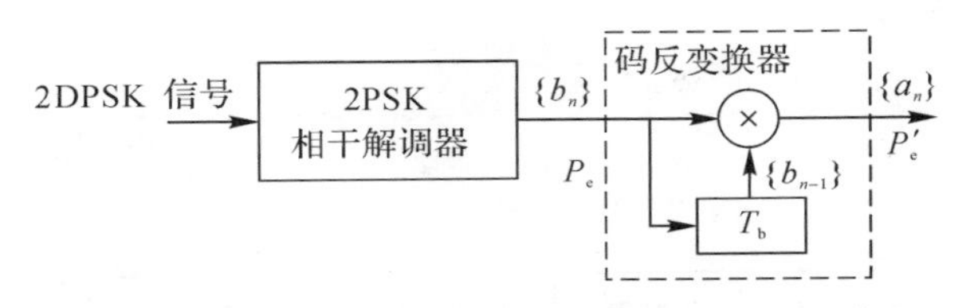

图 6-22　2DPSK 信号相干解调-码变换法解调系统性能分析模型

图中,码反变换器输入端的误码率 P_e 为相干解调 2PSK 系统的误码率,由式(6-30)决定。由此可见,码反变换器总是使系统误码率增加,通常认为增加一倍。

(2)差分相干解调时 2DPSK 系统的抗噪声性能。2DPSK 信号采用差分检测法解调(非相干解调)时,系统总的误码率 P_e 为

$$P_e=\frac{1}{2}e^{-r} \tag{6-38}$$

式中,$r=\dfrac{a^2}{2\sigma_n^2}$ 为解调器输入信噪比。

4. 2PSK 与 2DPSK 系统的比较

综上讨论,不难得到:

(1)检测这两种信号时判决器均可工作在最佳门限电平(零电平)。

(2)2DPSK 系统的抗噪声性能不及 2PSK 系统。

(3)2PSK 系统存在"反相工作"(倒 π)问题,而 2DPSK 系统不存在"反相工作"问题。

因此,实际应用中真正作为传输用的数字调相信号几乎都是 DPSK 信号。

6.2.5　二进制数字调制系统的性能比较

二进制数字调制系统的性能可以从频带宽度、误码率、对信道特性变化的敏感性、设备的复杂程度等几个方面来比较。

1. 误码率

在数字通信中,误码率是衡量数字通信系统最重要性能指标之一。表 6-1 列出了各种二

进制数字调制系统误码率公式，表中 T_b 为传输码元的时间宽度，U_b^* 为抽样判决时的最佳门限。

表 6-1　二进制数字调制系统误码率及信号带宽

名　称	2DPSK	2PSK	2FSK	2ASK
相干检测	$\mathrm{erfc}\sqrt{r}$ （相干-码变换）	$\frac{1}{2}\mathrm{erfc}\sqrt{r}$	$\frac{1}{2}\mathrm{erfc}\sqrt{\frac{r}{2}}$	$\frac{1}{2}\mathrm{erfc}\sqrt{\frac{r}{4}}$
相干检测 （$r>>1$）	$\frac{1}{\sqrt{\pi r}}\mathrm{e}^{-r}$ （相干-码变换）	$\frac{1}{2\sqrt{\pi r}}\mathrm{e}^{-r}$	$\frac{1}{\sqrt{2\pi r}}\mathrm{e}^{-r/2}$	$\frac{1}{\sqrt{\pi r}}\mathrm{e}^{-r/4}$
非相干 检　测	$\frac{1}{2}\mathrm{e}^{-r}$	×	$\frac{1}{2}\mathrm{e}^{-r/2}$	$\frac{1}{2}\mathrm{e}^{-r/4}$
带　宽	$\frac{2}{T_b}$	$\frac{2}{T_b}$	$\|f_2-f_1\|+\frac{2}{T_b}$	$\frac{2}{T_b}$
备　注	$U_b^*=0$	$U_b^*=0$	无须等概、 无门限一说	$P(1)=P(0)$ $U_b^*=a/2$

注：表 6-1 中所有计算误码率的公式都仅是 r 的函数，$r=a^2/2\sigma_n^2$ 是解调器输入端的信号噪声功率比。

对二进制数字调制系统的抗噪声性能，可做如下两个方面的比较：

(1)同一调制方式不同检测方法的比较。对表 6-1 作纵向比较，可以看出，对于同一调制方式不同检测方法，相干检测的抗噪声性能优于非相干检测。但相干检测系统的设备比非相干的要复杂。

(2)同一检测方法不同调制方式的比较。对表 6-1 作横向比较，可以看出，对于同一检测方法，在相同信噪比 r 情况下，2PSK 系统的误码率低于 2FSK 系统，2FSK 系统的误码率低于 2ASK 系统。因此，从抗加性白噪声上讲，2PSK 性能最好，2FSK 次之，2ASK 最差。

2. 频带宽度

各种二进制数字调制系统的频带宽度也示于表 6-1 中。可以看出，2ASK 系统和 2PSK(2DPSK)系统频带宽度相同，均为 $2/T_b$，是码元传输速率 $R_B=1/T_b$ 的二倍；2FSK 系统的频带宽度近似为 $|f_2-f_1|+2/T_b$，大于 2ASK 系统和 2PSK(2DPSK)系统的频带宽度。因此，从频带利用率上看，2FSK 调制系统最差。

6.2.6　多进制数字调制系统

所谓多进制数字调制，就是利用多进制数字基带信号去调制高频载波的某个参量，如幅度、频率或相位的过程。根据被调参量的不同，可分为多进制幅度键控(MASK)、多进制频移键控(MFSK)以及多进制相移键控(MPSK 或 MDPSK)等。

由于多进制数字已调信号的被调参数在一个码元间隔内有多个取值，每个符号可以携带 $\log_2 M$ 比特信息(M 为进制数)，因此当频带受限时可以使信息传输速率(比特率)增加，提高频带利用率。正是基于这一点，多进制数字调制方式得到了广泛的使用。

1. 多进制幅度键控（MASK）

多进制幅度键控又称为多电平调制，是二进制幅度键控的推广。M 进制幅度调制信号简记为 MASK，表示式为

$$s_{\mathrm{MASK}}(t) = s(t)\cos\omega_c t \tag{6-39}$$

这里，$s(t)$ 为 M 进制数字基带信号

$$s(t) = \sum_{n=-\infty}^{\infty} a_n g(t - nT_b) \tag{6-40}$$

式中，$g(t)$ 是高度为 1、宽度为 T_b 的门函数；a_n 有 M 种取值

$$a_n = \begin{cases} 0, & \text{出现概率为 } P_0 \\ 1, & \text{出现概率为 } P_1 \\ 2, & \text{出现概率为 } P_2 \\ \vdots & \quad\vdots \\ M-1, & \text{出现概率为 } P_{M-1} \end{cases} \tag{6-41}$$

且
$$P_0 + P_1 + P_2 + \cdots + P_{M-1} = 1$$

MASK 信号的功率谱具有与 2ASK 功率谱相似的形式，带宽为

$$B_{\mathrm{MASK}} = 2R_{\mathrm{B}} \tag{6-42}$$

其中 $R_{\mathrm{B}} = 1/T_b$ 是多进制码元速率。与 2ASK 信号相比较，当两者码元速率相等，即 $R_{\mathrm{BMASK}} = R_{\mathrm{B2ASK}}$ 时，两者带宽相等，即

$$B_{\mathrm{MASK}} = B_{\mathrm{2ASK}} \tag{6-43}$$

MASK 系统的码元频带利用率

$$\eta = \frac{R_{\mathrm{BMASK}}}{B_{\mathrm{MASK}}} = \frac{1}{2}\mathrm{B/Hz} \tag{6-44}$$

MASK 系统的信息频带利用率

$$\eta = \frac{R_{\mathrm{6MASK}}}{B_{\mathrm{MASK}}} = \frac{kR_{\mathrm{BMASK}}}{B_{\mathrm{MASK}}} = \frac{k}{2}[\mathrm{b/(s \cdot Hz)}] \tag{6-45}$$

它是 2ASK 系统的 k 倍。其中 $k = \log_2 M$，这说明 MASK 系统的频带利用率高于 2ASK 系统的频带利用率。

实现 M 电平调制的原理框图如图 6-23 所示，它与 2ASK 系统非常相似，不同的只是基带信号由二电平变为多电平。

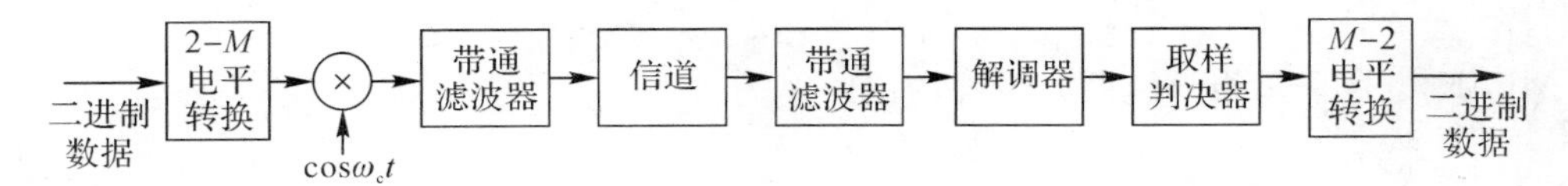

图 6-23　M 进制幅度调制系统原理框图

相干解调时 M 进制数字幅度调制系统总的误码率为

$$P_e = \left(\frac{M-1}{M}\right)\mathrm{erfc}\left(\sqrt{\frac{3r}{M^2-1}}\right) \tag{6-46}$$

值得注意，式(6-46)是在最佳判决电平、各电平等概出现、双极性相干检测条件下获得

的，式中，$r=S/\sigma_n^2$ 为平均信噪比，取自解调器输入端。可以看出，为了得到相同的误码率 P_e，所需的信噪比 r 随电平数 M 增加而增大。

2. 多进制数字频率调制系（MFSK）

多进制数字频率调制（MFSK）简称多频调制，是 2FSK 方式的推广。它是用 M 个不同的载波频率代表 M 种数字信息。

MFSK 信号可表示为

$$s_{\text{MFSK}}(t)=\sum_n g(t-nT_b)\cos(\omega_c+a_n\Delta\omega)t \tag{6-47}$$

式中，$g(t)$ 是高度为 1、宽度为 T_b 的门函数；ω_c 是最小主载频；$\Delta\omega$ 为载频间隔；a_n 有 M 种取值，与 MASK 信号时相同。

MFSK 系统的组成方框图如图 6-24 所示。发送端采用键控选频的方式，接收端采用非相干解调方式。

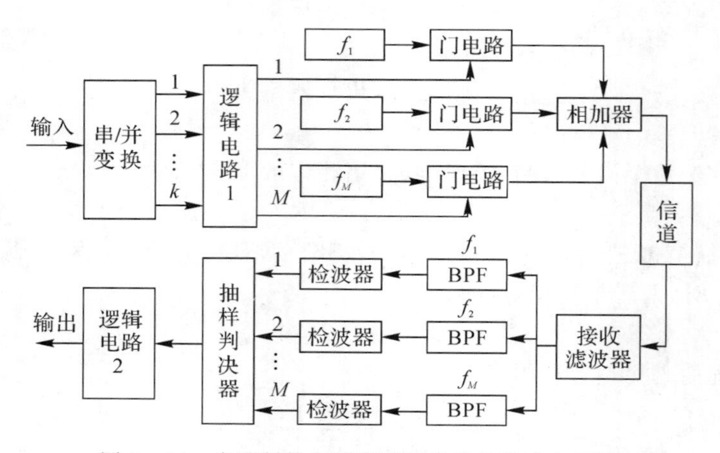

图 6-24　多进制数字频率调制系统的组成方框图

MFSK 信号的带宽近似为

$$B_{\text{MFSK}}=f_M-f_1+2R_B \tag{6-48}$$

式中，f_M 为最高选用载频；f_1 为最低选用载频；$R_B=1/T_b$ 为信号码元传输速率。可见，MFSK 信号具有较宽的频带，因而它的信道频带利用率不高。

MFSK 信号采用非相干解调时系统的误码率为

$$P_e\approx\left(\frac{M-1}{2}\right)e^{-\frac{r}{2}} \tag{6-49}$$

MFSK 信号采用相干解调时系统的误码率为

$$P_e\approx\left(\frac{M-1}{2}\right)\operatorname{erfc}\left(\sqrt{\frac{r}{2}}\right) \tag{6-50}$$

式中，r 为解调器输入端的信噪比。

可以看出，多频制误码率随 M 增大而增加，但与多电平调制相比增加的速度要小的多。

多频制的主要缺点是信号频带宽，频带利用率低。因此，MFSK 多用于调制速率较低及多径延时比较严重的信道，如无线短波信道。

3. 多进制数字相位调制(MPSK 或 MDPSK)

多进制相移键控又称多相制，是二相制的推广。它是利用载波的多种不同相位状态来表征数字信息的调制方式。与二进制数字相位调制相同，多进制数字相位调制也有绝对相位调制 MPSK 和相对相位调制 MDPSK 两种。

设载波为 $\cos\omega_c t$，则 MPSK 信号可表示为

$$s_{\mathrm{MPSK}}(t) = \sum_n g(t-nT_b)\cos(\omega_c t+\varphi_n) = \cos\omega_c t\sum_n \cos\varphi_n g(t-nT_b) - \sin\omega_c t\sum_n \sin\varphi_n g(t-nT_b) \tag{6-51}$$

式中，$g(t)$ 是高度为 1，宽度为 T_b 的门函数；T_b 为 M 进制码元的持续时间，亦即 k ($k=\log_2 M$) 比特二进制码元的持续时间；φ_n 为第 n 个码元对应的相位，共有 M 种不同取值。

令 $a_n=\cos\varphi_n$，$b_n=\sin\varphi_n$，式(6-51)变为

$$s_{\mathrm{MPSK}}(t) = \left[\sum_n a_n g(t-nT_b)\right]\cos\omega_c t - \left[\sum_n b_n g(t-nT_b)\right]\sin\omega_c t = I(t)\cos\omega_c t - Q(t)\sin\omega_c t \tag{6-52}$$

这里

$$I(t) = \left[\sum_n a_n g(t-nT_b)\right] \tag{6-53}$$

$$Q(t) = \left[\sum_n b_n g(t-nT_b)\right] \tag{6-54}$$

分别为多电平信号。常称 $I(t)$ 为 MPSK 信号的同相分量，$Q(t)$ 为正交分量。

由式(6-52)可见，MPSK 信号可以看成是两个正交载波进行多电平双边带调制所得两路 MASK 信号的叠加。实际中，常用正交调制的方法产生 MPSK 信号。

MPSK 信号的频带宽度与 MASK 时的相同，为

$$B_{\mathrm{MPSK}} = B_{\mathrm{MASK}} = 2R_B \tag{6-55}$$

其中 $R_B=1/T_b$ 是 M 进制码元速率。此时信息速率与 MASK 相同，是 2PSK 的 k 倍。

M 进制数字相位调制信号可以用矢量图来描述，图 6-25 画出了 $M=2,4,8$ 三种情况下的矢量图。具体的相位配置有两种形式，图(a)所示的移相方式，称为 A 方式；图(b)所示的移相方式，称为 B 方式。图中注明了各相位状态及其所代表的 k 比特码元。以 A 方式 4PSK 为例，载波相位有 0，π/2，π 和 3π/2 四种，分别对应信息码元 00，10，11 和 01。虚线为参考相位，对 MPSK 而言，参考相位为载波的初相；对 MDPSK 而言，参考相位为前一已调载波码元的初相。各相位值都是对参考相位而言的，正为超前，负为滞后。

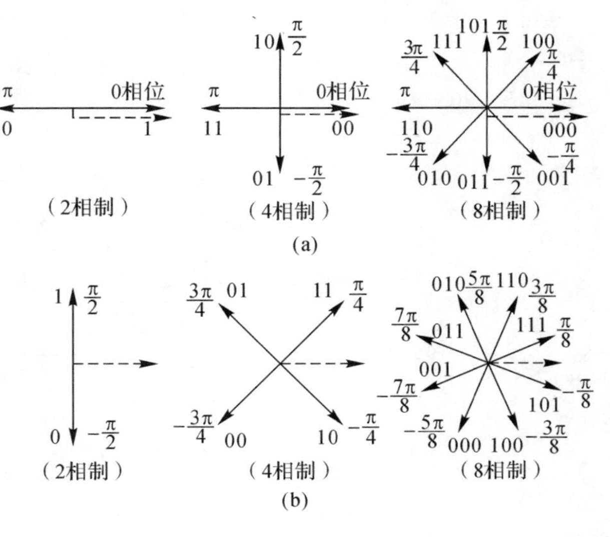

图 6-25　相位配置矢量图

在 M 进制数字相位调制中，四进制绝对移相键控(4PSK，又称 QPSK)和四进制差分相位键控(4DPSK，又称 QDPSK)用的最为广泛。B 方式 4PSK 正交调制原理方框图如图 6－26(a)所示，相干解调器的组成方框图如图 6－27 所示。

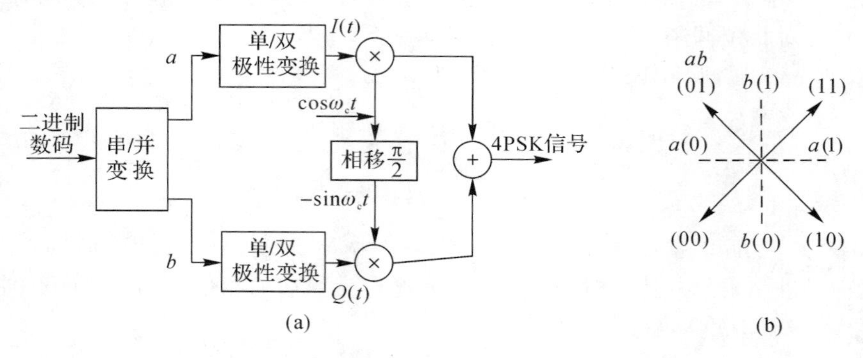

图 6－26　直接调相法产生 4PSK 信号方框图

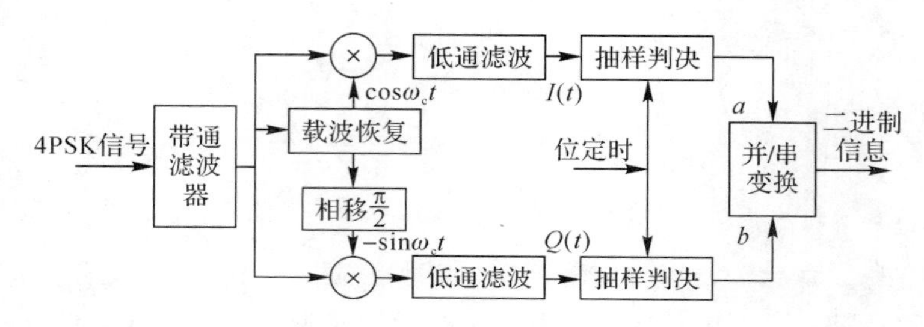

图 6－27　4PSK 信号的相干解调

类似于 2PSK 信号相干解调过程中会产生即“180°相位模糊”现象，对于 4PSK 信号相干解调也会产生相位模糊问题，并且是 0°，90°，180°和 270°四个相位模糊。因此，在实际中更常用的是四相相对移相调制，即 4DPSK。

与 2DPSK 信号的产生相类似，在直接调相的基础上加码变换器，就可形成 4DPSK 信号。图 6－28 示出了 A 方式 4DPSK 信号产生方框图。图中的码变换器用于将并行绝对码 a、b 转换为并行相对码 c、d 。

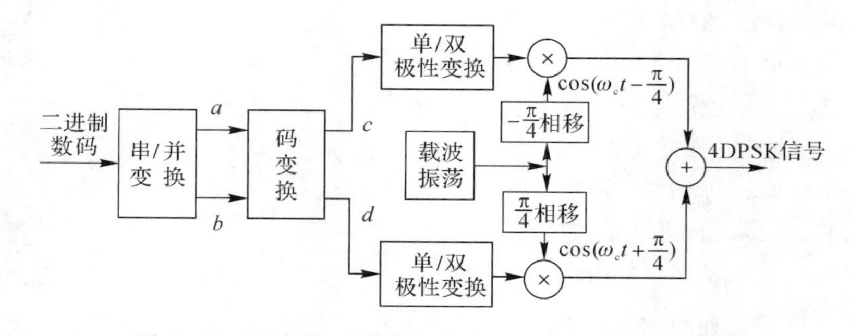

图 6－28　码变换-直接调相法产生 4DPSK 信号方框图

4DPSK 信号的解调有两种：

(1)相干解调-码反变换器法。原理图如图 6－29 所示，与 4PSK 信号相干解调不同之处在于，并/串变换之前需要加入码反变换器。

(2)差分相干解调法。原理图如图 6-30 所示。它也是仿照 2DPSK 差分检测法，用两个正交的相干载波，分别检测出两个分量 a 和 b，然后还原成二进制双比特串行数字信号。

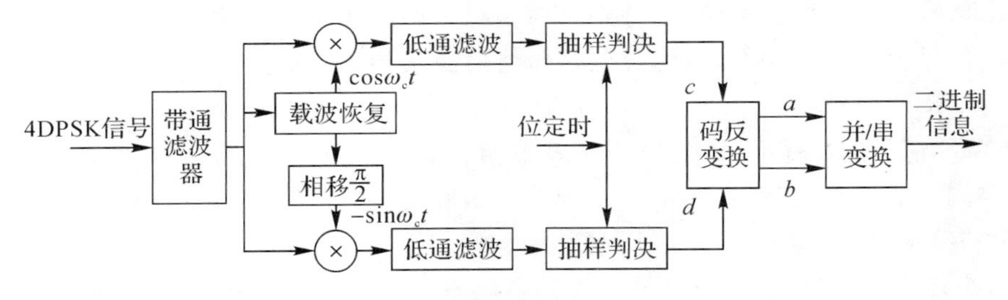

图 6-29　4PSK 信号的相干解调-码反变换法解调

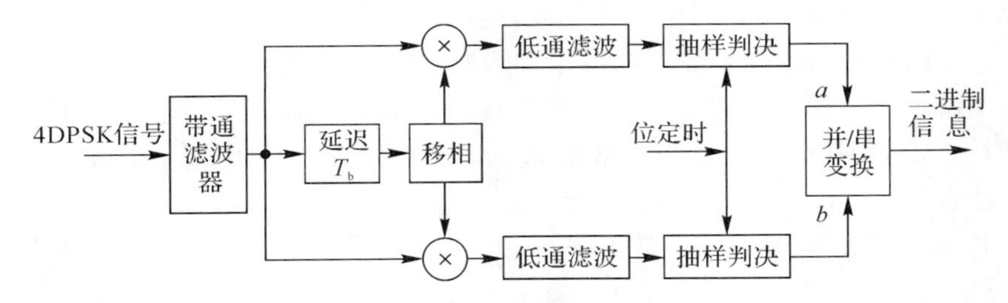

图 6-30　4DPSK 信号的差分相干解调方框图

4PSK 信号采用相干解调时系统的误码率为

$$P_e = \text{erfc}\left(\sqrt{r}\sin\frac{\pi}{4}\right) \tag{6-56}$$

4DPSK 信号采用相干解调时系统的误码率为

$$P_e = \text{erfc}\left(\sqrt{2r}\sin\frac{\pi}{8}\right) \tag{6-57}$$

式中，r 为带通滤波器输出信噪比。

可以看出，多相制是一种频带利用率较高的高效率传输方式。再加之有较好的抗噪声性能，因而得到广泛的应用，而 MDPSK 比 MPSK 用得更广泛一些。

6.3　思考题解答

6-1　数字调制系统与数字基带传输系统有哪些异同点？

答：数字基带传输系统：是指不经载波调制而直接传输数字基带信号的系统，常用于传输距离不太远的情况下，信道一般具有低通形式的传输特性。

数字调制系统：是指借助载波调制，把具有低通频谱的基带信号进行频谱搬移，使它能在一定的频带内传输。信道一般具有带通形式的传输特性。

基带传输中包含频带传输的许多基本问题，如果把调制与解调过程看作是广义信道的一部分，则任何数字传输系统均可等效为基带传输系统。

6-2　什么是 2ASK 调制？2ASK 信号调制和解调方式有哪些？

答:2ASK 是二进制幅度键控,其工作原理是利用代表数字信息"0"或"1"的基带矩形脉冲去键控一个连续的载波,使载波时断时续地输出。有载波输出时表示发送"1",无载波输出时表示发送"0",或反之。

2ASK 信号的产生方法有两种,分别是模拟幅度调制法和键控法。

2ASK 信号解调的方法有两种,分别是包络检波法和相干检测法。

6-3　2ASK 信号的功率谱有什么特点?

答:2ASK 信号的功率谱由连续谱和离散谱两部分组成。连续谱取决于数字基带信号 $s(t)$ 经线性调制后的双边带谱,离散谱由载波分量确定。其带宽 B_{2ASK} 是数字基带信号带宽的两倍,系统的频带利用率为 $\eta = 1/2\ \mathrm{B/Hz}$。

6-4　试比较相干检测 2ASK 系统和包络检测 2ASK 系统的性能及特点。

答:2ASK 信号相干解调时的误码率总是低于包络检波时的误码率,即相干解调系统的抗噪声性能优于非相干解调,但是需要本地载波,电路相对复杂。

2ASK 信号包络检波解调不需要本地相干载波,电路上比相干解调简单,大信噪比时的误码性能与相干解调时差不多。但小信噪比时存在门限效应,而相干检测法无门限效应。所以对 2ASK 系统,大信噪比条件下使用包络检测,小信噪比条件下使用相干解调。

6-5　什么是 2FSK 调制?2FSK 信号调制和解调方式有哪些?

答:2FSK 为二进制频移键控。其工作原理为用所传送的数字信号来控制载波的频率。符号"1"对应于载频 f_1,符号"0"对应于载频 f_2,f_1 与 f_2 之间的改变瞬间完成。

2FSK 信号的产生方法有两种,分别是模拟调频法和键控法。

2FSK 信号的解调方法很多,有包络检波法、相干解调法、过零检测法和差分检测法等。

6-6　画出频率键控法产生 2FSK 信号和包络检测法解调 2FSK 信号时系统的方框图。

答:频率键控法产生 2FSK 信号和包络检测法解调 2FSK 信号时系统的方框图分别如图 6-7、图 6-9 所示。

6-7　2FSK 信号的功率谱有什么特点?

答:2FSK 信号的功率谱由离散谱和连续谱两部分组成。连续谱由两个双边谱叠加而成,离散谱出现在两个载频 f_1, f_2 位置上。连续谱的形状随着 $|f_2 - f_1|$ 的大小而异:$|f_2 - f_1| > f_b$ 出现双峰;$|f_2 - f_1| < f_b$ 出现单峰。

2FSK 信号的频带宽度为 $B_{2FSK} = |f_2 - f_1| + 2f_b$,频带利用率较低。

6-8　试比较相干检测 2FSK 系统和包络检测 2FSK 系统的性能和特点。

答:(1)在输入信号信噪比一定时,相干解调的误码率小于非相干解调的误码率;当系统的误码率一定时,相干解调比非相干解调对输入信号的信噪比要求低。可见相干解调 2FSK 系统的抗噪声性能优于非相干的包络检测。但当输入信号的信噪比较大时,两者的相对差别不很明显。

(2)相干解调时,需要插入两个相干载波,电路较为复杂。包络检测无需相干载波,电路较为简单。所以对于 2FSK 系统,大信噪比时用包络检测法,小信噪比时用相干解调法。

6-9　什么是绝对移相调制?什么是相对移相调制?它们之间有什么相同点和不同点?

答:绝对相移调制是指利用载波的相位(初相)直接表示数字信号的相移方式。相对移相调制是用前后码元的相对载波相位值传送数字信息,即是用当前码元初相与前一码元初相之差传送数字信息。

绝对相移和相对移相在单从波形上看是相同的，但是意义不同。绝对相移的载波相位直接表示信息，但相对移相的前后相位差才惟一确定信息。绝对移相调制有“倒 π”现象，相对移相调制解决了此问题。

6-10　2PSK 信号、2DPSK 信号的调制和解调方式有哪些？试说明其工作原理。

答：2PSK 信号的调制方法有两种，即模拟调制法和键控法。其只能进行相干解调。

2DPSK 信号的调制可在 2PSK 调制的基础之上完成。其在调制前先把绝对码变成相对码，再进行 2PSK 调制，所以 2DPSK 的调制方法也有模拟调制法和键控法两种。

2DPSK 的解调方法有两种：

1)相干解调—码变换法。先对 2DPSK 信号进行相干解调，获得相对码，再经差分译码器变为绝对码；

2)差分相干解调法(相位比较法)。直接比较前后码元的相位(极性!)，相同时输出“1”码，不同时输出“0”码。

6-11　画出相位比较法解调 2DPSK 信号的方框图及波形图。

答：相位比较法解调 2DPSK 信号的原理框图及各点波形如图 6-21 所示。

6-12　2PSK、2DPSK 信号的功率谱有什么特点？

答：2PSK 信号功率谱特点为：一般情况下，2PSK 信号的功率谱由连续谱和离散谱两部分组成。但当双极性基带信号以相等的概率出现时，2PSK 信号的功率谱仅由连续谱组成。连续谱取决于数字基带信号 $s(t)$ 经线性调制后的双边带谱，离散谱由载波分量确定。其带宽 B_{2PSK} 是数字基带信号带宽 B_s 的两倍，系统的频带利用率为 $\eta = 1/2$ B/Hz。

2DPSK 信号功率谱特点与 2PSK 完全相同。

6-13　试比较 2PSK、2DPSK 系统的性能和特点。

答：① 检测这两种信号时判决器均可工作在最佳门限电平；② 2DPSK 系统的抗噪声性能不及 2PSK 系统；③ 2PSK 系统存在“反向工作”问题，而 2DPSK 系统不存在此问题。

6-14　试比较 2ASK 信号、2FSK 信号、2PSK 信号和 2DPSK 信号的功率谱密度和带宽之间的相同与不同点。

答：2DPSK 与 2PSK 有相同的功率谱，其连续谱与 2ASK 信号基本相同，只是前两者在 $p = 1/2$ 时不存在离散谱；2FSK 信号的功率谱与 2ASK 相似，同样含有离散谱和连续谱，但连续谱由两个双边谱叠加而成，离散谱出现在两个载频位置。

2DPSK 同 2PSK 信号的带宽与 2ASK 信号带宽相同，等于 $2f_b$，f_b 为基带信号带宽；而 2FSK 信号带宽为 $2(f_D + f_b)$，$f_D = |f_1 - f_2|/2$ 为频偏，大于 2ASK 系统和 2PSK 系统的带宽。

6-15　试比较 2ASK 信号、2FSK 信号、2PSK 信号和 2DPSK 信号的抗噪声性能。

答：① 相干检测时，相同误码率条件下，对信噪比的要求是：2PSK 比 2FSK 小 3dB，2FSK 比 2ASK 小 3dB；② 非相干检测时，相同误码率条件下，对信噪比的要求是：2DPSK 比 2FSK 小 3dB，2FSK 比 2ASK 小 3dB；③ 信噪比一定时，2PSK 系统的误码率低于 2FSK 系统，2FSK 系统的误码率低于 2ASK 系统。

所以，从抗加性白噪声上讲，2PSK 性能最好，2FSK 次之，2ASK 最差。

6-16　简述振幅键控、频移键控和相移键控三种调制方式各自的主要优点和缺点。

答：(1)误码率。信噪比一定时，2PSK 系统的误码率低于 2FSK 系统，2FSK 系统的误码率低于 2ASK 系统。同一调制方式相干检测的抗噪声性能优于非相干检测。

(2)频带宽度。2PSK(2DPSK)系统与 2ASK 系统频带宽度相同,2FSK 系统频带宽度大于 2ASK 与 2PSK 系统的频带宽度。所以从频带利用率上看,2FSK 调制系统最差。

(3)从对信道特性的敏感程度上看,2ASK 调制系统最差。

(4)设备复杂度。对同一种调制方式而言,相干解调时的接收设备比非相干解调的接收设备复杂;同为非相干解调时,2DPSK 的接收设备最复杂,2FSK 次之,2ASK 的设备最简单。

6-17　简述多进制数字调制的原理,与二进制数字调制比较,多进制数字调制有哪些优点。

答:与二进制相比,多进制数字调制系统有以下优点:

(1)在相同的码元传输速率下,多进制数字调制系统的信息速率比二进制系统的高;

(2)在相同的信息速率下,多进制数字调制系统的码元传输速率比二进制系统的低,占用带宽小。

但是在相同的噪声条件下,多进制系统的抗噪声性能低于二进制系统。

6.4　习题解答

6-1　已知某 2ASK 系统的码元传输速率为 1 200B,载频为 2 400Hz,若发送的数字信息序列为 011011010,试画出 2ASK 信号的波形图并计算其带宽。

解:因为码元传输速率为 1 200B,载频为 2 400Hz,所以一个码元周期等于两个载波周期。其 2ASK 信号的波形如图 S6-1 所示。

信号带宽为:$B_{2ASK} = 2R_B = 2\ 400\text{Hz}$

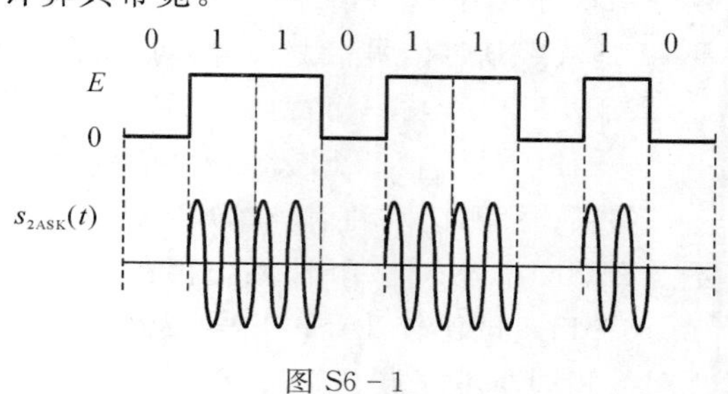

图 S6-1

6-2　已知 2ASK 系统的传码率为 1 000B,调制载波为 $A\cos 140\pi \times 10^6 t$ (V)。

(1)求该 2ASK 信号的频带宽度。

(2)若采用相干解调器接收,请画出解调器中的带通滤波器和低通滤波器的传输函数幅频特性示意图。

解:(1)频带宽度:$B_{2ASK} = 2R_B = 2\ 000\text{Hz}$。

(2)因为载频 $f_c = 70 \times 10^6 = 70\text{MHz}$,基带信号带宽 $f_m = R_B = 1\ 000\text{Hz}$,所以相干解调时解调器中带通滤波器和低通滤波器的传输函数幅频特性示意图分别如图 S6-2 所示。

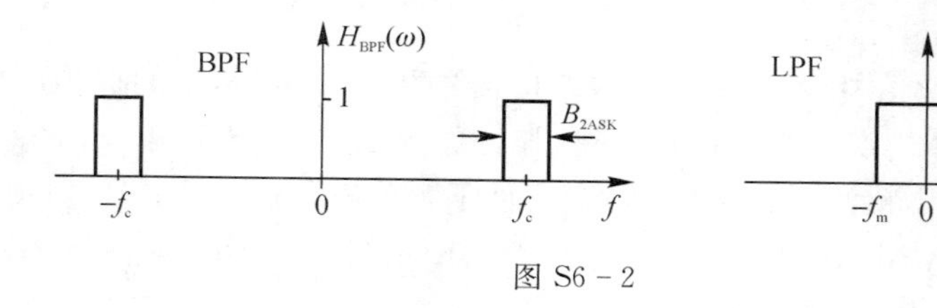

图 S6-2

6-3　在 2ASK 系统中,已知码元传输速率 $R_B = 2 \times 10^6$B,信道噪声为加性高斯白噪声,其双边功率谱密度 $n_0/2 = 3 \times 10^{-18}$ W/Hz,接收端解调器输入信号的振幅 $a = 40\ \mu$V。

(1)若采用相干解调,试求系统的误码率。

(2)若采用非相干解调,试求系统的误码率。

解:2ASK 系统的码元传输速率为 $R_B = 2\times10^6$ B,则 2ASK 信号带宽

$$B_{2ASK} = 2R_B = 4\times10^6\ \text{Hz}$$

解调器输入噪声功率

$$\sigma_n^2 = n_0 B_{2ASK} = 2\times3\times10^{-18}\times4\times10^6 = 2.4\times10^{-11}$$

解调器输入信噪比

$$r = \frac{a^2}{2\sigma_n^2} = \frac{(40\times10^{-6})^2}{2\times2.4\times10^{-11}} = 33.\dot{3}$$

(1)相干解调时,系统误码率

$$P_e = \frac{1}{2}\text{erfc}\sqrt{\frac{r}{4}} = \frac{1}{2}\text{erfc}\sqrt{\frac{33.\dot{3}}{4}} = \frac{1}{2}\text{erfc}(2.887) = \frac{1}{2}[1-\text{erf}(2.887)] =$$

$$\frac{1}{2}[1-0.999\,956] = 2.2\times10^{-5}$$

(2)非相干解调时,系统误码率

$$P_e = \frac{1}{2}e^{-r/4} = \frac{1}{2}e^{-8.\dot{3}} = 1.24\times10^{-4}$$

6-4　2ASK 包络检测接收机输入端的平均信噪功率比 r 为 7dB,输入端高斯白噪声的双边功率谱密度为 2×10^{-14} W/Hz,码元传输速率为 50B,设"1""0"等概率出现。试计算最佳判决门限及系统的误码率。

解:2ASK 包络检测时的误码率 $P_e = \frac{1}{2}e^{-r/4}$,需要注意的是,公式中的 r 为 2ASK 信号"ON"时的信噪比,无妨记为 r_{ON}。

在本题中,由接收机输入端的平均信噪功率比 $r = 7\text{dB} = 5.012$,可得

$$r_{ON} = 2r = 10.024$$

而

$$r_{ON} = \frac{a^2}{2\sigma_n^2} = \frac{a^2}{2\times n_0 B_{2ASK}} = \frac{a^2}{2\times n_0\times2R_B} = \frac{a^2}{2\times2\times2\times10^{-14}\times2\times50} = \frac{a^2}{8\times10^{-12}}$$

所以

$$a = \sqrt{8\times10^{-12} r_{ON}} = \sqrt{8\times10^{-12}\times10.024} = 8.955\times10^{-6}\ \text{V}$$

于是,2ASK 包络检测时,最佳判决门限

$$V_d^* = \frac{1}{2}a = 4.48\times10^{-6}\ \text{V}$$

系统误码率

$$P_e = \frac{1}{2}e^{-r_{ON}/4} = \frac{1}{2}e^{-10.024/4} = 4.08\times10^{-2}$$

6-5　已知某 2FSK 系统的码元传输速率为 1 200B,发"0"时载频为 2 400Hz,发"1"时载频为 4 800Hz,若发送的数字信息序列为 011011010,试画出 2FSK 信号波形图并计算其带宽。

解:已知 2FSK 系统的码元传输速率为 1 200B,发"0"时载频为 2 400Hz,发"1"时载频为 4 800Hz,所以在一个码元周期内,含两个发"0"的载波周期、4 个发"1"的载波周期。其 2FSK 信号波形图如图 S6-5 所示。

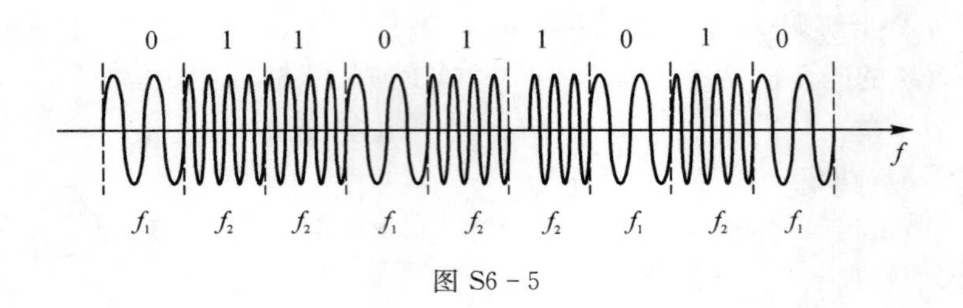

图 S6-5

带宽 $B_{2FSK}=|f_2-f_1|+2R_B=(4\ 800-2\ 400)+2\times1\ 200=4\ 800\text{Hz}$

6-6 试说明：

(1)2FSK 信号与 2ASK 信号的区别与联系。

(2)2FSK 解调系统与 2ASK 解调系统的区别与联系。

解:(1)2FSK 信号与 2ASK 信号的区别与联系:2FSK 信号利用 2 个频率不同、幅度相等的载波携带信息,2ASK 信号利用同一载波不同的幅度携带信息;1 路 2FSK 信号可视为 2 路 2ASK 信号的合成。

(2)2FSK 解调系统与 2ASK 解调系统的区别与联系:1 路 2FSK 信号的解调可利用 BPF 分路为 2 路 2ASK 信号,然后采用解调 2ASK 信号的相干或包络法解调,再进行比较判决,前提是 2FSK 信号分路的 2 路 2ASK 信号频谱不重叠。

6-7 某 2FSK 系统的传码率为 2×10^6B,“1”码和“0”码对应的载波频率分别为 $f_1=10\text{MHz}$, $f_2=15\text{MHz}$。

(1)相干解调器中的两个带通滤波器及两个低通滤波器应具有怎样的幅频特性？画出示意图说明。

(2)试求该 2FSK 信号占用的频带宽度。

解:(1)因为 2FSK 系统的传码率 $R_B=2\times10^6$B,所以相干解调器中的两个带通滤波器的带宽相同, $B=2R_B=4\text{MHz}$,中心频率分别为 $f_1=10\text{MHz}$, $f_2=15\text{MHz}$;两个低通滤波器相同,截止频率为 $f_m=R_B=2\text{MHz}$。它们的幅频特性示意图如图 S6-7 所示。

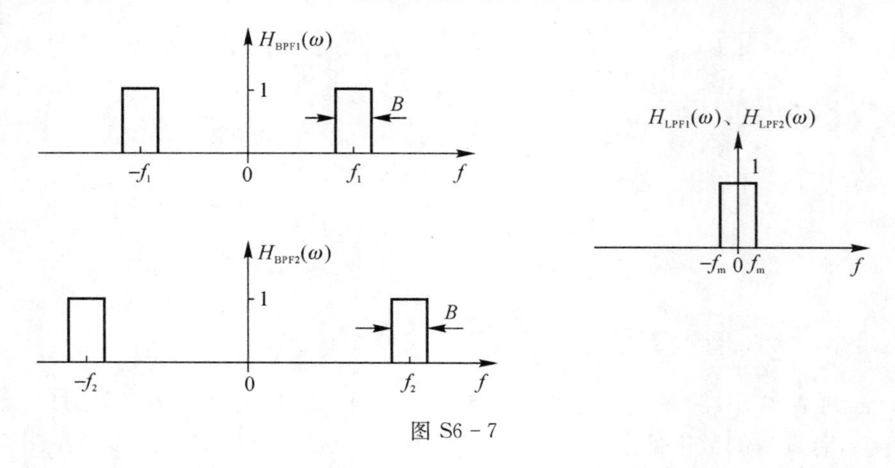

图 S6-7

(2)该 2FSK 信号占用的频带宽度为

$$B_{2FSK}=|f_2-f_1|+2R_B=|15-10|+2\times2=9\text{MHz}$$

6-8　在 2FSK 系统中，码元传输速率 $R_B=0.2$MB，发送"1"符号的频率 $f_1=1.25$MHz，发送"0"符号的频率 $f_2=0.85$MHz，且发送概率相等。若信道噪声加性高斯白噪声的双边功率谱密度 $n_0/2=10^{-12}$W/Hz，解调器输入信号振幅 $a=4$mV。

(1)试求 2FSK 信号频带宽度。

(2)若采用相干解调，试求系统的误码率。

(3)若采用包络检测法解调，试求系统的误码率。

解：(1) $B_{2FSK}=|f_2-f_1|+2R_B=(1.25-0.85)+2\times0.2=0.8\text{MHz}$

(2)因 2FSK 信号解调可分解为两路 2ASK 信号进行相干解调或包络检测法解调，每路 2ASK 信号解调器输入噪声功率

$$\sigma_n^2=n_0B_{2ASK}=n_0\times2R_B=2\times10^{-12}\times2\times0.2\times10^6=8\times10^{-7}$$

输入信噪比

$$r=\frac{a^2}{2\sigma_n^2}=\frac{(4\times10^{-3})^2}{2\times8\times10^{-7}}=10$$

所以，采用相干解调时系统误码率

$$P_e=\frac{1}{2}\text{erfc}\sqrt{\frac{r}{2}}=\frac{1}{2}\text{erfc}\sqrt{5}=\frac{1}{2}\text{erfc}(2.236)=\frac{1}{2}\times[1-\text{erf}(2.236)]=$$

$$\frac{1}{2}[1-0.998\,426]=7.9\times10^{-4}$$

(3)采用包络检测法解调时系统的误码率

$$P_e=\frac{1}{2}e^{-\frac{r}{2}}=\frac{1}{2}e^{-5}=3.37\times10^{-3}$$

6-9　已知数字信息为 1101001，并设码元宽度是载波周期的两倍，试画出绝对码、相对码、2PSK 信号、2DPSK 信号的波形。

解：数字信息为 1101001 时，绝对码、相对码、2PSK 信号、2DPSK 信号的波形如图 S6-9 所示。

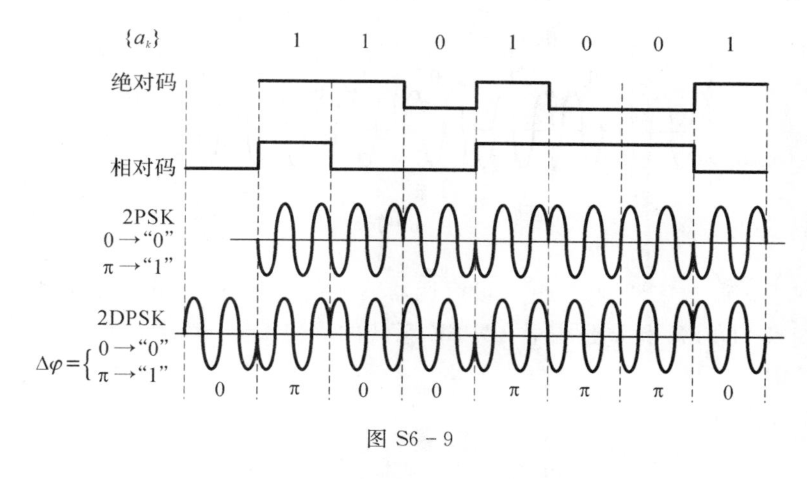

图 S6-9

6-10　设某相移键控信号的波形如图 P6-10 所示，试问：

(1)若此信号是绝对相移信号，它所对应的二进制数字序列是什么？

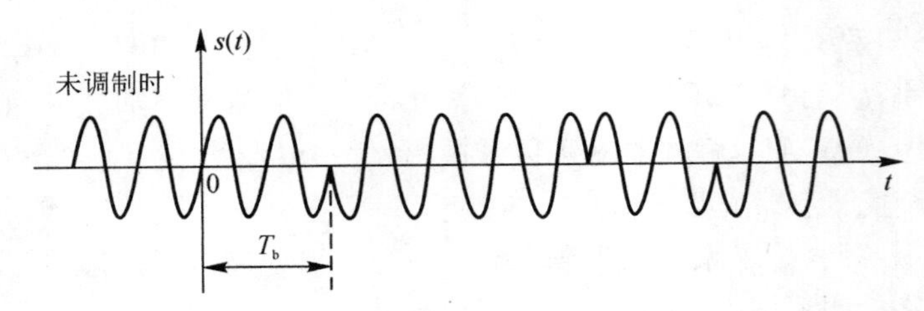

图 P6－10

(2)若此信号是相对相移信号,且已知相邻相位差为 0 时对应“1”码元,相位差为 π 时对应“0”码元,则它所对应的二进制数字序列又是什么?

解:此信号是绝对相移信号或相对相移信号时,对应的二进制序列如图 S6－10 所示。

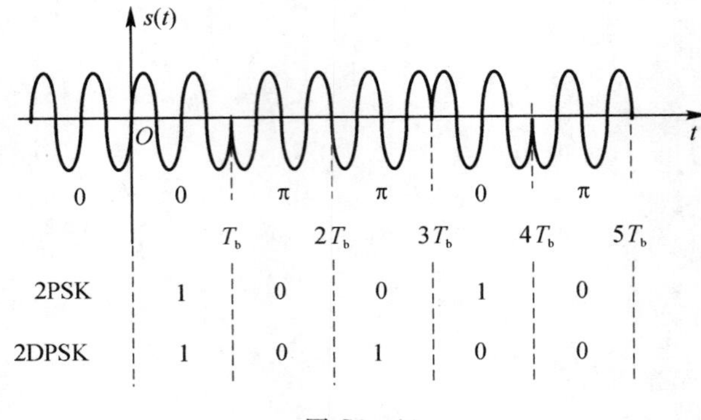

图 S6－10

6－11　若载频为 2 400Hz,码元速率为 1 200Baud,发送的数字信息序列为 010110,试画出 $\Delta\varphi_n=270°$,代表“0”码, $\Delta\varphi_n=90°$,代表“1”码的 2DPSK 信号波形(注: $\Delta\varphi_n=\varphi_n-\varphi_{n-1}$)。

解:已知载频为 2 400Hz,码元速率为 1 200B,所以一个码元周期对应两个载波周期,要求 $\Delta\varphi_n=270°$,代表“0”码, $\Delta\varphi_n=90°$,代表“1”码,满足此要求的 2DPSK 信号波形如图 S6－11 所示。

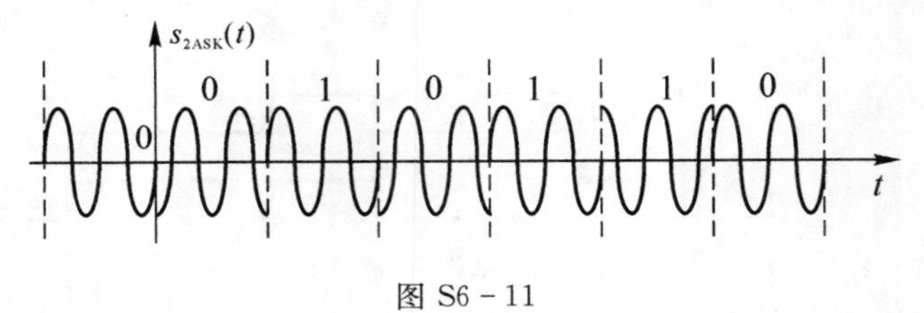

图 S6－11

6－12　在二进制数字调制系统中,设解调器输入信噪比 $r=7\text{dB}$。试求相干解调 2PSK、相干解调-码变换 2DPSK 和差分相干 2DPSK 系统的误码率。

解: $r=7\text{dB}=5$

相干解调 2PSK 时

$$P_e=\frac{1}{2}\text{erfc}\sqrt{r}=\frac{1}{2}\text{erfc}\sqrt{5}=7.9\times10^{-4}$$

相干解调-码变换 2DPSK 时

$$P_e=\text{erfc}\sqrt{r}=\text{erfc}\sqrt{5}=1.58\times10^{-3}$$

差分相干 2DPSK

$$P_e = \frac{1}{2}e^{-r} = \frac{1}{2}e^{-5} = 3.37 \times 10^{-3}$$

6－13　已知发送载波幅度 $A=10V$，在 4kHz 带宽的电话信道中分别利用 2ASK，2FSK 及 2PSK 系统进行传输，信道衰减为 1dB/km，$n_0=10^{-8}$ W/Hz，若采用相干解调，求当误码率 $P_e=10^{-5}$时，各种传输方式的最大通信距离。

解：求解思路：

$$P_e \to r = \frac{a^2/2}{\sigma_n^2} = \frac{S_i}{\sigma_n^2} \xrightarrow{\sigma_n^2 = n_0 B} S_i \xrightarrow[\alpha = S_T/S_i]{S_T = A^2/2} \alpha \to d$$

(1)2ASK 相干解调

$$P_e = \frac{1}{2}\mathrm{erfc}\sqrt{\frac{r}{4}} = 10^{-5}$$

$$1 - \mathrm{erf}\sqrt{\frac{r}{4}} = 2 \times 10^{-5} = 0.000\ 02,\quad \mathrm{erf}\sqrt{\frac{r}{4}} = 0.999\ 98$$

$$\sqrt{\frac{r}{4}} = 3.01,\quad r = 36.24$$

$$\sigma_n^2 = n_0 B = 10^{-8} \times 4 \times 10^3 = 4 \times 10^{-5}$$

$$S_i = r\sigma_n^2 = 36.24 \times 4 \times 10^{-5} = 1.45 \times 10^{-3}$$

$$S_T = A^2/2 = 50$$

$$\alpha = \frac{S_T}{S_i} = \frac{50}{1.45 \times 10^{-3}} = 3\ 843.3 = 45.4\mathrm{dB}$$

最大通信距离　　　　$d = 45.4\mathrm{km}$

(2)2FSK 相干解调

$$P_e = \frac{1}{2}\mathrm{erfc}\sqrt{\frac{r}{2}} = 10^{-5}$$

$$1 - \mathrm{erf}\sqrt{\frac{r}{2}} = 2 \times 10^{-5} = 0.000\ 02,\quad \mathrm{erf}\sqrt{\frac{r}{2}} = 0.999\ 98$$

$$\sqrt{\frac{r}{2}} = 3.01,\quad r = 18.12$$

$$\sigma_n^2 = n_0 B_{2ASK} = n_0\frac{B}{2} = 10^{-8} \times 2 \times 10^3 = 2 \times 10^{-5}$$

(注：此处假定 $B_{2FSK} = 2B_{2ASK} =$ 信道带宽 B)

$$S_i = r\sigma_n^2 = 18.12 \times 2 \times 10^{-5} = 3.624 \times 10^{-4}$$

$$\alpha = \frac{S_T}{S_i} = \frac{50}{3.624 \times 10^{-4}} = 137\ 897 = 51.4\mathrm{dB}$$

最大通信距离　　　　$d = 51.4\mathrm{km}$

(3)2PSK 相干解调

$$P_e = \frac{1}{2}\text{erfc}\sqrt{r} = 10^{-5}$$

$$1 - \text{erf}\sqrt{r} = 2 \times 10^{-5} = 0.000\ 02,\quad \text{erf}\sqrt{r} = 0.999\ 98$$

$$\sqrt{r} = 3.01,\quad r = 9.06$$

$$\sigma_n^2 = n_0 B = 10^{-8} \times 4 \times 10^3 = 4 \times 10^{-5}$$

$$S_i = r\sigma_n^2 = 9.06 \times 4 \times 10^{-5} = 3.624 \times 10^{-4}$$

$$\alpha = \frac{S_T}{S_i} = \frac{50}{3.624 \times 10^{-4}} = 137\ 969.1 = 51.4\text{dB}$$

最大通信距离 $d = 51.4\text{km}$

6-14 某数字通信系统,已知发送信号功率为1kW,信道衰减为60dB,接收端解调器输入的噪声功率为10^{-4} W。试求非相干解调2ASK系统及2PSK系统的误码率。

解:由信号发送功率 $S_T = 10^3\text{W}$,信道衰减 $\alpha = -60\text{dB} = 10^{-6}$
得接收信号功率

$$S_i = \alpha S_T = 10^{-6} \times 10^3 = 10^{-3}\text{W}$$

解调器输入信噪比

$$r = \frac{S_i}{N_i} = \frac{10^{-3}}{10^{-4}} = 10$$

非相干解调2ASK系统误码率

$$P_e = \frac{1}{2}e^{-\frac{r}{4}} = \frac{1}{2}e^{-\frac{10}{4}} = 4.1 \times 10^{-2}$$

2PSK系统误码率

$$P_e = \frac{1}{2}\text{erfc}\sqrt{r} = \frac{1}{2}\text{erfc}(3.162\ 28) = \frac{1}{2}[1 - \text{erf}(3.162\ 28)]$$

$$= \frac{1}{2} \times (1 - 0.999\ 992) = 4 \times 10^{-6}$$

6-15 在二进制数字调制系统中,已知码元传输速率$R_B = 1\text{MB}$,接收机输入高斯白噪声的双边功率谱密度$n_0/2 = 2\times10^{-16}\text{W/Hz}$。若要求解调器输出误码率$P_e \leqslant 10^{-4}$,试求相干解调和非相干解调2ASK、相干解调和非相干解调2FSK、相干解调2PSK系统及相干解调和差分相干解调2DPSK的输入信号功率。

解:已知 $R_B = 1\text{MB}$,$\frac{n_0}{2} = 2 \times 10^{-16}\text{W/Hz}$,要求 $P_e \leqslant 10^{-4}$。则,解调器输入端噪声功率为

$$\sigma_n^2 = n_0 B = n_0 \times 2R_B = 2 \times 2 \times 10^{-16} \times 2 \times 10^6 = 8 \times 10^{-10}$$

输入信噪比为

$$r = \frac{a^2}{2\sigma_n^2}$$

(1)2ASK:

①相干解调时

$$P_e = \frac{1}{2}\text{erfc}\sqrt{\frac{r}{4}} = \frac{1}{2}\left[1 - \text{erf}\sqrt{\frac{r}{4}}\right] \leqslant 10^{-4}$$

$$\operatorname{erf}\sqrt{\frac{r}{4}} \geqslant 1-2\times10^{-4}=0.9998$$

查表得
$$\sqrt{\frac{r}{4}} \geqslant 2.63$$

解得
$$r \geqslant 2.63^2\times4=27.67$$

$$S_i=a^2/2=r\sigma_n^2=27.67\times8\times10^{-10}=2.21\times10^{-8}\,\mathrm{W}$$

②非相干解调时

$$P_e=\frac{1}{2}e^{-r/4}\leqslant10^{-4}$$

解得
$$r\geqslant-4\ln(2\times10^{-4})=34.07$$

$$S_i=r\sigma_n^2=34.07\times8\times10^{-10}=2.73\times10^{-8}\,\mathrm{W}$$

(2)2FSK：

①相干解调时

$$P_e=\frac{1}{2}\operatorname{erfc}\sqrt{\frac{r}{2}}$$

在同等 P_e 条件下，接收功率仅需 2ASK 时的一半，为

$$S_i=1.106\times10^{-8}\,\mathrm{W}$$

②非相干解调时

$$P_e=\frac{1}{2}e^{-r/2}$$

在同等 P_e 条件下，接收功率仅需 2ASK 时的一半，为

$$S_i=1.36\times10^{-8}\,\mathrm{W}$$

(3)2PSK：

$$P_e=\frac{1}{2}\operatorname{erfc}\sqrt{r}$$

即在同等 P_e 条件下，仅需输入信号功率为 2ASK 时的 $\frac{1}{4}$，即

$$S_i=5.5\times10^{-9}\,\mathrm{W}$$

(4)2DPSK：

① 相干解调-码变换解调时

$$P_e=\operatorname{erfc}\sqrt{r}=(1-\operatorname{erf}\sqrt{r})\leqslant10^{-4}$$

$$\operatorname{erf}\sqrt{r}\geqslant1-10^{-4}=0.9999\text{，}\quad\text{查表得}\sqrt{r}\geqslant2.75$$

解得
$$r\geqslant2.75^2=7.56$$

$$S_i=r\sigma_n^2=7.56\times8\times10^{-10}=6.05\times10^{-9}\,\mathrm{W}$$

②差分相干解调时

$$P_e=\frac{1}{2}e^{-r}$$

即在同等 P_e 条件下，仅需输入信号功率为 2ASK 非相干解调时的 $\frac{1}{4}$，即

$$S_i = 6.8 \times 10^{-9}\,\text{W}$$

6－16　画出直接调相法产生4PSK(B方式)信号的方框图，并作必要的说明。

解：直接调相法产生4PSK(B方式)信号的方框图如图S6－16(a)所示。它可以看成是由两个载波正交的2PSK调制器构成，分别形成图(b)中的虚线矢量，再经加法器合成后，得图(b)中实线矢量图。

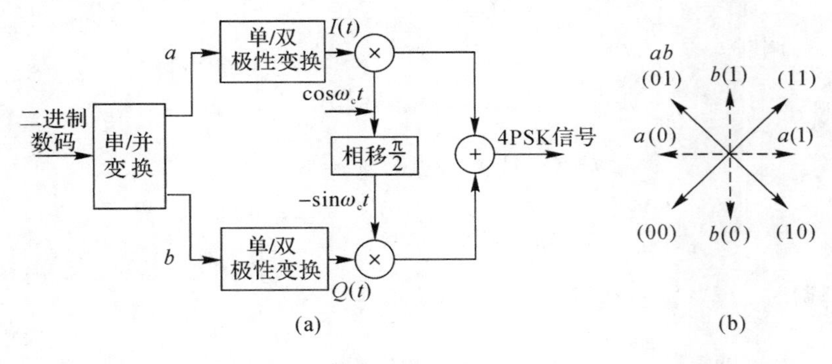

图S6－16

6－17　画出差分正交解调4DPSK(B方式)的方框图，并说明判决器的判决准则。

解：差分正交解调4DPSK(B方式)的方框图如图S6－17所示，判决器在抽样时刻，将抽样值与零电平进行比较，抽样值大于零判为"1"，反之判为"0"。

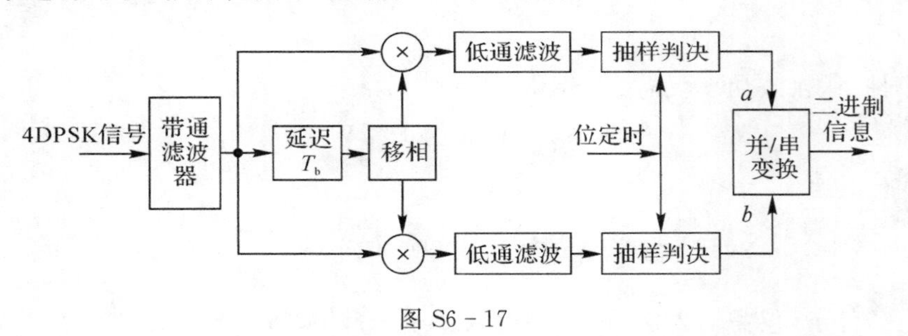

图S6－17

6－18　四相调制系统输入的二进制码元速率为2 400B，载波频率为2 400Hz。当输入码元序列为011001110100时，试按图6－25所示相位配置矢量图画出4PSK(A方式)信号波形图。

解：4PSK(A方式)相位配置矢量图如图S6－18(a)所示。依题意，$R_{B2} = 2400\text{B}$，$f_c = 2\,400\text{Hz}$，所以一位二进制码元周期对应一个载波周期，一位四进制码元对应两个载波周期。据此，可画出当输入码元序列为011001110100时，信号波形如图S6－18(b)所示。

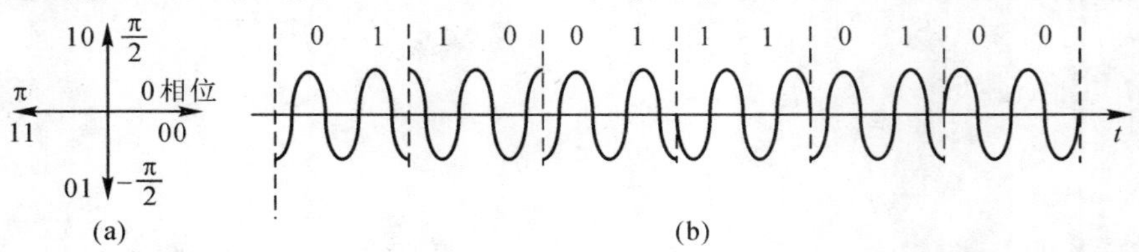

图S6－18

6－19　采用 8PSK 调制传输 4 800kb/s 数据，求信号带宽。

解：以题意，8PSK 信号信息速率 $R_b = 4\ 800\text{kb/s}$，其码元速率

$$R_B = \frac{1}{k}R_b = \frac{1}{\log_2 8}R_b = \frac{1}{3} \times 4\ 800 = 1\ 600\text{B}$$

相应的，信号带宽

$$B = 2R_B = 3\ 200\text{Hz}$$

6－20　已知数字基带信号的信息速率为 2 048kb/s，请问分别采用 2PSK 方式及 4PSK 方式传输时所需的信道带宽为多少？频带利用率为多少？

解：已知 $R_b = 2.048\text{kb/s}$，采用 2PSK 方式时

$$R_{B2} = R_b = 2.048\text{kB}$$

所以

$$B_{2PSK} = 2R_{B2} = 4.096\text{kHz}$$

$$\eta_{2PSK} = \frac{R_b}{B_{2PSK}} = \frac{1}{2}\text{b/s/Hz}$$

采用 4PSK 方式时

$$R_{B4} = \frac{1}{k}R_b = \frac{1}{\log_2 4}R_b = \frac{1}{2} \times 2.048 = 1.024\text{B}$$

所以

$$B_{4PSK} = 2R_{B4} = 2.048\text{kHz}$$

$$\eta_{4PSK} = \frac{R_b}{B_{4PSK}} = 1\text{b/s/Hz}$$

6－21　当输入数字消息分别为 00，01，10，11 时，试分析图 P6－21 所示电路的输出相位。

注：① 当输入为“01”时，a 端输出为“0”，b 端输出为“1”。

② 单/双极性变换电路将输入的“1”“0”码分别变换为 A 及 $-A$ 两种电平。

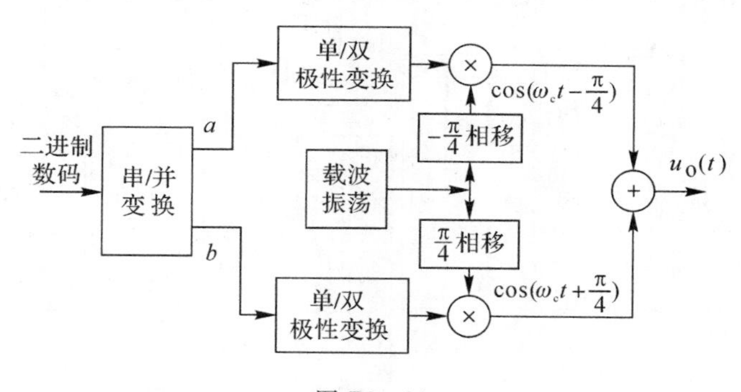

图 P6－21

解：对图 P6－21 进行分析，可得其相位配置矢量图如图 S6－21(a)所示，显见为 A 方式的 4PSK 矢量图。据此，可画出该电路的输出相位示意图如图 S6－21(b)所示。

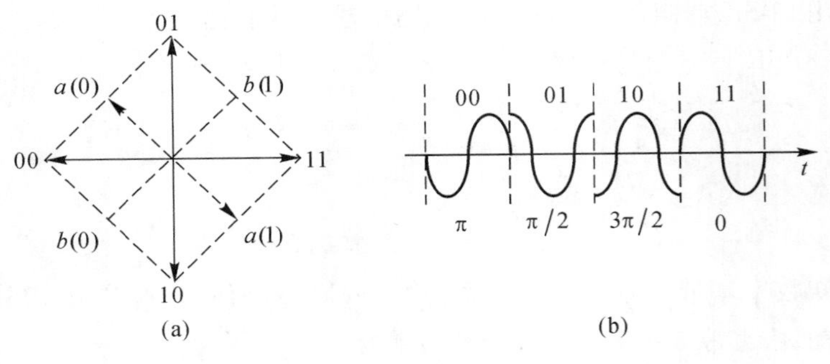

图 S6-21

6.5 本章知识结构

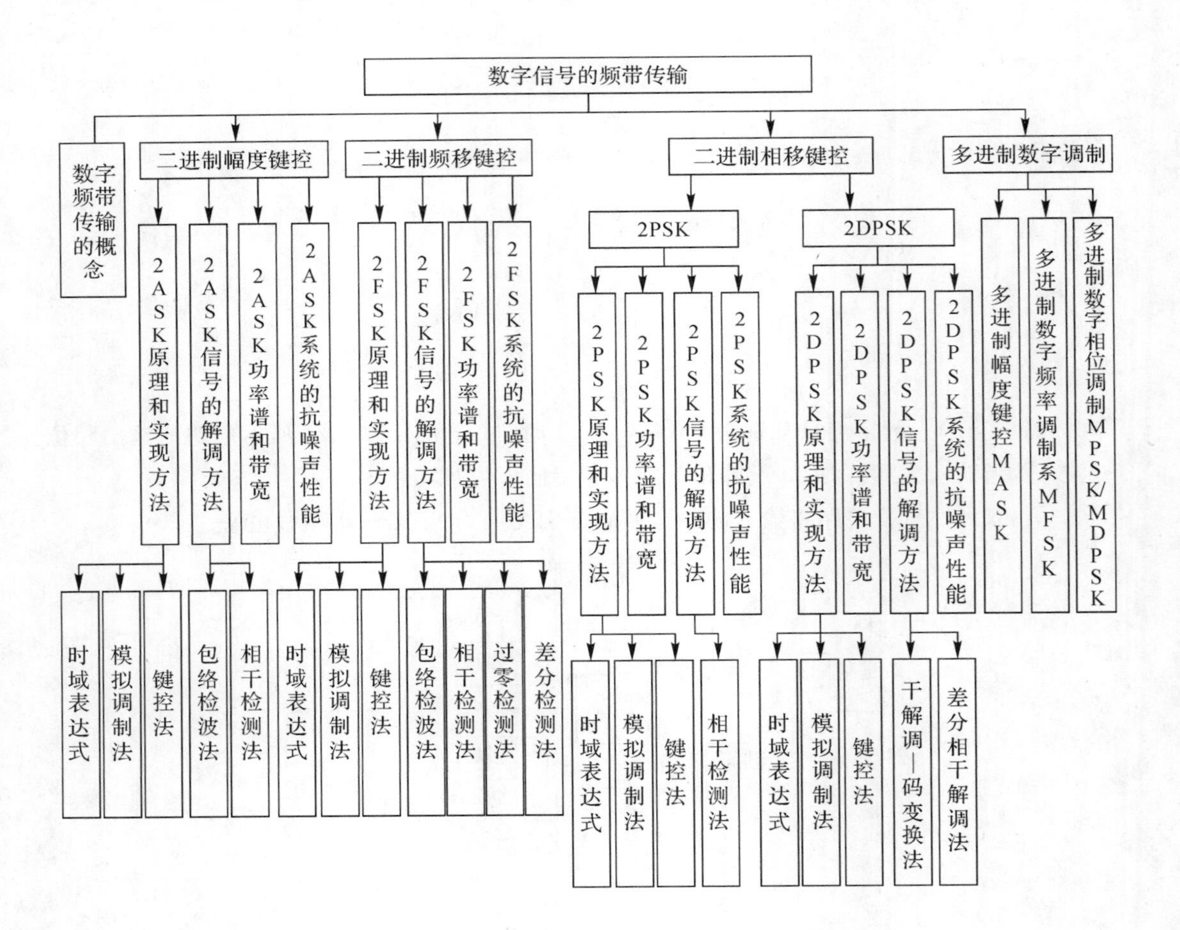

第 7 章　现代数字调制技术

7.1　大纲要求

(1)了解现代调制技术的概念。

(2)熟悉 QAM 的基本原理。

(3)了解 OQPSK，MSK，GMSK 的基本原理。

(4)熟悉 OFDM 的基本原理。

7.2　内容概要

7.2.1　引言

数字幅度调制、数字频率调制和数字相位调制是数字调制的基础。然而，它们都存在某些不足，如频谱利用率低、抗多径衰落能力差、功率谱衰减慢、带外辐射严重等。为了改善这些不足，人们陆续提出一些新的数字调制技术，以适应各种新的通信系统的要求。

这些调制技术的研究，主要是围绕着寻找频带利用率高，同时抗干扰能力强的调制方式而展开的。本章介绍目前实际通信系统中常用的几种现代数字调制技术，主要包括 QAM，OQPSK，MSK，GMSK，OFDM 等。

7.2.2　正交幅度调制(QAM)

正交幅度调制 QAM 可以提高系统可靠性，且能获得较高的频带利用率，是目前应用较为广泛的一种数字调制方式。

1. QAM 的概念

QAM 源自幅度和相位联合键控 APK，其目的在于设法增加信号空间中各状态点之间的距离。数字基带信号时，数学上 APK 信号可化作为两个正交的幅度键控信号之和，即 QAM 信号

$$s_{\mathrm{QAM}}(t) = x(t)\cos\omega_c t + y(t)\sin\omega_c t \tag{7-1}$$

式中

$$\left.\begin{aligned} x(t) &= \sum_{n=-\infty}^{\infty} x_n g(t-nT_b) \\ y(t) &= \sum_{n=-\infty}^{\infty} y_n g(t-nT_b) \end{aligned}\right\} \tag{7-2}$$

分别为同相和正交支路的基带信号；x_n 和 y_n 一般为双极性 m 进制码元，例如取为±1，±3，…，±$(m-l)$等。x_n，y_n 决定已调 QAM 信号在信号空间的 M 个坐标点，电平数 m 和信号状态 M 之间的关系是 $M=m^2$。

QAM 的星座图如图 7-1 所示，在平均功率相等条件下，信号空间中 $M>4$ 时 MQAM 各状态点间的最小距离比 MPSK 的更大，因而具有更好的抗干扰能力。

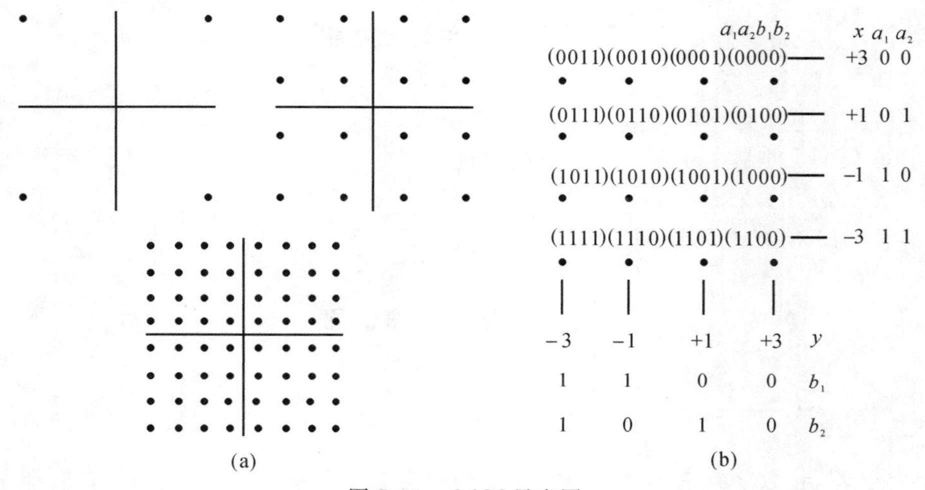

图 7-1 QAM 星座图

(a)4QAM、16QAM、64QAM 星座图 (b)16QAM 信号电平与信号状态关系

2. QAM 信号的产生和解调

MQAM 的信号可以用正交调制的方法产生，原理框图如图 7-2 所示。图中，串/并变换器将速率为 R_b的二进制输入信息序列分成上、下两路速率为 $R_b/2$ 的二进制序列，经 $2-m$ 变换器变为 m 进制信号 $x(t)$和 $y(t)$，正交调制组合后输出 MQAM 信号。

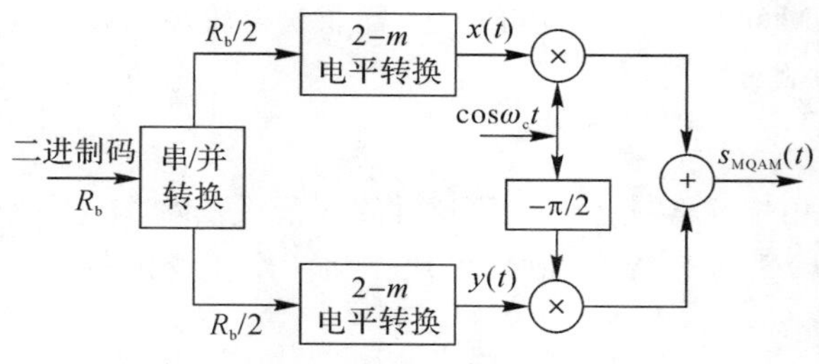

图 7-2 MQAM 信号调制原理图

MQAM 信号可以采取正交相干方法解调，原理框图如图 7-3 所示。图中，先对收到的 MQAM 信号进行正交相干解调，所得输出经$(m-1)$电平判决恢复出 m 电平信号 $x(t)$和 y

(t)；再经过 $m-2$ 转换，分别得到速率为 $R_b/2$ 的二进制序列，最后经并/串变换器合并后输出速率为 R_b 的二进制信息。

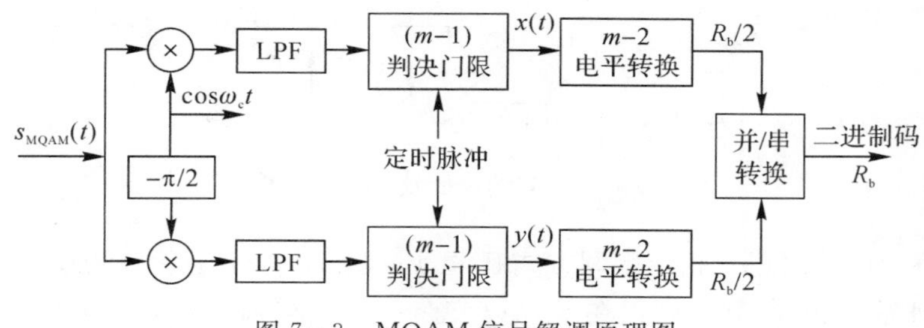

图7-3　MQAM信号解调原理图

3. QAM方式的性能

比较式(7-1)与式(6-52)，可以看出，MQAM信号的带宽与MPSK信号的带宽相同，为

$$B_{\mathrm{MPSK}} = B_{\mathrm{MASK}} = 2R_{\mathrm{B}} \tag{7-3}$$

因此，QAM是一种高效的信息传输方式，最大频带利用率同于MPSK，达到 $\log_2 M$(b/s/Hz)。但在信号平均功率相等的条件下，MQAM的抗噪声性能明显优于MPSK，因此得到了广泛地应用。

7.2.3　交错正交相移键控(OQPSK)

1. OQPSK的概念

QPSK信号频带利用率较高，理论值达1 b/s/Hz。但当发生码组变化00↔11或01↔10时，将产生180°的载波相位跳变。这种相位跳变会引起包络起伏，通过非线性部件后，使已经滤除的带外分量又被恢复出来，导致频谱扩展，增加对相邻波道的干扰。为了消除180°的相位跳变，在QPSK基础上提出了OQPSK调制方式。

OQPSK属于恒包络数字调制技术。这里，所谓“恒包络”是指已调波的包络保持为恒定。这种形式的已调波具有两个特点，其一是包络恒定或起伏很小；其二是已调波频谱具有高频快速滚降特性，或者说已调波旁瓣很小，甚至几乎没有旁瓣。OQPSK以及本章下面几节所讨论的MSK、GMSK数字调制技术都属于恒包络调制技术。

OQPSK也称为偏移四相相移键控(Offset-QPSK)，是QPSK的改进型。它与QPSK有同样的相位关系，也是把输入码流分成两路，然后进行正交调制。不同点在于它将同相和正交两支路的码流在时间上错开了半个码元周期。由于两支路码元半周期的偏移，每次只有一路可能发生极性翻转，不会发生两支路码元极性同时翻转的现象。因此，OQPSK信号相位只能跳变0°，±90°，不会出现180°的相位跳变。

2. OQPSK信号的产生和解调

OQPSK信号的产生原理可由图7-4来说明。图中 $T_b/2$ 延迟电路是为了保证 I、Q 两路码元偏移半个码元周期。带通滤波器BPF的作用是形成QPSK信号的频谱形状，保持包络恒定。除此之外，其他均与QPSK作用相同。

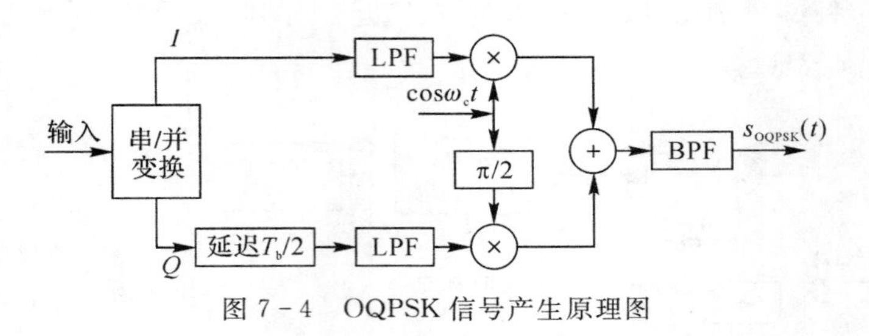

图 7-4　OQPSK 信号产生原理图

OQPSK 信号可采用正交相干解调方式解调，原理如图 7-5 所示。由图看出，它与 QPSK 信号的解调原理基本相同，其差别仅在于对 Q 支路信号抽样判决时间比 I 支路延迟了 $T_b/2$，这是因为在调制时 Q 支路信号在时间上偏移了 $T_b/2$，所以抽样判决时刻也应偏移 $T_b/2$，以保证对两支路交错抽样。

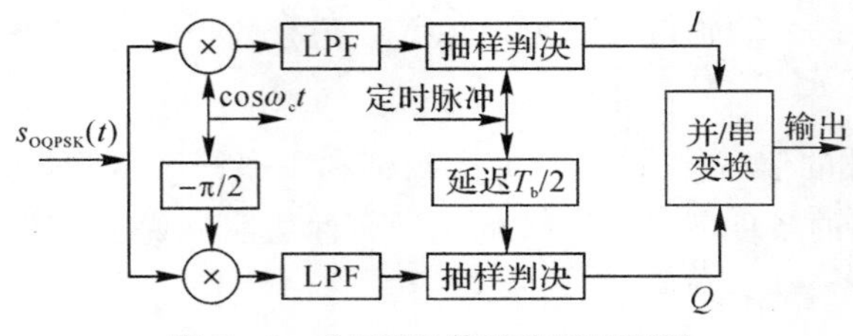

图 7-5　OQPSK 信号解调原理图

3. OQPSK 方式的性能

OQPSK 克服了 QPSK 的 180°的相位跳变，信号通过 BPF 后包络起伏小，性能得到了改善，因此受到了广泛重视。但是，当码元转换时，相位变化还是不连续，存在 90°的相位跳变，因而高频滚降慢，频带仍然较宽。

7.2.4　最小频移键控(MSK)

1. MSK 的概念

最小移频键控 MSK 是一种常用的能够产生恒定包络、连续相位信号的高效调制方法。它是一种特殊的 2FSK 信号，在相邻符号交界处相位保持连续。这里，所谓“高效”是指在给定的频带内，MSK 比 2PSK 的数据传输速率更高，且在带外的频谱分量要比 2PSK 衰减得快；而所谓“最小”是指这种调制方式能以最小的调制指数(0.5)获得正交信号。

2. MSK 信号的表达式及正交性

MSK 信号可以表示为

$$s_{MSK}(t)=A\cos[\omega_c t+\theta_k(t)]=A\cos\left(\omega_c t+\frac{a_k\pi}{2T_b}t+\theta_k\right),\quad kT_b\leqslant t\leqslant(k+1)T_b \tag{7-4}$$

式中，ω_c 表示载频；$\frac{a_k\pi}{2T_b}$表示相对载频的频偏；$a_k=\pm1$ 是数字基带信号；T_b 为码元周期；θ_k 表示第 k 个码元的起始相位，$\theta_k(t)$是除载波相位之外的附加相位函数

$$\theta_k(t) = \frac{a_k \pi}{2T_b} t + \theta_k \tag{7-5}$$

当 $a_k = +1$ 时，MSK 信号的频率为

$$f_1 = f_c + \frac{1}{4T_b} \tag{7-6}$$

当 $a_k = -1$ 时，MSK 信号的频率为

$$f_2 = f_c - \frac{1}{4T_b} \tag{7-7}$$

频差

$$\Delta f = f_2 - f_1 = \frac{1}{2T_b} \tag{7-8}$$

等于码元传输速率的一半。容易证明，这是正交信号的最小频差。二进制频移键控的这种特殊选择被称为最小频移键控。

相应地，MSK 信号的调制指数达最小值，为

$$\beta_f = \frac{\Delta f}{f_b} = \Delta f T_b = 0.5 \tag{7-9}$$

3. MSK 信号的相位连续性

根据相位 $\theta_k(t)$ 连续条件，要求在 $t = kT_b$ 时满足

$$\theta_{k-1}(kT_b) = \theta_k(kT_b) \tag{7-10}$$

代入式(7-5)，可得

$$\theta_k = \theta_{k-1} + (a_{k-1} - a_k)\frac{\pi k}{2} = \begin{cases} \theta_{k-1}, & a_k = a_{k-1} \\ \theta_{k-1} \pm k\pi, & a_k \neq a_{k-1} \end{cases} \tag{7-11}$$

可见，MSK 信号在第 k 个码元的起始相位不仅与当前的 a_k 有关，还与前面的 a_{k-1} 和 θ_{k-l} 有关。设第一个码元的起始相位为 0，则

$$\theta_k = 0 \text{ 或 } \pi \tag{7-12}$$

由式(7-5)可知，附加相位函数 $\theta_k(t)$ 是一个直线方程式。在每一码元时间内，相对于前一码元载波相位，$\theta_k(t)$ 不是增加 $\pi/2(a_k = +1)$，就是减少 $\pi/2(a_k = -1)$。$\theta_k(t)$ 随 t 的变化规律如图 7-6 所示。图中正斜率直线表示传“1”码时的相位轨迹，负斜率直线表示传“0”码时的相位轨迹，这种由相位轨迹构成的图形称为相位网格图。图中粗线路径所对应的信息序列为 1101000。

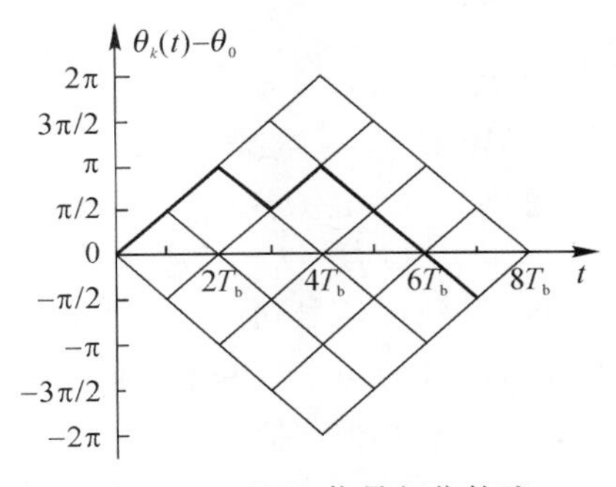

图 7-6　MSK 信号相位轨迹

3. MSK 信号的产生和解调

利用三角公式展开式(7-4)，并考虑到 $\theta_k=0$ 或 π，可得

$$s_{\mathrm{MSK}}(t)=A\left[I_k\cos\left(\frac{\pi t}{2T_b}\right)\cos\omega_c t+Q_k\sin\left(\frac{\pi t}{2T_b}\right)\sin\omega_c t\right] \tag{7-13}$$

式中

$$I_k=\cos\theta_k\text{；}\quad Q_k=-a_k\cos\theta_k \tag{7-14}$$

式(7-13)表明，MSK 信号可采取正交调制的方法产生。

因为 $\theta_k=0$ 或 π，故由式(7-14)可得

$$a_k=-I_k\cdot Q_k=I_k\oplus Q_k \tag{7-15}$$

式中，$\oplus$为模 2 加。由此式并对比式(5-30)可见，因 a_k 为绝对码，则可视 I_k 及 Q_k 为相对码的两个相邻单元，如 $I_k=b_k$、$Q_k=b_{k-1}$。据此，并考虑到式(7-13)，可得如图 7-7 所示的 MSK 正交调制器原理框图。

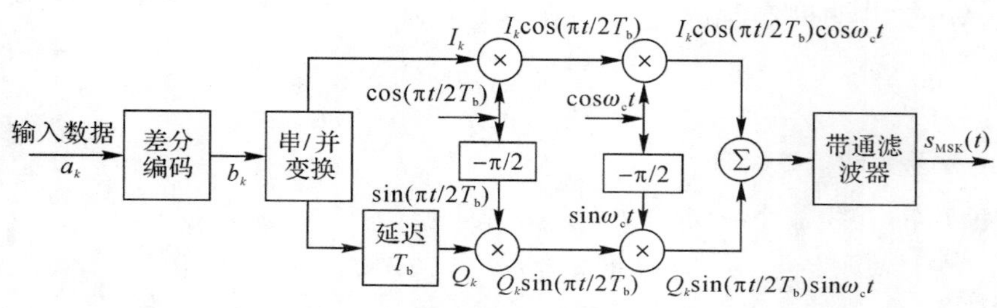

图 7-7　MSK 信号调制器原理图

与产生过程相对应，MSK 信号可采取正交相干解调的方法恢复原信息码，解调器原理图示于图 7-8。

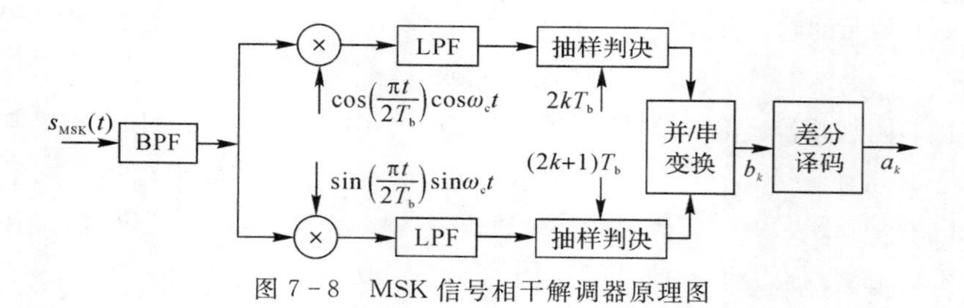

图 7-8　MSK 信号相干解调器原理图

4. MSK 信号的频谱特性

MSK 信号的归一化单边功率谱密度 $P_s(f)$ 的表达式如下

$$P_s(f)=\frac{32T_b}{\pi^2}\left[\frac{\cos 2\pi(f-f_c)T_b}{1-16(f-f_c)^2T_b^{\ 2}}\right]^2(\mathrm{W/Hz}) \tag{7-16}$$

式中，f_c为信号载频；T_b为码元宽度。MSK 信号功率谱密度曲线如图 7-9 中实线所示。为便于比较，图中还给出了其他几种调制信号的功率谱密度曲线。由图可见：

(1)MSK 信号的带宽为 $1.5R_b$，小于 2PSK 信号的带宽 $2R_b$。因此，当信道带宽一定时，MSK 能比 2PSK 以更快的速率传输信息；

(2)较之 2PSK 信号,MSK 信号的功率谱密度更为集中,旁瓣下降更快,故它对于相邻频道的干扰更小,更适合于在非线性信道中传输。

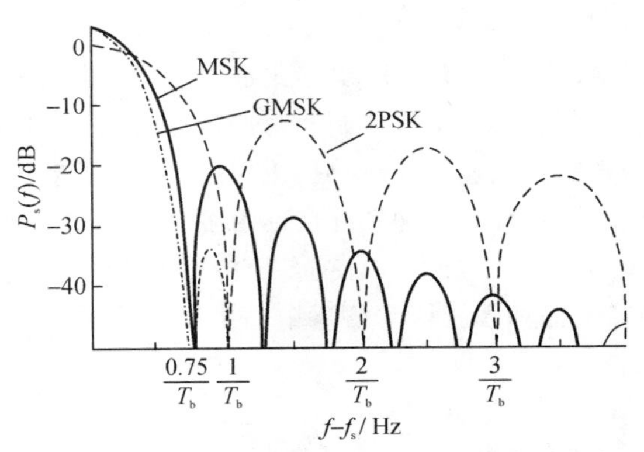

图 7-9　MSK,2PSK,GMSK 信号的功率谱密度

7.2.5　高斯最小频移键控(GMSK)

MSK 信号的相位虽然是连续变化的,但在信息代码发生变化时刻,相位变化出现尖角,即附加相位的导数不连续。这种不连续性降低了 MSK 信号功率谱旁瓣的衰减速度。为了进一步使信号的功率谱密度集中和减小对邻道的干扰,常在 MSK 调制前对基带信号进行高斯滤波处理,这就是另一种在移动通信中得到广泛应用的恒包络调制方法——调制前高斯滤波的最小频移键控,简称高斯最小频移键控,记为 GMSK。

GMSK 信号的产生原理如图 7-10 所示。图中的低通滤波器为高斯滤波器,输出直接对 VCO 调频以保持已调波包络的恒定和相位的连续。

GMSK 信号的相位轨迹如图 7-11 所示。可以看出,它把 MSK 信号的相位路径的尖角平滑掉了,因此频谱特性优于 MSK。

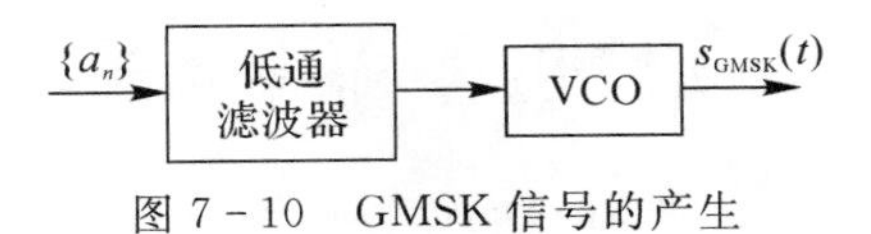

图 7-10　GMSK 信号的产生

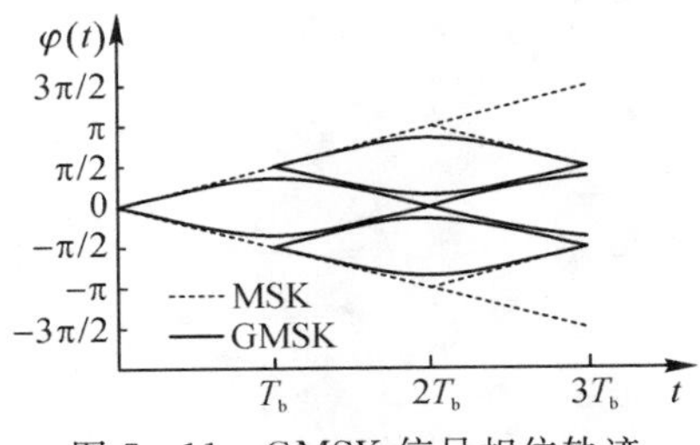

图 7-11　GMSK 信号相位轨迹

GMSK 信号的功率谱密度曲线也示于图 7-9。显见,与 MSK 比较,GMSK 信号的功率谱密度更为集中。

7.2.6 正交频分复用(OFDM)

1. 多载波调制的概念

ASK、FSK、PSK、QAM、MSK 等数字调制方式都属于串行体制，其特征为在任一时刻都只用单一的载波频率来发送信号。与串行体制相对应的是并行体制，它是将高速率的信息数据流经串/并变换，分割为若干路低速率并行数据流，然后每路低速率数据采用一个独立的载波调制并叠加在一起构成发送信号。这种系统也称为多载波传输系统。

与单载波系统相比，多载波调制技术具有抗多径传播和抗频率选择性衰落能力强、频谱利用率高等特点，适合在多径传播和无线移动信道中输出高速数据。正交频分复用(OFDM)为多载波调制的重要方式。

2. OFDM 的基本原理

OFDM 调制原理框图如图 7-12 所示。N 个待发送的串行数据经串/并变换后，得到周期为 T_b 的 N 路并行码，码型选用双极性非归零矩形脉冲，经 N 个子载波分别对 N 路并行码进行 2PSK 调制，相加后得到波形

$$s_m(t) = \sum_{k=0}^{N-1} B_k \cos\omega_k t \tag{7-17}$$

式中，B_k 为第 k 路并行码；ω_k 为第 k 路码的子载波角频率。

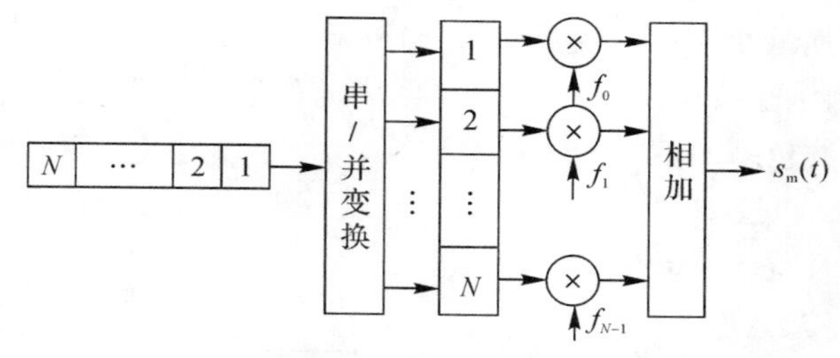

图 7-12 OFDM 调制原理框图

为了使这 N 路子信道信号在接收时能够完全分离，要求它们的子载波满足相互正交条件。在信道传输符号的持续时间 T_b 内，满足相互正交条件的相邻子载波的频率间隔为

$$\Delta f = f_k - f_{k-1} = \frac{1}{T_b}, k = 1,2,\cdots,N-1 \tag{7-18}$$

无妨将子载波频率表示为

$$f_k = f_0 + \frac{k}{T_b}, k = 1,2,\cdots,N-1 \tag{7-19}$$

或

$$\omega_k = \omega_0 + 2\pi\frac{k}{T_b}, k = 1,2,\cdots,N-1 \tag{7-20}$$

式中，f_0 为最低子载波频率。

OFDM 信号由 N 个信号叠加而成，每个信号频谱为 Sa(·)函数(中心频率为子载波频率)，相邻信号频谱之间有 1/2 重叠，频谱结构如图 7-13 所示。

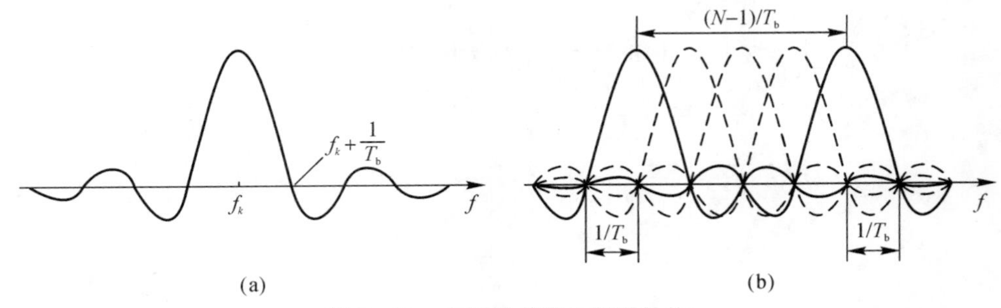

图 7-13　OFDM 信号的频谱结构

(a)单个 OFDM 子带频谱；(b)OFDM 信号频谱

忽略旁瓣的功率，OFDM 信号的频谱宽带为

$$B_{\mathrm{OFDM}}=(N-1)\frac{1}{T_b}+\frac{2}{T_b}=\frac{N+1}{T_b}\ (\mathrm{Hz}) \tag{7-21}$$

由于信道中每 T_b 内传 N 个并行的码元，所以 OFDM 系统的码元速率 $R_B=N/T_b$，故可得 OFDM 调制的频带利用率为

$$\eta_{B/\mathrm{OFDM}}=\frac{R_B}{B_{\mathrm{OFDM}}}=\frac{N}{N+1}\ (\mathrm{B/Hz}) \tag{7-22}$$

与用单个载波的串行体制相比，频带利用率提高了近一倍。

在接收端，对 $s_m(t)$ 用频率 f_k 的正弦载波在$[0, T_b]$进行相关运算，就可得到各子载波携带的信息 B_k，然后通过并串变换，恢复出发送的二进制数据序列。由此可得如图 7-14 所示的 OFDM 信号解调原理框图。

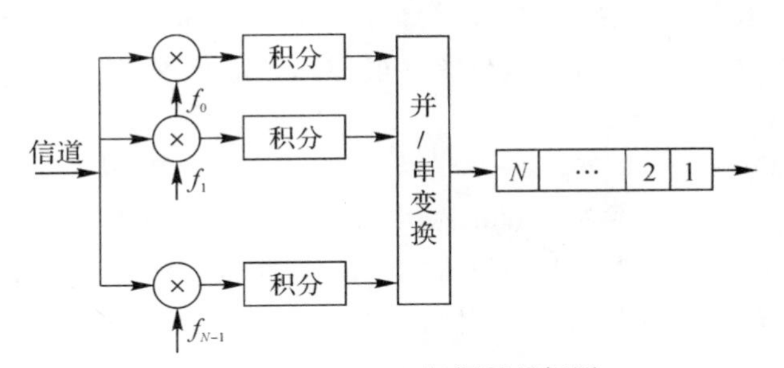

图 7-14　OFDM 解调原理框图

3. OFDM 的实现

图 7-12、图 7-14 所述的实现方法所需设备非常复杂，特别是当 N 很大时，需要大量的正弦波发生器、调制器和相关解调器等设备，费用非常昂贵。20 世纪 80 年代，人们提出采用离散傅里叶反变换(IDFT)来实现多个载波的调制，大大降低 OFDM 系统的复杂度和成本，从而使得 OFDM 技术趋于实用化。

用 DFT 实现 OFDM 的原理如图 7-15 所示。在发送端，输入的二进制数据序列先进行串/并变换，得到 N 路并行码，经 IDFT 变换得 OFDM 信号数据流各离散分量，送 D/A 变换形成双极性多电平方波，再经上变频调制最后形成 OFDM 信号发送出去。在接收端，OFDM 信号的解调过程是其调制的逆过程。

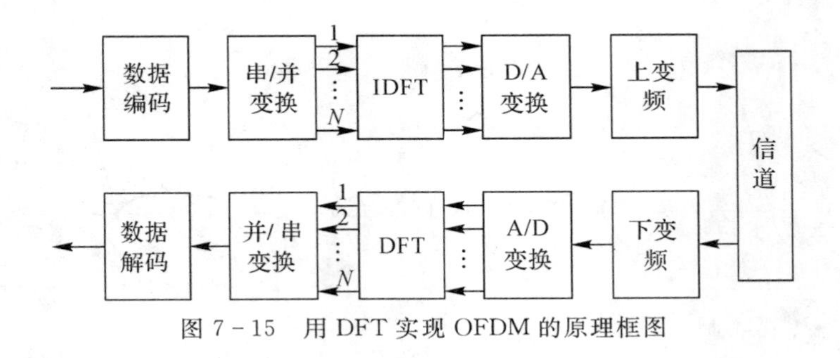

图 7-15　用 DFT 实现 OFDM 的原理框图

7.3　思考题解答

7-1　什么是 QAM？它与 APK 有何关系？

答：QAM 含义为正交幅度调制，是一种在两个正交载波上进行幅度调制的调制方式。APK 含义为幅度相位联合键控，是对载波的幅度和相位同时进行调制的一种方法。数字基带信号时，数学上 APK 信号可化作为两个正交的幅度键控信号之和，即可表示为正交幅度调制。

7-2　试说明 MQAM 与 MPSK 比较，性能有哪些改进？

答：与 MPSK 比较，MQAM 的星座点更分散，在平均功率相等条件下，星座点之间的最小距离更大，因之 MQAM 比 MPSK 具有更好的抗干扰能力。

7-3　什么是恒包络调制？其有什么优点？

答：恒包络调制是指保持已调波的包络为恒定的调制技术。主要优点：①所产生的已调波经过发送带限后，当通过非线性部件时，只产生很小的频谱扩展；②已调波频谱具有高频快速滚降特性，旁瓣很小。

7-4　什么是 OQPSK？其特点是什么？

答：OQPSK 即偏移四相相移键控（Offset - QPSK），是 QPSK 的改进型。与 QPSK 不同点是实现调制时将同相和正交两支路的码流在时间上错开了半个码元周期。其特点是：不会发生两支路码元极性同时翻转的现象。因此，OQPSK 信号不会出现 180 °相位跳变，更逼近恒包络调制。

7-5　什么是 MSK？MSK 信号的相位轨迹有何特点？

答：MSK 含义为最小移频键控，是一种能够产生恒定包络、连续相位信号的调制方法。所谓“最小”是指这种调制方式能以最小的调制指数（0.5）获得正交信号。

MSK 信号相位轨迹特点：相位连续，且在每一码元时间内，相对于前一码元载波相位，不是增加 $\pi/2$（信元 $a_k=+1$），就是减少 $\pi/2$（$a_k=-1$）。

7-6　MSK 信号对每个码元持续时间 T_b 内包含的载波周期数有何约束？

答：MSK“+”“-”信号的相位在码元转换时刻是连续的，而且在一个码元期间所对应的波形相位相差 1/2 载波周期。

7-7　什么是 GMSK？GMSK 信号的相位轨迹有何特点？

答：GMSK 含义为调制前高斯滤波的最小频移键控，简称高斯最小频移键控，是在 MSK

调制前对基带信号进行高斯滤波处理，目的在于消除 MSK 信号相位轨迹中，信息代码变化时相位变化的尖角现象。

GMSK 信号相位轨迹特点：在信息代码发生变化时刻，相位不但连续，且不会出现尖角，即附加相位的一阶导数也连续。

7-8　什么是多载波调制技术？OFDM 和它有什么关系？

答：多载波调制技术属于并行体制，它是将高速率的信息数据流经串/并变换，分割为若干路低速率并行数据流，然后每路低速率数据采用一个独立的载波调制并叠加在一起构成发送信号；在接收端，用同样数量的载波对接收信号进行相干接收，获得低速率信息数据后，再通过并/串变换得到原来的高速信号。

OFDM 是一种高效多载波传输技术，OFDM 方式中各子载波频谱有 1/2 重叠，但保持相互正交。

7-9　在 OFDM 信号中，对各路子载波的间隔有什么要求？

答：OFDM 信号中，为满足相互正交条件，要求各路子载波频率间隔为 $\Delta f=m/T_b$（m 为非 0 整数）。或，相邻子载波的频率间隔为 $1/T_b$。

7-10　简单说明 OFDM 的原理，并分析 OFDM 的频带利用率。

答：(1) OFDM 是一种多载波调制方式。它的基本原理是将信号分割为 N 个子信号，然后用 N 个子信号分别调制 N 个相互正交的子载波。由于子载波的频谱相互重叠，因而可以得到较高的频谱效率。

(2) OFDM 信号带宽为 $B_{\mathrm{OFDM}}=(N-1)\dfrac{1}{T_b}+\dfrac{2}{T_b}=\dfrac{N+1}{T_b}$，由于信道中每 T_b 内传 N 个并行的码元，所以 OFDM 系统的码元速率 $R_B=N/T_b$，故可得 OFDM 调制的频带利用率为

$$\eta_{B/\mathrm{OFDM}}=\frac{R_B}{B_{\mathrm{OFDM}}}=\frac{N}{N+1}\ (\mathrm{B/Hz})$$

与用单个载波的串行体制相比，频带利用率提高了近一倍。

7.4　习题解答

7-1　已知信息代码为 1010100101000111110011100010，试画出 16QAM 调制器中同相信号 $x(t)$ 和正交信号 $y(t)$ 的波形，并与信息代码波形比较（设 $x(t)$，$y(t)$ 为矩形脉冲）。

解：依题意 $M=m^2=16$，知 $x(t)$，$y(t)$ 皆为 $m=4$ 进制基带信号。依据 MQAM 产生原理，应先将原信息代码 1010100101000111110011100010 按串/并方式分为两路二进制代码，再各自转化为 $m=4$ 进制代码，即可得

$x(t)$ 对应的同相信号代码：$11100001101101_B=3201231_Q$

$y(t)$ 对应的正交信号代码：$00011011101000_B=0123220_Q$

相应的电波形示于图 S7-1。图中，$s(t)$ 为信息代码的电波形。

7-2　设通信系统的频率特性为 $\alpha=0.5$ 的余弦滚降特性，传输的信息速率为 120 kb/s，要求无码间串扰。

(1) 采用 2PSK 调制，求占用信道带宽和频带利用率；

(2) 将调制方式改为 4PSK，求占用信道带宽和频带利用率；

(3)将调制方式改为16QAM,求占用信道带宽和频带利用率。

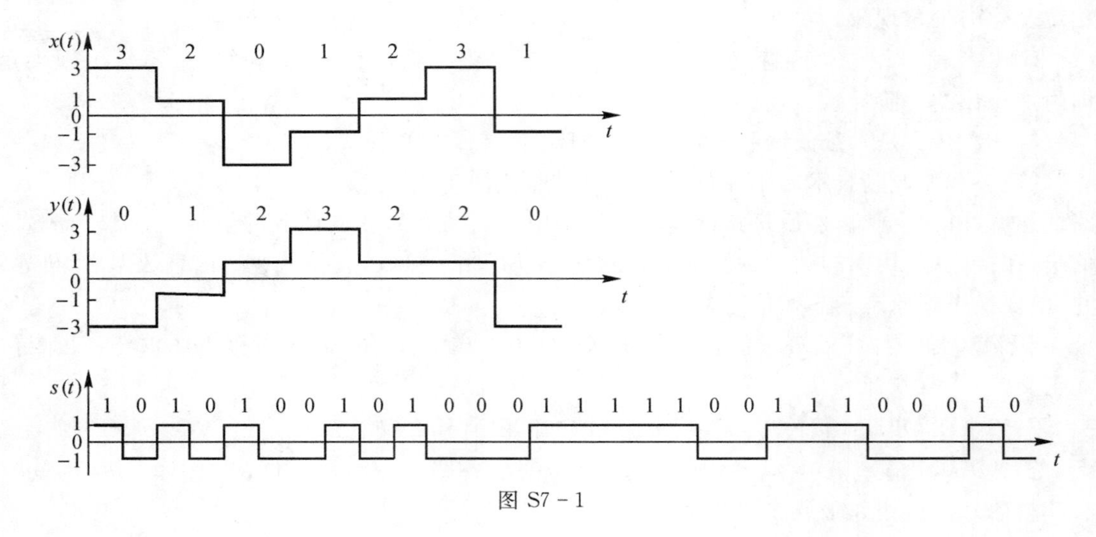

图 S7-1

解:(1)采用2PSK调制,码元速率

$$R_B = R_b = 120 \text{ kB}$$

经 $\alpha=0.5$ 余弦滚降后基带信号带宽

$$B_b = \frac{1+\alpha}{2}R_B = \frac{1+0.5}{2}\times 120 = 90 \text{ kHz}$$

信道带宽

$$B_c = 2B_b = 180 \text{ kHz}$$

频带利用率

$$\eta_b = \frac{R_b}{B_c} = \frac{120}{180} = \frac{2}{3}\text{b/s/Hz}$$

(2)采用4PSK调制,码元速率

$$R_B = \frac{1}{k}R_b = \frac{1}{2}R_b = 60 \text{ kB}$$

经 $\alpha=0.5$ 余弦滚降后基带信号带宽

$$B_b = \frac{1+\alpha}{2}R_B = \frac{1+0.5}{2}\times 60 = 45 \text{ kHz}$$

信道带宽

$$B_c = 2B_b = 90 \text{ kHz}$$

频带利用率

$$\eta_b = \frac{R_b}{B_c} = \frac{120}{90} = \frac{4}{3}\text{b/s/Hz}$$

(3)采用16QAM调制,码元速率

$$R_B = \frac{1}{k}R_b = \frac{1}{4}R_b = 30 \text{ kB}$$

经 $\alpha=0.5$ 余弦滚降后基带信号带宽

$$B_b = \frac{1+\alpha}{2}R_B = \frac{1+0.5}{2}\times 30 = 22.5 \text{ kHz}$$

信道带宽

$$B_c = 2B_b = 45 \text{ kHz}$$

频带利用率

$$\eta_b = \frac{R_b}{B_c} = \frac{120}{45} = \frac{8}{3}\text{b/s/Hz}$$

7－3　设发送的码元序列为＋1－1－1－1－1－1＋1。试画出 MSK 信号的相位路径图。若码元速率为 1 000 B，载频为 3 000 Hz。试画出 MSK 信号波形。

解：当 $a_k=+1$ 时，MSK 信号的频率为

$$f_1 = f_c + \frac{1}{4T_b} = 3\,000 + \frac{1\,000}{4} = 3\,250 \text{ Hz}$$

当 $a_k=-1$ 时，MSK 信号的频率为

$$f_2 = f_c - \frac{1}{4T_b} = 3\,000 - \frac{1\,000}{4} = 2\,750 \text{ Hz}$$

于是，在一个“1”码和一个“0”的码元周期内，MSK 信号波形的周期数分别是 3.25 和 2.75。由此可得发送码元序列为＋1－1－1－1－1－1＋1 时，MSK 信号的相位路径图如图 S7－3(a)所示，波形图如图 S7－3(b)所示。这里假定 MSK 信号的初始相位 $\theta_0=0$。

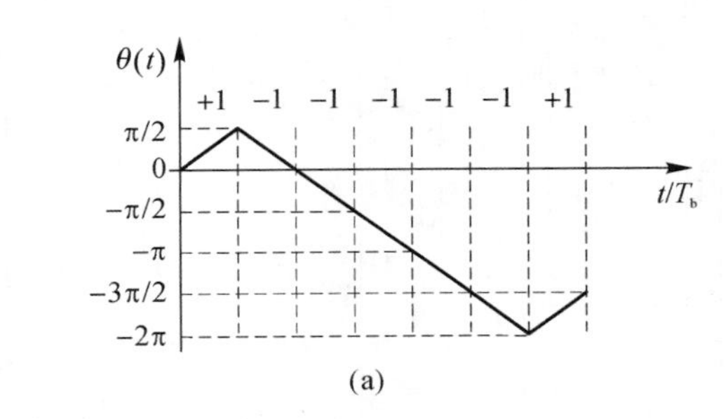

(a)

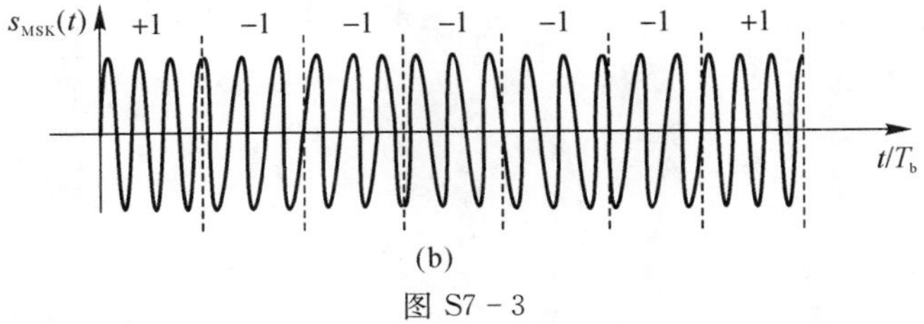

(b)

图 S7－3

7－4　设有一个 MSK 信号，码元速率为 1 000 B，码元“1”对应的频率为 1 250 Hz。

(1)试求码元“0”对应的频率；

(2)画出发送数据序列为 1001 时 MSK 信号的波形。

解：(1)由 MSK 信号码元“1”对应的频率。

$$f_1 = f_c + \frac{1}{4T_b} = f_c + \frac{R_B}{4} = f_c + 250 = 1\,250 \text{ Hz}$$

得 $f_c=1\,000$ Hz，于是，码元“0”对应的频率

$$f_2 = f_c - \frac{1}{4T_b} = f_c - 250 = 750 \text{ Hz}$$

(2)发送数据序列为 1001 时 MSK 信号的波形如图 S7－4 所示。

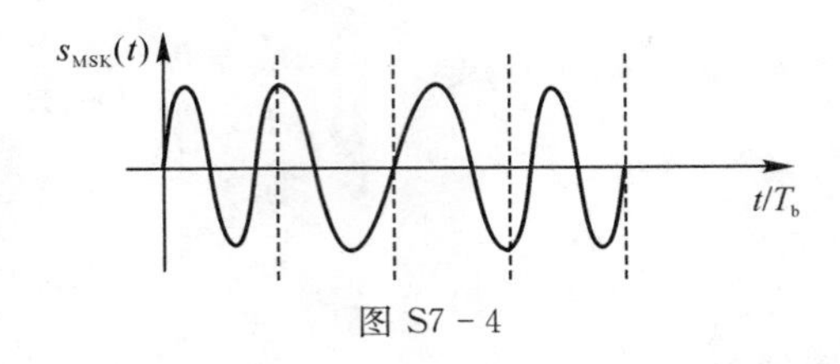

图 S7－4

7.5 本章知识结构

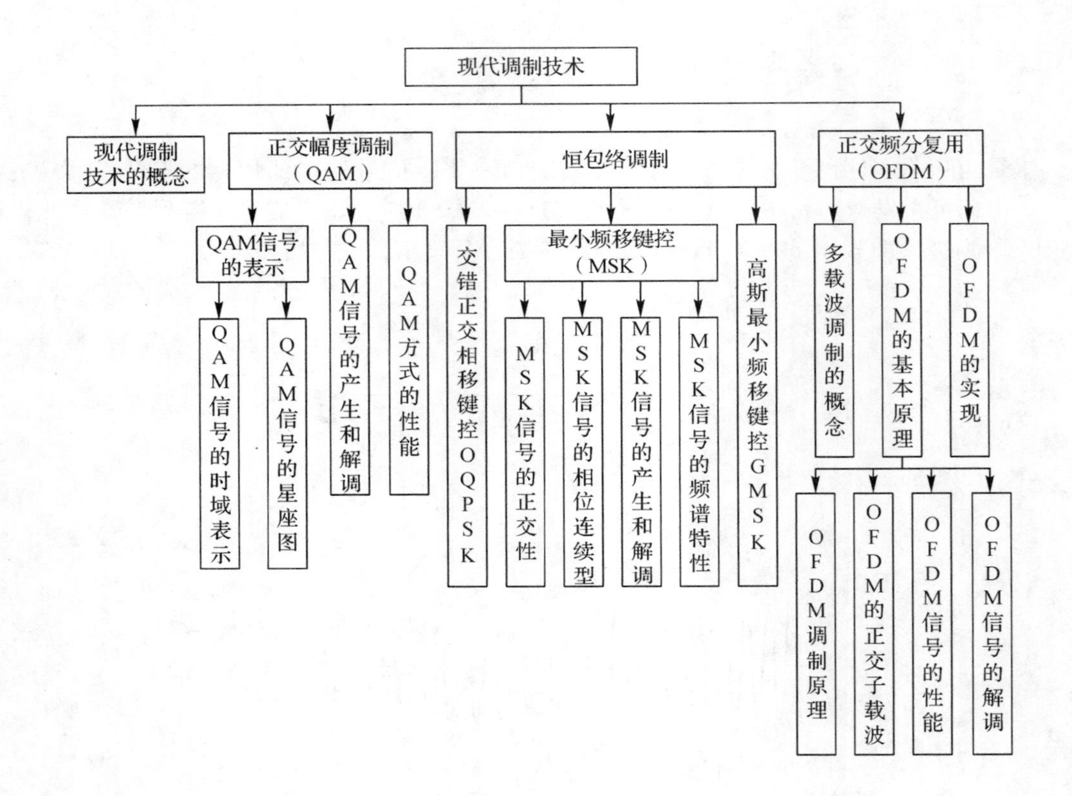

第8章　模拟信号的数字传输

8.1　大纲要求

(1)掌握抽样定理,熟悉理想抽样、自然抽样、平顶抽样。

(2)熟悉脉冲振幅调制(PAM)。

(3)掌握模拟信号量化概念,熟悉均匀量化、非均匀量化的概念。

(4)掌握脉冲编码调制(PCM)原理,熟悉 PCM 系统的抗噪声性能。

(5)熟悉简单增量调制原理,了解增量调制的抗噪声性能。

(6)熟悉复用原理、PCM30/32 的帧结构、PCM 的高次群。

8.2　内容概要

8.2.1　引言

通信的目的是把信源产生的信息送到目的地,信源包括话音、音乐、视频等。这些信源信息绝大数是模拟信号,在数字通信系统中必须把这样的模拟信源输出转换为数字形式,通常采用抽样、量化和编码的方式实现模拟信号的数字化。

本章着重讨论模拟信号数字化的方法,包括抽样、量化、脉冲编码调制(PCM)、增量调制(DM)的原理和性能,同时介绍时分复用(TDM)的原理。

8.2.2　抽样定理

模拟信号数字化的首要任务是将模拟信号时间离散化,其理论基础是抽样定理。

1. 低通信号抽样定理

(1)抽样定理。对于最高频率为 f_m 的低通连续信号 $f(t)$,只要以 $f_s \geqslant 2f_m$ 的速率对其进行抽样,则 $f(t)$将由所得到抽样函数 $f_s(t)=f(kT_s)$完全确定。$T_s=1/f_s$ 为抽样间隔。

(2)意义。从信息传输角度,不需要传输信号 $f(t)$本身,只要传输抽样值 $f(kT_s)$,就可在接收端不失真恢复出原来的信号 $f(t)$。

2. 理想抽样

理想抽样系统的模型如图 8-1 所示。这里,$\delta_{T_s}(t)=\sum\limits_{k=-\infty}^{\infty}\delta(t-kT_s)$ 为周期冲激序列。

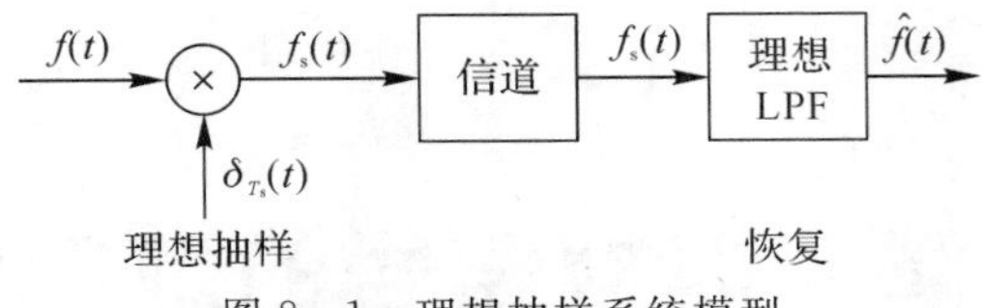

图 8-1　理想抽样系统模型

理想抽样信号的时域和频域表达式分别为

$$f_s(t)=f(t)\cdot\delta_{T_s}(t)=f(t)\cdot\sum_{k=-\infty}^{\infty}\delta(t-kT_s)=\sum_{k=-\infty}^{\infty}f(kT_s)\delta(t-kT_s) \tag{8-1}$$

$$F_s(\omega)=\frac{1}{2\pi}[F(\omega)*\delta_{T_s}(\omega)]=\frac{1}{2\pi}F(\omega)*\omega_s\sum_{k=-\infty}^{\infty}\delta(\omega-k\omega_s)=\frac{1}{T_s}\sum_{k=-\infty}^{\infty}F(\omega-k\omega_s) \tag{8-2}$$

其抽样过程的时域、频域关系如图 8-2 所示。

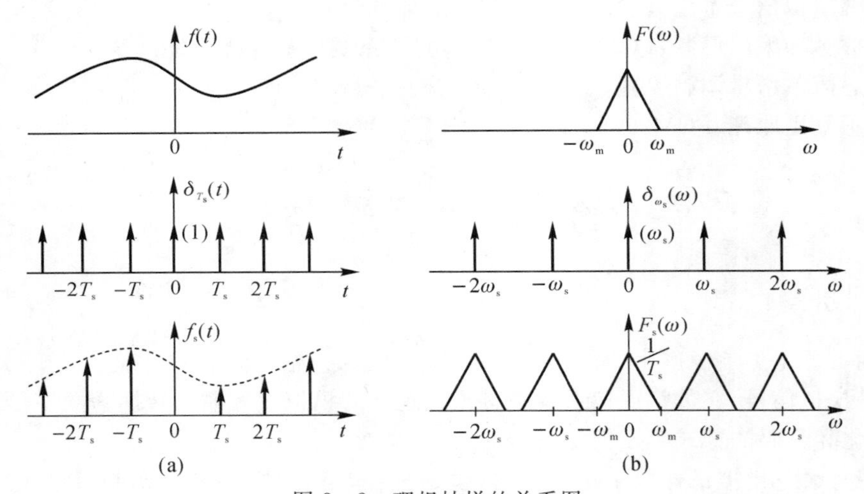

图 8-2　理想抽样的关系图

可以看出：抽样信号的频谱 $F_s(\omega)$是基带信号的频谱 $F(\omega)$以 ω_s 为周期的周期延拓。为了恢复出所需信号，抽样频率必须满足 $f_s\geqslant 2f_m$，否则，会产生混叠失真。

通常称最小抽样速率 $f_s=2f_m$ 为奈奎斯特速率，最大抽样间隔 $T_s=1/2f_m$ 为奈奎斯特间隔。

3. 自然抽样(曲顶抽样)

由于理想的冲激脉冲难以产生，通常用具有一定宽度的矩形脉冲序列 $s_p(t)$替代图 8-1 中的 $\delta_{T_s}(t)$对 $f(t)$进行抽样，得到的抽样结果即为自然抽样。

设抽样脉冲 $s_p(t)$是高度为 A、宽度为 τ、周期为 T_s 的矩形脉冲序列，其傅里叶级数展开式为

$$s_p(t)=\frac{A\tau}{T_s}\sum_{k=-\infty}^{\infty}\mathrm{Sa}\left(\frac{k\omega_s\tau}{2}\right)e^{jk\omega_s t} \tag{8-3}$$

其傅里叶变换为

$$S_p(\omega)=\frac{2\pi A\tau}{T_s}\sum_{k=-\infty}^{\infty}\mathrm{Sa}\left(\frac{k\omega_s\tau}{2}\right)\delta(\omega-k\omega_s) \tag{8-4}$$

对于抽样信号 $f_s(t)=f(t)\cdot s_p(t)$，其频谱 $F_s(\omega)$ 为

$$F_s(\omega)=\frac{1}{2\pi}F(\omega)*S_p(\omega)=\frac{A\tau}{T_s}\sum_{k=-\infty}^{\infty}\mathrm{Sa}\left(\frac{k\omega_s\tau}{2}\right)F(\omega-k\omega_s) \tag{8-5}$$

自然抽样的时域、频域关系如图 8－3 所示。

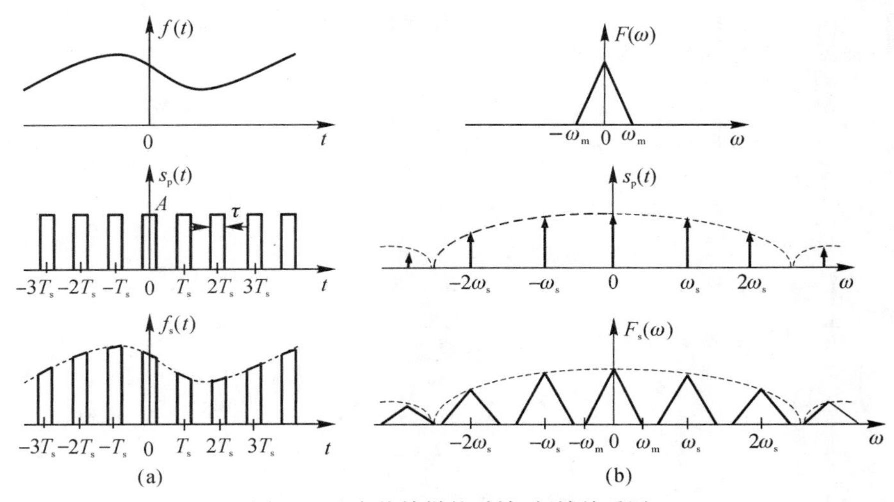

图 8－3　自然抽样的时域，频域关系图

可以看出：自然抽样信号的频谱也是将基带信号的频谱以 ω_s 周期延拓，各次谐波的幅度取决于 $k\omega_s$ 处的 Sa 函数值的大小。与理想抽样时类似，将 $F_s(\omega)$ 通过截止频率为 f_m 的理想低通滤波器，便可以得到 $F(\omega)$，即恢复 $f(t)$；为了不出现频谱重叠现象，抽样频率必须满足 $f_s\geqslant 2f_m$。

需要注意的是，自然抽样后信号的幅度是随 $f(t)$ 线性变化的（故亦称曲顶抽样），当随机噪声影响时，无法确定抽样时刻的值。

4. 平顶抽样（瞬时抽样）

平顶抽样又称为瞬时抽样，可以由理想抽样和脉冲形成电路得到，如图 8－4(a)所示。

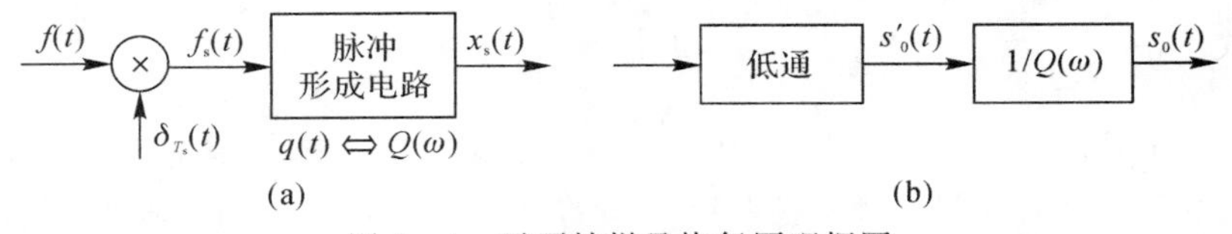

图 8－4　平顶抽样及恢复原理框图

图中，脉冲形成电路的冲激响应 $q(t)=AG_\tau(t)$，是高度为 A、宽度为 τ 的矩形脉冲，其传输函数 $Q(\omega)=A\tau\mathrm{Sa}\left(\frac{\omega\tau}{2}\right)$。与自然抽样相比，平顶抽样是顶部平坦的矩形脉冲，且矩形脉冲的幅度就是瞬时抽样值。

平顶抽样信号可表示式为

$$x_s(t) = f_s(t) * q(t) = \sum_{k=-\infty}^{\infty} f(kT_s)\delta(t - kT_s) * q(t) = \sum_{k=-\infty}^{\infty} f(kT_s) \cdot q(t - kT_s) \tag{8-6}$$

其频谱为

$$X_s(\omega) = F_s(\omega) \cdot Q(\omega) = \frac{1}{T_s}\sum F(\omega - k\omega_s) \cdot A\tau \mathrm{Sa}\left(\frac{\omega\tau}{2}\right) = \frac{A\tau}{T_s}\sum_{k=-\infty}^{\infty} \mathrm{Sa}\left(\frac{\omega\tau}{2}\right) F(\omega - k\omega_s) \tag{8-7}$$

平顶抽样系统的时域和频域关系图如图 8-5 所示。

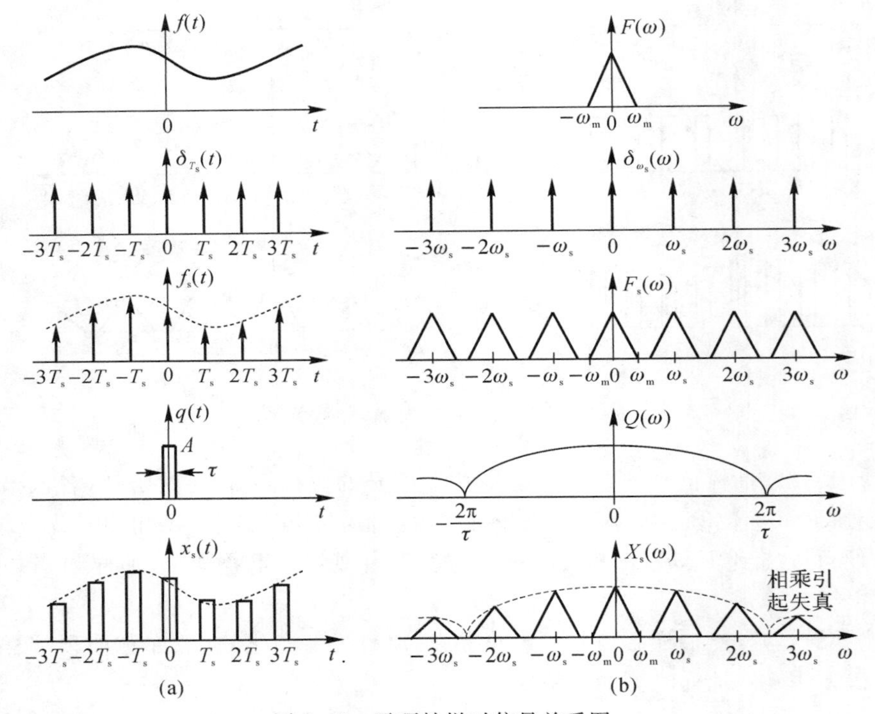

图 8-5　平顶抽样时信号关系图

可以看出，$X_s(\omega)$的频谱不再是基带信号频谱的周期延拓，各次谐波的波形受到 $Q(\omega)$加权，已失去原来的形状。因此接收端用低通滤波器恢复后必须进行 $1/Q(\omega)$补偿，如图 8-4(b)所示。

5. 脉冲调制及其分类

脉冲信号可由幅度 A、宽度 τ、位置 P 三个参数值来确定。脉冲调制就是用时间上离散的脉冲串作为载波，用模拟调制信号去控制脉冲串的某一个参数，使其按调制信号的规律变化。根据调制信号改变脉冲参数的不同，脉冲调制可分为脉幅调制(PAM)、脉宽调制(PDM)和脉位调制(PPM)，如图 8-6 所示。

需要注意的是，在脉幅、脉宽及脉位调制的过程中，调制信号的取值是连续的，虽然已调信号在时间上是离散的，但取值上(幅度或宽度或位置)仍然是连续的。因此，这三种调制仍属模拟调制，通常称为脉冲模拟调制。

由于模拟信号的抽样过程可看成脉冲幅度调制(PAM)过程，所以常把抽样信号称为 PAM 信号。

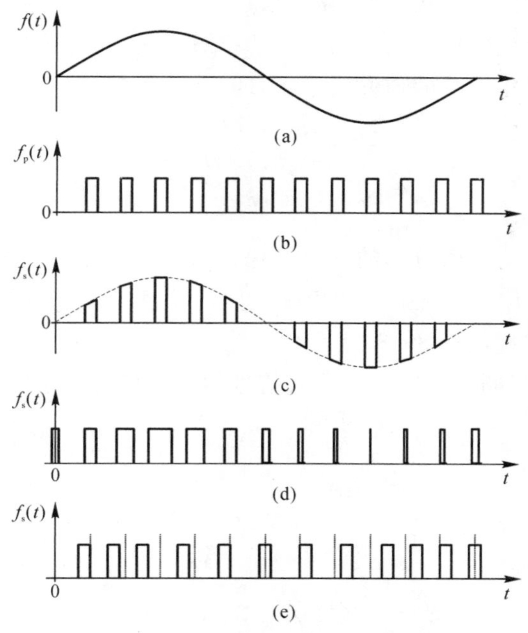

图 8－6　脉冲模拟调制示意图

(a)模拟信号；(b)脉冲序列；(c)PAM 波形；(d)PDM 波形；(e)PPM 波形

5. 带通信号抽样定理

带通信号抽样定理：假设信号的最高截止频率为 f_H，最低截止频率为 f_L，带宽为 $B=f_H-f_L$，则只要抽样频率满足

$$f_s \geqslant 2B\left(1+\frac{M}{N}\right) \tag{8-8}$$

抽样以后的信号便不会产生频谱混叠，可以不失真地恢复出被抽样的信号。式(8－8)中，N 为不超过 $\left[\frac{f_H}{B}\right]$ 的整数，$M=\left[\left(\frac{f_H}{B}\right)-N\right]$，且 $0\leqslant M<1$。

由此可见对于窄带信号(信号带宽远远小于中心频率)，抽样频率大于 $2B$ 即可，而不是最高频率的 2 倍，这样可以大大降低抽样频率。

8.2.3　模拟信号的量化

抽样是把一个时间连续信号 $f(t)$ 变成时间离散的信号 $f(kT_s)$，但它在幅度上还是随信号幅度连续变化的，仍然属于模拟信号。量化是将取值连续的抽样值 $f(kT_s)$ 变成取值有限的抽样值 $f_q(kT_s)$，从而成为数字信号，如图 8－7 所示。

$f(kT_s)$ → 量化器 → $f_q(kT_s)$

图 8－7　量化器示意图

量化器的性能通常由量化误差和量化信噪比来衡量。量化误差也称量化噪声，是信号抽样值与信号量化电平值之间的差值，即

$$e_q(t) = f(kT_s) - f_q(kT_s) \tag{8-9}$$

量化信噪比定义为量化器输出信号的平均功率 S_q 与量化噪声的平均功率 N_q 之比，也就是量化电平的均方值与量化误差的均方值之比，即

$$\frac{S_q}{N_q} = \frac{E[f_q^2(kT_s)]}{E[f(kT_s) - f_q(kT_s)]^2} \tag{8-10}$$

1. 均匀量化

把输入信号的值域按等幅值分割的量化过程称为均匀量化。它把信号的取值从最小值 a 到最大值 b 划分成等间隔的 M 个区间，用每个区间的中间电平 $q_i(i=1\sim M)$ 代表这个区间的所有抽样值。均匀量化过程如图 8-8 所示。

在均匀量化中，量化间隔$\triangle A$ 取决于输入信号的变化范围和量化电平数，为

$$\Delta A = \frac{b-a}{M} \tag{8-11}$$

最大量化误差为

$$(e_q)_{\max} = \frac{\Delta A}{2} \tag{8-12}$$

可以看出，均匀量化在每个区间的最大量化误差是相同的。

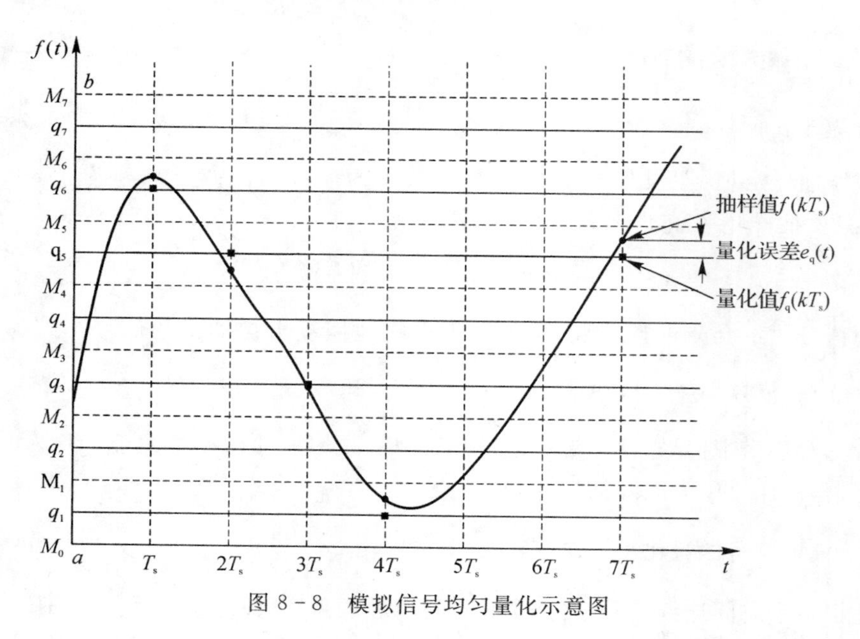

图 8-8　模拟信号均匀量化示意图

对于均匀量化，设量化误差 $e_q(t)$在$-\Delta A/2 \sim \Delta A/2$ 区间均匀分布，则量化噪声功率为

$$N_q = E[e_q^2(t)] = \int_{-\frac{\Delta A}{2}}^{\frac{\Delta A}{2}} [e_q^2(t)] p[e_q(t)] \mathrm{d}e_q(t) = \frac{(\Delta A)^2}{12} \tag{8-13}$$

式中，$p[e_q(t)] = \dfrac{1}{\Delta A}$为量化误差的概率密度函数。可见量化噪声功率与量化间隔 ΔA 成正

比，与输入信号大小无关。

对于量化级为 M 的信号，若其抽样值的取值区间在 $(-a,a)$ 均匀分布，则平均信号功率为

$$S_q = E[f_q^2(kT_s)] = \sum_{i=1}^{M} q_i^2 \int_{M_{i-1}}^{M_i} f(x)\mathrm{d}x = \sum_{i=1}^{M} q_i^2 \int_{M_{i-1}}^{M_i} \frac{1}{2a}\mathrm{d}x = \sum_{i=1}^{M} q_i^2 \frac{\Delta A}{2a} = \frac{M^2-1}{12}(\Delta A)^2 \tag{8-14}$$

所以平均量化信噪比为

$$\frac{S_q}{N_q} = M^2 - 1 \approx M^2 \tag{8-15}$$

可见在均匀量化中，量化信噪比随量化级 M 的增加而提高。

从式(8-10)可以看出，均匀量化时大小信号的量化信噪比是不同的，大信号时量化信噪比大，量化性能好；小信号时量化信噪比小，量化性能差。因此，均匀量化直接影响了满足量化信噪比要求的输入信号取值范围(动态范围)。

2. 非均匀量化

非均匀量化是根据信号的不同取值区间来确定量化间隔的，对于信号取值小的区间，其量化间隔也小；反之，对取值大的区间，量化间隔就大。好处：改善了小信号时的量化信噪比；输入信号具有非均匀分布的概率密度函数时(实际中，小信号出现的概率大)，可得到较高的平均量化信噪比。

非均匀量化的实现方法是先将抽样值经非线性函数压缩，再经过均匀量化后而得到。接收端采用压缩函数的逆函数扩张来恢复抽样信号，如图8-9所示。

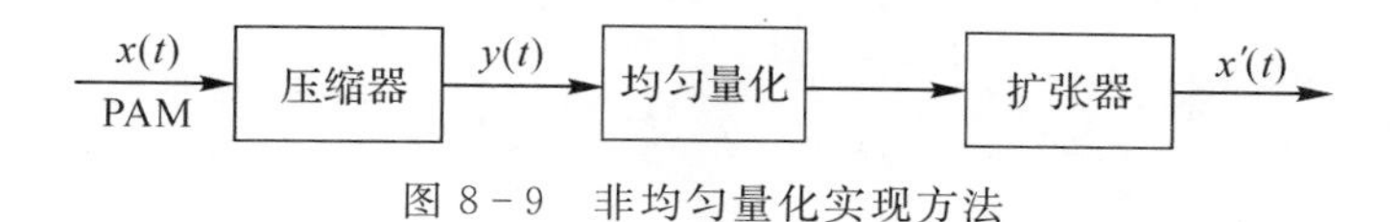

图8-9　非均匀量化实现方法

压缩实际上是对大信号进行压缩而对小信号进行的放大的过程，即“压大补小”。通常采用对数函数压缩、指数函数扩张，压缩扩张特性如图8-10所示。

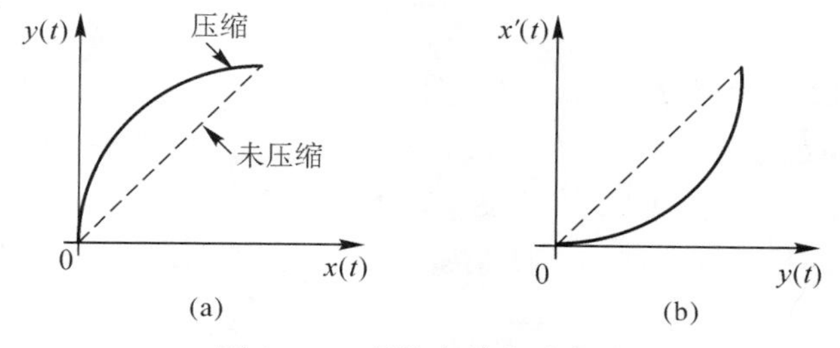

图8-10　压缩和扩张示意图

对于语音信号，国际上的对数压缩有两个标准，一个是中国、欧洲使用的A律压缩标准，另一个是北美、日本使用的 μ 律压缩标准。其函数表示分别为

A律压缩

$$y=\begin{cases}\dfrac{Ax}{1+\ln A}, & 0\leqslant x\leqslant \dfrac{1}{A}\\[2ex] \dfrac{1+LnAx}{1+\ln A}, & \dfrac{1}{A}\leqslant x\leqslant 1\end{cases} \tag{8-16}$$

μ 律压缩

$$y=\frac{\ln(1+\mu x)}{\ln(1+\mu)},0\leqslant x\leqslant 1 \tag{8-17}$$

其中 x 和 y 分别是归一化的压缩器输入和输出电压，A 和 μ 为压扩参数，表示压缩的程度。$A=1$ 对应均匀量化。

3.13 折线 A 律压扩技术

此前介绍的 A 律、μ 律压扩特性都是连续曲线，在电路上实现这样的函数规律相当复杂，实际中常用数字压扩技术逼近上述特性。主要有两种：①13 折线 A 律压扩，它的特性近似 $A=87.6$的 A 律压扩特性。②15 折线 μ 律压扩，其特性近似 $\mu=255$ 的 μ 律压扩特性。A 律 13 折线法如图 8－11 所示。

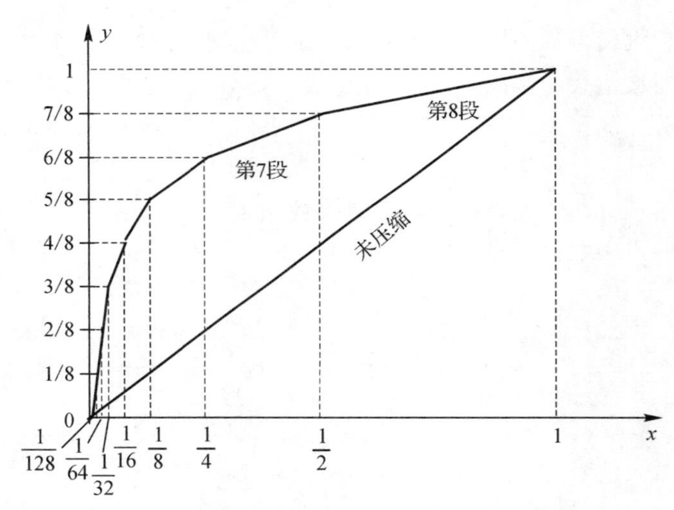

图 8－11　13 折线 A 律法

图中先把 x 轴的 0～1 非均匀地分为 8 段，分法是：将 0～1 之间一分为二，中点为 1/2，取 1/2～1 之间作为第 8 段，再把 0～1/2 一分为二，中点为 1/4，取 1/4～1/2 之间作为第 7 段。依次分下去，直到剩余的最小一段为 0～1/128 作为第 1 段。再把 y 轴的 0～1 均匀地分为 8 段，与 x 轴的 8 段一一对应，从第 1 段到第 8 段分别为，0～1/8，1/8～2/8，…，7/8～1。这样便可以做出由八段直线构成的一条折线。除第 1，2 段外，其他各段折线的斜率都不相同，它们的关系见表 8－1。

对称地，在负方向也有 8 段直线（图中未画出），合起来共有 16 个线段。由于正向 1，2 两段和负方向 1，2 两段斜率相同，这四段实际上为一条直线。因此，正、负双向的折线总共由 13 段折线构成，故称 13 折线法。

表 8-1　13 折线法各段落划分、斜率及段内间隔

折线段落 i	1	2	3	4	5	6	7	8
x 电平范围	0～1/128	～1/64	～1/32	～1/16	～1/8	～1/4	～1/2	～1
y 电平范围	0～1/8	～2/8	～3/8	～4/8	～5/8	～6/8	～7/8	～1
斜率	16	16	8	4	2	1	1/2	1/4
x 段起始电平(Δ)	0	16	32	64	128	256	512	1024
x 量化间隔 Δv_i(Δ)	1	1	2	4	8	16	32	64

在 13 折线数字压扩技术中，为了进一步减小量化误差，对每一段还再进行 16 等分(每一段再分为 16 个量化级)，这样 x 轴各段的段内量化间隔将不同，第 8 段最大，第 1 段最小。最小的量化间隔发生在第 1 段，为

$$\Delta v_{\min} = \Delta v_1 = \frac{1/128}{16} = \frac{1}{2\,048} \xrightarrow{\text{定义为}} \Delta \tag{8-18}$$

此处，定义 $\Delta = \Delta v_{\min} = 1/2\,048$ 为量化单位。在脉冲编码调制中，常用量化单位来表示的 x 轴各段的起始电平及段内量化间隔，分别示于表 8-1 的后两行。

8.2.4　脉冲编码调制(PCM)

1. 脉冲编码调制(PCM)原理

把量化后的信号电平值变换为二进制码组的过程称为编码。脉冲编码调制(PCM)系统的组成如图 8-12 所示。图中，A/D 变换器为量化与编码的组合，完成模拟抽样信号到二进制数字信号的变换；D/A 变换器为译码与 LPF 的组合，完成数字信号到模拟信号的变换；信道可为数字基带系统，也可为数字频带系统。

模拟信号数字化编码有逐次比较型、折叠级联型、混合型等多种，这里只介绍广泛使用的逐次比较型编码原理。

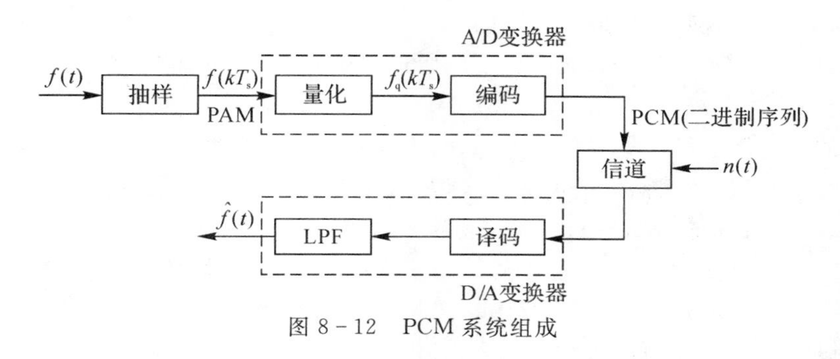

图 8-12　PCM 系统组成

(1)码型的选择。码型指的是代码的编码规律，其含义是把量化后的所有量化级按量化电平的大小次序排列起来，并列出各对应的码字。在 PCM 中常用的二进制码型有自然二进制码和折叠二进制码。4 位二进制码码型见表 8-2。

表 8-2　4 位二进制码码型

样值脉冲	自然二进码	折叠二进码	量化间隔序列
正极性部分	1111	1111	15
	1110	1110	14
	1101	1101	13
	1100	1100	12
	1011	1011	11
	1010	1010	10
	1001	1001	9
	1000	1000	8
负极性部分	0111	0000	7
	0110	0001	6
	0101	0010	5
	0100	0011	4
	0011	0100	3
	0010	0101	2
	0001	0110	1
	0000	01111	0

自然二进制码就是一般的十进制正整数的二进制表示，其编码简单，且译码可以逐比特独立进行。

折叠二进制码是目前 13 折线 A 律 PCM 30/32 路设备所采用的码型。它的上半部分与下半部分呈折叠关系。上半部分最高位为 1，其余各位由下而上按自然二进码规则编码；下半部分最高位为 0，其余各位由上向下按自然码二进制规则编码。这种码型的优点是：只要正、负极性信号的绝对值相同，则可进行相同的编码。也就是说，用第一位码表示极性后，双极性信号可以采用单极性编码方法，大大简化了编码的过程，而且在传输过程中如果出现误码，对小信号影响较小。

(2)码位的确定及安排。编码位数的选择，不仅关系到通信质量的好坏，而且还涉及到设备的复杂程度。一般从话音信号的可懂度来说，采用 3～4 位非线性编码即可，但要达到话音清晰，非线性编码位数应达到 7～8 位。一般取 2 的整数幂次位。

在 13 折线 A 律编码方案中，无论输入的信号是正还是负，均按 8 段折线进行编码，用 8 位二进制 $c_1c_2c_3c_4c_5c_6c_7c_8$ 来表示其量化值。码位安排如下：

c_1 为极性码，表示量化值的极性。输入信号为正极性（Ⅰ象限），$c_1=1$；输入信号为负极性（Ⅲ象限），$c_1=0$。

$c_2c_3c_4$ 为段落码，8 个状态分别表示 8 个段落的起点电平。段落码和 8 个段落之间的关系见表 8-3。

$c_5c_6c_7c_8$ 为段内码，16 种状态分别代表每一段落的 16 个均匀划分的量化级。段内码与 16 个量化间隔之间的关系见表 8-4。

这样，8 个段落便被划分为 128 个量化级。可以看出，13 折线编码方法把压缩、量化和编码合为一体，它在保证小信号区间量化间隔相同的条件下，7 位非线性编码与 11 位线性编码等效。这样，编码位数减小，设备简化，所需传输系统的带宽减小。

表 8-3　段落码

段落序号 i	段落码 $c_2c_3c_4$	段落起始电平 I_{si} (Δ)	量化间隔 Δv_i (Δ)
8	111	1024	64
7	110	512	32
6	101	256	16
5	100	128	8
4	011	64	4
3	010	32	2
2	001	16	1
1	000	0	1

表 8-4　段内码

量化间隔	段内码
15	1111
14	1110
13	1101
12	1100
11	1011
10	1010
9	1001
8	1000
7	0111
6	0110
5	0101
4	0100
3	0011
2	0010
1	0001
0	0000

(3)逐次比较型编码原理。逐次比较型编码器由整流器(极性判决)、保持电路、比较器及本地译码电路等组成,如图 8-13 所示。编码的任务是根据输入的样值脉冲编出相应的 8 位二进制代码,除第一位极性码外,其他 7 位二进制代码是通过逐次比较确定的。编码时,预先规定好一些作为标准的电流,称为权值电流,用符号 I_w 表示。I_w 的个数与编码位数有关。

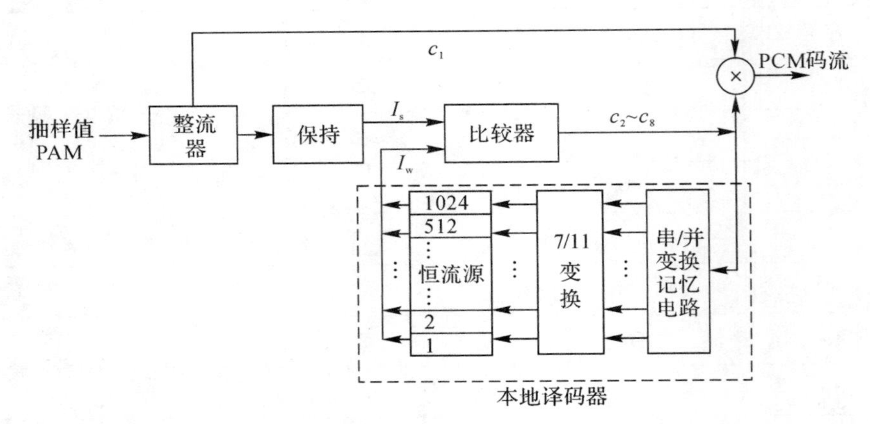

图 8-13　逐次比较型编码器原理图

图 8-13 中,整流器的作用有两个:①判别输入样值脉冲的极性,编出第一位码(极性码)。样值为正时,输出"1"码;样值为负时,输出"0"码。②将双极性脉冲变换成单极性脉冲。

比较器通过样值电流 I_s 和标准电流 I_w 进行比较,从而对输入信号抽样值进行非线性量化和编码。每比较一次输出一位二进制代码,当 $I_s > I_w$ 时,输出"1"码,反之输出"0"码。因为 13 折线法采用 7 位二进制代码代表段落码和段内码,所以为到达到 I_w 和 I_s 逼近,一个样值脉冲需要进行 7 次比较。每次所需的标准电流 I_w 由本地译码电路提供。

本地译码电路包括记忆电路,7/11 变换电路和恒流源。记忆电路用来寄存二进代码,因除第一次比较外,其余各次比较都要根据前几次比较的结果来确定标准电流 I_w 值。因此 7 位码组中的前 6 位状态均应由记忆电路寄存下来。7/11 变换电路就是前面非均匀量化中谈到的数字扩张器,其把 7 位码变成 11 位码,实质就是完成非线性和线性之间的变换。恒流源用来产生各种标准电流值。在 13 折线编码过程中,要求 11 个基本的权值电流支路,每个支路有一个控制开关,每次该哪几个开关接通组成比较用的标准电流 I_w,由前面的比较结果经变换后得到的控制信号来控制。

保持电路的作用是在整个比较过程中保持输入信号的抽样值具有确定不变的幅度。

(4)逐次比较型译码原理。译码的作用是把接收端收到的 PCM 信号还原成相应的 PAM 信号,实现数/模转换。13 折线 A 律译码器原理框图如图 8-14 所示,它与编码器中的本地译码器部分基本相同,区别仅在于后者只译出信号的幅度,不译出极性;而收端译码器在译出信号幅度值的同时,还要恢复出信号的极性。

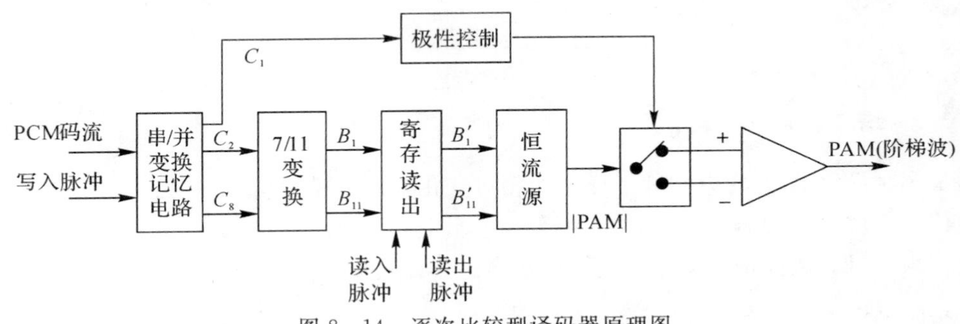

图 8-14　逐次比较型译码器原理图

(5)PCM 信号的码元速率和带宽。设 $f(t)$为最高频率为 f_H 的低通信号，则其 PCM 信号的码元速率可表示为

$$f_b = f_s \cdot N \geqslant 2Nf_H \tag{8-19}$$

式中，$f_s \geqslant 2f_H$ 为抽样速率；N 为每个抽样值编码所需要二进制代码的位数。

在无码间串扰和采用理想低通系统传输时，所需最小传输带宽为

$$B = \frac{f_b}{2} = \frac{N \cdot f_s}{2} \tag{8-20}$$

若采用升余弦系统传输，所需传输带宽则为

$$B = f_b = N \cdot f_s \tag{8-21}$$

显见，在 13 折线 A 律 PCM 系统中，样值编码采用的二进制代码位数越多，信号占用的带宽就越大。

2. PCM 系统的抗噪声性能

影响 PCM 系统性能的主要噪声源有量化噪声和信道噪声(传输噪声)。两种噪声产生机理不同，统计独立。对于由图 8-12 所示的 PCM 系统，接收端低通滤波器的输出的信号为 $\hat{f}(t)$，它包含了量化噪声和误码噪声。可以表示为

$$\hat{f}(t) = f_0(t) + n_q(t) + n_e(t) \tag{8-22}$$

式中，$f_0(t)$表示输出信号成分；$n_q(t)$为量化噪声引起的输出噪声；$n_e(t)$是信道加性噪声引起的输出噪声。

通常用系统输出端总的信噪比来衡量 PCM 系统的抗噪声性能，定义为

$$\frac{S_0}{N_0} = \frac{E[f_0^2(t)]}{E[n_q^2(t)] + E[n_e^2(t)]} = \frac{S_0}{N_q + N_e} \tag{8-23}$$

在均匀量化情况下，当输入信号 $f(t)$的概率密度函数在$(-a, +a)$区域内均匀分布时，其量化信噪比 S_0/N_q 由式(8-15)确定，为

$$\frac{S_0}{N_q} \approx M^2 = 2^{2N} \tag{8-24}$$

在加性高斯白噪声信道中，每一码组中出现的误码是彼此独立的。假设每个码元的误码率为 P_e，可以得到仅考虑信道加性噪声时 PCM 系统的输出信噪比为

$$\frac{S_0}{N_e} = \frac{1}{4P_e} \tag{8-25}$$

综上，同时考虑量化噪声和信道加性噪声时，PCM 系统输出的总的信噪功率比为

$$\frac{S_0}{N_0}=\frac{S_0}{N_q+N_e}=\frac{1}{\frac{1}{S_0/N_q}+\frac{1}{S_0/N_e}}=\frac{1}{(2^{-2N})+4P_e}=\frac{2^{2N}}{1+4P_e2^{2N}} \tag{8-26}$$

8.2.5 增量调制(ΔM)

增量调制简称ΔM，它以相邻抽样值的相对变化来反映模拟信号的变化规律，将模拟信号编码成仅由一位二进制码组成的数字信号序列，并且接收端也只需要用一个线性网络便可以恢复出模拟信号。因而增量调制的编译码设备通常要比PCM的简单。

1. 增量调制的编译码原理

一位二进制码只有两种状态，不能表示抽样值的绝对大小，但可表示相邻抽样值的相对大小，相邻抽样值的相对变化可以反映出模拟信号的变化规律。

增量调制其编码思想：用一时间间隔为Δt，幅度差为$\pm\delta$的阶梯波形$f'(t)$去逼近模拟信息信号$f(t)$，如图8-15的波形所示。

增量调制编码过程：在t_i时刻用$f(t_i)$与t_i时刻前瞬间的$f'(t_{i-})$进行比较，若$f(t_i)>f'(t_{i-})$，就让$f'(t_i)$上升一个量阶δ，同时ΔM调制器输出"1"码；反之就让$f'(t_i)$下降一个量阶δ，同时ΔM调制器输出二进制"0"码。显然，只要Δt和δ足够小，$f'(t)$就可以相当近似于$f(t)$。δ称作量化阶，$\Delta t=T_s$为抽样间隔。

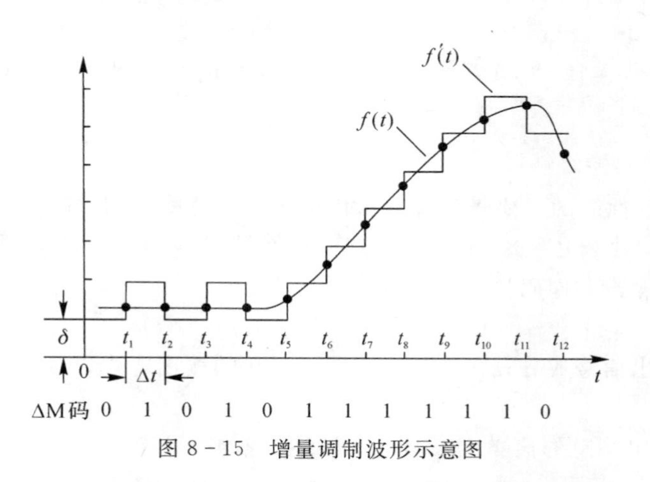

图8-15 增量调制波形示意图

增量调制编码器组成框图如图8-16所示。判决器是用来比较$f(t)$与$f'(t)$大小，在定时抽样时刻，当$f(t)-f'(t)>0$时，输出"1"；当$f(t)-f'(t)<0$时，输出"0"。ΔM信号$p_o(t)$的波形为二进制全占空双极性码。$f'(t)$由本地译码器产生，译码器的核心电路是积分器。

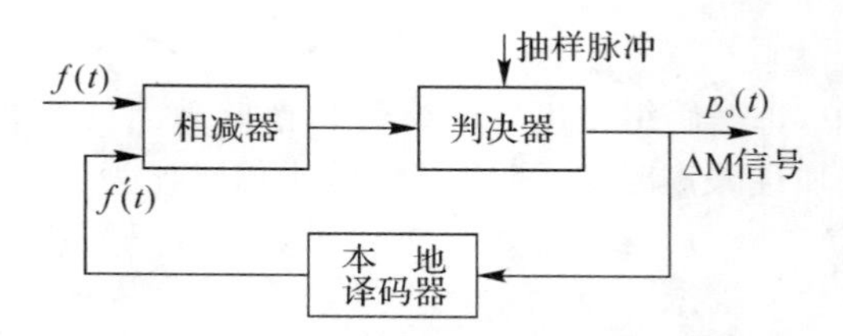

图8-16 增量调制编码器组成框图

接收端译码器组成和发送端的本地译码器的组成类似，核心电路也是积分器，如图 8－17 所示。接收到 ΔM 信号 $p_o(t)$后，经积分器得到锯齿形波 $f''(t)$，再经过低通滤波器平滑不必要的高次谐波分量，即可得到十分接近模拟信号的输出信号 $\hat{f}(t)$，如图 8－18 所示。

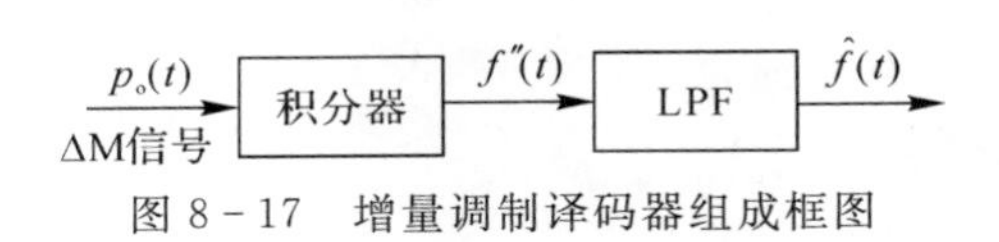

图 8－17　增量调制译码器组成框图

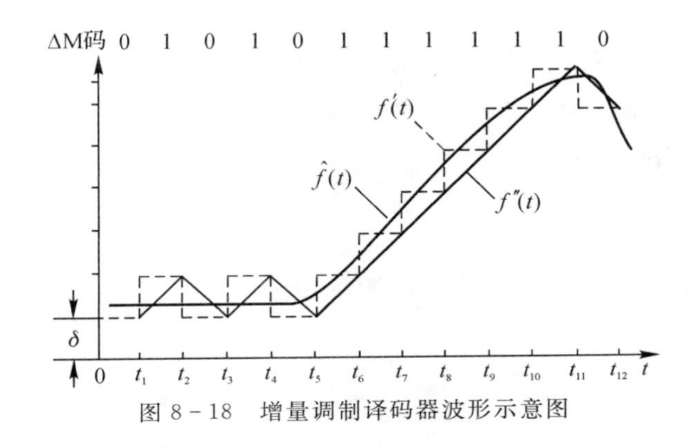

图 8－18　增量调制译码器波形示意图

2. 增量调制系统的量化误差

增量调制系统的量化误差 $e_q(t)$就是本地译码器输出与输入的模拟信号差值，为

$$e_q(t) = f(t) - f'(t) \tag{8-27}$$

由图 8－15 可见，$e_q(t)\sim t$ 的波形是一个随机过程。

一般情况下，$|e_q(t)| = |f(t) - f'(t)| \leqslant \delta$，即 $e_q(t)$在$-\delta$ 到 δ 范围内随机变化，这种误差产生的噪声称为一般量化噪声。

而当模拟信号 $f(t)$变化太过陡峭时，阶梯波形 $f'(t)$将跟不上 $f(t)$变化，就会产生很大误差，这样的失真称为过载失真，也称为过载噪声。为了保证不发生过载现象，必须使本地译码器的最大跟踪斜率 K 大于模拟信号 $f(t)$的最大变化斜率，即 $K \geqslant \left|\frac{\mathrm{d}f(t)}{\mathrm{d}t}\right|_{\max}$。由图 8－15 可见，本地译码器的最大跟踪斜率（跟踪能力）为

$$K = \frac{\delta}{\Delta t} = \delta \cdot f_s \tag{8-28}$$

实际中，通常以提高采样频率 $f_s = 1/\Delta t$ 来提高最大跟踪斜率值。

3. 增量调制系统的动态范围

增量调制系统的动态范围就是信号 $f(t)$能够进行正常编码的幅度范围，即确定 $f(t)$幅度的上限 $A_{\max}$和下限 $A_{\min}$。

因为只有当 $f(t)$的振幅超过 $\delta/2$ 时，ΔM 编码器才能识别 $f(t)$的变化，从而输出相应的码序列 $p_o(t)$，所以进行 ΔM 编码时，输入信号的振幅下限为 $A_{\min} = \delta/2$。

无妨假设输入信号为 $f(t) = A\sin\omega_k t$，此时信号斜率 $\mathrm{d}f(t)/\mathrm{d}t = A\omega_k\cos\omega_k t$，为了不发生过载失真，应有

$$|\mathrm{d}f(t)/\mathrm{d}t|_{\max} = A\omega_k \leqslant K = \delta \cdot f_s \tag{8-29}$$

据此可得，ΔM 编码时输入信号的振幅上限为

$$A_{\max} = \frac{\delta \cdot f_s}{\omega_k} \tag{8-30}$$

综上，增量调制系统的动态范围为

$$\frac{\delta}{2} \leqslant A \leqslant \frac{\delta \cdot f_s}{\omega_k} \tag{8-31}$$

或可表示为

$$D \triangleq 20\lg \frac{A_{\max}}{A_{\min}} = 20\lg \frac{f_s}{\pi f_k}(\mathrm{dB}) \tag{8-32}$$

4. 增量调制系统的码元速率和带宽

从增量调制编码原理可知，对信号每抽样一次，就输出一位二进制码元，因此 ΔM 信号码元传输速率为

$$f_b = f_s = \frac{1}{\Delta t} \tag{8-33}$$

从而可得，ΔM 调制系统带宽为

$$B_{\Delta M} = \frac{f_b}{2} = \frac{f_s}{2}(\text{理想低通传输系统}) \tag{8-34}$$

$$B_{\Delta M} = f_b = f_s(\text{升余弦传输系统}) \tag{8-35}$$

5. 增量调制系统的抗噪声性能

ΔM 系统的组成如图 8－19 所示。分析增量调制系统的量化噪声影响时，一般认为信道加性噪声相对很小，不造成误码，因而 $p_o'(t)$ 与 $p_o(t)$ 的波形相同。且一般还默认不发生过载现象，即只考虑量化噪声，不考虑过载噪声。

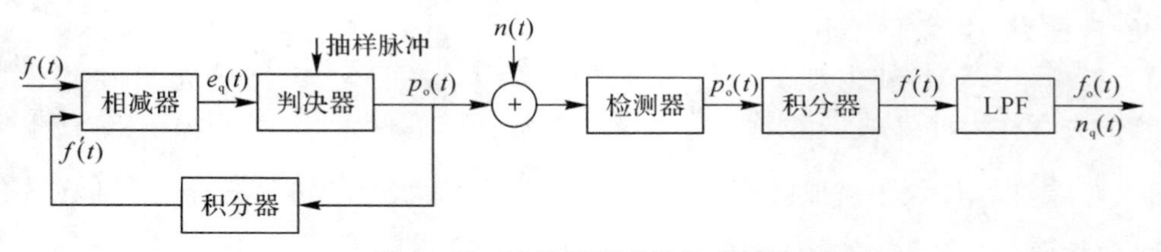

图 8－19　增量调制系统组成框图

设系统工作在临界过载条件下，则对于频率为 f_k 的正弦信号来说，可以求得 ΔM 系统最大量化信噪比为

$$\left(\frac{S_o}{N_q}\right)_{\max} = \frac{3}{8\pi^2}\frac{f_s^3}{f_k^2 \cdot f_m} = 0.04\frac{f_s^3}{f_k^2 \cdot f_m} \tag{8-36}$$

式中，f_s 为抽样速率；f_m 为接收端低通滤波器截止频率。

可见，最大量化信噪比与抽样频率 f_s 的三次方成正比，提高抽样频率可以明显提高量化信噪比。

6. PCM 系统与 ΔM 系统的比较

(1)采样速率。PCM 系统的采样速率是根据采样定理确定的。在输入信号为 $f(t)=$

$A\sin\omega_k t$ 时，PCM 最小采样速率为 $f_{sPCM}=2f_k$。而 ΔM 系统的采样速率不能根据采样定理来确定，由式(8－30)可得，在不发生过载情况下 ΔM 最小采样速率

$$f_{s\Delta M}=\frac{A\omega_k}{\delta}=\frac{A\pi}{\delta}\cdot(2f_k)=\frac{A\pi}{\delta}\cdot f_{sPCM} \tag{8-37}$$

显然，由于 $A\gg\delta$，为了不发生过载现象，ΔM 系统的采样速率远高于 PCM 系统的采样速率。

(2)带宽。若 PCM 系统的采样速率为 $f_s=2f_H$，码元传输速率 $f_b=2Nf_H$，则 PCM 系统的最小带宽为

$$B_{PCM}=Nf_H \tag{8-38}$$

若 ΔM 系统的采样速率 f_s，码元传输速率 $f_b=f_s$，则 ΔM 系统的最小带宽为

$$B_{\Delta M}=\frac{1}{2}f_s \tag{8-39}$$

通常在达到与 PCM 系统相同的信噪比时，$B_{\Delta M}>B_{PCM}$。

(3)量化信噪比。PCM 和 ΔM 的量化信噪比的比较是在相同的信道带宽的条件下进行的，它意味着 PCM 系统和 ΔM 系统具有相同的信道传输速率 f_b。ΔM 系统的传输速率就等于 f_b，PCM 系统的传输速率为 $2Nf_H$。此时可得 PCM 和 ΔM 的量化信噪比分别为

$$\left(\frac{S_o}{N_q}\right)_{PCM}=10\lg 2^{2N}=6N\ (\mathrm{dB}) \tag{8-40}$$

$$\left(\frac{S_o}{N_q}\right)_{\Delta M}\approx 10\lg\left[0.32N^3\left(\frac{f_H}{f_k}\right)^2\right]=30\ \lg 1.546N(\mathrm{dB}) \tag{8-41}$$

此处，为便于比较，取 $f_H=3\ 400$ Hz(一路话音)、$f_k=1\ 000$ Hz。

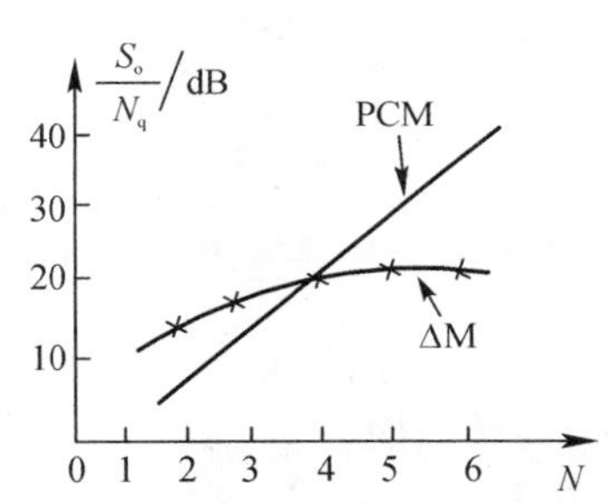

图 8－20　PCM 系统与 ΔM 系统性能比较

图 8－20 给出了不同 N 值时的 PCM 和 ΔM 的性能比较曲线。可见，在 PCM 的编码位数 $N=4$ 时，PCM 和 ΔM 系统的量化信噪比接近；当 N 小于 4 时，PCM 系统的量化信噪比低于 ΔM；当 N 大于 4 时，PCM 系统的量化信噪比高于 ΔM，且随 N 的增大，PCM 相对于 ΔM 来说，其性能将会越来越好。但 ΔM 编译码易实现。

8.2.6　时分复用和路数字电话系统

1. 时分复用(TDM)的原理

时分复用原理完全建立在抽样定理基础上。连续基带信号经时间离散所得抽样脉冲占据时间较短，留有大量时间空隙，可用来传输其他信号的抽样值如图 8－21 所示。只要各路信号在不同的时隙内传输，它们之间就没有干扰。所以用一条信道可以同时传送若干路基带信号。

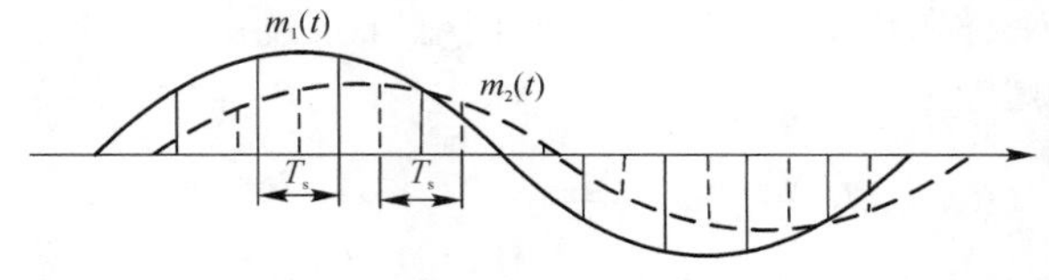

图 8－21　两个信号的时分复用

N 路信号时分复用的时隙分配如图 8－22 所示。图中，每一路信号所占用的时间间隔称为时隙。这里，时隙 1 分配给第 1 路，时隙 2 分配给第 2 路，……。N 路时隙的总和称为一帧。每一帧的时间 T_s 必须符合抽样定理的要求。

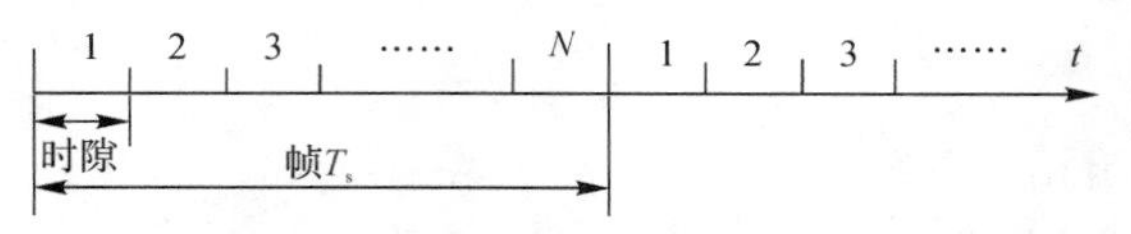

图 8－22　N 路时分复用信号的时隙分配

2. 时分复用(TDM)系统组成

时分复用系统基本组成框图如图 8－23 所示。

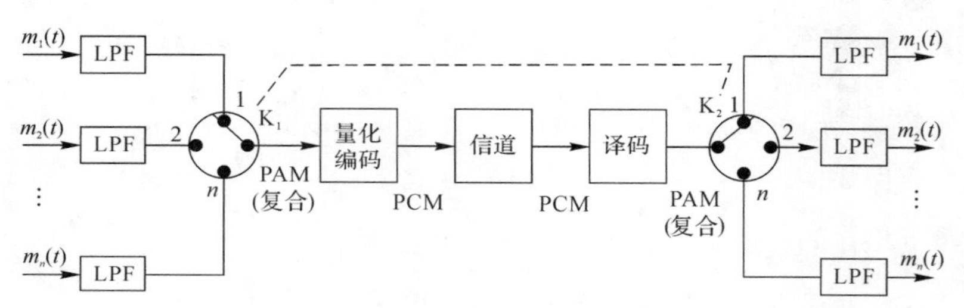

图 8－23　时分复用系统组成

发送端 LPF 用以限制各路信号带宽，比如话音信号 $f_m = 3\ 400$ Hz。发端分配器 K_1 的功能有两个：抽样、复用合路，开关 K_1 旋转周期等于单路抽样周期 T_s。量化编码器、译码器用以编译码信号，其方式可以是 PCM 方式，也可以是 ΔM 方式。收端分配器的开关 K_2 与 K_1 完全同步，主要用作分离各路信号。最后经接收端 LPF 恢复出模拟信号。

3. 时分复用数字电话的几个基本概念

采用时分复用方式的数字通信系统，在国际上已建立了标准，原则上是把一定路数的电话语音复合成一个标准数据流，即基群，然后再把基群数据流采用准同步复接成更高的数据信号。

(1)PCM30/32 路基群帧结构。国际上有两种标准化制式：PCM24 路和 PCM30/32 路，两者的编码规则与帧结构均不相同。PCM30/32 的帧结构如图 8－24 所示。

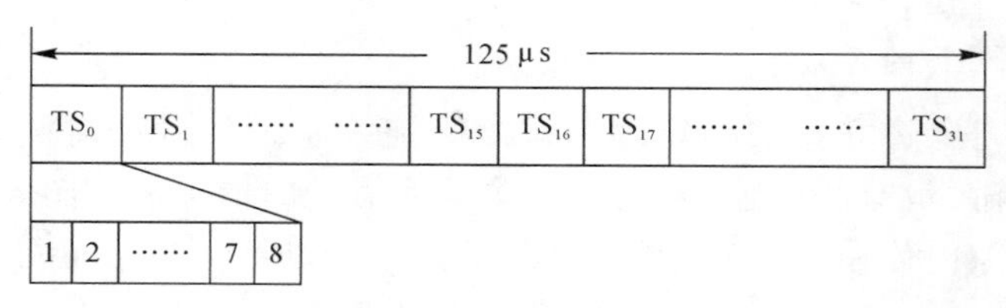

图 8－24　PCM30/32 路基群帧结构

PCM30/32 路基群的基本参数：

1)抽样频率：$f_s=1/T_s=8\ 000$ Hz。

2)帧时间：$T_s=1/f_s=125\ \mu s$。

3)每帧时隙数：$n=32$。其中 30 个用来传送 30 路电话，TS_0 用来传送帧同步码，TS_{16} 用来传送各话路的标志信号码(如拨号脉冲、被叫摘机、主叫挂机等)。

4)时隙宽度：$T_{si}=125/32=3.91\ \mu s$。

5)数码率：每一时隙均按 $N=8$ 位编码，数码率

$$f_b=f_sNn=8\ 000\times 8\times 32=2.048\ \text{Mb/s}$$

6)每个比特占用时间：$\tau_b=1/f_b=0.488\ \mu s$。

采用共路信令传输时，将 16 帧构成一个更大的帧，称为复帧。复帧周期为 2 ms，编号顺次为 $F_0,F_1,\cdots,F_{15}$，其中 F_0 帧的 TS_{16} 用来传输复帧同步码和复帧对告码。F_1 帧至 F_{15} 帧的 TS_{16} 用来传送各个话路的信令。PCM30/32 的帧和复帧结构如图 8-25 所示。

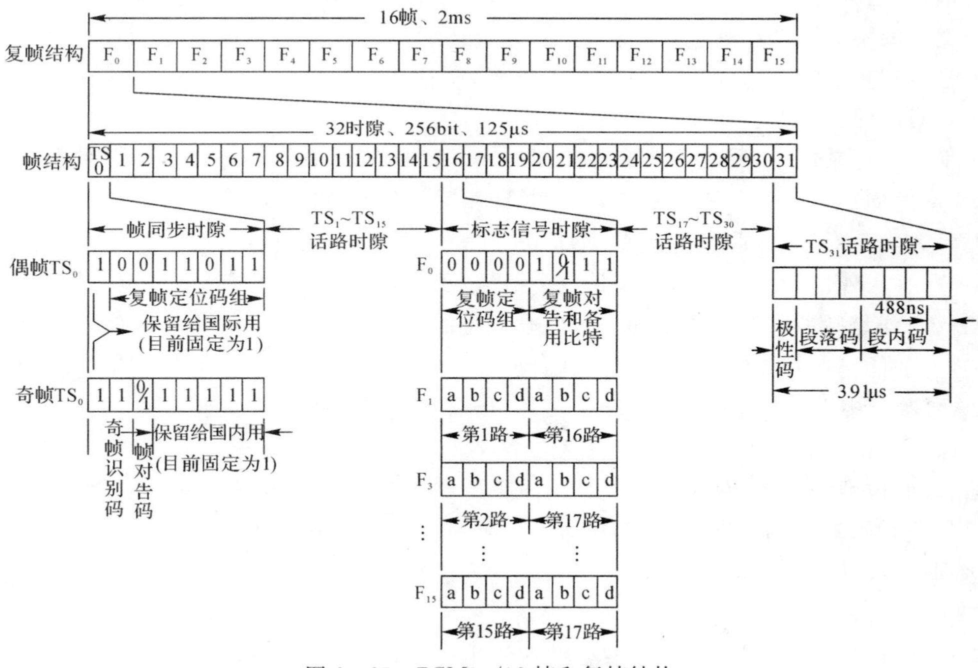

图 8-25　PCM30/32 帧和复帧结构

(2)高次群。上面讨论的 PCM30/32 路时分多路系统，称为数字基群，即一次群。由若干个基群数字信号通过数字复接设备可以汇总成高次群。高次群组群方案见表 8-5。

表 8-5　高次群组群方案

群	基群		二次群		三次群		四次群		五次群
路数	30 路	×4	120 路	×4	480 路	×4	1 920 路	×4	7 680 路
码速	2.048 Mb/s		8.448 Mb/s		34.368 Mb/s		139.364 Mb/s		564.992 Mb/s
路数	24 路	×4	96 路	×5	480 路	×3	1 440 路	×4	5 760 路
码速	1.544 Mb/s		6.312 Mb/s		32.064 Mb/s		97.728 Mb/s		397.200 Mb/s

8.3 思考题解答

8-1 频谱混叠是什么原因造成的?

答:频谱混叠的原因是,抽样频率 f_s 过低,不满足 $f_s \geqslant 2f_m$。此处 f_m 表示待采样信号上限频率。

8-2 为了正确恢复信息信号 $f(t)$,抽样频率 f_s 应满足什么条件?

答:若要从已抽样信号 $f_s(t)$ 中正确恢复出原信号 $f(t)$,抽样频率 f_s 和信息信号上限频率 f_m 之间应满足:$f_s \geqslant 2f_m$。

8-3 理想抽样、自然抽样、平顶抽样有什么异同点?从平顶抽样信号中恢复 $f(t)$ 时,为什么要用频率均衡网络?

答:理想抽样、自然抽样、平顶抽样均属于 PAM 调制。不同之处:理想抽样是采用冲激序列进行抽样,已抽样信号 $f_s(t)$ 亦为冲激串,其强度保持了 $f(t)$ 变化的规律;自然抽样采用具有一定宽度的矩形脉冲序列进行抽样,已抽样信号 $f_s(t)$ 的脉冲顶部保持了 $f(t)$ 变化的规律;平顶抽样由理想抽样和脉冲形成电路级联得到,已抽样信号的幅度为 $f(t)$ 的瞬时值,且在脉冲持续时间内保持不变。

在平顶抽样系统中,因脉冲形成电路的加入,已抽样信号的频谱 $F_s(\omega)$ 不再是原基带信号频谱 $F(\omega)$ 的周期延拓,而是受到了 $Q(\omega)=A\tau \mathrm{Sa}(\omega\tau/2)$ 的加权,所以为了恢复所需信号,必须用传输函数为 $1/Q(\omega)$ 的网络进行频率均衡。

8-4 PAM 信号是模拟信号还是数字信号?它是基带信号还是频带信号?

答:PAM 是脉冲载波的幅度随基带信号变化的一种调制方式,虽然已调信号在时间上是离散的,但取值仍然是连续的,因此仍属模拟调制。

PAM 属于基带信号,要想成为频带信号,仍需要正弦高频载波调制。

8-5 量化级和编码位数的关系是什么?

答:编码位数的选择,直接关系到通信质量的好坏和设备的复杂程度。量化级数越大,需要编码的位数越多,性能越好。一般从话音信号的可懂度来说,采用 3~4 位非线性编码即可,但要达到话音清晰,非线性编码位数应达到 7~8 位。

8-6 均匀量化的不足是什么?

答:均匀量化指量化间隔均匀的量化过程,主要缺点是:无论抽样值大小如何,量化噪声的均方根值都固定不变。因此,当信号较小时,量化信噪比小,量化性能差,直接影响了满足量化信噪比要求的输入信号取值范围(动态范围)。

8-7 在 PCM 系统中,编码速率和编码位数的关系是什么?

答:在 PCM 系统中,编码速率 f_b 和编码位数 N 的关系是:$f_b=f_sN \geqslant 2f_HN$。其中,f_s 表示抽样频率,f_H 表示输入信号上限频率。显见,编码位数越多,编码速率越大,相应地,所需系统带宽也将越大。

8-8 在 PCM 系统中量化信噪比和系统的带宽的关系是什么?

答:在 PCM 系统中,量化信噪比 $S_q/N_q \approx 2^{2N}$,码元速率 $f_b=f_s \cdot N \geqslant 2Nf_H$,系统所需最小带宽 $B=f_b/2=N \cdot f_s/2$。其中 $f_s \geqslant 2f_H$ 为抽样速率,N 为每个样值二进制编码位数。显

见,量化信噪比越高,需要采用的二进制代码位数越多,信号占用带宽越大。

8-9　增量调制中为什么存在过载量化噪声,如何降低?

答:在增量调制中,当模拟信号斜率陡变时,由于量化阶 δ 是固定的,且每秒内台阶数也是确定的(由采样频率 f_s 决定),因此阶梯电压波形就有可能跟不上信号的变化,从而形成包含很大失真的阶梯电压波形,这种失真叫做过载噪声。

适当增大量化阶 δ 或/和采样频率 f_s,可降低过载量化噪声的发生。

8-10　时分复用的基础是什么,它有什么特点?

答:时分复用的基础是抽样定理,是将时间分割成若干个时隙,每个时隙能顺利通过一路信号,若干个时隙再组成一帧。时分复用的特点是,多路信号在时间上互不重叠,但在频率上是重叠的。

8.4　习题解答

8-1　已知一基带信号 $f(t)$ 的频谱为

$$F(f)=\begin{cases}1-\dfrac{|f|}{200}, & |f|<200\ \text{Hz}\\ 0, & \text{其他}\end{cases}$$

(1)若以 300 Hz 的速率对 $f(t)$ 进行理想采样,试画出已调信号的频谱;

(2)若以 400 Hz 的速率对 $f(t)$ 进行理想采样,试画出已调信号的频谱。

解:$f(t)$ 的频谱 $F(f)$ 如图 S8-1(a)所示。

(1)以 300 Hz 的速率采样时,已调信号的频谱 $F_s(t)$ 如图 S8-1(b)所示。

(2)以 400 Hz 的速率采样时,已调信号的频谱 $F_s(t)$ 如图 S8-1(c)所示。

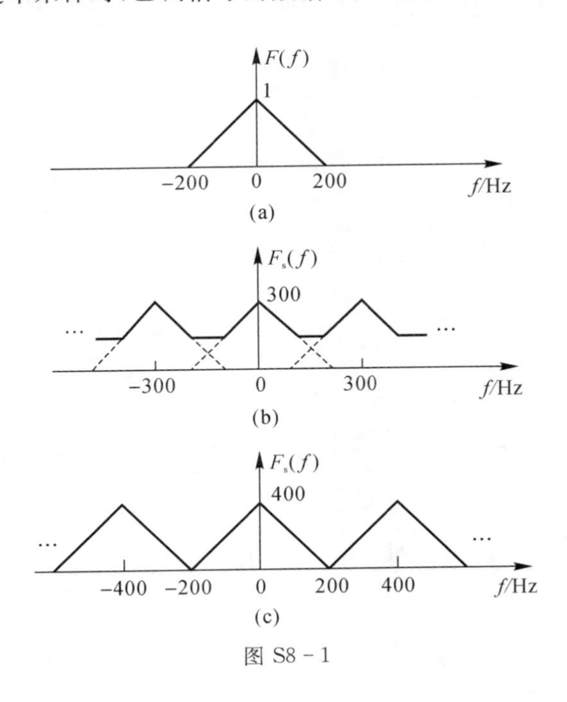

图 S8-1

8-2　已知某信号 $f(t)$ 的频谱 $F(\omega)$ 如图 P8-2(b)所示。将它通过传输函数为 $H_1(\omega)$ 的滤波器后再进行理想抽样，如图 P8-2(a)所示。

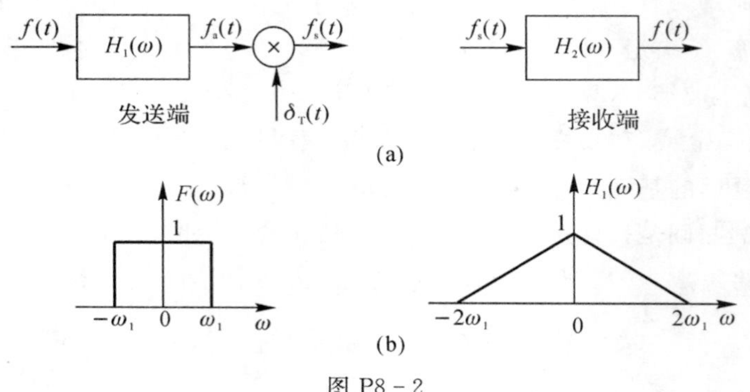

图 P8-2

(1)抽样速率应为多少？

(2)若设抽样速率 $f_s=3f_1$，试画出已抽样信号 $f_s(t)$ 的频谱；

(3)接收端的接收网络应具有怎样的传输函数 $H_2(\omega)$，才能由 $f_s(t)$ 不失真的恢复 $f(t)$。

解：(1)依题意 $f_a(t)$ 的频谱 $F_a(\omega)=F(\omega)H_1(\omega)$，如图 S8-2(a)所示。所以，抽样频率 $f_s\geqslant 2f_1$。

(2)若抽样速率 $f_s=3f_1$，则 $f_s(t)$ 的频谱

$$F_s(\omega)=\frac{1}{T_s}\sum_n F_a(\omega-n\omega_s)=3f_1\sum_n F_a(\omega-3n\omega_1)$$

如图 S8-2(b)所示。

(3)由 $f_s(t)$ 不失真的恢复 $f(t)$，$H_2(\omega)$ 应同时满足两个条件：与 $H_1(\omega)$ 互补，即 $H_1(\omega)H_2(\omega)=1$；截止频率为 ω_1。因此，由

$$H_1(\omega)=1-\frac{1}{2\omega_1}|\omega|,\ |\omega|\leqslant 2\omega_1$$

可得

$$H_2(\omega)=\begin{cases}\dfrac{1}{H_1(\omega)}=\dfrac{1}{1-\dfrac{1}{2\omega_1}|\omega|}=\dfrac{2\omega_1}{2\omega_1-|\omega|},\ |\omega|\leqslant\omega_1\\ 0,\ |\omega|>\omega_1\end{cases}$$

如图 S8-2(c)所示。

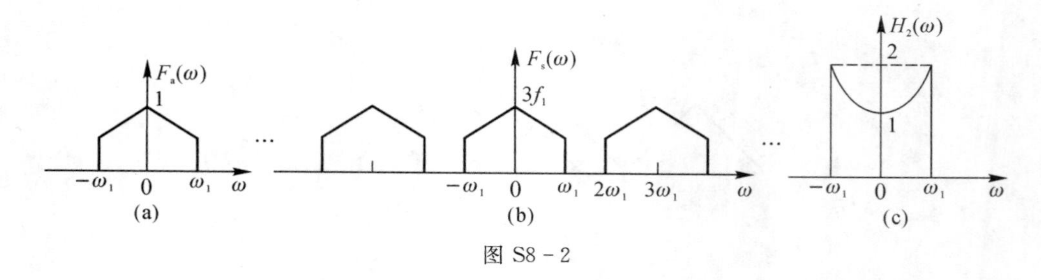

图 S8-2

8－3　对 $f(t)=10\cos200\pi t\cos2\ 000\pi t$ 进行理想采样，让得到的采样信号 $f_s(t)$ 通过一个

(1)截止频率为 f_H 的理想低通滤波器；

(2)中心频率为 f_c、带宽为 B 的理想带通滤波器。

其输出还是 $f(t)$，求相应的最小采样频率和对应的滤波器参数。

解：不难看出 $f(t)=10\cos200\pi t\cos2\ 000\pi t$ 为 DSB 信号，其中 $m(t)=\cos200\pi t$，$c(t)=10\cos2\ 000\pi t$。可展开为

$$f(t)=10\cos200\pi t\cos2\ 000\pi t=5(\cos1800\pi t+\cos2\ 200\pi t)$$

频谱如图 S8－3 所示。

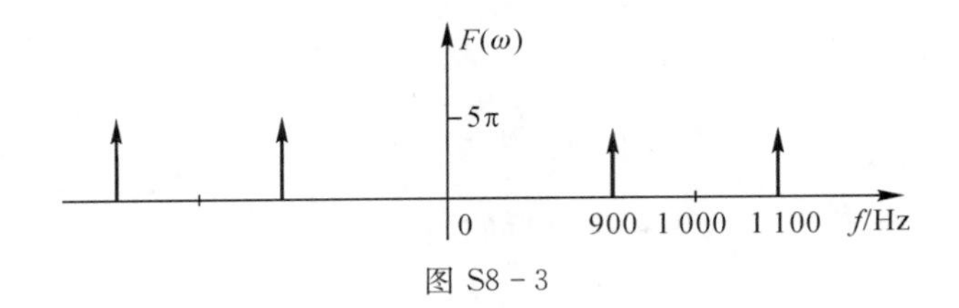

图 S8－3

(1)将 $f(t)$ 视为低通信号时，采样频率

$$f_s\geqslant 2f_H=2\ 200\ \text{Hz}$$

恢复信号的理想低通滤波器：截止频率与 f_H 相同，为 1 100 Hz。

(2)将 $f(t)$ 视为带通信号时，采样频率为

$$f_s=2B\left(1+\frac{M}{N}\right)=2\times200\times(1+\frac{0.5}{5})=440\ \text{Hz}$$

其中

$$N=\left[\frac{f_H}{B}\right]=\left[\frac{1\ 100}{200}\right]=5,M=\frac{f_H}{B}-N=\frac{1\ 100}{200}-5=0.5$$

恢复信号的理想带通滤波器：中心频率为 $f_c=1000$ Hz，带宽为 $B=200$ Hz。

8－4　某信号为 $f(t)=9+10\cos\omega t$，对 $f(t)$进行均匀量化为 40 个电平及编码，试确定量化间隔和二进制编码位数。

解：由量化电平数 $M=40$，以及 $2^5<M=40<2^6$，可得二进制编码位数

$$N=6$$

由信号 $f(t)$的取值范围：　　$a=9-10=-1,b=9+10=19$

可得量化间隔

$$\Delta v=\frac{b-a}{M}=\frac{19-(-1)}{40}=0.5\ \text{V}$$

8－5　假设某音乐信号是均匀分布的，采样速率为 44.1 kHz，每个采样值按 16 bit 均匀量化编码，试确定存储 1 h 时间段的音乐所需要的比特数和字节数，并求出量化信噪比的分贝数。

解：(1)存储 1 个小时音乐所需比特数

$$44.1\times16\times60\times60=2\ 540\ 160\ \text{kbit}=2\ 540.16\ \text{Mb}$$

存储1个小时音乐所需字节数

$$2540.16/8=317.52\text{MB}$$

注：1B=8 bit。

(2)均匀量化时量化信噪比为

$$\frac{S_q}{N_q}=M^2=2^{2N}=2^{2\times16}=4\ 294\ 967\ 296=96.33\ \text{dB}$$

注：$N=16$ 为编码位数。

8-6 某语音信号的最高频率为4 kHz，采用均匀量化PCM编码，若要求量化信噪比不小于30 dB，试确定此PCM系统所需的最小带宽（奈奎斯特带宽）。

解：由题所给条件，知

$$\frac{S_q}{N_q}=M^2=2^{2N}=30\ \text{dB}=10^3$$

可求得均匀量化PCM编码位数 $N\geqslant5$，量化后的最小信息速率

$$f_b=f_sN=2\times4\times5=40\ \text{kb}$$

所需的最小带宽

$$B=\frac{f_b}{2}=20\ \text{kHz}$$

注：最小带宽对应于频带利用率等于2。

8-7 若某时刻信号幅值为1 230个量化单位，采用13折线A律进行PCM编码，设最小量化间隔为1个量化单位：

(1)求编码器输出的PCM码组，并计算译码器输出的量化误差；

(2)写出对应7位码（不包括极性码）的均匀量化11位码。

解：(1)设编码器输出码组为 $M_1M_2M_3M_4M_5M_6M_7M_8$，则

①因为 $I_s=1\ 230>0$，所以极性码 $M_1=1$。

②因为 $1\ 230>1\ 024$，所以位于第8段，即段落码 $M_2M_3M_4=111$，且有段起始电平 $I_{W8}=1\ 024$，段内间隔 $\Delta v_8=64$。

注：参见表8-3段落码。

③因为 $\frac{1\ 230-I_{W8}}{\Delta v_8}=\frac{1\ 230-1\ 024}{64}=\frac{206}{64}=3.218\ 75$

所以段内码 $M_5M_6M_7M_8=0011$

注：参见表8-4段内码。

则输出码组为：$M_1M_2M_3M_4M_5M_6M_7M_8=11110011$。

量化误差为：14个量化单位，或 $\frac{\Delta v_8}{2}-14=18$ 个量化单位。

(2)对应7位码（不包括极性码）的均匀量化11位码

$$1\ 230-14=1\ 216=1\ 024+128+64=10011000000\text{B}$$

或

$$1\,230-18=1\,212=1\,024+128+32+16+8+4=10010111100\text{B}$$

8-8　采用 13 折线 A 律编码，设接收到的码组为 11000011，最小量化间隔为 1 个量化单位，段内码采用自然二进制码：

(1)译码器输出的为多少个量化单位？

(2)写出对应 8 位码的均匀量化 12 位码。

解：(1)PCM 码组译码恢复样值电平公式

$I_s=\pm$(i 段起始电平＋段内序号×i 段段内间隔)$=\pm$(I_{Wi}＋段内码×Δv_i)

由接收码组 11000011 可知：极性码为 1，表示输出为正；段落码为 100 表示输出处于第 5 段，且段起始电平为 128Δ，段内间隔为 8Δ；段内码为 0011，表示处于第 3 级。故译码器输出为

$$I_s=+(I_{W5}+3\times\Delta v_5)=+(128+3\times8)\Delta=152\Delta$$

或修正为

$$I_s+\frac{\Delta v_5}{2}=(152+4)\Delta=156\Delta$$

(2)对应 8 位码的均匀量化 12 位码

$$+152=+(128+16+8+4)=+(2^7+2^4+2^3)=100010011000\text{B}$$

注：首位为 1，表示信号为正。

8-9　采用二进制编码的 PCM 信号，一帧的话路数为 N，信号最高频率为 f_m，量化级为 M，试求出此二进制编码信号的最大持续时间。

解：二进制编码信号的最小信息速率为

$$f_b=f_s\times\log_2M\times N=2f_mN\log_2M$$

对应的编码信号一帧最大持续时间为

$$T_F=\frac{1}{f_b}=\frac{1}{2f_mN\log_2M}$$

注：$\log_2M$ 表示量化级为 M 时，所需的二进制编码的位数。

8-10　20 路具有 4 kHz 最高频率的信号进行时分复用，试确定最小理论传输带宽；假定邻路防护间隔为每路应占用时间的一半，试确定主瓣(零点)带宽。

解：依题意，最小抽样频率 $f_s=2f_m$，信号复用路数 $N=20$。所以，复用信号的最小 PAM 脉冲速率

$$R_B=f_s\times N=2f_mN=2\times4\times20=160\text{ kB}$$

(1)最小理论传输带宽

$$B=\frac{1}{2}R_B=80\text{ kHz}$$

注：最小理论传输带宽对应于频带利用率等于 2。

(2)邻路防护间隔为每路应占用时间的一半时，主瓣带宽

$$B=2R_B=320\text{ kHz}$$

注：脉冲时间宽度压缩一半，对应带宽增加一倍。

8－11　设以 8 kHz 的速率对 24 个信号进行抽样并时分复用，各信号的频带限于 3 kHz，试计算在此 PAM 系统传输的最小理论带宽。

解：依题意，抽样频率 $f_s = 8$ kHz，信号复用路数 $N = 24$。所以，复用信号的 PAM 脉冲速率

$$R_B = f_s \times N = 8 \times 24 = 192 \text{ kB}$$

系统传输的最小理论带宽

$$B = \frac{1}{2}R_B = 96 \text{ kHz}$$

8－12　设信号的频率范围为 0～4 kHz，幅值在－4.096～＋4.096 V 间均匀分布，若采用 13 折线 A 律对该信号进行非均匀量化 PCM 编码，

(1)试求最小量化间隔；

(2)假设某时刻信号幅值为 0.5 V，求这时编码器输出码组，并确定译码器的量化误差；

(3)用最小抽样速率进行抽样，求该 PCM 信号的最小传输带宽；

(4)若将 20 路该信号进行时分复用，每帧增加 8 比特的帧同步码，试确定帧结构和该时分系统的信息传速速率；若传输信号采用占空比为 1/2 的矩形脉冲，传输信号的主瓣带宽是多少？

解：(1)最小量化间隔(即量化单位)

$$\Delta = \frac{4.096}{2\ 048} = 2 \text{ mV}$$

(2)0.5 V 对应量化间隔数

$$I_s = \frac{0.5 \text{ V}}{2 \text{ mV}} = 250\Delta$$

设编码器输出码组为 $M_1M_2M_3M_4M_5M_6M_7M_8$，则

①因为 $I_s > 0$，所以极性码 $M_1 = 1$。

②因为 $128 < 250 < 256$，所以位于第 5 段，即段落码 $M_2M_3M_4 = 100$，且段起始电平 $I_{W5} = 128\Delta$，段内间隔 $\Delta v_5 = 8\Delta$。

注：参见表 8－3 段落码。

③因为
$$\frac{250 - I_{W5}}{\Delta v_5} = \frac{250 - 128}{8} = \frac{122}{8} = 15.25$$

所以
$$M_5M_6M_7M_8 = 1111$$

注：参见表 8－4 段内码。

编码器输出码组为 11001111，量化误差为 $2\Delta = 4$ mV。

(3)最小抽样速率进行抽样时的传码率

$$R_B = f_s \cdot N = 8 \times 10^3 \times 8 = 64\text{kB}$$

传送该 PCM 信号所需要的最小带宽为

$$B = \frac{R_B}{2} = 32 \text{ kHz}$$

(4)20 路该信号时分复用，每帧增加 8 比特帧同步码时，帧结构如图 S8－12 所示。

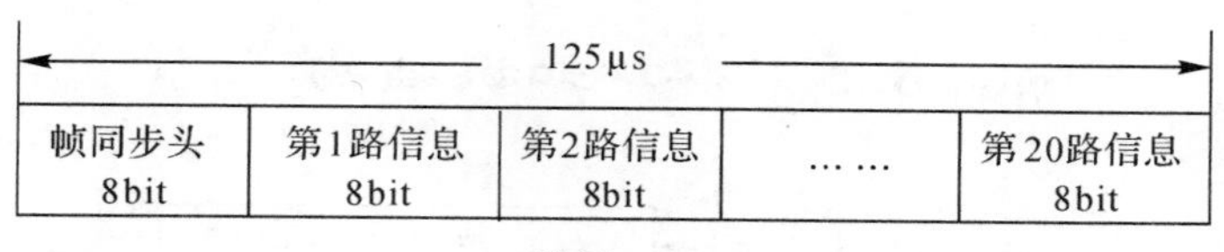

图 S8-12

信息传速速率

$$f_b=(n\times N+8)\times f_s=(20\times 8+8)\times 8\times 10^3=1\ 344\ \text{kb/s}$$

采用占空比为 1/2 的矩形脉冲传输时，信号主瓣带宽

$$B=2f_b=2\ 688\ \text{kHz}$$

注：$n=20$ 为复用信号路数，$N=8$ 为每一样值编码位数。

8-13　对信号 $f(t)=A\sin 2\pi f_0 t$ 进行简单增量调制，若台阶电压 δ 和抽样频率 f_s 选择既保证不过载，又保证不致因信号振幅太小而使增量调制器不能正常编码，试证明此时要求 $f_s>\pi f_0$。

证明：要使增量调制不过载，信号电压的变化斜率不得大于编码器的最大跟踪斜率，即

$$\left|\frac{\mathrm{d}f(t)}{\mathrm{d}t}\right|_{\max}\leqslant \delta\cdot f_s$$

已知信号为 $f(t)=A\sin 2\pi f_0 t$，有

$$\left|\frac{\mathrm{d}f(t)}{\mathrm{d}t}\right|_{\max}=2\pi f_0 A\leqslant \delta f_s$$

或

$$A\leqslant\frac{\delta\cdot f_s}{2\pi\cdot f_0}$$

要使增量调制编码正常，就要求信号的振幅大于量化台阶 δ 的一半，即

$$A>\frac{\delta}{2}$$

联立以上两式，可解得

$$f_s>\pi f_0$$

证毕。

8-14　已知输入到增量调制器的语音信号中含有的最高频率分量为 f_H 为 3.4 kHz，幅度为 1 V，采样频率 f_s 为 32 kHz，求增量调制的量化阶距。

解：依题意，无妨设该语音信号最高频率分量可以表示为 $f(t)=A\cos\omega_H t$，由增量调制不过载条件，有

$$\left|\frac{\mathrm{d}f(t)}{\mathrm{d}t}\right|_{\max}=2\pi f_H A\leqslant \delta f_s$$

其中，$A=1$ V 为输入信号幅度，$f_H=3.4$ kHz 为输入信号最高频率分量，$f_s=32$ kHz 采样频率。因此，可得增量调制的量化阶距

$$\delta\geqslant\frac{2\pi f_H A}{f_s}=\frac{2\pi\times 3.4\text{k}\times 1}{32\text{k}}=0.67\ \text{V}$$

8.5 本章知识结构

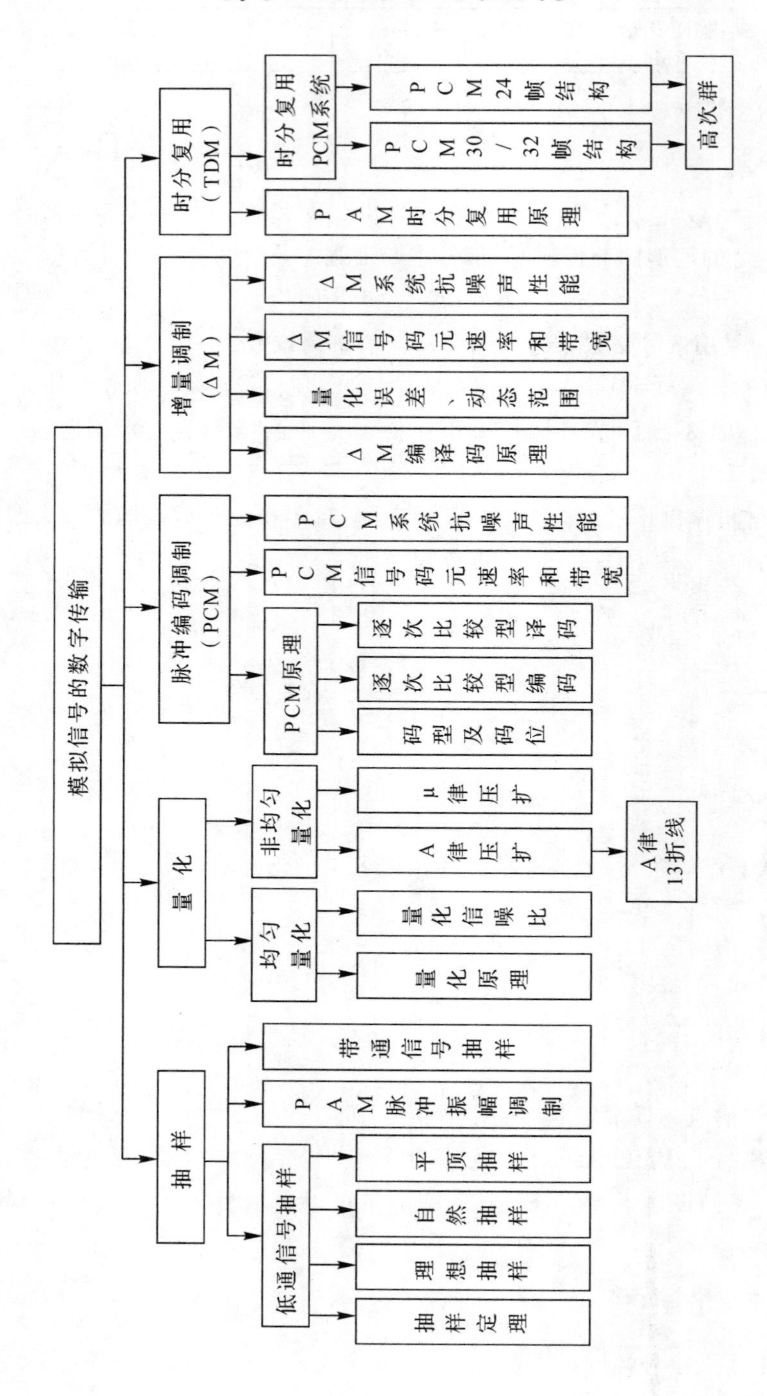
模拟信号的数字传输
抽样
低通信号抽样
抽样定理
理想抽样
自然抽样
平顶抽样
PAM脉冲振幅调制
带通信号抽样
量化
均匀量化
量化原理
量化信噪比
非均匀量化
A律压扩
A律13折线
μ律压扩
脉冲编码调制（PCM）
PCM原理
码型及码位
逐次比较型编码
逐次比较型译码
PCM信号码元速率和带宽
PCM系统抗噪声性能
增量调制（ΔM）
ΔM编译码原理
量化误差、动态范围
ΔM信号码元速率和带宽
ΔM系统抗噪声性能
时分复用（TDM）
PAM时分复用原理
时分复用PCM系统
PCM30/32帧结构
PCM24帧结构
高次群

第9章 差错控制编码

9.1 大纲要求

(1)熟悉信道编码/差错控制编码的基本概念。

(2)熟悉纠错编码的分类、差错控制方式，掌握纠错编码的基本原理。

(3)熟悉常用简单检错码(奇偶监督码;行列监督码;恒比码)。

(4)掌握线性分组码。

(5)掌握循环码。

9.2 内容概要

9.2.1 差错控制编码的基本概念

差错控制编码属于信道编码范畴。信道编码是为了保证通信系统的可靠性，克服信道中的噪声与干扰而专门设计的一类差错控制技术和方法，它也可以在保证通信系统在具有一定的可靠性的前提下达到减少发射功率的目的。

差错控制编码也称纠错编码，通常是在传输的信息位后附加一定的冗余码元，从而实现检错或纠错的功能。

1. 差错类型

通信系统中存在的差错主要有三种类型：

(1)随机性差错，通常由信道中高斯白噪声引起，差错是随机的且相互之间是独立出现的。

(2)突发性差错，通常由信道中脉冲性干扰引起，在短暂的时间内出现大量的差错，之后又存在较长的无误码区间。

(3)混合性差错，通常是指信道中既存在随机差错又存在突发性差错。

由于随机性错误和突发性错误是两类不同性质的错误，所以通信系统中通常采用不同的差错控制编码方式。

3. 差错控制的基本方法

(1)基本原理。差错控制编码就是在信息码元(信元)之后附加一些监督码元(简称督元)，使之与信息码元之间以某种确定的规则相互关联，接收端按照既定的规则检验关联关系，如这种规则受到破坏，则会发现错误，乃至纠正错误。

在信道编码过程中，码组中信息位数用 k 表示，监督位数用 r 表示，码长用 n 表示，则 $n=k+r$，编码效率为

$$R_c = \frac{k}{n} \tag{9-1}$$

(2)码组的码长、码重和码距。

码长：码组中码元的个数。

码重：码组中非 0 元素的个数。

码距：两个等长码组中对应位上数值不同的个数，也称为两个码字的汉明距离。

最小码距：某种编码中各个码字之间码距的最小数值，记做 d_0。

(3)检错与纠错能力与最小码距的关系。码组的检错与纠错能力与码组的最小码距 d_0 有密切关系，d_0 的大小直接决定编码的检错和纠错能力。对于分组码有以下结论：

1)为了检测 e 个错误

$$d_0 \geqslant e+1 \tag{9-2}$$

2) 为了纠正 t 个错误

$$d_0 \geqslant 2t+1 \tag{9-3}$$

3)为了同时检测 e 个错误、纠正 t 个错误

$$d_0 \geqslant e+t+1, e>t \tag{9-4}$$

3. 差错控制方式

在差错控制编码中，常用的差错控制方式主要有三种：

1)检错重发(ARQ)。接收端在接收到的信码中检测出错误码时，通知发送端重发，直到正确接收为止。这种方式编译码设备简单，但只能检错，不能纠错，且需要双向信道。

2)前向纠错(FEC)。接收端不仅可以在收到的信码中发现错误，还能够纠正错误。前向纠错方式不需要反向信道，实时性好，但是纠错设备复杂。

3)混合纠错(HEC)。它是前向纠错方式和检错重发方式的结合。该方式在接收端具有部分纠正错误的能力，当超出纠错能力时，系统通过反馈信道要求发送端重发一遍。混和纠错方式在实时性和译码复杂性方面是前向纠错和检错重发方式的折衷。

3. 信道编码的分类

差错控制编码都是在信息位后附加一定的监督位，根据信息位和监督位之间的关系，可作如下分类。

(1)分组码与卷积码。

分组码：是将信息序列分组，在每组信息码后面附加若干监督码元，且监督码元仅监督本码组中的信息位。分组码一般用(n,k)表示，k 为信息位的长度，n 为码组的长度，$n-k=r$ 为监督位的长度。

卷积码：先将信息序列分组，后面附加监督位，但是监督位不但与本码组的信息位有关，还与前面码组的信息位有关。或者说监督位不仅监督本码组的信息位还监督其他码组的信

息位。

(2)系统码与非系统码。

系统码:编码码组中信息位和监督位位置关系确定,信息位在前,监督位在后。

非系统码:编码码组中信息位与监督位之间无特定位置关系。

系统码的编译码相对比较简单,应用较为广泛。

9.2.2 常用的简单分组码

1. 奇偶监督码

奇偶监督码分为奇监督码和偶监督码,两种监督码的原理相同,检错能力也相同。它们是由 $n-1$ 位信息元和 1 位监督元组成,n 位编码构成以下约束关系

$$\underbrace{a_{n-1} \oplus a_{n-2} \oplus a_{n-3} \cdots \oplus a_1}_{\text{信元}} \oplus \underbrace{a_0}_{\text{督元}} = \begin{cases} 1,\text{奇数监督码} \\ 0,\text{偶数监督码} \end{cases} \tag{9-5}$$

奇偶校验可以用来检测出所有奇数个错误,特别是单个错误。

2. 纵向奇偶校验(LRC)

通过一个例子介绍。对于一个 32 位的数据块,将它组成 4 行 8 列的阵列,如图 9-1 所示,对每列按偶校验计算校验位构成一个 8 位的新行,将 8 个校验位附加到原始数据块的尾部,发送到接收方。如果信道中有不超过 8 位的突发错误,它就破坏了每一列上的偶校验关系,因此在接收端就可以检测出这些突发性错误。

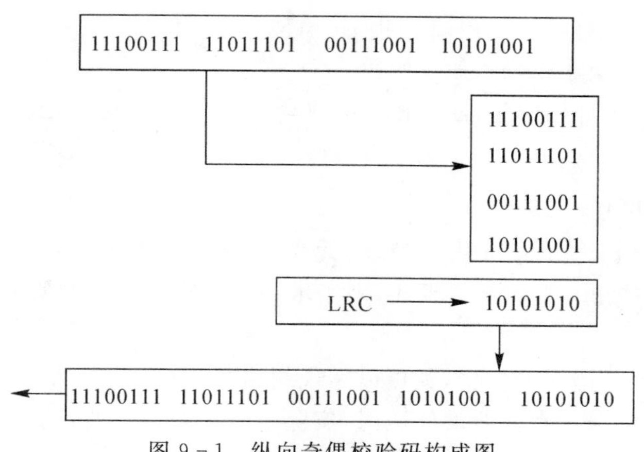

图 9-1 纵向奇偶校验码构成图

LRC 可以用来检测突发性错误,n 位的 LRC 可以检测一个 n 位突发错误。多于 n 位的也可用 LRC 以很高的概率检测出来。

3. 水平垂直奇偶校验

在纵向奇偶校验码的基础上,对图 9-1 阵列中每一行也进行奇偶校验,就可得到水平垂直奇偶校验阵列,见表 9-1。

这种码比纵向奇偶校验码有更强的检错能力,它能检测出某一行或某一列上所有奇数个

错误及长度不大于行数(或列数)的突发性错误;还可检某些偶数个错误,并具有一定的纠错能力。

表 9-1　水平垂直奇偶校验

信息码元	监督码元
0 1 0 1 1 0 1 1 0 0	1
0 1 0 1 0 1 0 0 1 0	0
0 0 1 1 0 0 0 0 1 1	0
1 1 0 0 0 1 1 1 0 0	1
0 0 1 1 1 1 1 1 1 1	0
0 0 0 1 0 0 1 1 1 1	1
1 1 0 1 0 1 0 0 0 1	1

9.2.3　线性分组码

1. 线性分组码的基本概念

(1)定义。信息位和监督位之间的关系由线性方程组约束的分组码称作线性分组码。奇偶校验码就是一种效率很高的线性分组码。

(2)特征。督元由信元的线性组合而产生。

(3)主要性质:①任意两许用码之和仍为一许用码。也就是说,线性分组码具有封闭性。②码组间的最小码距等于非零码的最小码重。

注意:这里任意两个许用码组之和指的是两个许用码组的对应位求模二和,即进行异或运算。

2. 线性分组码的编码原理

一般而言,对于码长为 n、信元为 k 位、督元为 $r=n-k$ 位的线性分组码 (n,k) 来说,如果希望用 r 个监督位构造出 r 个监督关系式,来指示一位错码所有可能的 n 个位置,要求

$$2^r-1\geqslant n \quad 或 \quad 2^r\geqslant k+r+1 \tag{9-6}$$

对于二进制编码,知道了错误的位置,就可以实现纠错了。

对于线性分组码 (n,k),在接收端解码时,实际上就是在计算监督方程

$$S=b_{n-1}+b_{n-2}+\cdots+b_{n-k}+\cdots+b_1+b_0 \tag{9-7}$$

式中,S 为校正子;$b_{n-1},\cdots,b_{n-k}$ 为接收信息位;$b_{n-k-1},\cdots,b_0$ 为接收到的监督位。这里,"+"是指模二加,若 S 为"0"时表示传输无错误;S 为"1"时表示有错误发生。有 r 个监督位,就会有 r 个监督方程,也就会得到 r 个矫正子。当 r 个矫正子都为零时,表示没有错误发生;有错误发生时,至少有一个矫正子不为零。可见,r 个监督方程可以提供 2^r-1 种错误图样。

能纠一位错的线性分组码称为汉明码。下面,通过一个例子来说明如何构造这种线性分组码。

不失一般性,无妨设(7,4)汉明码的矫正子与误码位置的对应关系见表 9-2。

表 9-2　矫正子与误码关系位置

$S_1S_2S_3$	误码位置	$S_1S_2S_3$	误码位置
0 0 1	a_0	1 0 1	a_4
0 1 0	a_1	1 1 0	a_5
1 0 0	a_2	1 1 1	a_6
0 1 1	a_3	0 0 0	无错

表中，存在如下校验关系

$$\left.\begin{aligned} S_1 &= a_6 + a_5 + a_4 + a_2 \\ S_2 &= a_6 + a_5 + a_3 + a_1 \\ S_3 &= a_6 + a_4 + a_3 + a_0 \end{aligned}\right\} \tag{9-8}$$

这里，"+"代表模二和⊕，本章以下不再说明；a_6,a_5,a_4,a_3 是信息码元，其值由输入信号决定；a_2,a_1,a_0 是监督码元，取值与信息码元构成监督关系，由下述监督方程决定

$$\left.\begin{aligned} a_2 &= a_6 + a_5 + a_4 \\ a_1 &= a_6 + a_5 + a_3 \\ a_0 &= a_6 + a_4 + a_3 \end{aligned}\right\} \tag{9-9}$$

注意：式(9-9)是对式(9-8)设矫正子为全零的移项运算，因为是模二运算，"+"和"-"的作用一样。

对式(9-9)改写如下

$$\left.\begin{aligned} 1\cdot a_6 + 1\cdot a_5 + 1\cdot a_4 + 0\cdot a_3 + 1\cdot a_2 + 0\cdot a_1 + 0\cdot a_0 &= 0 \\ 1\cdot a_6 + 1\cdot a_5 + 0\cdot a_4 + 1\cdot a_3 + 0\cdot a_2 + 1\cdot a_1 + 0\cdot a_0 &= 0 \\ 1\cdot a_6 + 0\cdot a_5 + 1\cdot a_4 + 1\cdot a_3 + 0\cdot a_2 + 0\cdot a_1 + 1\cdot a_0 &= 0 \end{aligned}\right\} \tag{9-10}$$

进一步写为矩阵形式

$$\begin{bmatrix} 1 & 1 & 1 & 0 & 1 & 0 & 0 \\ 1 & 1 & 0 & 1 & 0 & 1 & 0 \\ 1 & 0 & 1 & 1 & 0 & 0 & 1 \end{bmatrix} \cdot \begin{bmatrix} a_6 & a_5 & a_4 & a_3 & a_2 & a_1 & a_0 \end{bmatrix}^{\mathrm{T}} = \begin{bmatrix} 0 \\ 0 \\ 0 \end{bmatrix} \tag{9-11}$$

简记为

$$\boldsymbol{HA}^{\mathrm{T}} = \boldsymbol{0}^{\mathrm{T}} \tag{9-12}$$

或

$$\boldsymbol{AH}^{\mathrm{T}} = \boldsymbol{0} \tag{9-13}$$

其中

$$\boldsymbol{H} = \begin{bmatrix} 1 & 1 & 1 & 0 & 1 & 0 & 0 \\ 1 & 1 & 0 & 1 & 0 & 1 & 0 \\ 1 & 0 & 1 & 1 & 0 & 0 & 1 \end{bmatrix} \tag{9-14}$$

称为监督矩阵；

$$\boldsymbol{A} = \begin{bmatrix} a_6 & a_5 & a_4 & a_3 & a_2 & a_1 & a_0 \end{bmatrix} \tag{9-15}$$

为信道编码得到的码字；

$$\boldsymbol{0} = \begin{bmatrix} 0 & 0 & 0 \end{bmatrix} \tag{9-16}$$

只要监督矩阵 $\boldsymbol{H}$ 给定，编码时监督位和信息位的关系就完全确定了。

$\boldsymbol{H}$ 矩阵的行数就是监督关系式的数目，它等于监督位的个数。$\boldsymbol{H}$ 矩阵的每行中的“1”的位置表示了相应码元之间的存在的监督关系。将 $\boldsymbol{H}$ 矩阵从列的方向分成两部分

$$\boldsymbol{H}=\begin{bmatrix}1&1&1&0&1&0&0\\1&1&0&1&0&1&0\\1&0&1&1&0&0&1\end{bmatrix}=[\boldsymbol{P}\quad \boldsymbol{I}_r] \tag{9-17}$$

式中，$\boldsymbol{P}$ 为 $r\times k$ 阶矩阵，$\boldsymbol{I}_r$ 为 $r\times r$ 阶单位矩阵，具有这种特性的 $\boldsymbol{H}$ 矩阵称为典型监督矩阵，它的各行是线性无关的。非典型形式的监督矩阵可以经过行的对应位模二和运算化为典型形式。

式(9－9)也可以用矩阵形式来表示

$$\begin{bmatrix}a_2\\a_1\\a_0\end{bmatrix}=\begin{bmatrix}1&1&1&0\\1&1&0&1\\1&0&1&1\end{bmatrix}\cdot\begin{bmatrix}a_6\\a_5\\a_4\\a_3\end{bmatrix}=\boldsymbol{P}\cdot\begin{bmatrix}a_6\\a_5\\a_4\\a_3\end{bmatrix} \tag{9-18}$$

或

$$[a_2\quad a_1\quad a_0]=[a_6\quad a_5\quad a_4\quad a_3]\cdot\begin{bmatrix}1&1&1\\1&1&0\\1&0&1\\0&1&1\end{bmatrix}=[a_6\quad a_5\quad a_4\quad a_3]\cdot\boldsymbol{Q} \tag{9-19}$$

$\boldsymbol{Q}$ 为 $k\times r$ 阶矩阵，它是 $\boldsymbol{P}$ 的转置，即 $\boldsymbol{Q}=\boldsymbol{P}^{\mathrm{T}}$。可见，当信息位给定后，用信息位的行矩阵左乘矩阵 $\boldsymbol{Q}$ 就可以得到监督位。

在 $\boldsymbol{Q}$ 矩阵的左边在加上一个 $k\times k$ 阶单位矩阵，形成了一个新的矩阵

$$\boldsymbol{G}=[\boldsymbol{I}_k\quad \boldsymbol{Q}]=\begin{bmatrix}1&0&0&0&1&1&1\\0&1&0&0&1&1&0\\0&0&1&0&1&0&1\\0&0&0&1&0&1&1\end{bmatrix} \tag{9-20}$$

称 $\boldsymbol{G}$ 为生成矩阵，利用它可以产生整个码组

$$\boldsymbol{A}=\boldsymbol{M}\cdot\boldsymbol{G}=[a_6\quad a_5\quad a_4\quad a_3]\cdot\boldsymbol{G} \tag{9-21}$$

式中，$\boldsymbol{M}=[a_6\quad a_5\quad a_4\quad a_3]$为信息码组。

若 $\boldsymbol{G}$ 具有$[\boldsymbol{I}_k\quad \boldsymbol{Q}]_{k\times n}$的形式，则称其为典型生成矩阵。由典型生成矩阵生成的码为系统码。

3. 线性分组码的伴随式译码

设发送码组为 $\boldsymbol{A}=[a_{n-1}\quad a_{n-2}\quad\cdots\quad a_0]$，接收码组为 $\boldsymbol{B}=[b_{n-1}\quad b_{n-2}\quad\cdots\quad b_0]$，则收发码组之差称为错误图样，记为

$$\boldsymbol{E}=\boldsymbol{B}-\boldsymbol{A} \tag{9-22}$$

其中

$$\boldsymbol{E}=[e_{n-1}\quad e_{n-2}\quad\cdots\quad e_0] \tag{9-23}$$

这里

$$e_i=\begin{cases}0,\text{表明 } b_i=a_i,\text{无错}\\1,\text{表明 } b_i\neq a_i,\text{有错}\end{cases} \tag{9-24}$$

由校正子(或称伴随式)计算公式

$$S^T = HB^T = H(A+E)^T = HA^T + HE^T = HE^T \tag{9-25}$$

可知,校正子 **S** 仅与错误图案有关,与发送码组无关。进一步分析表明,若接收码字 **B** 中第 i 位有错,那么导出的伴随式恰好同于监督矩阵 **H** 的第 i 列。

例 9-1　在上述(7,4)编码中,若接收的码组为 1001101,请指出错误位置并译码。

解:计算伴随式

$$S^T = HB^T = \begin{bmatrix} 1 & 1 & 1 & 0 & 1 & 0 & 0 \\ 1 & 1 & 0 & 1 & 0 & 1 & 0 \\ 1 & 0 & 1 & 1 & 0 & 0 & 1 \end{bmatrix} \begin{bmatrix} 1 \\ 0 \\ 0 \\ 1 \\ 1 \\ 0 \\ 1 \end{bmatrix} = \begin{bmatrix} 0 \\ 0 \\ 1 \end{bmatrix}$$

伴随式同于监督矩阵 **H** 的第 0 列(最后一列),所以接收码组最后一位有错,译码结果为:1001100。

9.2.4　循环码

1. 循环码的概念

(1)循环码的特性。循环码是一种具有循环移位特性的线性分组码。这类码除了具有线性分组码的所有性质之外,还具有循环性。即,循环码中任一许用码组经过循环移位后,所得到的码组仍然是许用码组。

循环码本身的特性,使得编码电路及伴随式计算电路都非常简单,比较容易实现。

(2)码多项式及其按模运算。为了利用代数理论研究循环码,可以将码组用代数多项式来表示,这个多项式被称为码字多项式,简称码多项式。

码字 $\boldsymbol{A}=[a_{n-1}a_{n-2}\cdots a_1a_0]$所对应的码多项式可表示为

$$A(x) = a_{n-1}x^{n-1} + a_{n-2}x^{n-2} + \cdots + a_1x + a_0 \tag{9-26}$$

码多项式中的系数就是码字各分量的值,x^i的次数 i 仅代表该分量在码字中所处的位置。

可以看出,码字 A 与码多项式 $A(x)$一一对应,可以互为表示。

对于多项式而言,也存在按模运算。例如,对于多项式 $A(x)$、$N(x)$,若

$$\frac{A(x)}{N(x)} = Q(x) + \frac{R(x)}{N(x)} \tag{9-27}$$

其中商 $Q(x)$为多项式,余数 $R(x)$的幂次低于 $N(x)$的幂次。则称 $A(x)$模 $N(x)$的结果为 $R(x)$,记为

$$A(x) \equiv R(x),\ [\text{模}\ N(x)] \tag{9-28}$$

(3)码多项式的循环性。可以证明:在循环码中,若 $A(x)$是一个码长为 n 的许用码组多项式,则 $x^iA(x)$在模 x^n+1 运算下亦是许用码组,即若有

$$x^iA(x) \equiv A^i(x) \quad (\text{模}\ x^n+1) \tag{9-29}$$

则 $A^i(x)$也是一个许用码组。

式(9-29)表明循环码移位 i 次所对应的码多项式等于码多项式移位 i 次的结果。

2.循环码的编码原理

(1)循环码的生成多项式和生成矩阵。在循环码中,一个(n,k)码有2^k个不同的许用码组。所有码中次数最低的码多项式(全0码字除外)称为生成多项式,用$g(x)$表示。生成多项式$g(x)$具有以下特性:

1)是一个常数项为1的$r=n-k$次多项式;

2)是x^n+1的一个因式;

3)循环码中其他码多项式都是$g(x)$的倍式。或者说,所有码多项式$A(x)$必定能被$g(x)$整除。

对于线性分组码来说只要找到它的生成矩阵就可确定所有的编码码字,而它的生成矩阵的每一行是k个互不相关的许用码组。根据式(9-29)可知,由$g(x)$构成的码组$g(x),xg(x),x^2g(x),\cdots,x^{k-1}g(x)$仍然是许用码组,并且它们是线性无关的,因此可以用来构成生成矩阵

$$\boldsymbol{G}(x)=\begin{bmatrix} x^{k-1}\cdot g(x) \\ x^{k-2}\cdot g(x) \\ \vdots \\ x\cdot g(x) \\ g(x) \end{bmatrix} \tag{9-30}$$

注意,这时的生成矩阵$\boldsymbol{G}$一般不是典型矩阵,可通过初等行变换将其化为$[\boldsymbol{I}_k \quad \boldsymbol{Q}]$的形式,以便生成系统循环码。

(2)循环码的编码方法和编码器构造。由循环码的构造可以知道,所有的码多项式都可以被$g(x)$整除,也就是说,如果哪一个多项式可以被$g(x)$整除,且商的次数不大于$k-1$,则它必为码多项式。从这个思路出发,循环码的编码方法分为三步:

1)用x^{n-k}去乘信息多项式$m(x)$;

2)用$g(x)$去除$x^{n-k}m(x)$,求得余式$r(x)$和商$Q(x)$,即

$$\frac{x^{n-k}\cdot m(x)}{g(x)}=Q(x)+\frac{r(x)}{g(x)} \tag{9-30}$$

3)令$A(x)=x^{n-k}\cdot m(x)+r(x)$,显然$A(x)$可以被$g(x)$整除,所以它就是循环码多项式。

这样得到的循环码必定是系统码。最左边的k位是信息码元,对应信息多项式$m(x)$;随后是r位的监督码元,对应监督多项式$r(x)$。

循环编码的核心是求余式$r(x)$,由数字电路课程中知道,除法电路可以用反馈移位寄存器实现。下面以(7,4)码为例,说明循环码编码器的构造原理。

设该(7,4)循环码的生成多项式为$g(x)=x^3+x^2+1=g_3\cdot x^3+g_2\cdot x^2+g_1\cdot x+g_0\cdot 1$,构成的循环码编码器如图9-2所示。

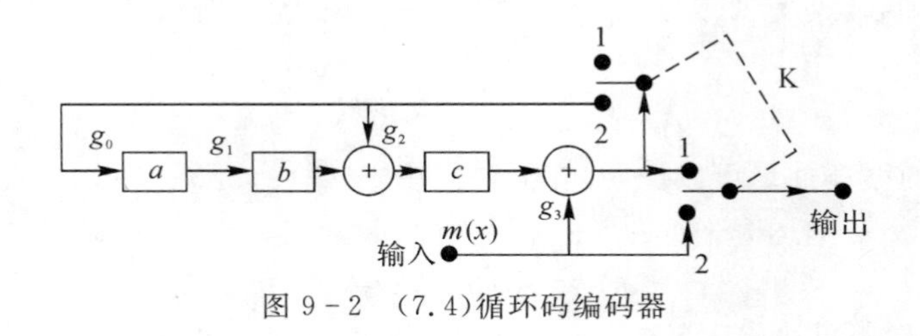

图9-2　(7.4)循环码编码器

图9-2中,a,b,c为移位寄存器,其数目为r个(对应$g(x)$的最高幂次,此处$r=3$);每个

移位寄存器之后模二加法器的有无，由 $g(x)$ 中 x^i 的系数 g_i 决定。g_i 为 1 时反馈线导通，存在模二加法器。为 0 时反馈线断开，无需模二加法器；K 为一双刀双掷开关。

工作过程：当信息位输入时，开关位置接“2”，输入的信息码一方面送到除法器进行运算，另一方面直接输出；当信息位全部输出后，开关位置接“1”，输出端接到移位寄存器的输出，这时除法的余项，也就是监督位依次输出，同时切断反馈线。

用这种编码器实现的就是信息位在前，监督位在后的系统码。

(3)循环码的译码。对循环码来说校正子多项式

$$S(x) \equiv R(x) \equiv E(x) \ (\text{模 } g(x)) \tag{9-31}$$

即，循环码的校正子多项式 $S(x)$ 就是用接收到的码多项式除以生成多项式 $g(x)$ 所得到的余式。据此，不难得到循环码的译码可以分三步进行：

1)由接收到的码多项式 $R(x)$ 计算校正子(伴随式)多项式 $S(x)$；

2)由校正子 $S(x)$ 确定错误图样 $E(x)$；

3)将错误图样 $E(x)$ 与 $R(x)$ 相加，纠正错误。

一种循环码译码的原理图如图 9-3 所示。

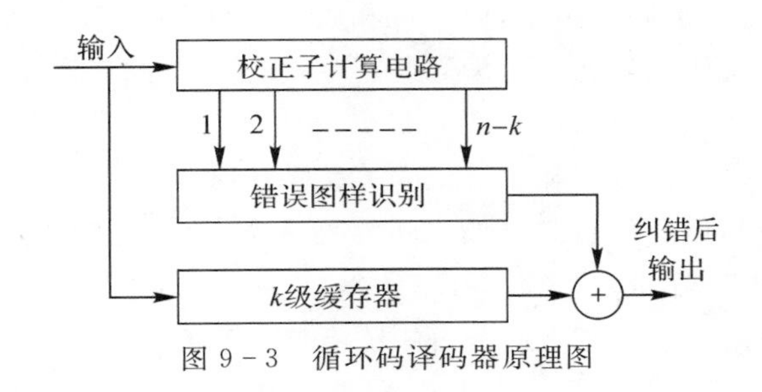

图 9-3　循环码译码器原理图

9.3　思考题解答

9-1　差错控制编码的目的是什么？

答：差错控制编码也称纠错编码，通常是在传输的信息位后附加一定的冗余码元，目的在于克服信道中的噪声与干扰，实现检错或纠错，保证通信系统的可靠性。

9-2　在保持系统误码率不变的前提下，采用差错控制编码后，发射信号的带宽和功率是增加还是减少？

答：在保持系统误码率不变的前提下，采用差错控制编码后，发射信号的带宽增加，而功率减少。插入的监督码元越多，每个码元宽度越窄，发射信号所需带宽越大；同时，纠检错能力越强，对功率需求越小。

9-3　在差错控制编码中检错和纠错能力和最小码距的关系是什么？

答：分组码的最小码距 d_0 与检错和纠错能力之间关系为：

1)当码字用于检测错误时，如果要检测 e 个错误，则 $d_0 \geq e+1$。

2)当码字用于纠正错误时，如果要纠正 t 个错误，则 $d_0 \geq 2t+1$。

3)若码字用于纠 t 个错误，同时检 e 个错误时，则 $d_0 \geq t+e+1$，$(e>t)$。

一般所有码组的检错能力都大于其纠错能力。因为纠错不仅是要发现错误，还要改正错误，要求更高。

9-4　要检测突发性错误，可采取什么措施？

答：要检测突发性错误，可采取纵向奇偶校验或水平垂直奇偶校验(二维偶监督)的方法。

1)纵向奇偶校验码是将一个数据块，组成 m 行 n 列的阵列，对每列按偶校验计算校验位构成一个 n 位新行，将 n 个校验位附加到原始数据块的尾部，发送到接收方。这种方法可以检测一个不大于 n 位的突发错误。

2)二维偶监督码是在纵向奇偶校验码的基础上，对阵列中每一行也进行奇偶校验。该方法比纵向奇偶校验码有更强的检错能力，它能检测出某一行或某一列上所有奇数个错误及长度不大于行数(或列数)的突发性错误。

9-5　采用差错控制编码能使系统误码率为0吗？

答：不能。因为要想系统误码率为0，即能纠正任意位数的错，则原则上所编码组的最小码距应该为无穷大，这在实际中是不可能的。

9-6　什么是系统码和非系统码？

答：系统码是指在一个编码码组中，信息位和监督位具有确定的位置关系(信息位在前，监督位在后)的码组；非系统码是指在一个编码码组中，信息位与监督位之间无特定位置关系的码组。

9-7　在线性分组码中信息位和监督位的关系是什么？

答：在线性分组码中，信息位和监督位之间的关系受线性方程组约束，其特征是：督元由信元的线性组合而产生。

9-8　在线性分组码中校正子表和监督矩阵有什么联系？

答：校正子与码组元素之间的校验关系由校正子表决定，令校正子为全零，便可由该校验关系得到监督码元与信息码元之间的监督关系，其系数阵便是监督矩阵。

9-9　循环码的生成多项式应满足什么条件？

答：循环码的生成多项式 $g(x)$ 应满足如下条件：①是 x^n+1 的一个因式；② 最高幂次为 $r=n-k$ 阶；③常数项为1。

9-10　卷积码和分组码有什么区别？

答：将信息码分组，后面附加监督码元。在分组码中，该监督码元仅监督本码组中的信息位；而在卷积码中，该监督位不仅监督本码组的信息位还监督其它码组的信息位。

9-11　信道编码与信源编码有什么不同？纠错码能够检错或纠错的根本原因是什么？

答：信源编码是在数字通信系统中的发送端，为了提高数字信号传输的有效性而采取的编码方式；信道编码是在数字通信系统的发送端，为了提高数字传输系统的可靠性，降低信息传输的差错率而采用的编码方式。

纠错码能够检错或纠错的根本原因是它具有冗余位，即用有效性的降低换来可靠性的提高。

9.4　习题解答

9-1　某码字的许用码组为0000000,0011101,0101011,0110110,1000111,1011010,

1101100,1110001 确定该码字的最小码距和检错与纠错能力。

解:(1)依据“线性分组码的最小距离等于非零码的最小码重”性质,可知该码字的最小码距 $d_0=4$。

(2)检错与纠错能力:

由 $d_0 \geqslant e+1$,得该码字可检 $e=3$ 个错误;

由 $d_0 \geqslant 2t+1$,得该码字可纠 $t=1$ 个错误;

由 $d_0 \geqslant e+t+1, e>t$,得该码字可同时检测 $e=2$ 个错误,纠正 $t=1$ 个错码误。

9-2　已知两码组为(0000)和(1111),若该码组用于检错,能检测出几位错误?若用于纠错,能纠正几位错误?若同时用于检错与纠错,问各能纠、检几位错误?

解:该码组的最小码距为 $d_0=4$。

当用于检错时,由 $d_0 \geqslant e+1$ 得 $e=3$ 可检测出 3 位错码;

当用于纠错时,由 $d_0 \geqslant 2t+1$ 得 $t=1$ 可纠正 1 位错码;

当同时用于纠和检错时,$d_0 \geqslant e+t+1, e>t$ 得 $e=2, t=1$,故能检测出 2 位错码,同时纠正 1 位错码。

9-3　已知某线性码的监督矩阵为

$$\boldsymbol{H}=\begin{bmatrix}1 & 1 & 1 & 0 & 1 & 0 & 0\\1 & 1 & 0 & 1 & 0 & 1 & 0\\1 & 0 & 1 & 1 & 0 & 0 & 1\end{bmatrix}$$

求出该码的生成矩阵,并写出所有许用码组。

解:(1)因为

$$\boldsymbol{H}=\begin{bmatrix}1 & 1 & 1 & 0 & 1 & 0 & 0\\1 & 1 & 0 & 1 & 0 & 1 & 0\\1 & 0 & 1 & 1 & 0 & 0 & 1\end{bmatrix}=[\boldsymbol{P}\quad \boldsymbol{I}_r]$$

为典型监督矩阵,故可得方便得到典型生成矩阵,为

$$\boldsymbol{G}=[\boldsymbol{I}_k\quad \boldsymbol{Q}]=[\boldsymbol{I}_k\quad \boldsymbol{P}^{\mathrm{T}}]=\left[\begin{array}{cccc:ccc}1 & 0 & 0 & 0 & 1 & 1 & 1\\0 & 1 & 0 & 0 & 1 & 1 & 0\\0 & 0 & 1 & 0 & 1 & 0 & 1\\0 & 0 & 0 & 1 & 0 & 1 & 1\end{array}\right]$$

(2)由公式 $\boldsymbol{A}=\boldsymbol{M}\cdot\boldsymbol{G}=[a_6\quad a_5\quad a_4\quad a_3]\cdot\boldsymbol{G}$,可知当信息位 $\boldsymbol{M}=[0\quad 0\quad 0\quad 1]$时,许用码组为

$$[0\quad 0\quad 0\quad 1]\cdot\begin{bmatrix}1 & 0 & 0 & 0 & 1 & 1 & 1\\0 & 1 & 0 & 0 & 1 & 1 & 0\\0 & 0 & 1 & 0 & 1 & 0 & 1\\0 & 0 & 0 & 1 & 0 & 1 & 1\end{bmatrix}=[0\quad 0\quad 0\quad 1\quad 0\quad 1\quad 1]$$

类似地,可求得全部 16 个许用码组

0 0 0 0 0 0 0	1 0 0 0 1 1 1
0 0 0 1 0 1 1	1 0 0 1 1 0 0
0 0 1 0 1 0 1	1 0 1 0 0 1 0
0 0 1 1 1 1 0	1 0 1 1 0 0 1
0 1 0 0 1 1 0	1 1 0 0 0 0 1
0 1 0 1 1 0 1	1 1 0 1 0 1 0
0 1 1 0 0 1 1	1 1 1 0 1 0 0
0 1 1 1 0 0 0	1 1 1 1 1 1 1

9-4　一个(6,3)码的生成矩阵为

$$\boldsymbol{G}=\begin{bmatrix}101101\\011011\\100011\end{bmatrix}$$

(1)确定对应于系统码形式的生成矩阵 $\boldsymbol{G}_0$ 和监督矩阵 $\boldsymbol{H}_0$；

(2)求出输入信息码元为 110 时的系统码字；

(3)对接收序列 111001 进行译码。

解:(1)对给定生成矩阵进行初等行变换,可得到能产生系统码的典型生成矩阵

$$\boldsymbol{G}_0=[\boldsymbol{I}_k \quad \boldsymbol{Q}]=\begin{bmatrix}1&0&0&0&1&1\\0&1&0&1&0&1\\0&0&1&1&1&0\end{bmatrix}$$

相应的典型监督矩阵

$$\boldsymbol{H}_0=[\boldsymbol{Q}^{\mathrm{T}} \quad \boldsymbol{I}_r]=\begin{bmatrix}0&1&1&1&0&0\\1&0&1&0&1&0\\1&1&0&0&0&1\end{bmatrix}$$

(2)输入信息码元为 110 时的系统码字

$$\boldsymbol{A}=\boldsymbol{M}\boldsymbol{G}=[1\quad 1\quad 0]\begin{bmatrix}1&0&0&0&1&1\\0&1&0&1&0&1\\0&0&1&1&1&0\end{bmatrix}=[1\quad 1\quad 0\quad 1\quad 1\quad 0]$$

(3)当接收序列为 111001 时,校正子或称伴随式为

$$\boldsymbol{S}^{\mathrm{T}}=\boldsymbol{H}\boldsymbol{R}^{\mathrm{T}}=\begin{bmatrix}0&1&1&1&0&0\\1&0&1&0&1&0\\1&1&0&0&0&1\end{bmatrix}\begin{bmatrix}1\\1\\1\\0\\0\\1\end{bmatrix}=\begin{bmatrix}0\\0\\1\end{bmatrix}=\boldsymbol{H}_0$$

即接收序列中第 a_0 位错,译码结果为 111000。

9-5　已知一(7,4)码的生成矩阵为

$$G=\begin{bmatrix}1&1&1&1&0&0&0\\1&0&1&0&1&0&0\\0&1&1&0&0&1&0\\1&1&0&0&0&0&1\end{bmatrix}$$

(1)确定对应于系统码形式的生成矩阵 $\boldsymbol{G}_0$ 和监督矩阵 $\boldsymbol{H}_0$；

(2)列出所有许用码组；

(3)若接收码字为 1101101，计算校正子并进行译码。

解：(1)对 $\boldsymbol{G}$ 进行列交换，可得典型生成矩阵 $\boldsymbol{G}_0$

$$\boldsymbol{G}=\begin{bmatrix}1111000\\1010100\\0110010\\1100001\end{bmatrix},\quad \boldsymbol{G}_0=\begin{bmatrix}1000111\\0100011\\0010110\\0001101\end{bmatrix}=[\boldsymbol{I}_k\quad \boldsymbol{Q}]$$

相应的典型监督矩阵

$$\boldsymbol{H}_0=[\boldsymbol{P}\quad \boldsymbol{I}_r]=[\boldsymbol{Q}^{\mathrm{T}}\quad \boldsymbol{I}_r]=\begin{bmatrix}1&0&1&1&1&0&0\\1&1&1&0&0&1&0\\1&1&0&1&0&0&1\end{bmatrix}$$

注：对于任意的(n,k)线性分组码，总可通过初等行变换及列交换将它的非系统码生成矩阵变换为另一等价的系统码的生成矩阵。此两等价生成矩阵生成的两个(n,k)线性分组码的检、纠错性能是相同的。

(2)由 $\boldsymbol{A}=[a_6\quad a_5\quad a_4\quad a_3]\boldsymbol{G}=[a_6\quad a_5\quad a_4\quad a_3]\begin{bmatrix}1111000\\1010100\\0110010\\1100001\end{bmatrix}$ 得许用码组为：0000000，0001101，0010110，0011011，0100011，0101110，0110101，0111000，1000111，1001010，1010001，1011100，1100100，1101001，1110010，1111111

(3)当接收序列为 1101101 时，伴随式为

$$\boldsymbol{S}^{\mathrm{T}}=\boldsymbol{H}\boldsymbol{R}^{\mathrm{T}}=\begin{bmatrix}1&0&1&1&1&0&0\\1&1&1&0&0&1&0\\1&1&0&1&0&0&1\end{bmatrix}\begin{bmatrix}1\\1\\0\\1\\1\\0\\1\end{bmatrix}=\begin{bmatrix}1\\0\\0\end{bmatrix}=\boldsymbol{H}_2$$

即接收序列中第 a_2 位错，译码得：1101001。

9－6　一个(7，4)循环码的全部码字为 0000000，0001011，0010110，0011101，0100111，0101100，0110001，0111010，1000101，1001110，1010011，1011000，1100010，1101001，1110100，1111111。

(1)确定该码的生成多项式和生成矩阵；

(2)确定对应于系统码形式的生成矩阵 $\boldsymbol{G}_0$ 和监督矩阵 $\boldsymbol{H}_0$；

(3)画出该循环码的编码器原理框图。

解:(1)由(7,4)循环码的生成多项式最高幂次为3、常数项为1,可知0001011为其生成多项式码字,相应的生成多项式为

$$g(x) = x^3 + x + 1$$

据此可得

$$\boldsymbol{G}(x) = \begin{bmatrix} x^3 g(x) \\ x^2 g(x) \\ x g(x) \\ g(x) \end{bmatrix} = \begin{bmatrix} x^6 + x^4 + x^3 \\ x^5 + x^3 + x^2 \\ x^4 + x^2 + x \\ x^3 + x + 1 \end{bmatrix} = \begin{bmatrix} 1\,0\,1\,1\,0\,0\,0 \\ 0\,1\,0\,1\,1\,0\,0 \\ 0\,0\,1\,0\,1\,1\,0 \\ 0\,0\,0\,1\,0\,1\,1 \end{bmatrix} \begin{bmatrix} x^6 \\ x^5 \\ x^4 \\ x^3 \\ x^2 \\ x \\ 1 \end{bmatrix}$$

即,生成矩阵为

$$\boldsymbol{G} = \begin{bmatrix} 1\,0\,1\,1\,0\,0\,0 \\ 0\,1\,0\,1\,1\,0\,0 \\ 0\,0\,1\,0\,1\,1\,0 \\ 0\,0\,0\,1\,0\,1\,1 \end{bmatrix}$$

(2)由此可得典型生成矩阵 $\boldsymbol{G}_0$ 和典型监督矩阵 $\boldsymbol{H}_0$

$$\boldsymbol{G}_0 = \begin{bmatrix} 1 & 0 & 0 & 0 & 1 & 0 & 1 \\ 0 & 1 & 0 & 0 & 1 & 1 & 1 \\ 0 & 0 & 1 & 0 & 1 & 1 & 0 \\ 0 & 0 & 0 & 1 & 0 & 1 & 1 \end{bmatrix} = [\boldsymbol{I}_k \quad \boldsymbol{Q}],\ \boldsymbol{H}_0 = [\boldsymbol{Q}^{\mathrm{T}} \quad \boldsymbol{I}_r] = \begin{bmatrix} 1 & 1 & 1 & 0 & 1 & 0 & 0 \\ 0 & 1 & 1 & 1 & 0 & 1 & 0 \\ 1 & 1 & 0 & 1 & 0 & 0 & 1 \end{bmatrix}$$

(3)根据 $g(x)=x^3+x+1$,可画出该循环码的编码器原理框图如图 S9-6 所示。图中 S_0、S_1、S_2 为移位寄存器,S 为双刀双掷开关。

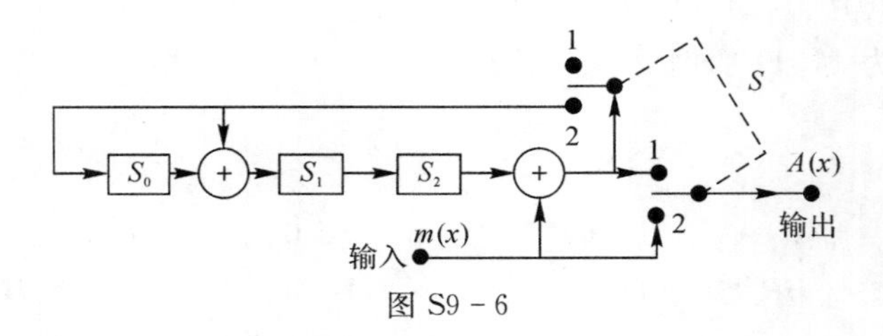

图 S9-6

9-7 已知 $x^{15}+1=(x+1)(x^4+x+1)(x^4+x^3+1)(x^4+x^3+x^2+x+1)(x^2+x+1)$,试问由它能产生多少种码长为15的循环码?列出它们的生成多项式。

解:可产生的码长为15的循环码共有30种,其生成多项式见表 S9-7。

表 S9-7 (15,k)循环码的生成多项式

(n,k)	$g(x)$
(15,14)	$x+1$
(15,13)	x^2+x+1

续表

(15,12)	$(x+1)(x^2+x+1)=x^3+1$
(15,11)	x^4+x+1,或 x^4+x^3+1,$x^4+x^3+x^2+x+1$
(15,10)	$(x+1)(x^4+x+1)$,或$(x+1)(x^4+x^3+1)$,$(x+1)(x^4+x^3+x^2+x+1)$
(15,9)	$(x^2+x+1)(x^4+x+1)$ 或$(x^2+x+1)(x^4+x^3+1)$,$(x^2+x+1)(x^4+x^3+x^2+x+1)$
(15,8)	$(x+1)(x^4+x+1)(x^2+x+1)$ 或$(x+1)(x^2+x+1)(x^4+x^3+1)$,$(x+1)(x^2+x+1)(x^4+x^3+x^2+x+1)$
(15,7)	$(x^4+x+1)(x^4+x^3+1)$ 或$(x^4+x+1)(x^4+x^3+x^2+x+1)$,$(x^4+x^3+1)(x^4+x^3+x^2+x+1)$
(15,6)	$(x+1)(x^4+x+1)(x^4+x^3+1)$ 或$(x+1)(x^4+x+1)(x^4+x^3+x^2+x+1)$, $(x+1)(x^4+x^3+1)(x^4+x^3+x^2+x+1)$
(15,5)	$(x^2+x+1)(x^4+x+1)(x^4+x^3+1)$ 或$(x^2+x+1)(x^4+x+1)(x^4+x^3+x^2+x+1)$, $(x^2+x+1)(x^4+x^3+1)(x^4+x^3+x^2+x+1)$
(15,4)	$(x+1)(x^2+x+1)(x^4+x+1)(x^4+x^3+1)$ 或$(x+1)(x^2+x+1)(x^4+x+1)(x^4+x^3+x^2+x+1)$, $(x+1)(x^2+x+1)(x^4+x^3+1)(x^4+x^3+x^2+x+1)$
(15,3)	$(x^4+x+1)(x^4+x^3+1)(x^4+x^3+x^2+x+1)$
(15,2)	$(x+1)(x^4+x+1)(x^4+x^3+1)(x^4+x^3+x^2+x+1)$
(15,1)	$(x^4+x+1)(x^4+x^3+1)(x^4+x^3+x^2+x+1)(x^2+x+1)$

9-8　证明 $x^{10}+x^8+x^5+x^4+x^2+x+1$ 为(15,5)循环码的生成多项式,并写出信息码多项式为 x^4+x^2+1 时系统码的码多项式。

解:(1)因为所给多项式为 $r=n-k=10$ 阶、常数项为 1,且

$$\frac{x^n+1}{x^{10}+x^8+x^5+x^4+x^2+x+1}=\frac{x^{15}+1}{x^{10}+x^8+x^5+x^4+x^2+x+1}=x^5+x^3+x+1$$

可整除,所以 $x^{10}+x^8+x^5+x^4+x^2+x+1$ 为(15,5)循环码的生成多项式。

(2)信息码多项式 $m(x)=x^4+x^2+1$ 时,有

$$\frac{x^r m(x)}{g(x)}=\frac{x^{10}(x^4+x^2+1)}{x^{10}+x^8+x^5+x^4+x^2+x+1}=x^4+1\cdots\cdots x^9+x^6+x^2+x+1$$

即得监督码多项式

$$r(x)=x^9+x^6+x^2+x+1$$

所求系统码码多项式为

$$A(x)=x^r m(x)+r(x)=x^{14}+x^{12}+x^{10}+x^9+x^6+x^2+x+1$$

相应的系统码为 101011001000111。

9-9　某(15,7)循环码的生成多项式为 $x^8+x^7+x^6+x^4+1$,若接收到的码字多项式为 $R(x)=x^{14}+x^5+x+1$,求出 $R(x)$ 的伴随式并判断是否为码多项式。

解:方法 1

由 $g(x)=x^8+x^7+x^6+x^4+1$,可得

$$\boldsymbol{G}(x)=\begin{bmatrix} x^6 g(x) \\ \vdots \\ x^2 g(x) \\ x^1 g(x) \\ g(x) \end{bmatrix}=\begin{bmatrix} x^{14}+x^{13}+x^{12}+x^{10}+x^6 \\ \vdots \qquad \vdots \\ x^9+x^8+x^7+x^5+x \\ x^8+x^7+x^6+x^4+1 \end{bmatrix} \Rightarrow \boldsymbol{G}=\begin{bmatrix} 111010001000000 \\ 011101000100000 \\ 001110100010000 \\ 000111010001000 \\ 000011101000100 \\ 000001110100010 \\ 000000111010001 \end{bmatrix}$$

典型化后,得

$$\boldsymbol{G}_0=\begin{bmatrix} 100000011101000 \\ 010000001110100 \\ 001000000111010 \\ 000100000011101 \\ 000010011100110 \\ 000001001110011 \\ 000000111010001 \end{bmatrix}, \quad \boldsymbol{H}_0=\begin{bmatrix} 100010110000000 \\ 110011101000000 \\ 111011000100000 \\ 011101100010000 \\ 101100000001000 \\ 010110000000100 \\ 001011000000010 \\ 000101100000001 \end{bmatrix}$$

$R(x)$ 的伴随式

$$\boldsymbol{S}^{\mathrm{T}}=\boldsymbol{H}\boldsymbol{R}^{\mathrm{T}}=\begin{bmatrix} 100010110000000 \\ 110011101000000 \\ 111011000100000 \\ 011101100010000 \\ 101100000001000 \\ 010110000000100 \\ 001011000000010 \\ 000101100000001 \end{bmatrix}\begin{bmatrix} 1 \\ 0 \\ 0 \\ 0 \\ 0 \\ 0 \\ 0 \\ 0 \\ 0 \\ 1 \\ 0 \\ 0 \\ 0 \\ 1 \\ 1 \end{bmatrix}=\begin{bmatrix} 1 \\ 1 \\ 0 \\ 0 \\ 1 \\ 0 \\ 1 \\ 1 \end{bmatrix}$$

因为伴随式不为全 0,所以 $R(x)$ 不是码多项式。

方法 2

依据“循环码的校正子多项式 $S(x)$ 就是用接收到的码多项式 $R(x)$ 除以生成多项式 $g(x)$ 所得到的余式”，因为

$$\frac{R(x)}{g(x)}=\frac{x^{14}+x^{5}+x+1}{x^{8}+x^{7}+x^{6}+x^{4}+1}=x^{6}+x^{5}+x^{3}\cdots\cdots x^{7}+x^{6}+x^{3}+x+1$$

即

$$S(x)\equiv R(x)\big|_{\bmod g(x)}=x^{7}+x^{6}+x^{3}+x+1\neq 0$$

所以，$R(x)$ 不是码多项式。

9.5　本章知识结构

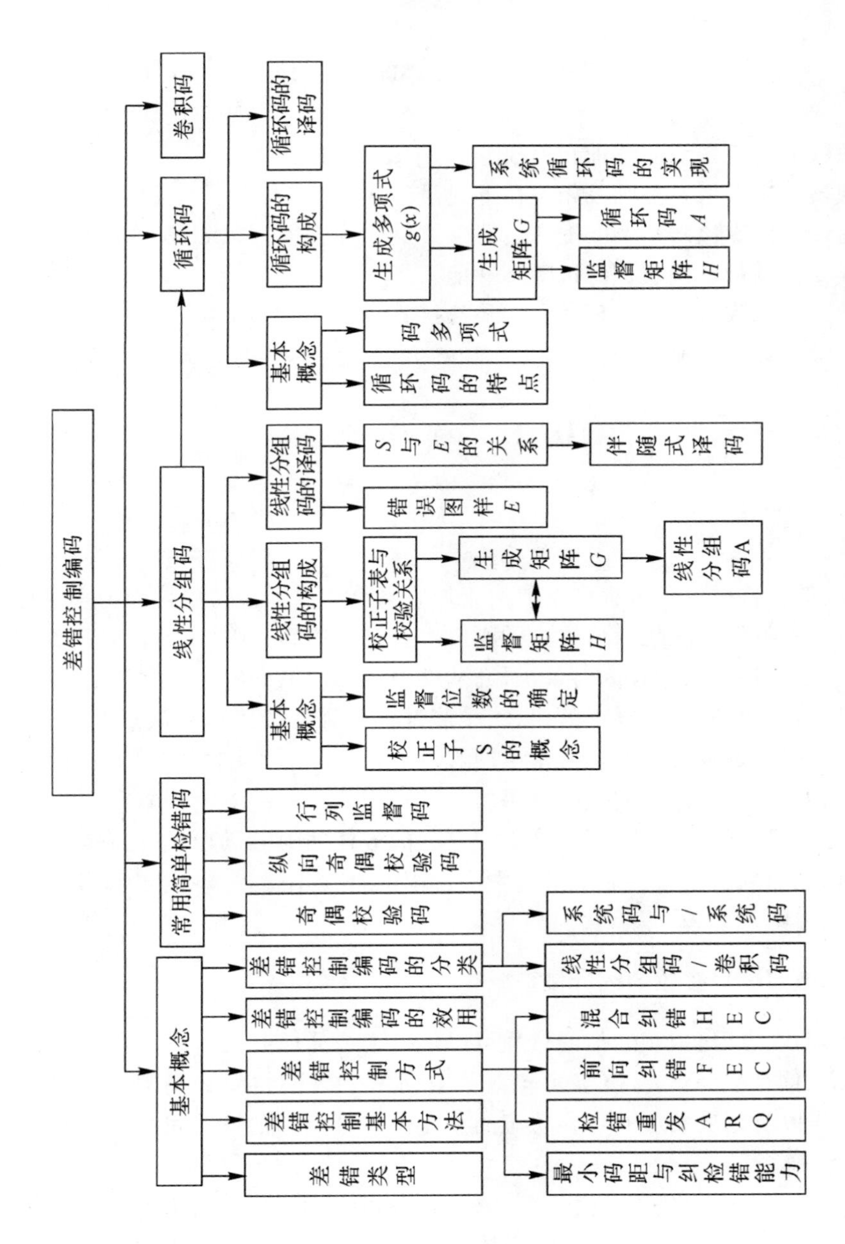

第 10 章　数字信号的最佳接收

10.1　大纲要求

(1)熟悉数字通信系统的统计判决模型。

(2)掌握最小错误概率准则及相关器形式最佳接收机。

(3)掌握最大信噪比准则及匹配滤波器形式最佳接收机。

(4)掌握二进制最佳接收机的抗噪声性能。

(5)熟悉正交接收机——随相信号的最佳接收。

(6)熟悉最佳数字传输系统。

10.2　内容概要

10.2.1　引言

通信系统的传输质量很大程度上取决于接收系统的性能。这也是因为影响信息可靠传输的不利因素,信道特性不理想及信道中的噪声等直接作用到接收端,对信号接收产生影响。最佳接收理论就是以接收问题作为对象,研究从噪声中如何最好地提取有用信号。

在数字通信系统中,由于噪声的存在,受信者观察到的接收信号波形为随机波形:发送信号的不确定性;噪声的随机性。从概率论的观点看,只要掌握接收信号的统计特性,就可以利用统计判决的方法,获得满意的接收效果。

根据信源和噪声的统计特性,可确立一系列的最佳准则,目的就是在有噪声的环境下能够对信号进行识别和判决。数字通信系统中最常用的是最小错误概率准则,最大似然准则和最大输出信噪比准则。

10.2.2　数字信号接收的统计模型

从统计学的观点看,数字通信的过程可以用一个统计模型来表述,如图 10－1 所示。图中的消息空间 X、信号空间 S、噪声空间 n、观察空间 Y 和判决空间 R 分别代表消息、发送信号、噪声、接收信号以及判决的所有可能状态的集合。各个空间的状态可以用它们的统计特性来描述。

例:$x_i(i=1,2,\cdots,m)$代表消息空间 X 的 m 种可能的状态。若 $m=2$,即二进制数字通信系统，则 X 有两种状态：如 x_1 表示消息符号“0”，x_2 表示消息符号“1”。

一旦得到关于观察空间 Y 的统计资料，就可借助一定的判决规则获得判决空间 R（注：r_i 的可能状态数与 s_i 的相同）。

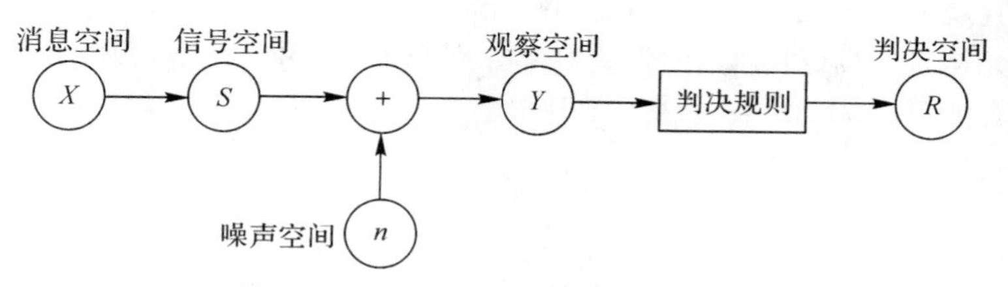

图 10-1 数字通信系统的统计判决模型

在数字通信系统中，设信号空间 S 的状态集合为 $S=\{s_1,s_2,\cdots,s_m\}$，若信号集合中每一状态的发送是统计独立的，则可表示为

$$\begin{Bmatrix} s_1 & s_2 & \cdots & s_m \\ p(s_1), & p(s_2), & \cdots, & p(s_m) \end{Bmatrix} \tag{10-1}$$

式中，$p(s_i)$ 是发送信号 s_i 的概率，且有 $\sum\limits_{i=1}^{m} p(s_i)=1$。

若信道噪声 $n(t)$ 为加性高斯白噪声，则其在任意不同时刻得到的抽样值都是相互独立的，一维概率概率密度函数为零均值正态分布，k 维概率分布为一维概率分布的连乘积

$$f(n)=f(n_1)f(n_2)\ldots f(n_k)=\frac{1}{(\sqrt{2\pi}\sigma_n)^k}\exp(\frac{-1}{2\sigma_n^2}\sum_{i=1}^{k}n_i^2) \tag{10-2}$$

在传输信道带宽受限（截止频率为 f_{H}）的情况下，信道噪声按频率 $f_{\mathrm{s}}=2f_{\mathrm{H}}$ 采样得到的抽样值也是相互独立的。当 k 很大时，观察期间 $(0,T)$ 内噪声的平均功率，等于其各抽样的均方值，即有

$$N_0=\frac{1}{T}\int_0^T n^2(t)\mathrm{d}t=\frac{1}{k}\sum_{i=1}^{k}n_i^2=\frac{1}{2f_{\mathrm{H}}T}\sum_{i=1}^{k}n_i^2 \tag{10-3}$$

式中，$k=f_{\mathrm{s}}T=2f_{\mathrm{H}}T$ 为 $0\sim T$ 时间内的抽样总数。

综合式(10-2)、式(10-3)，$n(t)$ 的 k 维概率概率密度函数可表示为

$$f(n)=\frac{1}{(\sqrt{2\pi}\sigma_n)^k}\exp(\frac{-1}{2\sigma_n^2}\sum_{i=1}^{k}n_i^2)=\frac{1}{(\sqrt{2\pi}\sigma_n)^k}\exp\left[\frac{-1}{n_0}\int_0^T n^2(t)\mathrm{d}t\right] \tag{10-4}$$

式中，$n_0=\sigma_n^2/f_{\mathrm{H}}$ 为噪声的单边功率谱密度。

观察空间可以表示为 $Y=S+n$。对第 i 个信号而言，观察空间的状态（即接收端接收到的信号）为

$$y(t)=s_i(t)+n(t) \tag{10-5}$$

将式(10-5)代入式(10-4)，就可确定发送 $s_i(t)$ 情况下收到混合波形 $y(t)$ 的概率分布，即条件概率密度函数

$$f_{\mathrm{s}i}(y)=\frac{1}{(\sqrt{2\pi}\sigma_n)^k}\exp\left\{\frac{-1}{n_0}\int_0^T[y(t)-s_i(t)]^2\mathrm{d}t\right\} \tag{10-6}$$

该函数也称为似然函数，表示 $y(t)$ 与 $s_i(t)$ 的相似程度。

10.2.3 最小差错概率准则

由于信道噪声的存在,发送信号不一定能得到正确的判决,从而造成误码。因此,在数字通信系统中最直观的最佳接收准则就是最小差错概率准则。

设发送二元信号 $s_1(t)$ 和 $s_2(t)$ 的先验概率分别为 $P(s_1)$ 和 $P(s_2)$,接收到的信号波形就是含有噪声的混合波形 $y(t)$,即

$$y(t)=\begin{cases}s_1(t)+n(t)\\ \quad\text{或}\\ s_2(t)+n(t)\end{cases} \tag{10-7}$$

接收机的任务就是要从混合波形 $y(t)$ 中正确判断出发送信号 $s_1(t)$ 和 $s_2(t)$。若发送 $s_1(t)$ 和 $s_2(t)$ 时收到混合波形 $y(t)$ 的概率分布(似然函数)分别为 $f_{s1}(y)$ 和 $f_{s2}(y)$,如图 10-2 所示。则发送 $s_1(t)$ 错判为 $s_2(t)$ 的概率为

$$P_{e1}=P(s_2/s_1)=\int_{y'_0}^{\infty}f_{s1}(y)\mathrm{d}y \tag{10-8}$$

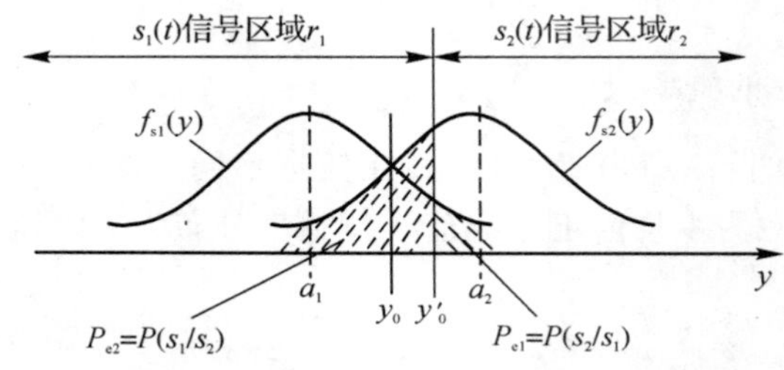

图 10-2 条件概率密度函数示意图

式中,y'_0 表示判决门限。发送 $s_1(t)$ 错判为 $s_2(t)$ 的概率为

$$P_{e2}=P(s_1/s_2)=\int_{-\infty}^{y'_0}f_{s2}(y)\mathrm{d}y \tag{10-9}$$

系统总的错误概率即误码率为

$$\begin{aligned}P_e&=P(s_1)P(s_2/s_1)+P(s_2)P(s_1/s_2)\\&=P(s_1)\int_{y'_0}^{\infty}f_{s1}(y)\mathrm{d}y+P(s_2)\int_{-\infty}^{y'_0}f_{s2}(y)\mathrm{d}y\end{aligned} \tag{10-10}$$

要使系统的误码率最小,令 $\dfrac{\partial P_e}{\partial y'_0}=0$,即

$$\frac{\partial P_e}{\partial y'_0}=-P(s_1)f_{s1}(y'_0)+P(s_2)f_{s2}(y'_0)=0 \tag{10-11}$$

可得最佳判决门限 y_0 必须满足

$$\frac{f_{s1}(y_0)}{f_{s1}(y_0)}=\frac{P(s_2)}{P(s_1)} \tag{10-12}$$

由此得到满足系统误码率最小的最佳判决规则

$$\begin{aligned}&\frac{f_{s1}(y)}{f_{s2}(y)}>\frac{P(s_2)}{P(s_1)}\ \rightarrow \text{判为 } s_1\\&\frac{f_{s1}(y)}{f_{s2}(y)}<\frac{P(s_2)}{P(s_1)}\rightarrow \text{判为 } s_2\end{aligned} \tag{10-13}$$

该判决规则称为似然比准则。显见，在高斯白噪声条件下似然比准则与最小差错概率准则是等价的。

特别是当 $s_1(t)$ 和 $s_2(t)$ 的发送概率相等，即 $P(s_1)=P(s_2)$ 时，式(10－13)可写成

$$
\begin{aligned}
f_{s1}(y) > f_{s2}(y) \quad &\rightarrow \text{判为 } s_1 \\
f_{s1}(y) < f_{s2}(y) \quad &\rightarrow \text{判为 } s_2
\end{aligned}
\tag{10-14}
$$

该判决规则称为最大似然准则。其含义是：$f_{s1}(y)$ 大于 $f_{s2}(y)$ 表明，接收到的混合波形 $y(t)$ 更"似" $s_1(t)$，所以就判为 $s_1(t)$；反之就判为 $s_2(t)$。

可以进一步把最大似然准则推广到多元传输系统，假设发送的信号有 M 个，则有

$$
f_{si}(y) > f_{sj}(y)\text{，则判为 } s_i(t)\text{，反之判为 } s_j(t)
$$

式中，$i, j=1, 2, \cdots, M, i \neq j$。

10.2.4　相关检测式最佳接收机

到达接收机的信号可以分为两大类：确知信号和随参信号。这些信号就是从噪声中被检测的对象。

所谓确知信号，是指一个信号出现后，它的所有参数（如幅度、频率、相位等）都是确知的一类信号。例如，数字信号通过恒参信道时，接收机入端的信号可认为是一种确知信号。从检测的观点来说，未知的只是该信号出现与否。

随参信号则是指信号中包含有随机参量（如随机幅度、随机相位等）的一类信号。典型的有：随相信号——除相位外其余参数都确知的信号，如用键控法从独立的振荡器得到的 FSK 和 ASK 信号；起伏信号——振幅和相位都是随机参数的信号，如一般衰落信号。

下面以二元信号为主，介绍不同类型信号满足最小差错概率准则（似然比准则）的最佳接收机，给出结构，分析性能。

1. 确知信号的最佳接收

(1)确知信号最佳接收机结构。设到达接收机输入端的确知信号为 $s_1(t)$ 和 $s_2(t)$，它们在持续时间 $(0, T)$ 内能量相等，即

$$
E_1 = \int_0^T s_1^2(t)\,\mathrm{d}t = E_2 = \int_0^T s_2^2(t)\,\mathrm{d}t \xrightarrow{\text{记为}} E_\mathrm{b}
\tag{10-15}
$$

经过高斯白噪声信道传输后，接收到的混合信号为

$$
y(t) = \begin{cases} s_1(t) + n(t) \\ s_2(t) + n(t) \end{cases}
\tag{10-16}
$$

由似然比判决准则

$$
\begin{aligned}
f_{s1}(y)P(s_1) > f_{s2}(y)P(s_2) \quad &\rightarrow \text{判为 } s_1 \\
f_{s1}(y)P(s_1) < f_{s2}(y)P(s_2) \quad &\rightarrow \text{判为 } s_2
\end{aligned}
\tag{10-17}
$$

将似然函数 $f_{s1}(y)$、$f_{s2}(y)$ 及 $s_1(t)$、$s_2(t)$ 等能量的条件代入，可得

$$
\begin{aligned}
U_1 + \int_0^T y(t)s_1(t)\,\mathrm{d}t > U_2 + \int_0^T y(t)s_2(t)\,\mathrm{d}t \rightarrow \text{判为 } s_1 \\
U_1 + \int_0^T y(t)s_1(t)\,\mathrm{d}t < U_2 + \int_0^T y(t)s_2(t)\,\mathrm{d}t \rightarrow \text{判为 } s_2
\end{aligned}
\tag{10-18}
$$

式中

$$U_1=\frac{n_0}{2}\ln P(s_1),U_2=\frac{n_0}{2}\ln P(s_2) \tag{10-19}$$

由式(10－18),可以给出确知信号的最佳接收机的结构如图 10－3 所示。显然它是一种相关检测式接收机。

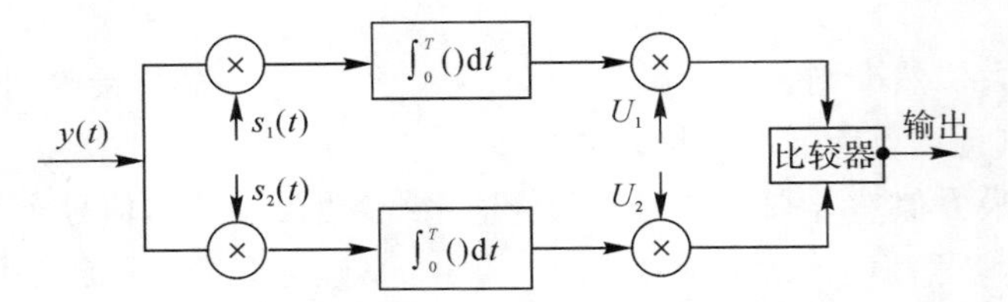

图 10－3　二进制确知信号的最佳接收机结构

特别是,在 $s_1(t)$和 $s_2(t)$发送概率相等的情况下,$U_1=U_2$,上述接收机结构可以简化为图 10－4 所示。

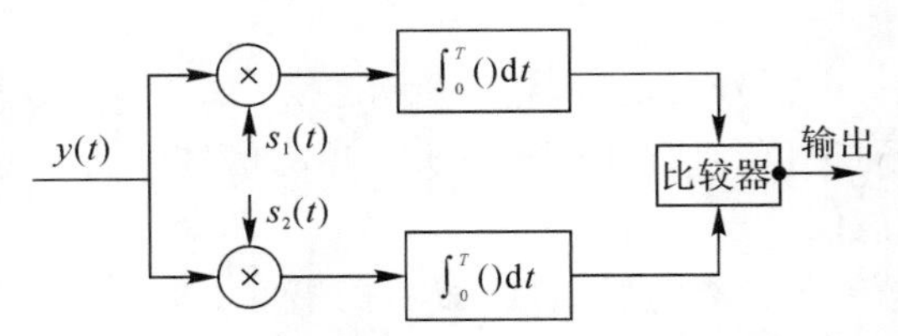

图 10－4　二进制确知信号的最佳接收机结构(先验等概)

可以看出,在高斯白噪声条件下,采用最小差错概率准则(最大似然准则)所得到的确知信号的最佳接收机,都可以用相关检测式接收实现。

(2)确知信号最佳接收机的抗噪声性能。可以证明,二进制确知信号情况下,最佳接收机的误码率

$$P_e=\frac{1}{2}\mathrm{erfc}\sqrt{\frac{E_b}{2n_0}(1-\rho)} \tag{10-20}$$

式中,$\rho=\frac{1}{E_b}\int_0^T s_1(t)s_2(t)\mathrm{d}t$ 为 $s_1(t)$和 $s_2(t)$的互相关系数;E_b 为 $s_1(t)$,$s_2(t)$的能量,n_0 为信道噪声的功率谱密度。

需要说明的是,在这里还进一步假定了 $s_1(t)$、$s_2(t)$发送等概率。因分析表明,等概率发送情况下误码率最大。事实上,先验概率分布是不易确知的,故在实际中常考虑最坏情况,按先验等概假设设计最佳接收机。

(3)确知信号的最佳形式。由于互相关系数 $|\rho|\leqslant 1$,所以当 $\rho=-1$ 时,式(10－20)获最小值

$$P_e=\frac{1}{2}\mathrm{erfc}\sqrt{\frac{E_b}{n_0}} \tag{10-21}$$

据此可得确知信号的最佳形式为 $s_1(t)=-s_2(t)$。满足 $\rho=-1$ 的信号形式有 2PSK 信号、双极性基带信号等。

而当 $\rho=0$ 时,由式(10－20),有

$$P_e = \frac{1}{2}\mathrm{erfc}\sqrt{\frac{E_b}{2n_0}} \tag{10-22}$$

满足 $\rho=0$ 的信号形式有正交的 2FSK 信号等。

需要说明的是,虽然 2ASK 信号、单极性基带信号也满足 $\rho=0$,但因其不满足 $s_1(t)$ 和 $s_2(t)$ 等能量的条件,故式(10-22)不再适用,需修正为

$$P_e = \frac{1}{2}\mathrm{erfc}\sqrt{\frac{E_b}{4n_0}} \tag{10-23}$$

结论:2PSK 信号、双极性基带信号最佳,2FSK 信号次之,2ASK、单极性基带信号最差。结果与之前于第 5、6 章的结论一致。

2. 随相信号的最佳接收

(1)随相信号的最佳接收机结构。设到达接收机输入端的两个等概率出现的随相信号为

$$\left.\begin{aligned} s_1(t,\varphi_1) &= A_0\cos(\omega_1 t+\varphi_1) \\ s_2(t,\varphi_2) &= A_0\cos(\omega_2 t+\varphi_2) \end{aligned}\right\} \tag{10-24}$$

式中,ω_1 与 ω_2 为两个使信号满足正交的载频;φ_1 及 φ_2 的取值服从均匀分布。信道噪声 $n(t)$ 为零均值高斯白噪声,双边功率谱密度为 $n_0/2$。

根据差错概率最小准则,可求得判决规则为

$$\left.\begin{aligned} M_1 > M_2 \quad &\rightarrow \text{判为 } s_1 \text{ 出现} \\ M_1 < M_2 \quad &\rightarrow \text{判为 } s_2 \text{ 出现} \end{aligned}\right\} \tag{10-25}$$

其中

$$\begin{aligned} M_1 &= \left\{\left[\int_0^T y(t)\cos\omega_1 t\,\mathrm{d}t\right]^2 + \left[\int_0^T y(t)\sin\omega_1 t\,\mathrm{d}t\right]^2\right\}^{\frac{1}{2}} \\ M_2 &= \left\{\left[\int_0^T y(t)\cos\omega_2 t\,\mathrm{d}t\right]^2 + \left[\int_0^T y(t)\sin\omega_2 t\,\mathrm{d}t\right]^2\right\}^{\frac{1}{2}} \end{aligned} \tag{10-26}$$

据此,可得随相信号的最佳接收机结构如图 10-5 所示。通常称这种结构为正交接收机。

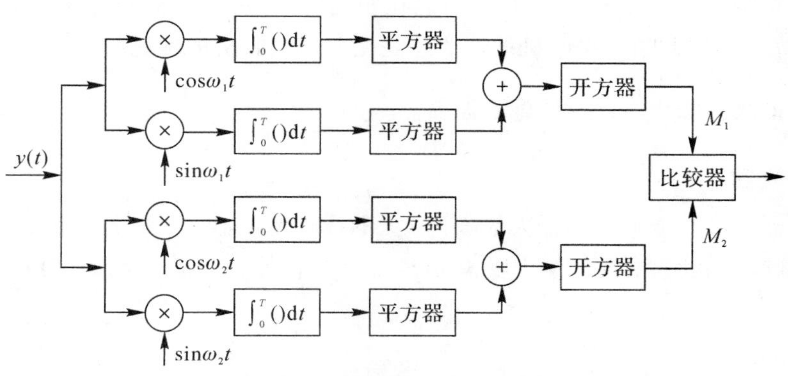

图 10-5　二进制随相信号的最佳接收机结构

(2)随相信号最佳接收机的抗噪声性能。可以证明,在发送信号 $s_1(t,\varphi_1)$,$s_2(t,\varphi_2)$ 正交、等能量,且发送概率相等情况下,最佳接收机的误码率

$$P_e = \frac{1}{2}e^{-\frac{E_b}{2n_0}} \tag{10-27}$$

式中，$E_b=A_0^2T/2$ 为 $s_1(t,\varphi_1)$、$s_2(t,\varphi_2)$的能量。

10.2.5 最佳接收机与普通接收机性能比较

普通接收机和最佳接收机误码性能一览见表 10-1。表中定义 h 为信号能量与噪声功率谱密度的比值，即

$$h=\frac{E_b}{n_0} \tag{10-28}$$

表 10-1 误码率公式一览表

名 称	普通接收机 P_e	最佳接收机 P_e	备 注
相干 2PSK	$\frac{1}{2}\text{erfc}\sqrt{r}$	$\frac{1}{2}\text{erfc}\sqrt{h}$	$h=\frac{E_b}{n_0}$ 正交、随相
相干 2FSK	$\frac{1}{2}\text{erfc}\sqrt{\frac{r}{2}}$	$\frac{1}{2}\text{erfc}\sqrt{\frac{h}{2}}$	
相干 2ASK	$\frac{1}{2}\text{erfc}\sqrt{\frac{r}{4}}$	$\frac{1}{2}\text{erfc}\sqrt{\frac{h}{4}}$	
包检 2FSK	$\frac{1}{2}\text{e}^{-r/2}$	$\frac{1}{2}\text{e}^{-h/2}$	

可以看出，最佳接收机与普通接收机误码率表示具有相同的数学表达形式，普通接收机中的信噪比 r 与最佳接收机的能量噪声功率谱密度比 h 相对应。考虑到

$$r=\frac{S}{N}=\frac{S}{n_0B},\quad h=\frac{E_b}{n_0}=\frac{S}{n_0\dfrac{1}{T_b}}$$

以及在实际中，普通接收机的带宽 B 总是大于 $1/T_b$（比如在 2PSK、2ASK 系统中，接收机带通滤波器的带宽至少为 $2R_B$，即 $B=2/T_b$），所以在相同输入条件下（信号功率 S 相同、噪声背景 n_0 相同），总有 $h>r$，因此最佳接收机的性能总是比普通接收机的性能好。

10.2.6 最大信噪比准则及匹配滤波器

1. 匹配滤波器

匹配滤波器是一种能够获得最大信噪比 r_{max} 的线性滤波器。设其传输函数为 $H(\omega)$，输入端信号 $s(t)$的频谱函数为 $S(\omega)$，输入噪声 $n(t)$为功率谱密度为 $n_0/2$ 的高斯白噪声，如图 10-6 所示。

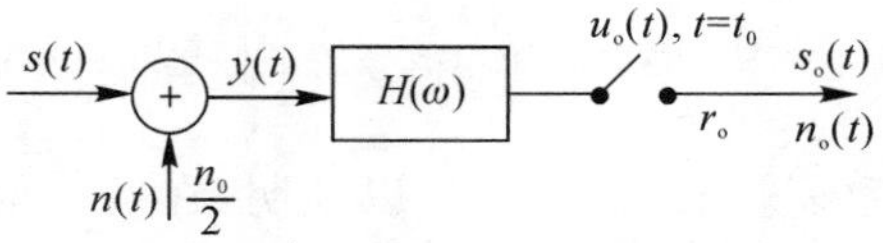

图 10-6 匹配滤波器

可以证明，在白噪声背景下，若按

$$H(\omega) = KS^*(\omega)\mathrm{e}^{-\mathrm{j}\omega t_0} \tag{10-29}$$

设计线性滤波器，则在抽样时刻 t_0 上，可获得最大输出信噪比

$$r_{\mathrm{omax}} = \frac{2E}{n_0} \tag{10-30}$$

这里，E 为信号 $s(t)$ 的能量，K 为非零常数。

式(10-29)表明，线性滤波器获得最大输出信噪比的条件是：传输函数 $H(\omega)$ 与输入信号 $s(t)$ 的频谱 $S(\omega)$"共轭匹配"，故称其为匹配滤波器。

相应地，匹配滤波器的单位冲击响应为

$$h(t) = \frac{1}{2\pi}\int_{-\infty}^{\infty} H(\omega)\mathrm{e}^{\mathrm{j}\omega t}\mathrm{d}\omega = \frac{1}{2\pi}\int_{-\infty}^{\infty} KS^*(\omega)\mathrm{e}^{-\mathrm{j}\omega t_0}\mathrm{e}^{\mathrm{j}\omega t}\mathrm{d}\omega = Ks(t_0 - t) \tag{10-31}$$

可以看出，匹配滤波器的单位冲击响应 $h(t)$ 是输入信号 $s(t)$ 的镜像和平移。即存在时域匹配关系。

为了保证匹配滤波器的物理可实现性，抽样时刻的选取应满足 $t_0 \geqslant T$，T 为输入信号 $s(t)$ 的持续时间。换句话说，信噪比在 T 时刻最大，该时刻也就是整个信号进入匹配滤波器的时刻。

当输入为信号与噪声的叠加，即

$$y(t) = s(t) + n(t)$$

时，匹配滤波器的输出

$$u_o(t) = y(t) * h(t) = \int_{-\infty}^{\infty} y(z)h(t-z)\mathrm{d}z = \int_{t-T}^{t} y(z)h(t-z)\mathrm{d}z =$$

$$\int_{t-T}^{t} y(z)Ks(T-t+z)\mathrm{d}z$$

在 $t=T$ 时刻，获最大输出

$$u_{o\max}(t) = K\int_0^T y(z)s(z)\mathrm{d}z \tag{10-32}$$

显然，它完成的是一种相关运算。

2. 匹配滤波器形式的最佳接收机

匹配滤波器具有输出信噪比最大的功能，且在 $t=T$ 时刻，其实质上完成的是一种相关运算，因而可以用来替代图 10-4 中的相关器，组成匹配滤波器形式的最佳接收机。

(1)确知信号最佳接收。在二进制系统中，持续时间为 T_b 的两个信号 $s_1(t)$ 和 $s_2(t)$ 被发送，接收机就是要对发送的两个信号进行正确判决，因此接收机采用两个匹配滤波器 $h_1(t)$ 和 $h_2(t)$，它们分别与 $s_1(t)$ 和 $s_2(t)$ 相匹配，如图 10-7 所示。

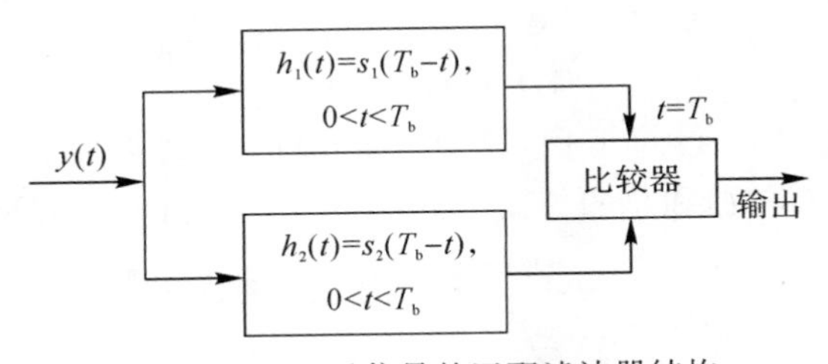

图 10-7　二元信号的匹配滤波器结构

这就是按照最大信噪比准则构成的匹配滤波器形式的最佳接收机。照此原理，可构成多进制情况下匹配滤波器形式最佳接收机如图 10－8 所示。

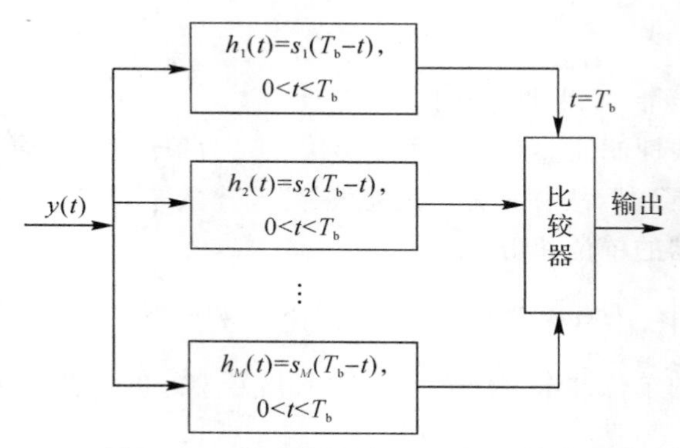

图 10－8　多元信号的匹配滤波器结构

(2)随相信号最佳接收。二进制随相信号最佳接收机结构比二进制确知信号最佳接收机结构要复杂些，通常采用匹配滤波器加包络检波器的形式来构成最佳接收机，如图 10－9 所示。在这里，接收机的两个匹配滤波器 $h_1(t)$和 $h_2(t)$，分别与随相信号 $s_1(t,\varphi_1)=A\cos(\omega_1 t+\varphi_1)$，$s_2(t,\varphi_2)=A\cos(\omega_2 t+\varphi_2)$的两个载波 $\cos\omega_1 t$ 和 $\cos\omega_2 t$ 相匹配。

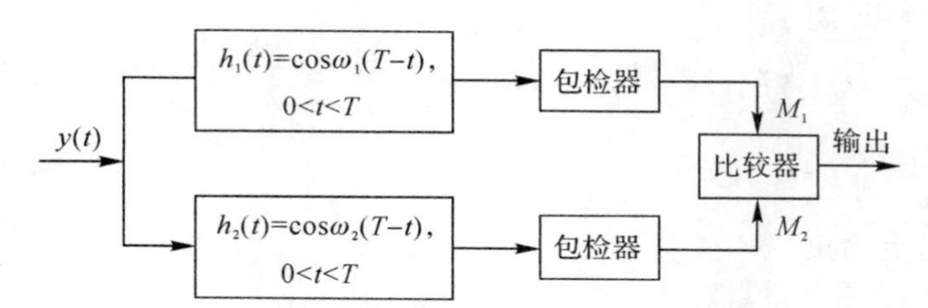

图 10－9　匹配滤波器形式的随相信号最佳接收机结构

显见，较之相关检测式接收机，匹配滤波器形式的结构要简洁得多，因而得到广泛使用。

10.2.7　最佳数字传输系统

最佳基带系统定义为能消除码间干扰，而且抗噪声性能最理想(错误概率最小)的系统。

1.理想信道下的最佳基带传输系统

所谓理想信道特性，是指信道传输函数 $C(\omega)=1$ 或常数的情况。通常当信道的通频带比信号频谱宽得多，以及信道经过精细均衡时，它就接近具有“理想信道特性”。

此时，基带系统的总传输特性

$$H(\omega)=G_T(\omega)G_R(\omega) \tag{10-33}$$

若使基带传输系统既能消除码间干扰，又具有最好的抗噪声性能，则其发送滤波器特性 $G_T(\omega)$、接收滤波器特性 $G_R(\omega)$和总的传输函数 $H(\omega)$三者之间应满足以下关系

$$\sum_n H\left(\omega+\frac{2n\pi}{T_b}\right)=\text{常数},|\omega|\leqslant\frac{\pi}{T_b} \tag{10-34}$$

$$G_R(\omega)=G_T(\omega)=H^{1/2}(\omega) \tag{10-35}$$

基本组成框图如图 10－10 所示。

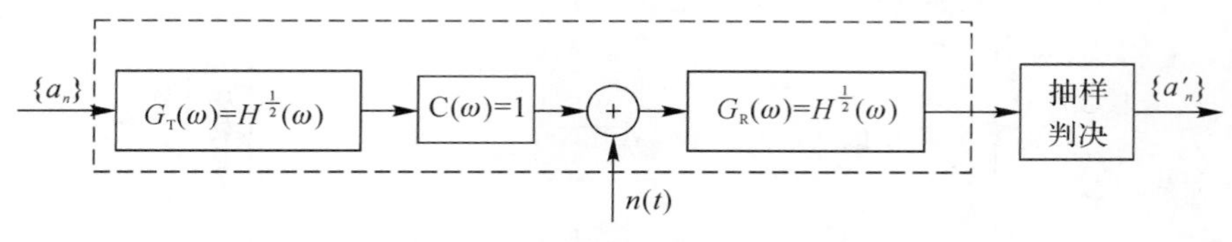

图 10－10 最佳基带系统的结构图

设输入数据序列$\{a_n\}$具有 L 种电平，各电平的出现概率相等且相互独立，L 种电平取值为$\pm d,\pm 3d,\cdots,\pm(L-1)d$，则该信号通过最佳基带系统后的误码率为

$$P_e=\left(1-\frac{1}{L}\right)\mathrm{erfc}\,\frac{d}{\sqrt{2}\sigma}=\left(1-\frac{1}{L}\right)\mathrm{erfc}\sqrt{\frac{3E}{(L^2-1)n_0}} \tag{10-36}$$

式中，E 为码元的平均能量；n_0 为信道加性高斯白噪声的单边噪声功率谱密度；σ^2 为接收滤波器输出的带限高斯噪声噪声功率。特别地，当 $L=2$ 即二进制时，有

$$P_e=\frac{1}{2}\mathrm{erfc}\sqrt{\frac{E}{n_0}} \tag{10-37}$$

此即是在理想信道中，消除码间干扰条件下，二进制双极性基带信号传输的最佳误码率。

由于在实现无码间干扰传输中，发送滤波器通常采用升余弦滚降滤波器，因此一个完整的最佳基带系统可以用图 10－11 来表示。

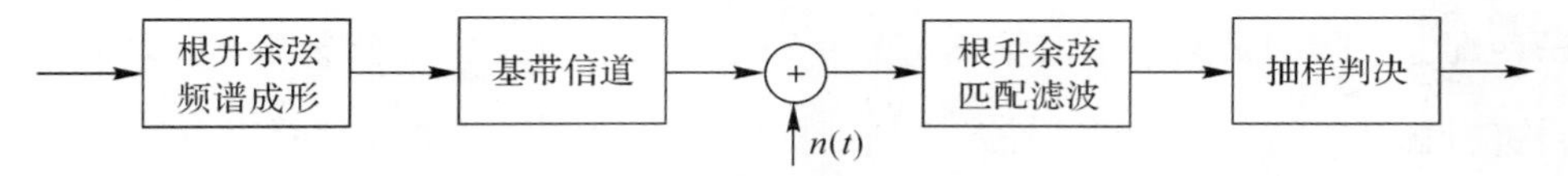

图 10－11 最佳基带系统原理框图

2. 理想信道下的最佳数字传输系统

实际的数字传输系统绝大多数还包括调制解调器，实现调制主要有两个步骤，数字信息的基带处理和频谱搬移。因此，可以把基带系统的最佳化用在整个数字传输系统中，一个完整的 4PSK 最佳传输系统的原理框图如图 10－12 所示。

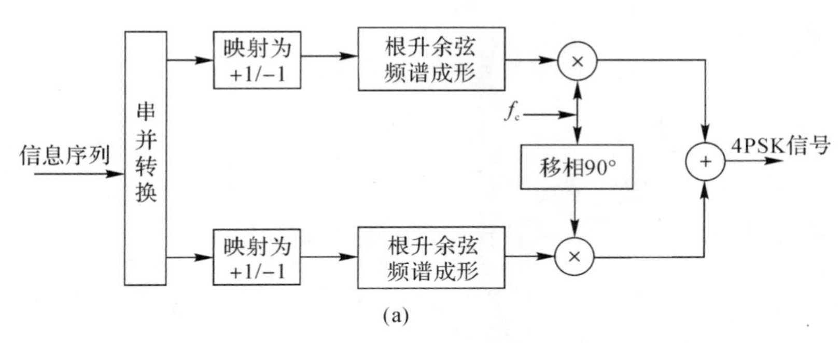

图 10－12 4PSK 最佳传输系统的原理框图

(a)发送端

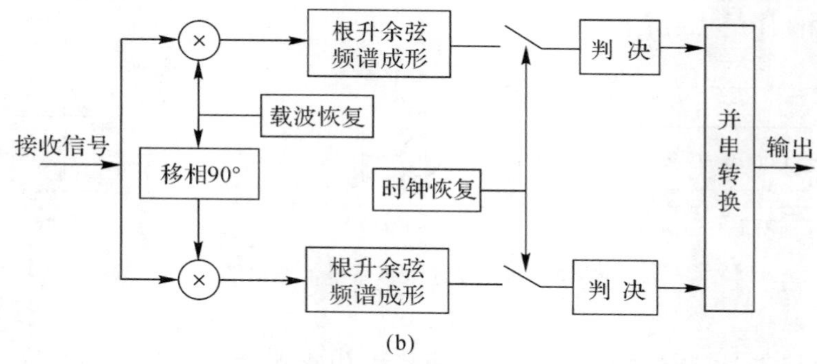

(b)

续图 10-12　4PSK 最佳传输系统的原理框图

(b)接收端

10.3　思考题解答

10-1　什么是最大信噪比准则、最小错误概率准则和最大似然准则？

答： 最大信噪比准则和最大似然准则，均可归结为最小错误概率准则，其目的都是使系统可靠性达到最佳。只不过最大似然概率准则，比较的是接收机不同支路信号与输入混合波形的相似程度，观察的对象是似然函数；而最大信噪比准则，比较的是接收机不同支路信号与输入混合波形的匹配程度，观察对象是输出信噪比。

10-2　匹配滤波器的最大信噪比与哪些参数有关？

答： 匹配滤波器的最大输出信噪比 $r_{0\max}=\dfrac{2E}{n_0}$。此式表明，匹配滤波器的最大输出信噪比仅与传输信道的噪声背景 n_0 以及滤波器所匹配的信号的能量 E 有关，与信号形式无关。

10-3　匹配滤波器的传输函数和输入信号的频谱是什么关系？

答： 匹配滤波器的传输函数 $H(\omega)=KS_i^*(\omega)e^{-j\omega t_0}$，其与输入信号频谱 $S_i(\omega)$ 的复共轭成正比。

10-4　二进制确定信号的最佳接收机哪些形式？

答： 二进制确定信号的最佳接收机有两种形式：

(1)相关检测式最佳接收机结构，其依据是最小错误概率准则，二进制等概时，如图 10-4 所示，由相关器(乘法器＋积分器)和比较器构成。

(2)匹配滤波器形式的最佳接收机，其依据是最大信噪比准则，二进制等概时，如图 10-7 所示，由匹配滤波器和比较器构成。

10-5　二进制确定信号的误码率与哪些参数有关？

答： 二进制确定信号的误码率 $P_e=\dfrac{1}{2}\text{erfc}\sqrt{\dfrac{E_b(1-\rho)}{2n_0}}$，其与信号的能量 E_b、信道的噪声功率谱 n_0 及两个信号的相关系数 ρ 有关。

10-6　单极性码和双极性码的最佳接收机的误码率哪个小？

答： 双极性码传输时，最佳接收机的误码率 $P_{e双}=\dfrac{1}{2}\text{erfc}\sqrt{\dfrac{E_b}{n_0}}$，单极性码传输时，最佳接收机的误码率 $P_{e单}=\dfrac{1}{2}\text{erfc}\sqrt{\dfrac{E_b}{4n_0}}$。显然，$P_{e双}<P_{e单}$。

10－7　采用最佳接收的 2ASK，2FSK，2PSK 信号的误码率从小到大顺序是？

答：采用最佳接收的 2ASK，2FSK，2PSK 信号的误码率从小到大顺序是

$$P_{e2PSK}=\frac{1}{2}\mathrm{erfc}\sqrt{\frac{E_b}{n_0}}<P_{e2FSK}=\frac{1}{2}\mathrm{erfc}\sqrt{\frac{E_b}{2n_0}}<P_{e2ASK}=\frac{1}{2}\mathrm{erfc}\sqrt{\frac{E_b}{4n_0}}$$

注：其中的 2FSK 为正交的。

10－8　相关式接收机是相干解调方式还是非相干解调方式？

答：相关式接收机是相干解调方式。其用以接收信号与发送信号进行相关运算、抽样比较的方式，达到相干解调的目的。在这里，相干的是发送信号本身，而不是一般意义上的“同频同相位高频载波”。

10－9　为什么要采用正交接收机？

答：正交接收机属于相关式接收机。不必对难以实现的随相信号 $s_1(t,\varphi_1)=A_0\cos(\omega_1 t+\varphi_1)$，$s_2(t,\varphi_2)=A_0\cos(\omega_2 t+\varphi_2)$ 进行相关，只需对正交的 $\cos\omega_1 t$、$\sin\omega_1 t$、$\cos\omega_2 t$、$\sin\omega_2 t$ 进行相关即可，可以有效解决随相信号的最佳接收机问题。

10－10　数字系统最佳化的目的是什么？

答：使得通信系统既能消除码间干扰，而且抗噪声性能最理想（错误概率最小）。

10.4　习题解答

10－1　接收信号波形如图 P10－1 所示，试请：

（1）画出匹配滤波器的单位冲激响应的波形；

（2）求滤波器输出 $s_0(t)$ 并画出波形。

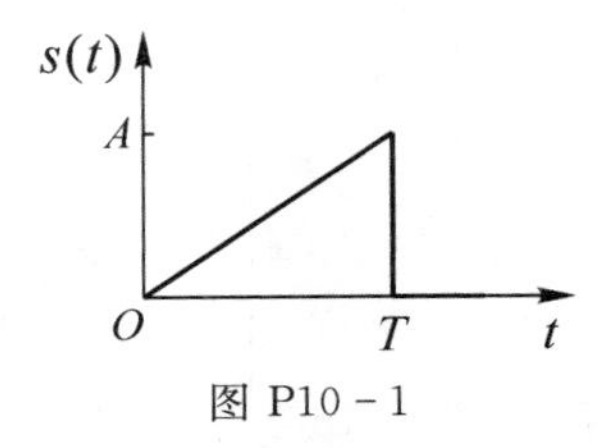

图 P10－1

解：（1）匹配滤波器的单位冲激响应为

$$h(t)=s(T-t)$$

其波形如图 S10－1(a)所示。

（2）匹配滤波器输出为

$$s_0(t)=s(t)*h(t)=\int_{-\infty}^{\infty}s(\tau)h(t-\tau)\mathrm{d}\tau=\int[\frac{A}{T}\tau\cdot\frac{A}{T}(T+t+\tau)]\mathrm{d}\tau$$

$$=\begin{cases}\dfrac{A^2}{T^2}\displaystyle\int_0^t[(T-t)\tau+\tau^2]\mathrm{d}\tau=\dfrac{A^2}{6T^2}(3Tt^2-t^3), & 0\leqslant t\leqslant T\\ \dfrac{A^2}{T^2}\displaystyle\int_{t-T}^{T}[(T+t)\tau+\tau^2]\mathrm{d}\tau=\dfrac{A^2}{6T^2}(4T^3-3Tt^2+t^3), & T\leqslant t\leqslant 2T\\ 0, & \text{其他}\end{cases}$$

其波形示意图如图 S10－1(b)所示。

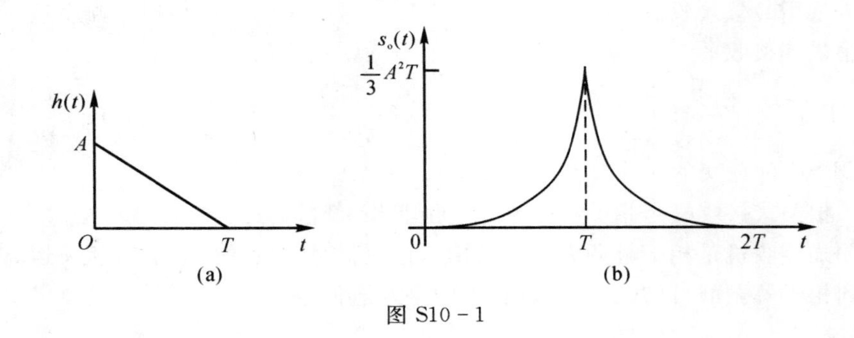

图 S10-1

10-2 已知矩形脉冲波形 $p(t)=A[U(t)-U(t-T)]$,$U(t)$为阶跃函数。

(1)求匹配滤波器的冲激响应;

(2)求匹配滤波器的输出波形;

(3)在什么时刻输出可以达到最大值?并求最大值。

解:(1)匹配滤波器的冲激响应

$$h(t)=p(T-t)=A[U(t)-U(t-T)]$$

其波形如图 S10-2(a)所示。

(2)匹配滤波器的输出为

$$s_o(t)=s(t)*h(t)=\begin{cases}A^2t, & 0\leqslant t\leqslant T\\ A^2(2T-t), & T\leqslant t\leqslant 2T\\ 0, & \text{其他}\end{cases}$$

其波形如图 S10-2(b)所示。

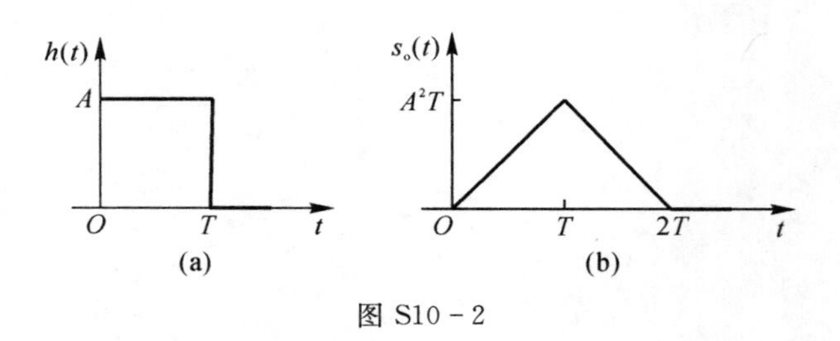

图 S10-2

(3)在 $t=T$ 时刻匹配滤波器输出达最大值,$s_{omax}(t)=A^2T$。

10-3 求如图 P10-3 所示信号对应的匹配滤波器的传递函数和输出信号波形。

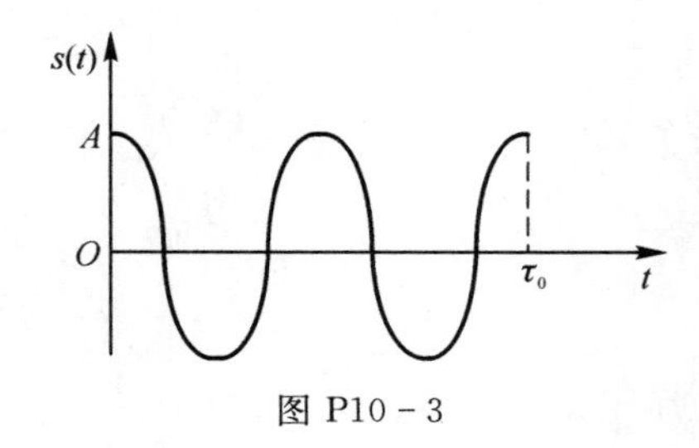

图 P10-3

解:(1)依题意

$$s(t)=\begin{cases}A\cos\omega_0 t, & 0\leqslant t\leqslant \tau_0\\ 0, & \text{其他}\end{cases}$$

则,匹配滤波器的冲激响应

$$h(t)=s(\tau_0-t)=s(t)=\begin{cases}A\cos\omega_0 t, & 0\leqslant t\leqslant \tau_0\\ 0, & \text{其他}\end{cases}=$$

$$A\cos\omega_0 t\times p_{\tau_0}(t-\frac{\tau_0}{2})$$

其传递函数:

①方法 1

$$H(\omega)=\int_{-\infty}^{\infty}h(t)e^{-j\omega t}dt=\int_0^{\tau_0}A\cos\omega_0 te^{-j\omega t}dt=\frac{A}{2}\int_0^{\tau_0}(e^{j\omega_0 t}+e^{-j\omega_0 t})e^{-j\omega t}dt=$$

$$\frac{A}{2}\int_0^{\tau_0}(e^{-j(\omega-\omega_0)t}+e^{-j(\omega+\omega_0)t})dt=\frac{A}{2}[\frac{e^{-j(\omega-\omega_0)\tau_0}-1}{-j(\omega-\omega_0)}+\frac{e^{-j(\omega+\omega_0)\tau_0}-1}{-j(\omega+\omega_0)}]=$$

$$\frac{A}{2}[\frac{e^{-j(\omega-\omega_0)\tau_0/2}-e^{j(\omega-\omega_0)\tau_0/2}}{-j(\omega-\omega_0)}\cdot e^{-j(\omega-\omega_0)\tau_0/2}+\frac{e^{-j(\omega+\omega_0)\tau_0/2}-e^{j(\omega+\omega_0)\tau_0/2}}{-j(\omega+\omega_0)}\cdot e^{-j(\omega+\omega_0)\tau_0/2}]=$$

$$\frac{A}{2}\tau_0[\text{Sa}\,\frac{(\omega-\omega_0)\tau_0}{2}\cdot e^{-j(\omega-\omega_0)\tau_0/2}+\text{Sa}\,\frac{(\omega+\omega_0)\tau_0}{2}\cdot e^{-j(\omega+\omega_0)\tau_0/2}]$$

②方法 2

$$H(\omega)=F[h(t)]=F[A\cos\omega_0 t\times p_{\tau_0}(t-\frac{\tau_0}{2})]=$$

$$\frac{1}{2\pi}A\pi[\delta(\omega-\omega_0)+\delta(\omega+\omega_0)]*\tau_0\text{Sa}\,\frac{\tau_0}{2}\omega e^{-j\omega\frac{\tau_0}{2}}=$$

$$\frac{A\tau_0}{2}[\text{Sa}\,\frac{\tau_0}{2}(\omega-\omega_0)e^{-j((\omega-\omega_0)\frac{\tau_0}{2}}+\text{Sa}\,\frac{\tau_0}{2}(\omega+\omega_0)e^{-j(\omega+\omega_0)\frac{\tau_0}{2}}]$$

其$|H(\omega)|$曲线如图 S10－3(a)所示。

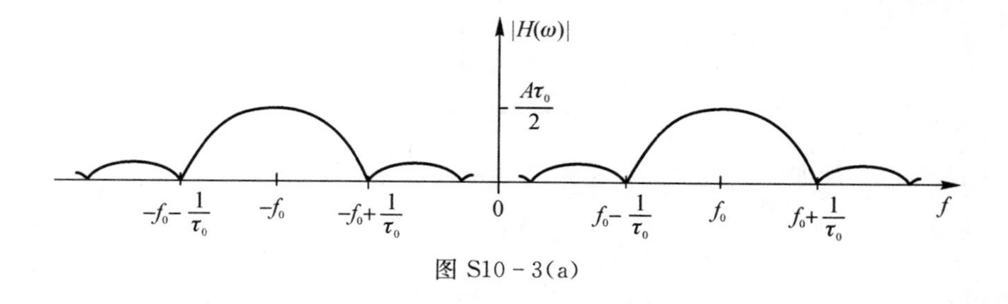

图 S10－3(a)

(2)匹配滤波器的输出为

$$s_0(t)=s(t)*h(t)=\int_{-\infty}^{\infty}s(\tau)h(t-\tau)dz=$$

$$\begin{cases} \int_0^t [A\cos\omega_0\tau A\cos\omega_0(t-\tau)]\mathrm{d}\tau = \dfrac{A^2}{2}\int_0^t [\cos\omega_0 t + \cos\omega_0(t-2\tau)]\mathrm{d}\tau \\ \quad = \dfrac{A^2}{2}\{t\cos\omega_0 t - \dfrac{1}{2\omega_0}[-\sin\omega_0 t - \sin\omega_0 t]\} = \dfrac{A^2}{2}[t\cos\omega_0 t + \dfrac{1}{\omega_0}\sin\omega_0 t], \quad 0 \leqslant t \leqslant \tau_0 \\ \int_{t-\tau_0}^{\tau_0} [A\cos\omega_0\tau A\cos\omega_0(t-\tau)]\mathrm{d}\tau = \dfrac{A^2}{2}\int_{t-\tau_0}^{\tau_0} [\cos\omega_0 t + \cos\omega_0(t-2\tau)]\mathrm{d}\tau \\ \quad = \dfrac{A^2}{2}\{(2\tau_0 - t)\cos\omega_0 t - \dfrac{1}{2\omega_0}[\sin\omega_0(t-2\tau_0) - \sin\omega_0(-t+2\tau_0)]\} \\ \quad = \dfrac{A^2}{2}[(2\tau_0 - t)\cos\omega_0 t - \dfrac{1}{\omega_0}\sin\omega_0(t-2\tau_0)], \quad \tau_0 < t \leqslant 2\tau_0 \\ 0, \quad 其他 \end{cases}$$

其波形示意图如图 S10－3(b)所示。

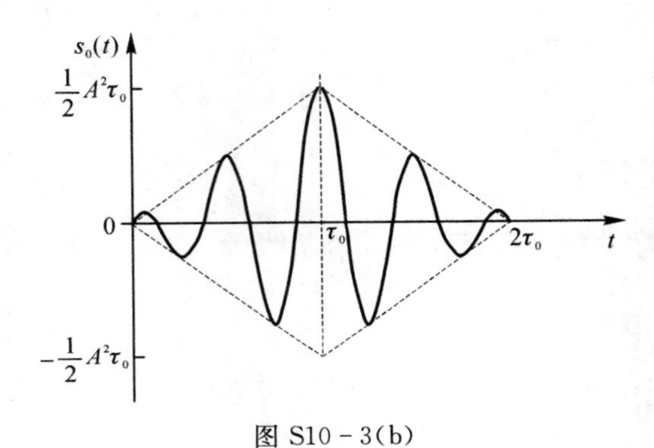

图 S10－3(b)

10－4　已知输入信号波形如图 P10－4 所示，输入噪声的双边功率谱密度为 $n_0/2$，求：

(1)匹配滤波器的传递函数 $H(\omega)$；

(2)滤波器输出信号 $s_0(t)$的功率谱；

(3)输出噪声的功率谱 $P_{n_0}(\omega)$。

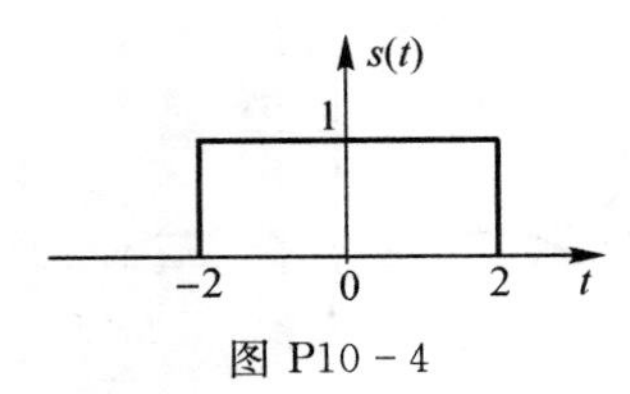

图 P10－4

解：(1)依题意，输入信号波形可表示为

$$s(t) = P_4(t-2)$$

则，匹配滤波器的冲激响应

$$h(t) = s(T-t) = s(4-t) = s(t) = P_4(t-2)$$

其传递函数

$$H(\omega) = F[h(t)] = F[P_4(t-2)] = 4\mathrm{Sa}(2\omega)\mathrm{e}^{-\mathrm{j}2\omega}$$

(2)假定输入信号为双极性、等概率情况。滤波器输入信号功率谱

$$P_{si}(\omega) = T_b \mathrm{Sa}^2\left(\frac{T_b}{2}\omega\right) = 4\,\mathrm{Sa}^2(2\omega)$$

输出信号功率谱

$$P_{s_o}(\omega) = P_{si}(\omega)\,|H(\omega)|^2 = 4\,\mathrm{Sa}^2(2\omega)\,|4\mathrm{Sa}(2\omega)\mathrm{e}^{-\mathrm{j}2\omega}|^2 = 64\,\mathrm{Sa}^4(2\omega)$$

(3)输出噪声功率谱

$$P_{n_0}(\omega) = \frac{n_0}{2}\,|H(\omega)|^2 = \frac{n_0}{2}\,|4\mathrm{Sa}(2\omega)\mathrm{e}^{-\mathrm{j}2\omega}|^2 = 8n_0\,\mathrm{Sa}^2(2\omega)$$

10-5　在功率谱密度为 $n_0/2$ 的高斯白噪声下，设计一个对图 P10-5 所示的 $f(t)$ 的匹配滤波器，并：

(1)确定最大输出信噪比的时刻；

(2)求匹配滤波器的冲激响应和输出波形，并绘出图形；

(3)求最大输出信噪比的值。

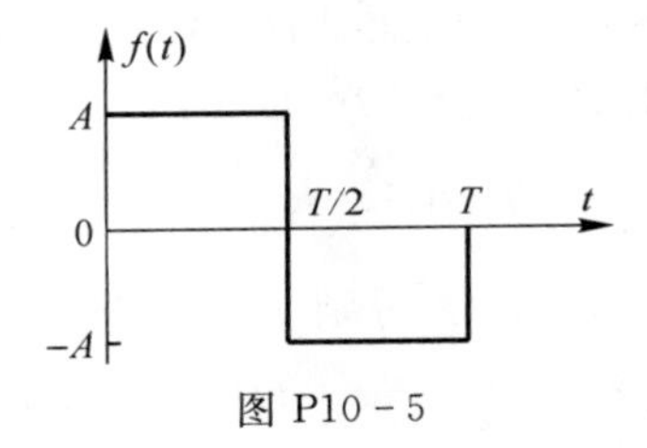

图 P10-5

解：(1)最大输出信噪比发生在码元结束时刻，为 $t_0 = T$。

(2)匹配滤波器冲激响应

$$h(t) = f(T-t) = \begin{cases} -A, & 0 \leqslant T \leqslant T/2 \\ A, & T/2 \leqslant T \leqslant T \\ 0, & \text{其他} \end{cases}$$

其波形如图 S10-5(a)所示。

匹配滤波器输出

$$s_o(t) = f(t) * h(t) = \begin{cases} -A^2 t, & 0 \leqslant t < \dfrac{T}{2} \\ A^2(3t-2T), & \dfrac{T}{2} \leqslant t < T \\ A^2(4T-3t), & T \leqslant t < \dfrac{3T}{2} \\ A^2(t-2T), & \dfrac{3T}{2} \leqslant t < 2T \\ 0, & \text{其他} \end{cases}$$

其波形如图 S10-5(b)所示。

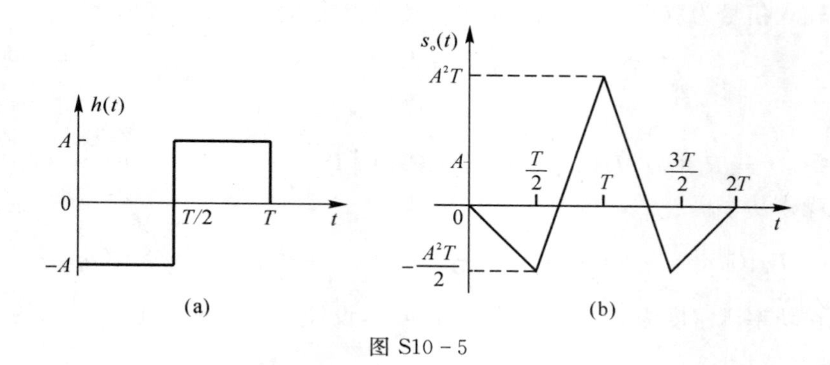

图 S10－5

(3)最大输出信噪比

$$r_{\text{omax}} = \frac{2E}{n_0} = \frac{2A^2T}{n_0}$$

注:①输出信号的最大振幅仅与输入信号的能量有关,与输入信号波形无关;

②信噪比在 T 时刻最大,该时刻也就是整个信号进入匹配滤波器的时刻。

$$s_{\text{omax}}(t) = KR(0) = K\int_{-\infty}^{\infty} s^2(t)\,\mathrm{d}t = KE$$

10－6　设系统输入 $s(t)$ 及 $h_1(t)$, $h_2(t)$ 分别如图 P10－6 (a)(b)所示,试绘图解出 $h_1(t)$ 和 $h_2(t)$ 的输出波形,并说明 $h_1(t)$ 和 $h_2(t)$ 是否是 $s(t)$ 的匹配滤波器。

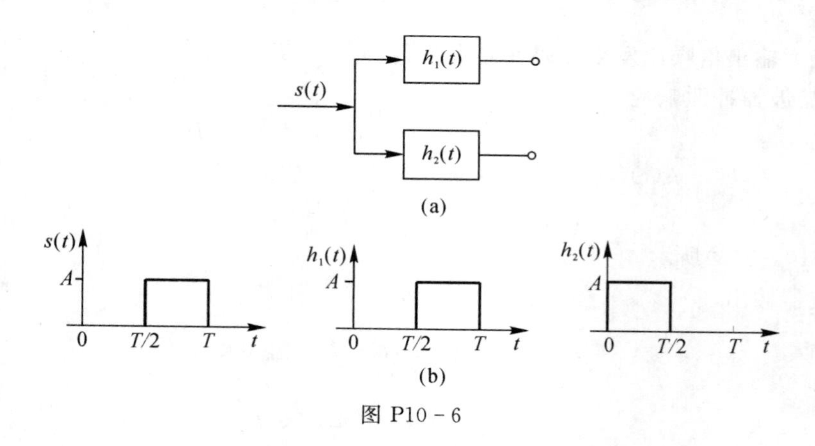

图 P10－6

解:(1)$h_1(t)$ 的输出波形 $s_{o1}(t)$ 如图 S10－6(a)所示,$h_2(t)$ 的输出波形 $s_{o2}(t)$ 如图 S10－6(b)所示。

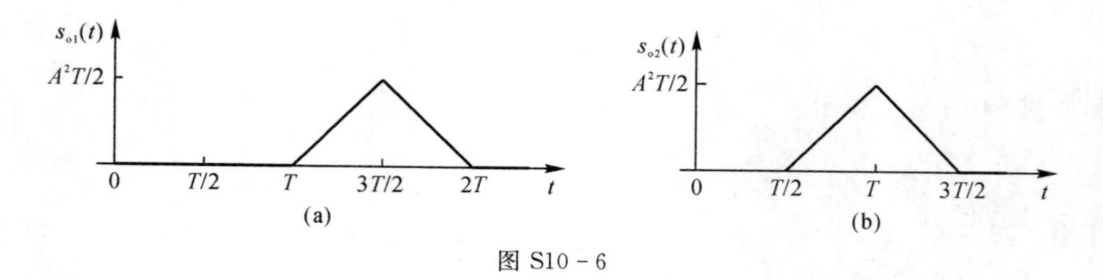

图 S10－6

(2)显见 $s_{o2}(t)$在 $t=T$ 时刻获得最大值,故 $h_2(t)$是 $s(t)$的匹配滤波器,$h_1(t)$不是。

10－7　设到达接收机输入端的二进制信号码元 $s_1(t)$和 $s_2(t)$的波形如图 P10－7 所示,输入高斯噪声双边功率谱密度为 $n_0/2$W/Hz:

(1)画出匹配滤波器形式的最佳接收机结构;

(2)确定匹配滤波器的单位冲激响应及可能的输出波形;

(3)求系统误码率。

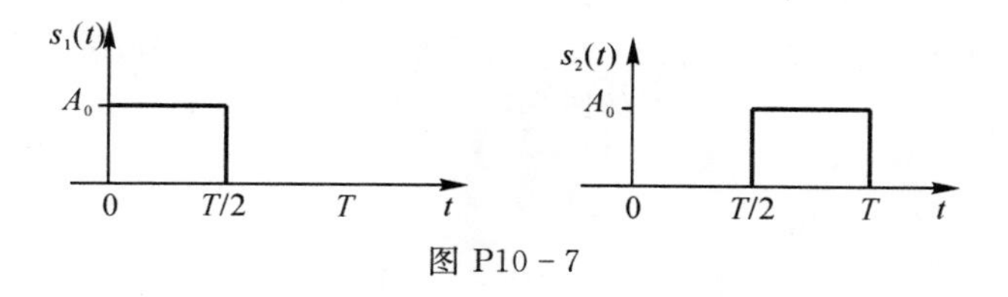

图 P10－7

解:(1)匹配滤波器形式的最佳接收机结构如图 S10－7(a)所示。

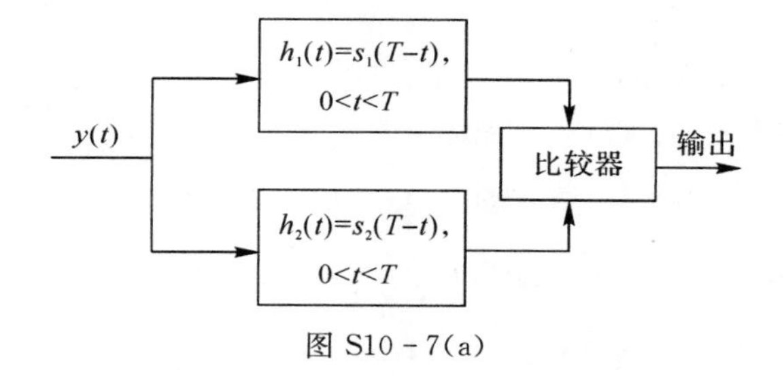

图 S10－7(a)

(2)匹配滤波器单位冲激响应如图 S10－7(b)所示。

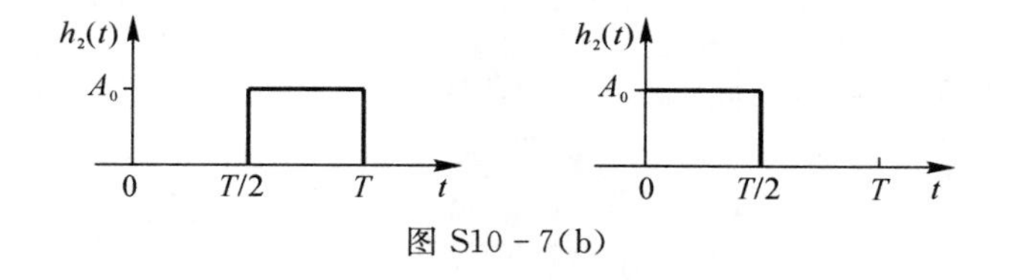

图 S10－7(b)

匹配滤波器可能的输出波形如图 S10－7(c)所示。显见,$h_1(t)$和 $s_1(t)$匹配,$h_2(t)$和 $s_2(t)$匹配,各自的输出在 $t=T$ 时刻获得最大值。

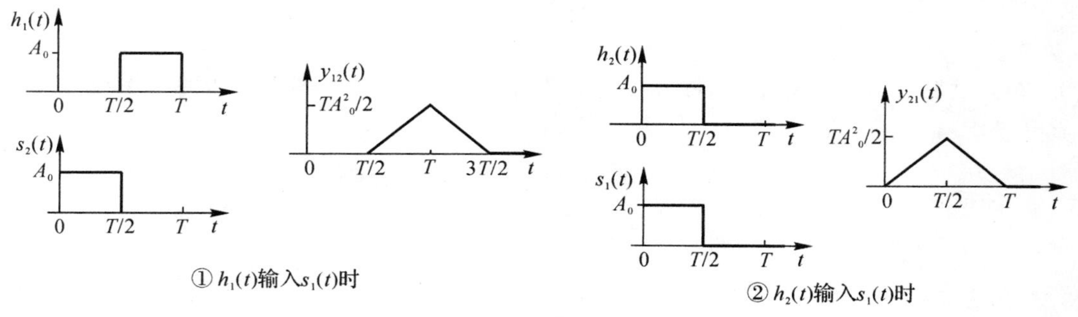

图 S10－7(c)

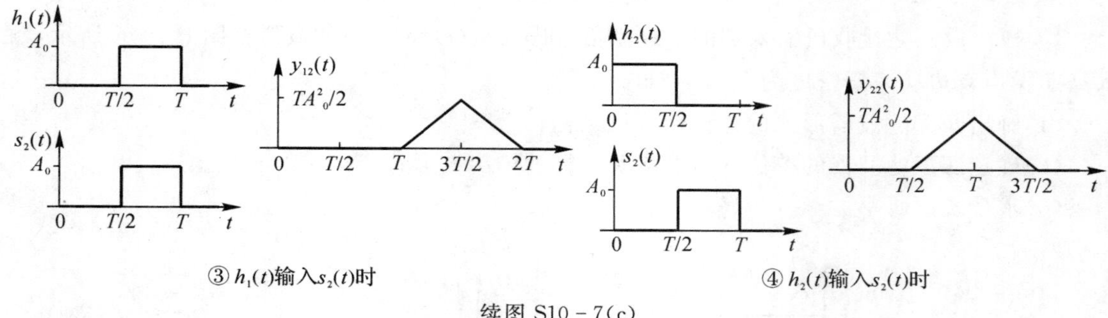

续图 S10－7(c)

(3)系统误码率

$$P_e = \frac{1}{2}\mathrm{erfc}\sqrt{\frac{E_b(1-\rho)}{2n_0}} = \frac{1}{2}\mathrm{erfc}\sqrt{\frac{A_0^2 T}{4n_0}} = \frac{1}{2}\mathrm{erfc}\left(\frac{A_0}{2}\sqrt{\frac{T}{n_0}}\right)$$

其中：$\rho=0$，$E_b=\frac{1}{2}A_0^2 T$。

10－8　设二进制 FSK 信号为

$$\begin{cases} s_1(t) = A\sin\omega_1 t, & 0 \leqslant t \leqslant T_b \\ s_2(t) = A\sin\omega_2 t, & 0 \leqslant t \leqslant T_b \end{cases}$$

且 $\omega_1=\frac{4\pi}{T_b}$，$\omega_2=2\omega_1$，$s_1(t)$和 $s_2(t)$等可能出现：

(1)构成相关检测器形式的最佳接收机机构；

(2)画出各点可能的工作波形；

(3)若接收机输入高斯白噪声功率谱密度为$\frac{n_0}{2}$(W/Hz)，试求系统的误码率。

解：(1)相关检测器形式的最佳接收机结构如图 S10－8(a)所示。

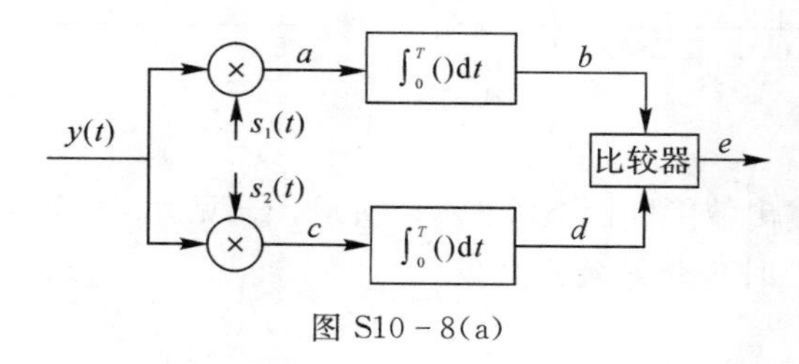

图 S10－8(a)

(2)假设发送信号为 $s_1(t)$、$s_2(t)$，对应基带信号 1，0。接收机各点可能的工作波形(示意图)如图 S10－8(b)所示。

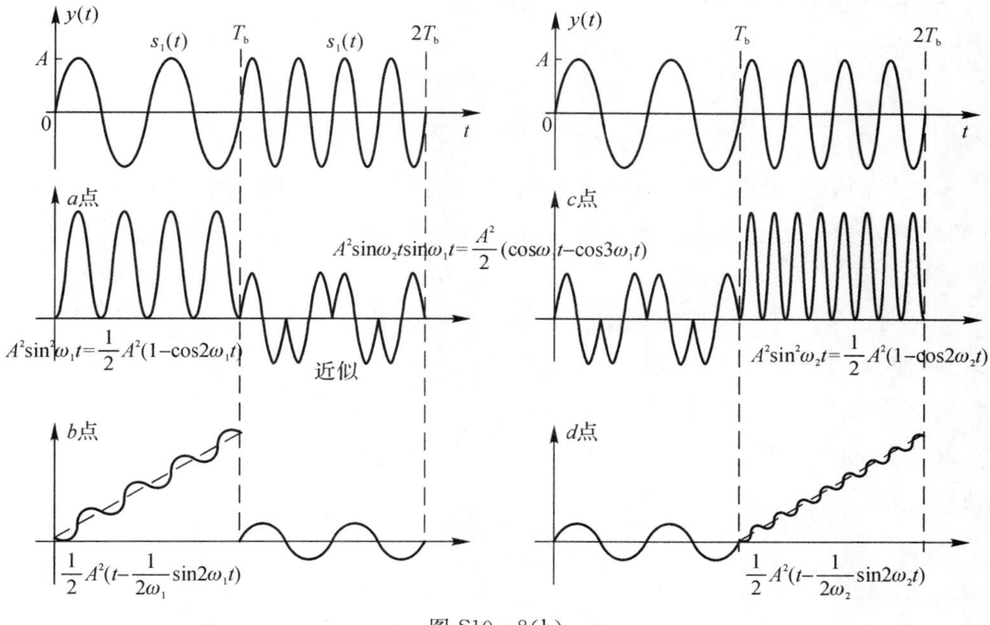

图 S10－8(b)

(3)误码率

$$P_e=\frac{1}{2}\operatorname{erfc}\sqrt{\frac{E_b(1-\rho)}{2n_0}}=\frac{1}{2}\operatorname{erfc}\sqrt{\frac{A^2T_b}{4n_0}}=\frac{1}{2}\operatorname{erfc}\left(\frac{A}{2}\sqrt{\frac{T_b}{n_0}}\right)$$

式中，$\rho=0$，$E_b=\frac{1}{2}A^2T_b$。

10－9　设 2PSK 方式的最佳接收机与普通接收机有相同的 E_b/n_0，如果 $E_b/n_0=10$ dB，普通接收机的带通滤波器带宽为 $6/T$ (Hz)，T 是码元宽度，则两种接收机的误码性能相差多少？

解：2PSK 方式时最佳接收机误码率

$$P_{e1}=\frac{1}{2}\operatorname{erfc}\sqrt{\frac{E_b}{n_0}}=\frac{1}{2}\operatorname{erfc}\sqrt{10}=3.9\times10^{-6}$$

2PSK 方式时普通接收机

$$r=\frac{S}{N}=\frac{E_b/T}{n_0B}=\frac{E_b/T}{n_0\,\frac{6}{T}}=\frac{E_b}{6n_0}$$

误码率

$$P_{e2}=\frac{1}{2}\operatorname{erfc}\sqrt{r}=\frac{1}{2}\operatorname{erfc}\sqrt{\frac{E_b}{6n_0}}=\frac{1}{2}\operatorname{erfc}\sqrt{\frac{10}{6}}=3.4\times10^{-2}$$

两种接收机的误码率之比

$$\eta=\frac{P_{e2}}{P_{e1}}=\frac{3.4\times10^{-2}}{3.9\times10^{-6}}=8\ 718$$

10－10　已知 2FSK 系统中的两个信号波形为

$$\begin{cases} s_1(t) = \sin \dfrac{2\pi}{T_b} t, & 0 \leqslant t \leqslant T_b \\ s_2(t) = \sin \dfrac{4\pi}{T_b} t, & 0 \leqslant t \leqslant T_b \end{cases}$$

其中 T_b 是二进制码元间隔，设 $T_b = 1\text{s}$，2FSK 信号在信道中受到加性高斯白噪声的干扰，加性噪声的均值为 0，双边功率谱密度为 $n_0/2$，$s_1(t)$和 $s_2(t)$等概率出现。请回答以下问题：

(1)试画出两信号的波形图；

(2)计算两信号的互相关系数 ρ 及平均比特能量 E_b 值；

(3)画出匹配滤波器形式的最佳接收机框图；

(4)画出匹配滤波器的冲激响应图；

(5)试求系统的误码率。

解：(1)两信号的波形分别如图 S10－10(a)所示。

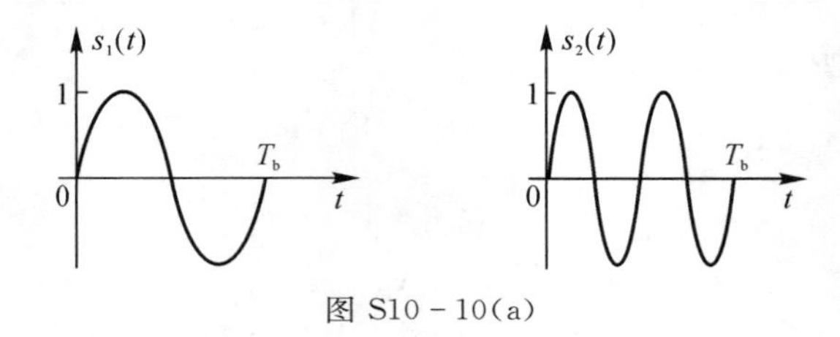

图 S10－10(a)

(2)两信号的互相关系数

$$\rho = \frac{\int_0^{T_b} s_1(t) s_2(t) \mathrm{d}t}{E_b} = \frac{1}{E_b} \int_0^{T_b} \sin\left(\frac{2\pi}{T_b} t\right) \sin\left(\frac{4\pi}{T_b} t\right) \mathrm{d}t = 0$$

其中，平均比特能量

$$E_b = \int_0^{T_b} s_1^2(t) \mathrm{d}t = \int_0^{T_b} s_2^2(t) \mathrm{d}t = \frac{1}{2} \mathrm{J}$$

(3)匹配滤波器形式的最佳接收机框图如图 S10－8(b)所示。

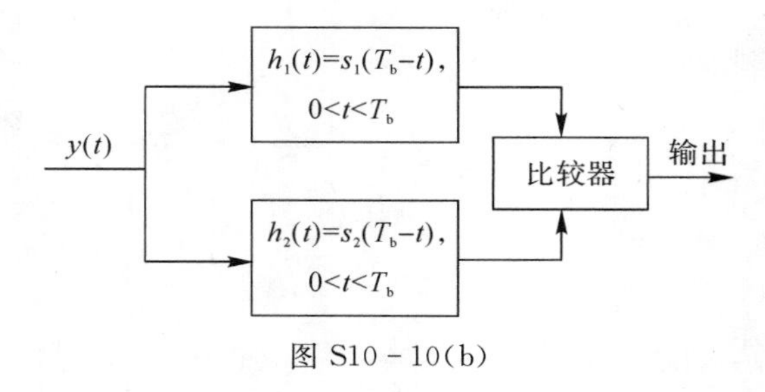

图 S10－10(b)

(4)匹配滤波器的冲激响应如图 S10－10(c)所示。

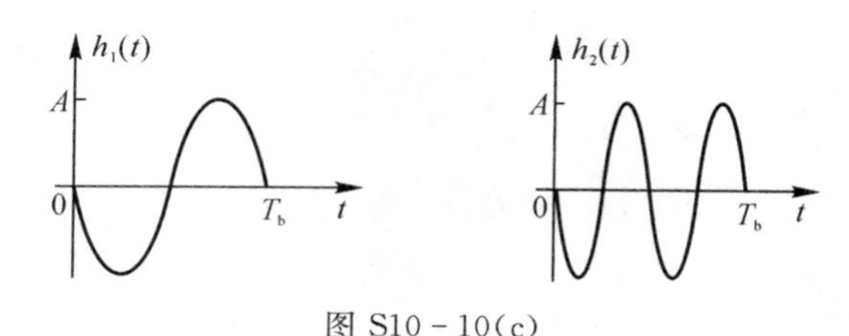

图 S10－10(c)

(5)系统误码率

$$P_e = \frac{1}{2}\text{erfc}\sqrt{\frac{E_b(1-\rho)}{2n_0}} = \frac{1}{2}\text{erfc}\sqrt{\frac{T_b}{4n_0}}$$

式中，$\rho=0, E_b=\frac{1}{2}A^2T_b=\frac{1}{2}T_b$。

10－11　某基带传输系统结构如图 P10－11 所示，其中 $C(f)=\begin{cases}1, & |f|\leqslant \text{信道带宽} \\ 0, & \text{其他}\end{cases}$，$G_T(f)$已知。问如何设计 $G_R(f)$才能实现最佳非相干接收？

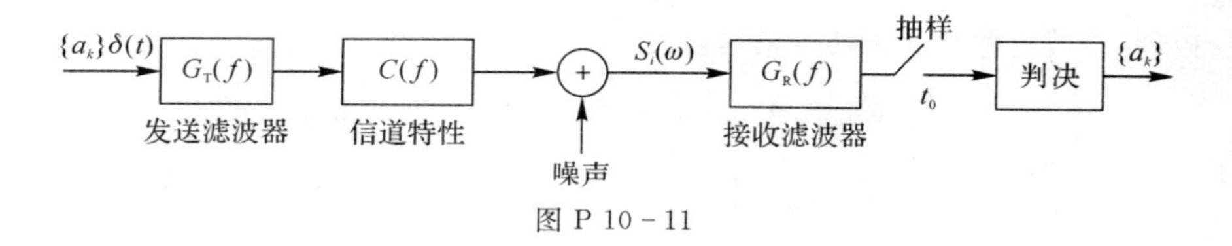

图 P 10－11

解：依题意在信号通带范围内 $C(\omega)=1$，基带系统的传输特性可表示为

$$H(\omega)=G_T(\omega)C(\omega)G_R(\omega)=G_T(\omega)G_R(\omega) \qquad ①$$

考虑到最佳基带传输系统必须满足无码间干扰的要求，$H(\omega)$应满足奈奎斯特准则

$$\sum_n H(\omega+\frac{2n\pi}{T_b}) = \text{常数}, \ |\omega|\leqslant\frac{\pi}{T_b} \qquad ②$$

式中，T_b 为码元宽度。

当输入信号 $f(t)=\delta(t)$时，由图 P10－11 可知接收滤波器的输入信号可表示为

$$S_i(\omega)=F(\omega)G_T(\omega)C(\omega)=G_T(\omega) \qquad ③$$

根据最佳接收对匹配滤波器的要求(与输入信号共轭匹配)，有

$$G_R(\omega)=G_T^*(\omega)e^{-j\omega T_b}, \text{在 } t=T_b \text{ 时刻抽样最佳} \qquad ④$$

$G_R(\omega)$可看作网络 $G_T^*(\omega)$与网络 $e^{-j\omega T_b}$ 的级联。显见，对网络 $G_T^*(\omega)e^{-j\omega T_b}$ 在 $t=T_b$ 时刻的抽样等价于对网络 $G_T^*(\omega)$在 $t=0$ 时刻的抽样。于是，式④等价为

$$G_R(\omega)=G_T^*(\omega), \text{在 } t=0 \text{ 时刻抽样最佳} \qquad ⑤$$

联立式①、式⑤，得

幅频条件　$|G_T(\omega)|=|G_R(\omega)|=|H(\omega)|^{\frac{1}{2}}$

相频构成共轭，即

$$\left.\begin{aligned} G_T(\omega) &= |G_T(\omega)|e^{j\varphi(\omega)} \\ G_R(\omega) &= |G_R(\omega)|e^{-j\varphi(\omega)} \end{aligned}\right\}, \varphi(\omega) \text{ 可任选}$$

无妨选

$$\varphi(\omega)=0$$

于是可得，实现最佳非相干接收的 $G_R(\omega)$ 为

$$G_R(\omega)=G_T(\omega)=H^{\frac{1}{2}}(\omega)$$

10-12 若理想信道基带系统的总特性满足下式

$$H_{eq}(\omega)=\begin{cases}\sum_i H(\omega+\frac{2\pi i}{T_b})=T_b, & |\omega|\leqslant\frac{\pi}{T_b}\\ 0, & |\omega|>\frac{\pi}{T_b}\end{cases}$$

信道高斯噪声的双边功率谱密度为 $\frac{n_0}{2}$(W/Hz)，信号的可能电平为 L，即 $0,2d,\cdots,2(L-1)d$ 等概率出现。求：

(1)接收滤波器输出噪声功率；

(2)系统最小误码率。

解：(1)根据最佳基带系统条件，接收滤波器的传输函数应为

$$G_R(\omega)=G_T(\omega)=H^{1/2}(\omega)$$

据此，可得接收滤波器输出噪声功率谱密度

$$P_Y(\omega)=\begin{cases}|G_R(\omega)|^2P_X(\omega)=T_b\times\frac{n_0}{2}=\frac{1}{2}T_bn_0, |\omega|\leqslant\frac{\pi}{T_b}\\ 0, |\omega|>\frac{\pi}{T_b}\end{cases}$$

输出噪声功率

$$\sigma^2=2P_Y(\omega)B=2\cdot\frac{1}{2}T_bn_0\cdot\frac{1}{2T_b}=\frac{n_0}{2}(\text{W})$$

(2)系统最小误码率

$$P_e=(1-\frac{1}{L})\text{erfc}(\frac{d}{\sqrt{2}\sigma})=(1-\frac{1}{L})\text{erfc}(\frac{d}{\sqrt{n_0}})$$

10-13 某三次群(34.368 Mb/s)数字微波系统的载波频率为 6 GHz，信道带宽为 25.776 MHz，信道噪声是高斯白噪声。试设计无码间干扰的最佳 4PSK 系统，并画出框图。

解：(1)可采用的最佳 4PSK 系统如图 S10-13 所示，图中 f_c=6 GHz。

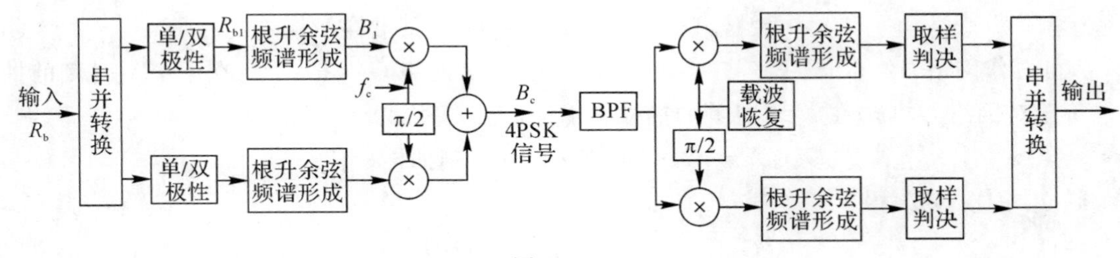

图 S10-13

(2)设计参数分析。依题意 R_b=34.368 Mb/s，B_c=25.776 MHz，所以有

$$R_{b1}=17.184\ \text{Mb/s}, B_1=12.888\ \text{MHz}$$

进一步分析表明，当采用 $\alpha=0.5$ 的余弦频谱形成器时，系统满足传输要求。

10.5　本章知识结构

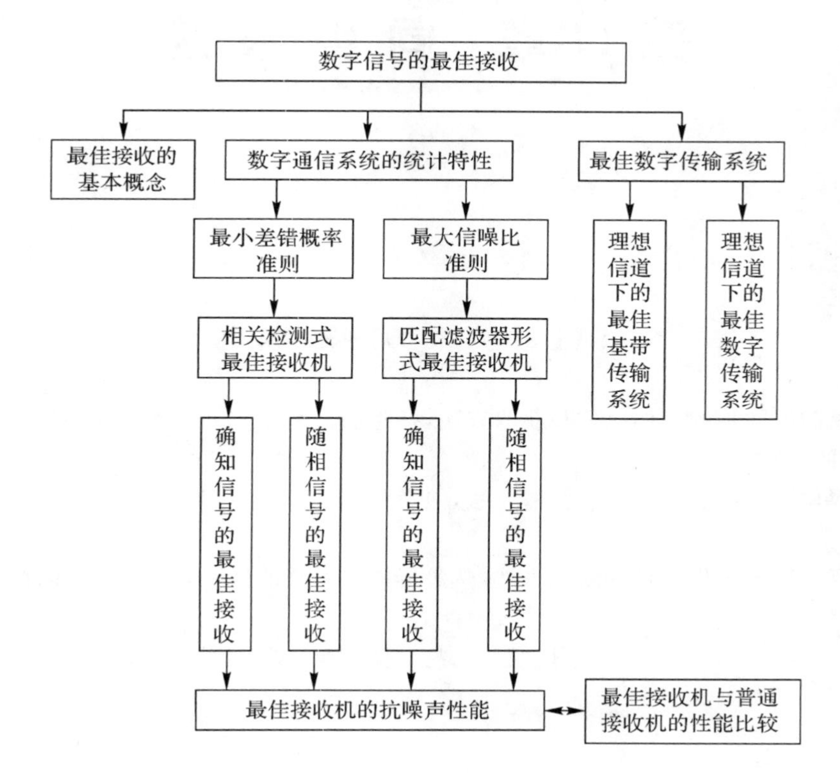

第11章 同步系统

11.1 大纲要求

(1)掌握载波同步的工作原理和获取方法,熟悉载波同步系统的性能,了解载波相位误差对解调性能的影响。

(2)掌握位同步的工作原理和获取方法,熟悉位同步系统的性能,了解位定时误差对系统性能的影响。

(3)掌握群同步工作原理和获取方法,熟悉群同步系统的性能,了解群同步保护技术。

11.2 内容概要

11.2.1 引言

在通信系统中,保证收发两端的设备在时间上步调一致的工作方式称为同步或定时。通信系统能否有效、可靠地工作,在很大程度上依赖于有无良好的同步系统。在数字通信系统中,通常涉及到三种同步:

(1)载波同步。在各种调制信号进行相干解调时,接收端需要提供一个与发射端调制载波同频同相位的本地载波,这种本地载波的获取就称为载波同步。

(2)位同步。在接收端产生与接收码元的重复频率和相位一致的定时脉冲序列的过程,称为码元同步或位同步。

(3)群同步。数字通信中的信息数字流,常以字、句和群的方式传输,在接收端产生与“字”“句”“群”起止时刻相一致的定时脉冲序列的过程,称为群同步或帧同步。

不论哪种同步,都是解决信号传输的时间基准问题,因此,同步信号也是一种信息。按照获取和传输同步信息的方式不同,有两种同步方法:

(1)外同步法。由发送端发送专门的同步信息(导频),接收端把这个导频提取出来作为同步信号的方法。

(2)自同步法。发送端不发送专门的同步信息,接收端设法从接收到的信号中提取出同步信息的方法。

11.2.2　载波同步

对于含有足够载波分量的已调信号(如AM信号),可以使用窄带滤波器直接滤出载波;而对于本身不含有载波或接收端很难从频谱中将载波分离出来的已调信号,有两种载波同步的方法:插入导频法(外同步法)和直接提取法(自同步法)。

1. 插入导频法(外同步法)

所谓插入导频,就是在发送端的已调信号频谱中额外插入一个称作导频的正弦波,以便接收端作为载波同步信号加以恢复。有频域插入和时域插入两种方法。

(1)频域插入导频法。频域插入导频法适用于不包含载频分量的信号,如DSB-SC,SSB,以及等概率的2PSK、2DPSK信号等。此类信号的共同特点是,载频处已调信号的频谱分量为零,允许发送端在信号中插入一个导频。

导频信号的设计应考虑在接收端易于分离。双边带抑制载波信号时,采用图11-1所示的方法实现。此处,插入的导频不是调制载波本身,而是将其移相90°后"正交插入",其目是为了去除解调输出中的附加直流分量。

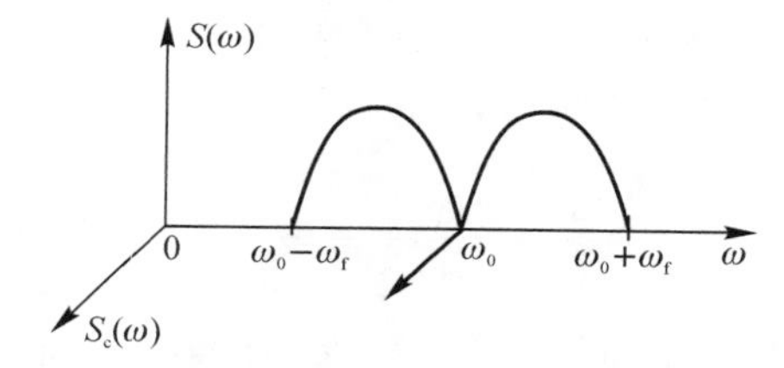

图11-1　双边带抑制载波信号的"正交载波"插入法

正交插入发送端和接收端原理框图分别如图11-2、图11-3所示。

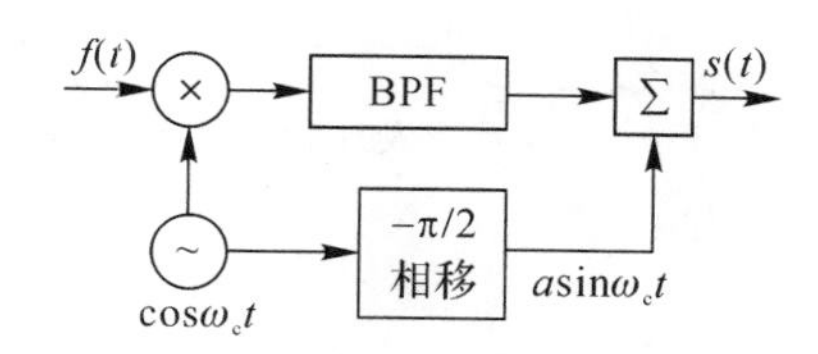

图11-2　插入导频法发送端原理框图

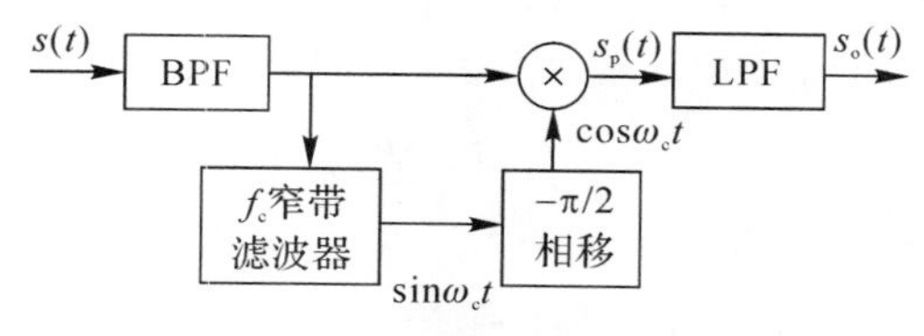

图11-3　插入导频法接收端原理框图

理想的窄带滤波器难以实现,实际中常用图11-4所示的锁相环(PLL)来实现窄带滤波器,好处是:带宽窄、易于实现、中心频率能跟随输入频率作相应变化,且具有一定的载波震荡维持功能。

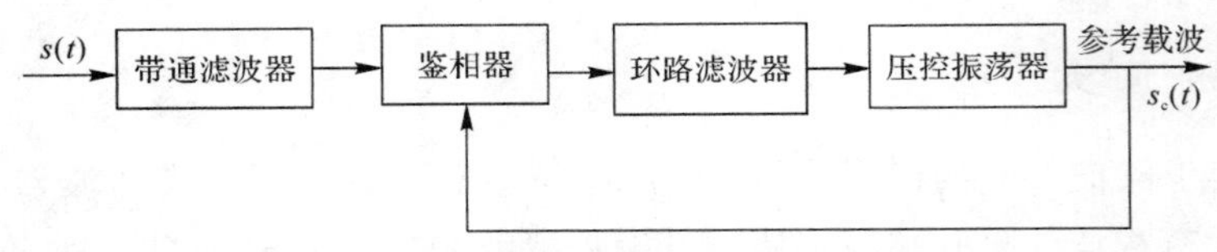

图 11-4　PLL 提取本地载波原理框图

(2)时域插入导频法。不同于频域法，插入的导频在时间上是连续的，信道中自始至终都有导频信号传送。时域法中，导频信号仅存在于时间轴的一定间隔上，按照一定的时间顺序，在指定时间内发送载波。时分多路复用体制中，其时序图如图 11-5 所示。

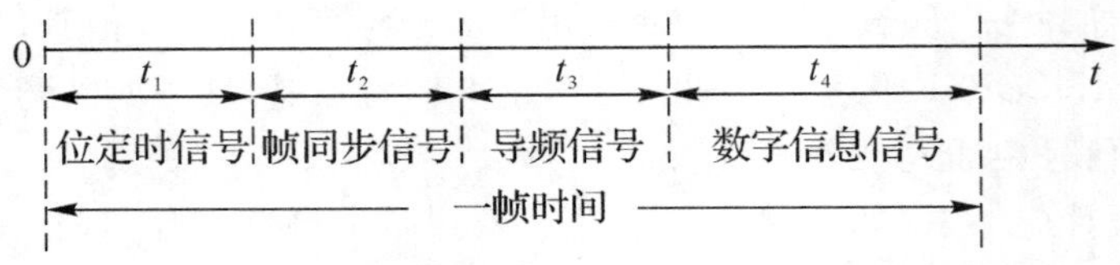

图 11-5　时域插入导频法导频插入时序图

在这种方法中，在导频信号插入前，一般还插入有帧同步信号。因此，当采用锁相环来提取导频信号时，可在接收端利用帧同步信号通过门电路来控制导频信号送入锁相环的时间，以减少非导频信号和噪声对锁相环的影响，如图 11-6 所示。

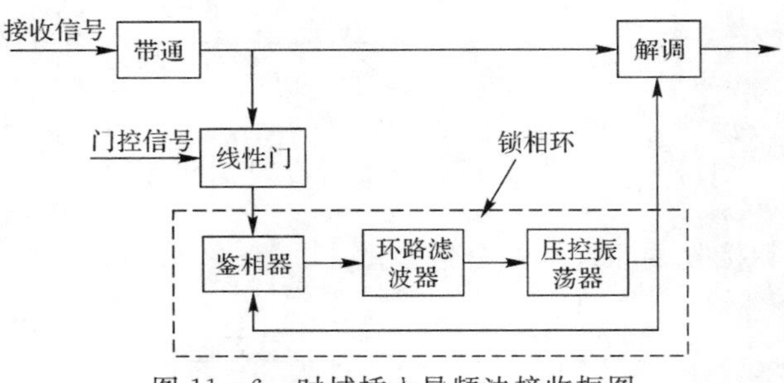

图 11-6　时域插入导频法接收框图

2. 直接提取法(自同步法)

抑制载波的双边带信号虽不含载波分量，但对该信号进行某种非线性变换后，将会派生新的频率分量，从中可以提取载波同步信息。主要实现方法有以下几种。

(1)平方变换法和平方环法。平方变换法的原理框图如图 11-7 所示。设不含载频分量的双边带信号(含 PSK 信号)为

$$s(t)=f(t)\cos\omega_c t \tag{11-1}$$

在接收端将该信号进行平方变换，得到

$$e(t)=f^2(t)\cos^2\omega_c t=\frac{f^2(t)}{2}+\frac{1}{2}f^2(t)\cos 2\omega_c t \tag{11-2}$$

用窄带滤波器将上式中的第二项滤出，再进行二分频，就可获得所需的本地载波信号。

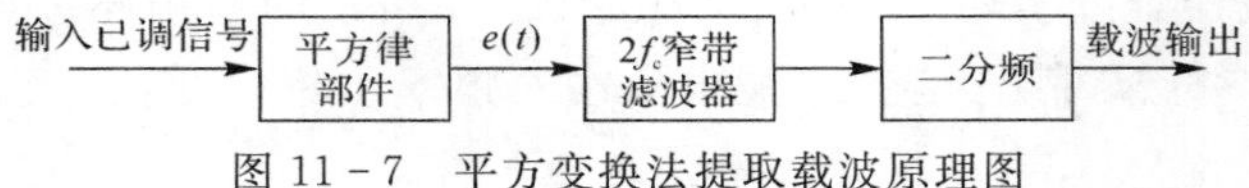

图 11-7　平方变换法提取载波原理图

由于锁相环具有良好的跟踪、窄带滤波和记忆性能，为了改善平方变换的性能，可以把窄带滤波器用锁相环替代，构成如图11-8所示平方环法提取载波。

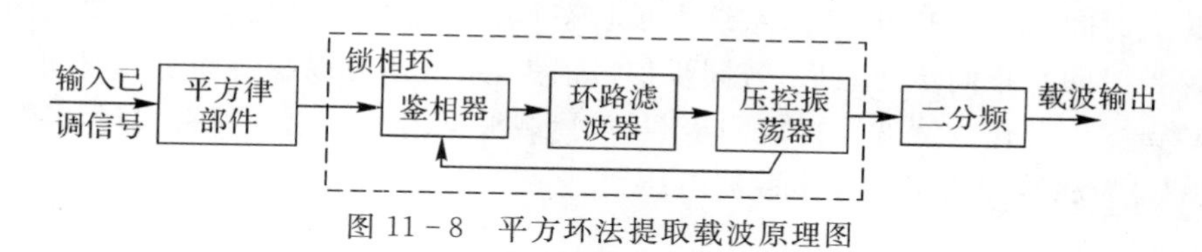

图11-8　平方环法提取载波原理图

平方变换法或平方环法提取载波的优点是电路简单，缺点是由于二分频电路的存在，所提取的载波存在反相或相位不确定性问题，它就是2PSK相干解调后出现的“反相工作”问题。

(2)同相正交环法。同相正交环法又称为科斯塔斯(Costas)环法，它是利用锁相环提取载波的一种常用方法，原理框图如图11-9所示。加于两个相乘器的本地信号分别为压控振荡器(VCO)的输出信号 $v_1=\cos(\omega_c t+\theta)$ 和 $v_2=\sin(\omega_c t+\theta)$，它们分别是载波信号和载波的正交信号，$\theta$ 是压控振荡器输出信号与输入已调信号载波之间的相位误差；输入已调信号 $s(t)=f(t)\cos\omega_c t$。

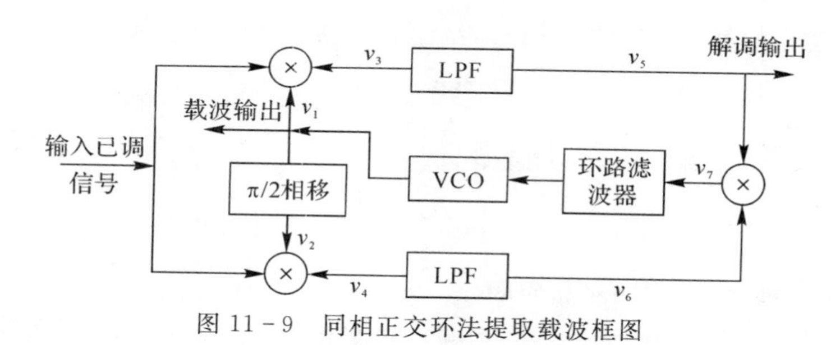

图11-9　同相正交环法提取载波框图

不难证明，当 θ 较小时

$$v_7\approx\frac{1}{4}f^2(t)\cdot\theta \tag{11-3}$$

可见，v_7 的大小与相位误差 θ 成正比，用 v_7 去调整VCO输出信号的相位，环路锁定时 $\theta\to 0$。此时，VCO的输出 $v_1=\cos(\omega_c t+\theta)\approx\cos\omega_c t$ 就是所需要的载波，而 $v_5=\frac{1}{2}f(t)\cos\theta\approx\frac{1}{2}f(t)$ 就是解调器输出。

与平方环法比较，采取同相正交环法提取载波的好处是：

1)同相正交环法工作在载波频率 f_c 上，而平方环法工作在 $2f_c$ 上，载波频率很高时，同相正交环易于实现。

2)当环路锁定后，同相正交环法载波提取、相干解调一次完成，而平方环法不行。

3)同相正交环法载波提取无需二分频，不存在相位模糊问题。

3. 载波同步系统的性能及其对传输系统误码率的影响

(1)载波同步系统的性能。载波同步系统的主要性能有效率、精度、同步建立时间和同步保持时间。载波同步追求的是高效率、高精度、同步建立时间短、保持时间长。

高效率是指为了获得载波信号而尽量减少消耗发送功率。由于直接法不需要专门发送导频，因而效率高于插入导频法。

高精度是指接收端提取的载波与需要的载波比较，应该有尽量小的相位误差。

同步建立时间是指从开机（或从系统失步状态）至提取出稳定的载频所需要的时间。

同步保持时间是指同步建立后，若同步信号消失，系统还可以维持同步的时间。

利用单谐振电路作为滤波器提取同步载波时，载波同步的建立和保持波形如图 11－10 所示。图中 $u(t)$ 为滤波器输出的同步载波电压。

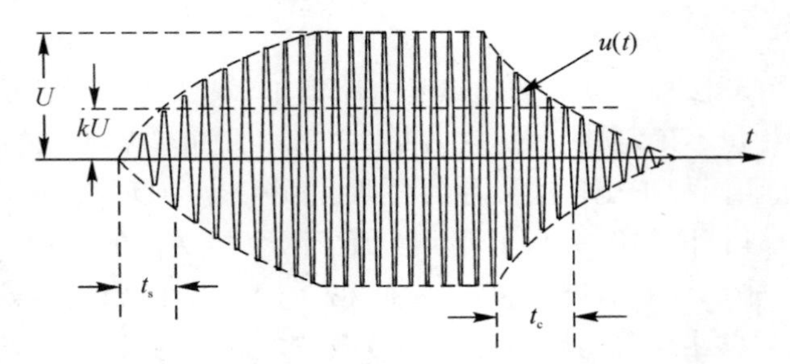

图 11－10　载波同步的建立和保持

通常把同步建立的时间 t_s 确定为 $u(t)$ 的幅度达到稳定值 U 的一定百分比 k 即可。此时

$$t_s = \frac{2Q}{\omega_0}\ln\left(\frac{1}{1-k}\right) \tag{11-4}$$

同步保持时间 t_c 可以按振幅下降到 kU 来计算

$$t_c = \frac{2Q}{\omega_0}\ln\left(\frac{1}{k}\right) \tag{11-5}$$

式中，ω_0 为回路振荡频率；Q 为回路品质因数。

(2)相位误差对数字信号解调性能的影响。载波相位误差对不同信号的解调所带来的影响是不同的。设相位误差为 $\Delta\theta$，则解调后信噪功率比下降为原来的 $\cos^2\Delta\theta$ 倍：

1)对于 DSB 信号，相位误差只引起解调系统的信噪比下降，误码率增加。如对于 2PSK 信号，误码率由原来的 $P_e=\frac{1}{2}\mathrm{erfc}(\sqrt{r})$，增加为 $P_e=\frac{1}{2}\mathrm{erfc}(\sqrt{r}\cos\Delta\theta)$；

2)对于单边带和残留边带信号，相位误差不仅会引起信噪比的下降，而且还会引起输出波形的失真。

11.2.3　位同步

位同步又称为码元同步，它是在接收端提供一个确定抽样判决时刻的定时脉冲序列，以保证在最佳判决时刻对接收码元进行抽样判决。位同步实现方法也有直接提取法和插入导频法两种。

1. 插入导频法（外同步法）

与载波同步时的插入导频法类似，对于本身不包含位同步信息及码速率成分的脉冲序列，位同步插入导频法也是在基带信号频谱的零点处插入所需的位定时导频信号，在接收端，经过窄带滤波从解调后的基带信号中提取位同步信息。

(1)NRZ 信号插入导频信息。二进制非归零码脉冲序列在频率 $f=1/T_b$ 处为信号零点，可用于插入位同步信息，如图 11－11(a)所示，接收端同步信息提取原理框图如图 11－11(b)所示。

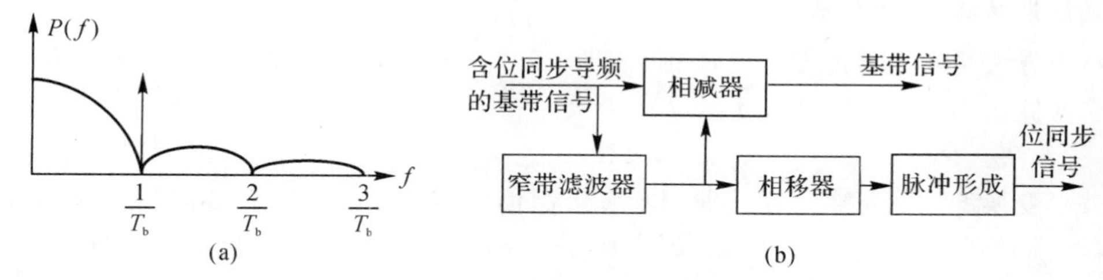

图 11－11　NRZ 信号位同步插入导频法原理框图

(a)导频插入示意图；(b)接收端同步信息提取示意图

图 11－11(b)中，窄带滤波器从输入的数字基带信号中提取出导频信号，一路经移相器、脉冲形成器处理，作为位同步信号输出；另一路与输入数字信号相减，用于消除因导频信号的插入对于原数字基带信号产生的影响。相移器的作用是用来校准导频信号的相位，达到最终控制位同步信号相位的目的。

(2)部分响应信号插入导频信息。部分响应信号在频率 $f=1/(2T_b)$ 处存在信号零点，可用于插入位同步信息，频谱关系如图 11－12 所示，实现原理框图如图 11－13 所示，图中 $f_b=1/T_b$。

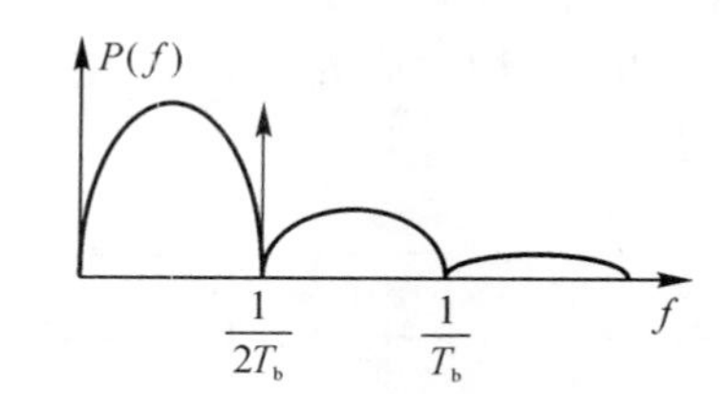

图 11－12　部分响应系统位同步导频插入示意图

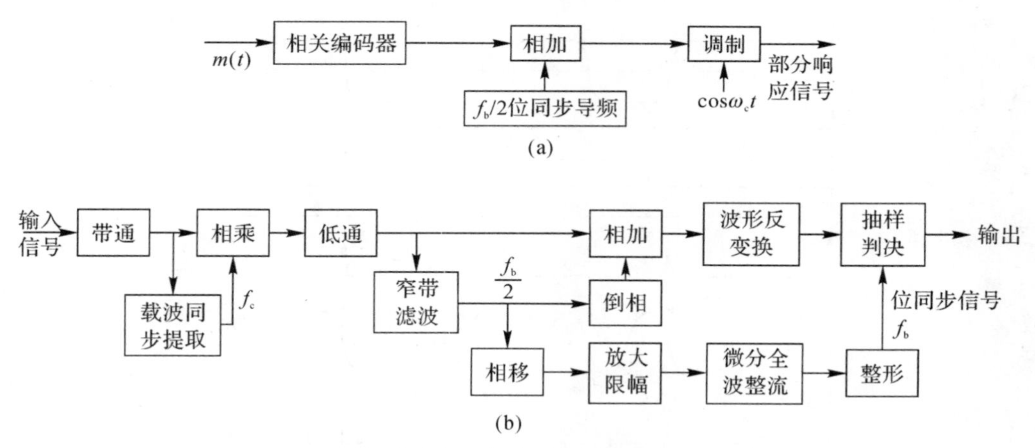

图 11－13　部分响应系统位同步插入导频法原理框图

(a)发送端示意图；(b)接收端示意图

位同步导频不仅可以在频域内插入，也可以在时域内插入，其原理与载波的时域插入法相似，如图 11－5 所示。

2. 直接提取法(自同步法)

这一类方法是发送端不专门发送导频信号，而直接从所收到的数字信号中提位同步信号。常用的有滤波法和锁相环法两大类。

(1)滤波法。

1)波形变换滤波法。它适用于非归零二进制信号传输系统。非归零随机二进制序列，无论单、双极性，皆不含有 $f=1/T_b$ 的位同步信号分量，故不能从中直接提取位同步信号。但是，若对该信号进行某种变换，例如变成单极性归零脉冲，序列中就含有 $f=1/T_b$ 的信号分量，再经过窄带滤波、移相、脉冲形成后，就可以获得位同步脉冲。其原理框图如图 11－14 所示，其中波形变换电路可以用微分和整流来实现。

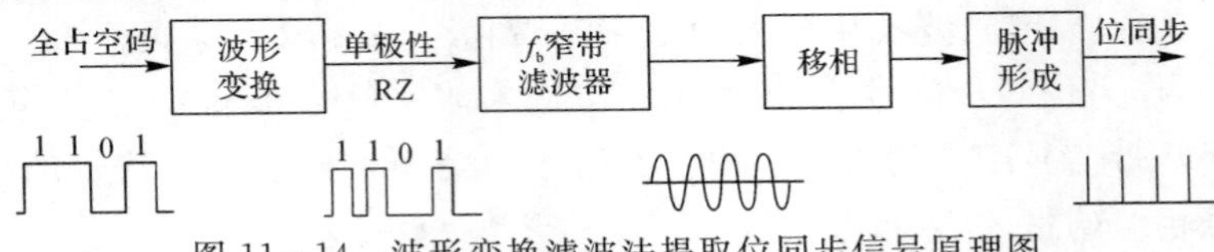

图 11－14　波形变换滤波法提取位同步信号原理图

2)带限整流滤波法。它是一种从带限数字基带信号中提取位同步信息的方法。数字信号通过信道传输后，实际上不能保持原有的理想波形形状，接收的信号波形在码元转换时刻会发生“畸变”。利用此“畸变”，可以直接对接收到的基带信号波形进行全波整流、隔直流，以得到单极性的归零码，再经窄带滤波、移相、脉冲形成等处理，从中提取位同步脉冲。其原理框图和工作波形如图 11－15 所示。

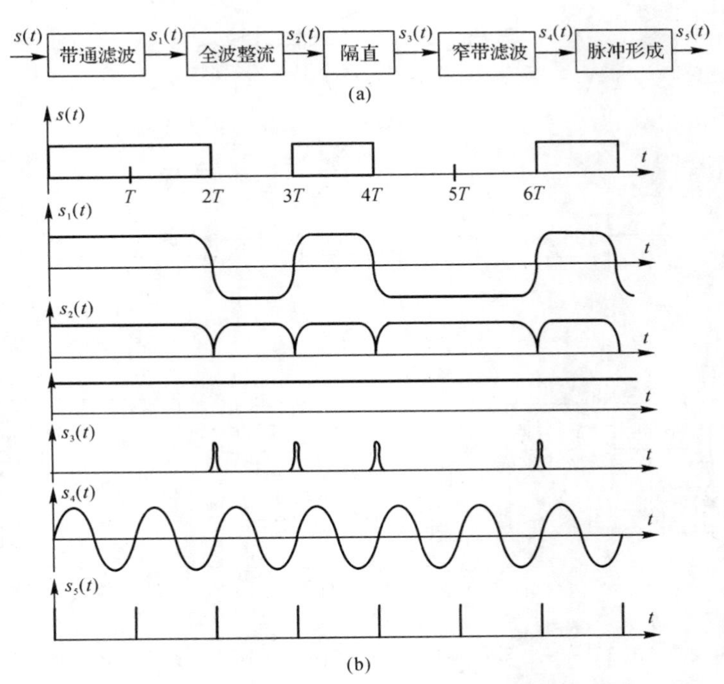

图 11－15　带限整流滤波法提取位同步信号示意图

3)包络检波滤波法。包络检波滤波法是一种从频带受限的中频 PSK 信号中提取位同步信息的方法。当接收端带通滤波器的带宽小于信号带宽时，频带受限的 2PSK 信号在相邻码元相位反转处会形成幅度的“陷落”。经包络检波、隔直流，可得到单极性的归零码，再经窄带滤波、脉冲形成等处理，可提取位同步脉冲。其原理框图和工作波形如图 11－16 所示。

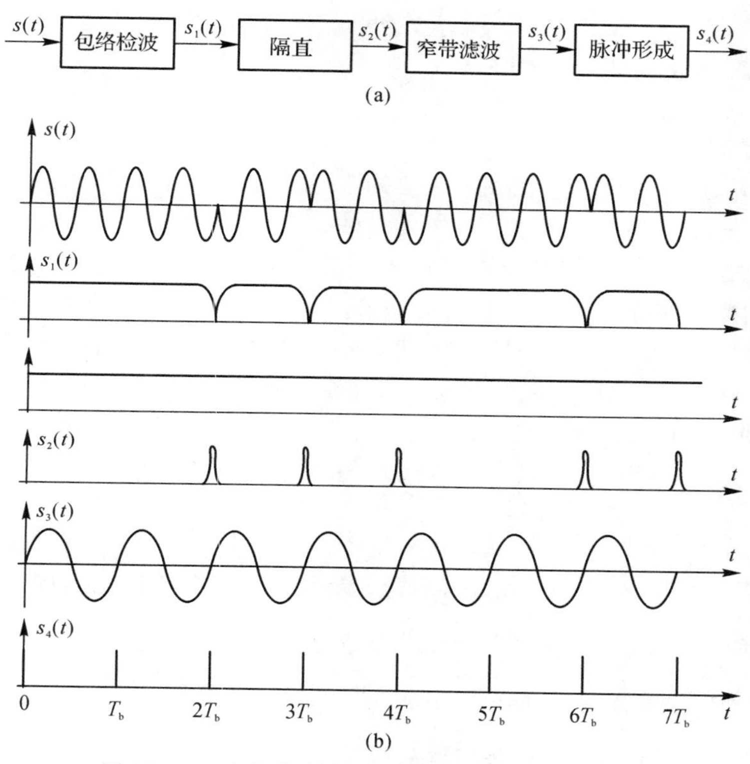

图 11－16　包络检波滤波法提取位同步信号示意图

(2)数字锁相环法。把采用锁相环提取位同步信号的方法称为锁相法，其原理与载波同步类似。图 11－17 是一种用于位同步的数字锁相环原理框图，它由高稳定度晶体振荡器、分频器、相位比较器和控制电路组成。控制电路包括图中的扣除门、附加门和或门。

高稳定度振荡器产生的信号经整形电路变成周期性脉冲，然后经控制器再送入分频器，输出位同步脉冲序列。接收码元的相位与经过整形的 n 次分频后的相位脉冲进行比较，由两者相位的超前或滞后，来确定扣除或附加一个脉冲，以调整位同步脉冲的相位。

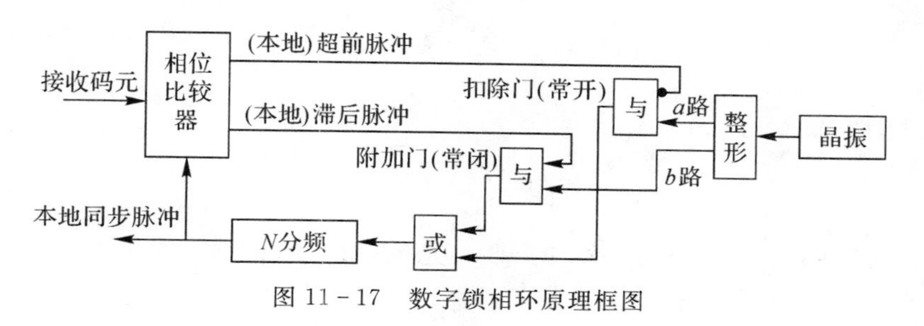

图 11－17　数字锁相环原理框图

3. 位同步系统的性能

与载波同步系统一样，位同步系统的性能通常也是用相位误差、同步建立时间、同步保持时间和同步带宽等指标来衡量的。下面以数字锁相法为例予以介绍。

(1)相位误差 θ_e。数字锁相法提取位同步信号时，每调整一步，相位改变 $2\pi/N$ 弧度(N 是分频器的分频比)，故最大相位误差是 $2\pi/N$，即

$$\theta_e = 360^\circ/N \tag{11-6}$$

相应地，用时间差 T_e 表示相位误差时，有

$$T_e = T_b/N \tag{11-7}$$

式中，T_b 为码元宽度。

(2)同步建立时间 t_s。它是指开机或失去同步后重新建立同步所需的最长时间。码元宽度为 T_b 时，有

$$t_s = NT_b \tag{11-8}$$

要使同步建立时间 t_s 减小，就要选用较小的 N，这与降低相位误差 θ_e 要求较大的 N 相矛盾。

(3)同步保持时间 t_c。它指由同步到失去同步所能保持的最短时间。设收发两端固有的码元速率为 F_{b1} 和 F_{b2}，令 $\Delta F=|F_{b1}-F_{b2}|$ 为频率差，则因 ΔF 导致的相位差为 $2\pi\Delta F$。若收发两端允许的最大相位漂移为 $\beta=2\pi/\alpha$(α 为一常数)，则

$$t_c = \frac{\beta}{2\pi\Delta F} = \frac{1}{\alpha\Delta F} \tag{11-9}$$

(4)同步带宽 ΔF_L。同步带宽 ΔF_L 定义为能够调整到同步状态所允许的收、发振荡器的最大频差。令 $F_b=\sqrt{F_{b1}F_{b2}}$ 为收发两端固有码元重复频率的几何平均值，则

$$\Delta F_L = \frac{F_b}{2N} \tag{11-10}$$

显然，要增加同步带宽 ΔF_L，就要减小 N。

4. 位同步相位误差对传输系统误码率的影响

位同步相位误差 θ_e(对应时间差 T_e)，会使采样判决时刻偏离信号能量达到最大值的时间，导致误码率增大。对于采用匹配滤波器的最佳接收系统，从图 11-18 可以看到，相邻码元的极性无交变时，位同步信号的相位误差不影响采样点的积分输出获得最大能量值 E，如图 11-18(c)中的 t_3 和 t_4 点。而相邻码元有极性变化时，同步的时间误差就使积分值减小为 E'，如图 11-18(c)中的 t_1 和 t_2 点。由于每个码元积分输出能量与时间成正比，能量减少的因子为 $(1-2T_e/T_b)$。通常，随机二进制的数字信号相邻码元有变化和无变化的概率各占 1/2，故以 2PSK 为例，考虑到相位误差影响时，其误码率为

$$P_e = \frac{1}{4}\text{erfc}\sqrt{\frac{E}{n_0}} + \frac{1}{4}\text{erfc}\sqrt{\frac{E'}{n_0}} = \frac{1}{4}\text{erfc}\sqrt{\frac{E}{n_0}} + \frac{1}{4}\text{erfc}\sqrt{\frac{E}{n_0}(1-\frac{2T_e}{T_b})} \tag{11-11}$$

11.2.4 群同步

1. 帧同步的方法

群同步又称为帧同步，其任务是在位同步信息的基础上，识别出数字信息群的起止时刻，以便在接收端实现正确的分路、分句或分字。

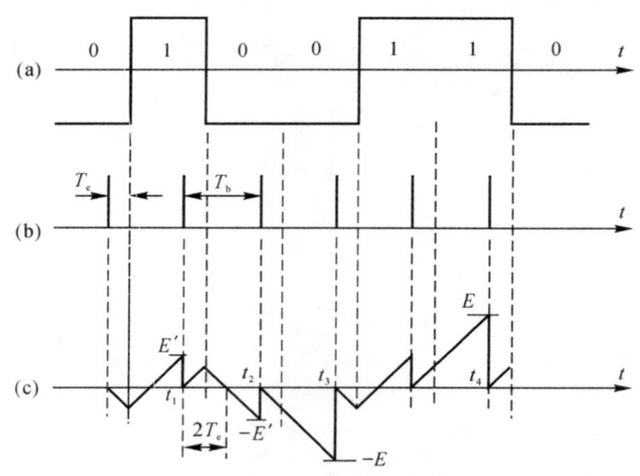

图 11-18　相位误差对信号能量影响的示意图

群同步的方法有两大类：一类是自同步法，利用数据码组本身之间不同的特性来实现；另一类是外同步法，在数字信息流中插入一些特殊码组作为每个群的头尾标记，接收端据其位置实现群同步。对帧同步"特殊码组"的要求是：在接收端易于识别和提取。常用的同步码组有巴克码、伪随机码和脉位码等。

下面仅介绍外同步法，分为连贯式插入法和间隔式插入法两种。

2. 连贯式插入法

连贯式插入法又称集中插入法，是一种在每帧的开头集中插入帧同步码字的同步方法，接收端一旦检测到这个特定的标识码组就知道这是这组信息码元的"头"，这种方法适合于需要快速建立同步或者每次传输时间很短的场合中。

为了易于识别和提取，作为帧同步的特殊码组，其自相关函数应具有尖锐单峰特性，且其识别器要尽量简单。一种常用的群同步码是巴克码。

巴克码是一个长为 n 的码组 $\{x_1, x_2, x_3, \cdots, x_n\}$，其局部自相关函数满足

$$R(j) = \sum_{i=1}^{n-j} x_i x_{i+j} = \begin{cases} n, & j = 0 \\ 0 \text{ 或 } \pm 1, & 0 < j < n \\ 0, & j \geqslant n \end{cases} \tag{11-12}$$

其中 x_i 取值+1或-1。巴克码组见表11-1所示，表中"±"表示"±1"。

表 11-1　巴克码组

位数 n	巴克码组	
2	＋＋	11
3	＋＋－	110
4	＋＋＋－，＋＋－＋	1110,1101
5	＋＋＋－＋	11101
7	＋＋＋－－＋－	1110010
11	＋＋＋－－－＋－－＋－	11100010010
13	＋＋＋＋＋－－＋＋－＋－＋	1111100110101

通常采用 $n=7$ 的巴克码组作为帧同步码组，它的局部自相关函数如图 11－19 所示。

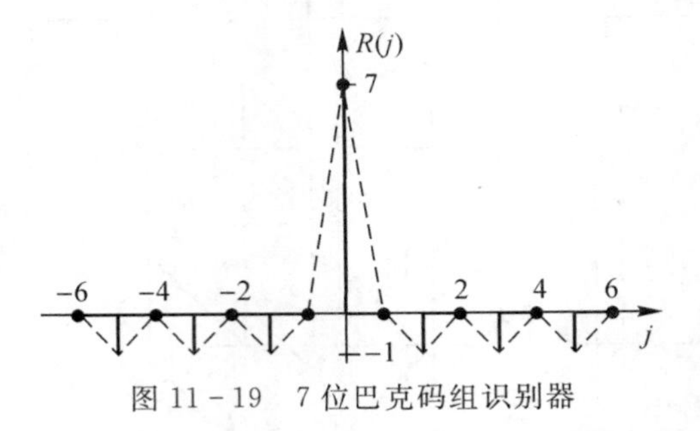

图 11－19　7 位巴克码组识别器

常用移位寄存器来产生巴克码组。图 11－20(a)为串行式巴克码产生器，移位寄存器的级数同于巴克码组的位数，初始状态同于巴克码组的数字(1110010)；图 11－20(b)为反馈式巴克码产生器，初始状态为巴克码组的前 3 位数字(111)。

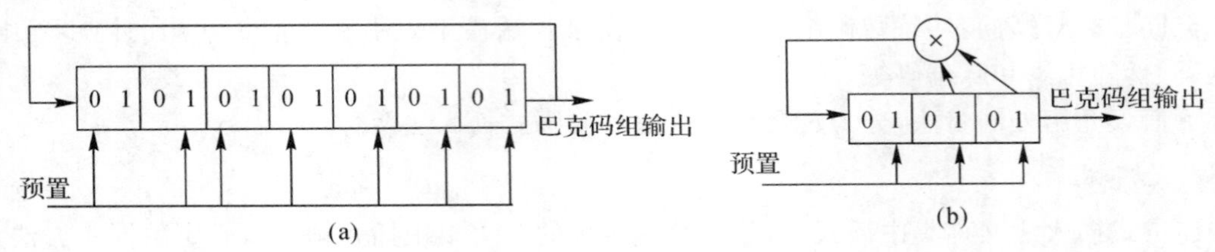

图 11－20　7 位巴克码组产生器

(a)串行式；(b)反馈式

在接收端是利用巴克码组尖锐的自相关函数特性来识别它的。7 位巴克码组识别器由 7 级移位寄存器、相加器和判决器组成，如图 11－21 所示。相加器的联接与巴克码组的规律一致，只有巴克码组全部移入 7 个移位寄存器，相加器输出的才是自相关函数的尖峰值。这时判决器输出一个脉冲，标志着帧同步信号的出现，如图 11－22 所示。

图 11－21 中的 U 为判决门限，它的选择需要结合系统的性能和要求折中考虑。当判决电平选择过高时，容易发生漏同步；选择过低时，容易发生假同步。

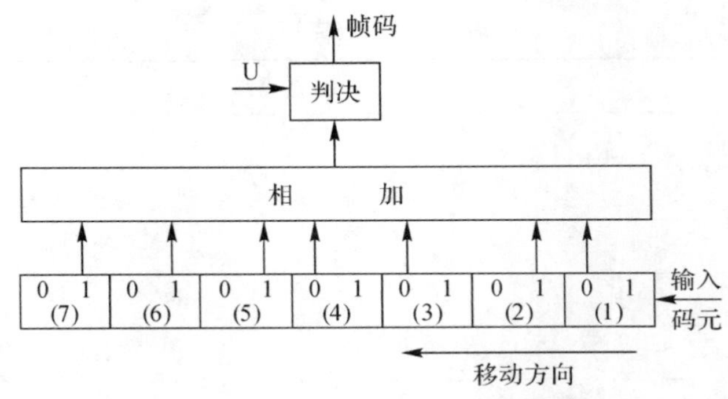

图 11－21　7 位巴克码组识别器

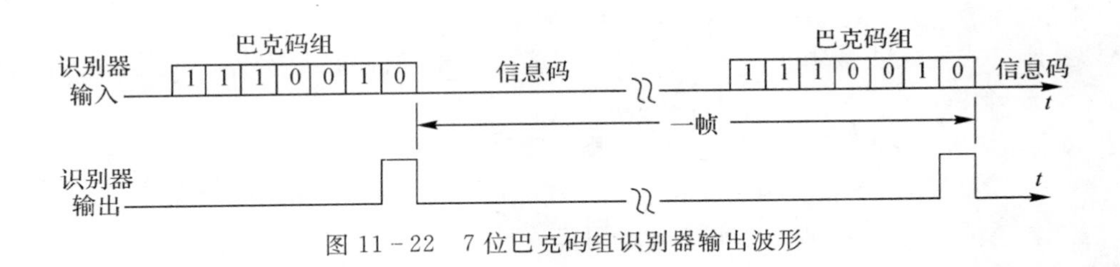

图 11-22　7位巴克码组识别器输出波形

3. 间歇式插入法

间歇式插入法又称分散插入法，它是将群同步码组周期性分散插入在信息码元中。分散插入的最大特点是，同步码不占用信息时隙，传输效率高，但同步捕获时间长，接收端需要收到若干个码组后才能找到帧同步码组。它适合于连续传输信息的场合，如多路数字电话系统。

4. 群同步系统的性能

衡量群同步系统的性能指标主要有：漏同步概率，假同步概率和群同步平均建立时间。

(1)漏同步概率 P_L。由于噪声和干扰的影响，会引起群同步码字中一些码元发生错误，从而使识别器漏识别已发出的群同步码字，形成漏同步。漏同步的概率与群同步的插入方式、群同步码的码组长度、系统的误码概率以及识别器电路和参数选取等有关。对于连贯式插入法，漏同步概率为

$$P_L = 1 - \sum_{r=0}^{k} C_n^r P_e^r (1 - P_e)^{n-r} \tag{11-13}$$

式中，P_e 为系统的误码率；n 为群同步码字的码元数目；k 为判决器允许群同步码出错的最大个数。

(2)假同步概率 P_F。在信息码中也可能出现与所要识别的群同步码字相像的码字，这时识别器会把它误认为群同步码字而出现假同步。假同步概率是信息码元中能判为同步码组的组合数与所有可能的码组数之比，即

$$P_F = \frac{\sum_{r=0}^{k} C_n^r}{2^n} = 2^{-n} \sum_{r=0}^{k} C_n^r \tag{11-14}$$

比较可知，k 增大(判决门限降低)时，P_L 减小，P_F 则增大，两者对判决门限的电平要求构成一对矛盾。

(3)群同步的保护。为了保证同步系统的性能可靠，要求漏同步概率 P_L 和假同步概率 P_F 都要小，但这个要求对识别器判决门限的选择是矛盾的。因此，最常用的保护措施是将群同步的工作状态划分为捕捉态和维持态。在不同的状态对识别器的判决门限电平提出不同的要求，从而达到降低漏同步和假同步的目的。

捕捉态：判决门限电平高，即 k 减小，使假同步概率 P_F 下降。

维持态：判决门限电平低，即 k 增大，使漏同步概率 P_L 下降。

(4)群同步平均建立时间 t_s。对于连贯式插入法，帧同步的平均建立时间为

$$t_s = (1 + P_L + P_F) \cdot N \cdot T_b \tag{11-15}$$

式中，N 为每群的码元数；T_b 为码元宽度。

对于间歇式插入法，若每帧插入的码元相同，则平均建立时间为

$$t_s \approx N^2 T_b \tag{11-16}$$

比较可见,连贯式插入法帧同步的平均建立时间相对较短,所以在数字传输中广泛应用。

11.3 思考题解答

11-1 通信系统中为什么要实现载波同步,位同步和群同步?

答:同步的目的在于解决信号传输的时间基准问题。相干解调时,在接收端必须能够提供一个与所接收到的载波信号同频同相的本地参考载波,否则解调器就不能正常工作或解调性能变差;数字通信系统中,接收端需要知道每个码元的起止时间,以便在最佳时刻对接收码元进行抽样判决,否则会导致信号能量变小,系统误码率增大;数字信号常以字、句和群的方式传输,接收端只有准确地区分开各个字、句和群,才能正确地恢复出原始的信息或数据,为此需要产生与发送端相一致的字、句、群定时脉冲。

11-2 外同步法有什么优缺点?

答:外同步法优点:有单独的导频信号,既可以提取同步载波,又可以利用它作为自动增益控制;缺点:为了传输独立的同步信号,需要付出额外的传输功率和频带。

11-3 在相干解调中若采用平方变换法提取本地载波,它对解调信号会产生什么影响?可采用什么方法去克服?

答:采用平方变换法提取本地载波,因为使用了分频电路,所以就不可避免的存在相位模糊问题,这对数字载波信号(如 PSK 信号)的解调会产生严重的误码后果。可采用同相正交环法解决此问题。

11-4 在载波同步中,简单比较一下平方环法和同相正交环法。

答:与平方环法比较,采取同相正交环法提取载波的好处是:①同相正交环法工作在载波频率 f_c 上,而平方环法工作在 $2f_c$ 上,载波频率很高时,同相正交环易于实现。②当环路锁定后,同相正交环法载波提取、相干解调一次完成。③同相正交环法载波提取无需二分频,不存在相位模糊问题。

11-5 在位同步中,为什么要把接收到的信号转换为单极性归零码?

答:非归零随机二进制序列不含有位同步信号分量,不能从中提取位同步信号。但若变成单极性归零码,序列中就含有 $f=1/T_b$ 的信号分量,可直接提取获得位同步脉冲。

11-6 对位同步的两个基本要求是什么?

答:对位同步的两个基本要求是:① 定时脉冲序列的重复频率必须与发送的数码脉冲序列一致;② 相位可调。可在最佳判决时刻(最佳相位时刻)对接收码元进行抽样判决。

11-7 试述群同步与位同步的主要区别(指使用的场合上),群同步能不能直接从信息中提取(也就是说能否用自同步法得到)?

答:位同步是在数字通信系统中,接收端需要对接收到的信息码元进行判决,而群同步来识别出数字信息群的起止时刻。群同步不能直接从信息中提取,即不能用自同步法得到群同步信号。

11-8 在帧同步中对巴克码的局部自相关函数有什么要求?

答:其自相关函数应具有尖锐单峰特性,局部自相关函数满足

$$R(j)=\sum_{i=1}^{n-j} x_i x_{i+j}=\begin{cases} n, & j=0 \\ 0\text{ 或 }\pm 1, & 0<j<n \\ 0, & j \geqslant n \end{cases}$$

11-9 连贯式插入法和间歇式插入法有什么区别？各有什么特点？

答：区别：连贯式插入法在每群的开头集中插入群同步码字；间歇式插入法是每隔一定数量的信息码元，插入一个或很少几个群同步码元。

特点：连贯式插入法的群同步码字具有尖锐单峰特性的局部自相关特性，并且在信息码元序列中不易出现以便识别，而且群同步识别器要求简单；间歇式插入法的群同步码的码型要有特定的规律性以便收端识别，而且要使码型尽量和信息码相区别。

11-10 帧同步有哪些性能指标？

答：衡量群同步系统的性能指标主要有：漏同步概率，假同步概率和群同步平均建立时间。

11-11 帧同步中为什么会出现漏同步和假同步？可采用什么方法降低？

答：由于噪声和干扰的影响，会引起群同步码字中一些码元发生错误，从而使识别器漏发现已发出的群同步码字，形成漏同步。在信息码中也可能出现与所要识别的群同步码字相像的码字，这时识别器会把它误认为群同步码字而出现假同步。

可采取群同步保护措施降低漏同步和假同步。措施是将群同步的工作状态划分为捕捉态和维持态，在不同的状态对识别器的判决门限电平提出不同的要求，从而达到降低漏同步和假同步的目的：当系统处于捕捉态时，提高判决门限使假同步概率 P_F 下降；当系统处于维持态时，降低判决门限使漏同步概率 P_L 下降。

11.4 习题解答

11-1 已知单边带信号的表示式为

$$s(t)=m(t)\cos\omega_c t+\hat{m}(t)\sin\omega_c t$$

(1)试证明不能用图11-7所示的平方变换法提取载波；

(2)若采用与抑制载波双边带信号导频插入完全相同的方法，试证明接收端可正确解调；

(3)若发端插入的导频是调制载波，试证明解调输出中也含有直流分量，并求出该值。

解：(1)证明：设平方律部件输出信号为 $V(t)$，则

$$\begin{aligned}V(t)=s^2(t)=&[m(t)\cos\omega_c t+\hat{m}(t)\sin\omega_c t]^2=\\&m^2(t)\cos^2\omega_c t+\hat{m}^2(t)\sin^2\omega_c t+2m(t)\hat{m}(t)\cos\omega_c t\sin\omega_c t=\\&\frac{1}{2}m^2(t)(1+\cos2\omega_c t)+\frac{1}{2}\hat{m}^2(t)(1-\cos2\omega_c t)+m(t)\hat{m}(t)\sin2\omega_c t=\\&\frac{1}{2}[m^2(t)+\hat{m}^2(t)]+\frac{1}{2}[m^2(t)-\hat{m}^2(t)]\cos2\omega_c t+m(t)\hat{m}(t)\sin2\omega_c t\end{aligned}$$

因为 $m^2(t)-\hat{m}^2(t)$ 及 $m(t)\hat{m}(t)$ 中不含有直流分量，所以 $V(t)$ 中不含 $2f_c$ 分量，即不能采用平方变换法提取载波。

(2)证明：插入正交导频时，发送端输出信号

$$u_o(t)=s(t)+a_c\sin\omega_c t=m(t)\cos\omega_c t+\hat{m}(t)\sin\omega_c t+a_c\sin\omega_c t$$

接收端乘法器输出

$$\begin{aligned}s_p(t)=u_o(t)\cos\omega_c t=&[m(t)\cos\omega_c t+\hat{m}(t)\sin\omega_c t+a_c\sin\omega_c t]\cos\omega_c t=\\&\frac{1}{2}m(t)[1+\cos2\omega_c t]+\frac{1}{2}[\hat{m}(t)+a_c]\sin2\omega_c t\end{aligned}$$

经低通滤波器滤除高频成分后，输出

$$s_o(t) = \frac{1}{2}m(t)$$

即，接收端可正确解调。

(3)证明：当插入导频是调制载波时，发送端输出信号

$$u_o(t) = s(t) + a_c\cos\omega_c t = m(t)\cos\omega_c t + \hat{m}(t)\sin\omega_c t + a_c\cos\omega_c t$$

接收端乘法器输出为

$$S_p(t) = u_o(t)\cos\omega_c t = [m(t)\cos\omega_c t + \hat{m}(t)\sin\omega_c t + a_c\cos\omega_c t]\cdot\cos\omega_c t =$$

$$\frac{1}{2}[m(t) + a_c](1 + \cos 2\omega_c t) + \frac{1}{2}\hat{m}(t)\sin 2\omega_c t$$

经低通滤波器滤除高频成分后，输出

$$s_o(t) = \frac{1}{2}[m(t) + a_c]$$

显见，解调输出中含有直流分量，为$\frac{1}{2}a_c$。

11-2　有两个相互正交的双边带信号 $A_1\cos\Omega_1 t\cos\omega_0 t$ 和 $A_2\cos\Omega_2 t\sin\omega_0 t$ 送入如图 P11-2 所示的电路解调。当 $A_1 = 2A_2$ 时要求二路间的干扰和信号电压之比不超过 2%，试确定 $\Delta\varphi$ 的最大值。

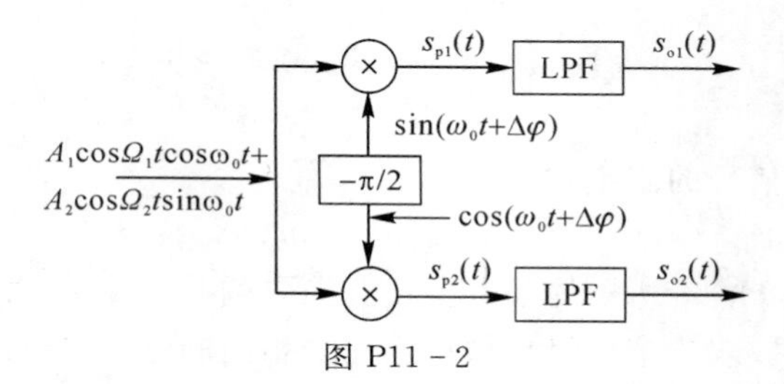

图 P11-2

解：(1)上支路乘法器输出

$$s_{p1}(t) = (A_1\cos\Omega_1 t\cos\omega_0 t + A_2\cos\Omega_2 t\sin\omega_0 t) \times \sin(\omega_0 t + \Delta\varphi) =$$

$$\frac{1}{2}A_1\cos\Omega_1 t[\sin(2\omega_0 t + \Delta\varphi) + \sin\Delta\varphi] + \frac{1}{2}A_2\cos\Omega_2 t[\cos\Delta\varphi - \cos(2\omega_0 t + \Delta\varphi)]$$

经 LPF，上支路输出

$$s_{o1}(t) = \frac{1}{2}A_1\cos\Omega_1 t\sin\Delta\varphi + \frac{1}{2}A_2\cos\Omega_2 t\cos\Delta\varphi$$

其中，$\frac{1}{2}A_2\cos\Omega_2 t\cos\Delta\varphi$ 是有用信号，$\frac{1}{2}A_1\cos\Omega_1 t\sin\Delta\varphi$ 是干扰信号。

依题意，当 $A_1 = 2A_2$ 时干扰与信号的比值不超过 2%，即

$$\frac{\frac{1}{2}A_1\cos\Omega_1 t\sin\Delta\varphi}{\frac{1}{2}A_2\cos\Omega_2 t\cos\Delta\varphi} = \frac{2\cos\Omega_1 t\sin\Delta\varphi}{\cos\Omega_2 t\cos\Delta\varphi} \leqslant 2\%$$

解得

$$\Delta\varphi \leqslant \arctan\frac{\cos\Omega_2 t}{100\cos\Omega_1 t}$$

（2）下支路乘法器输出

$$s_{p2}(t)=(A_1\cos\Omega_1 t\cos\omega_0 t+A_2\cos\Omega_2 t\sin\omega_0 t)\times\cos(\omega_0 t+\Delta\varphi)=$$

$$\frac{1}{2}A_1\cos\Omega_1 t[\cos(2\omega_0 t+\Delta\varphi)+\cos\Delta\varphi]+\frac{1}{2}A_2\cos\Omega_2 t[\sin(2\omega_0 t+\Delta\varphi)-\sin\Delta\varphi]$$

经 LPF，下支路输出

$$s_{o2}(t)=\frac{1}{2}A_1\cos\Omega_1 t\cos\Delta\varphi-\frac{1}{2}A_2\cos\Omega_2 t\sin\Delta\varphi$$

其中，$\frac{1}{2}A_1\cos\Omega_1 t\cos\Delta\varphi$ 是有用信号，$\frac{1}{2}A_2\cos\Omega_2 t\sin\Delta\varphi$ 是干扰信号。

依题意，当 $A_1=2A_2$ 时干扰与信号的比值不超过 2%，即

$$\frac{\frac{1}{2}A_2\cos\Omega_2 t\sin\Delta\varphi}{\frac{1}{2}A_1\cos\Omega_1 t\cos\Delta\varphi}=\frac{\cos\Omega_2 t\sin\Delta\varphi}{2\cos\Omega_1 t\cos\Delta\varphi}\leqslant 2\%$$

解得

$$\Delta\varphi\leqslant\arctan\frac{\cos\Omega_1 t}{25\cos\Omega_2 t}$$

（3）综上，$\Delta\varphi$ 的最大值

$$\Delta\varphi_{\max}\leqslant\min\left(\arctan\frac{\cos\Omega_2 t}{100\cos\Omega_1 t},\ \arctan\frac{\cos\Omega_1 t}{25\cos\Omega_2 t}\right)$$

11-3　一 2PSK 通信系统，载波无同步相位误差时解调器输入信噪比 $r=10$ dB，试求：

（1）载波同步相位误差为 0 时，系统的误码率。

（2）载波同步相位误差为 10°时，系统的误码率。

解：（1）载波同步相位误差为 0 时，误码率

$$P_e=\frac{1}{2}\text{erfc}\sqrt{r}=\frac{1}{2}\text{erfc}\sqrt{10}=\frac{1}{2}[1-\text{erf}\sqrt{10}]=$$

$$\frac{1}{2}\times[1-0.999\,992\,2]=3.9\times10^{-6}$$

（2）载波同步相位误差为 10°时，误码率

$$P_e=\frac{1}{2}\text{erfc}(\sqrt{r}\cos\theta)=\frac{1}{2}\text{erfc}(\sqrt{10}\cos10^\circ)=\frac{1}{2}[1-\text{erf}(\sqrt{10}\cos10^\circ)]=$$

$$\frac{1}{2}\times[1-0.999\,989]=5.4\times10^{-6}$$

11-4　用单谐振电路作为滤波器提取同步载波，已知同步载波频率为 1 000 kHz，回路 $Q=100$，把达到稳定值 40%的时间作为同步建立时间（或同步保持时间），求载波同步的建立时间 t_s 和保持时间 t_c。

解：依题意 $\omega_0=2\pi\times10^6$ rad/s，$Q=100$，$k=0.4$。可求得

同步建立时间

$$t_s=\frac{2Q}{\omega_0}\ln\frac{1}{1-k}=\frac{2\times100}{2\pi\times10^6}\ln\frac{1}{1-0.4}=0.000\,016\,26\text{ s}$$

同步保持时间

$$t_c=\frac{2Q}{\omega_0}\ln\frac{1}{k}=\frac{2\times100}{2\pi\times10^6}\ln\frac{1}{0.4}=0.000\,029\,166\text{ s}$$

11－5　设有图 P11－5 所示的基带信号，它经带限滤波器之后，变为带限信号。试画出从带限基带信号中提出位同步信号的原理方框图及波形。

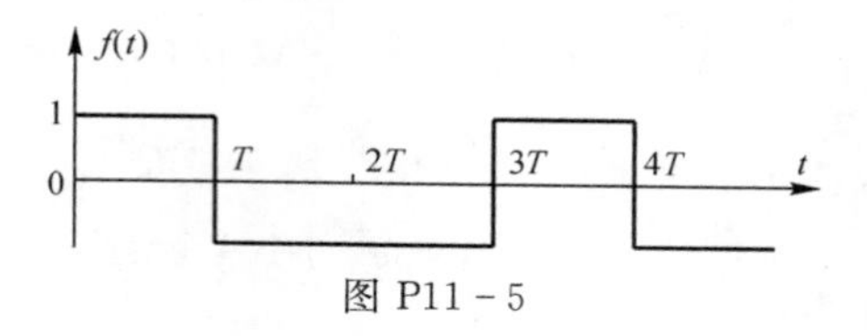

图 P11－5

解：原理框图及各点波形如图 S11－5(a)(b)所示。

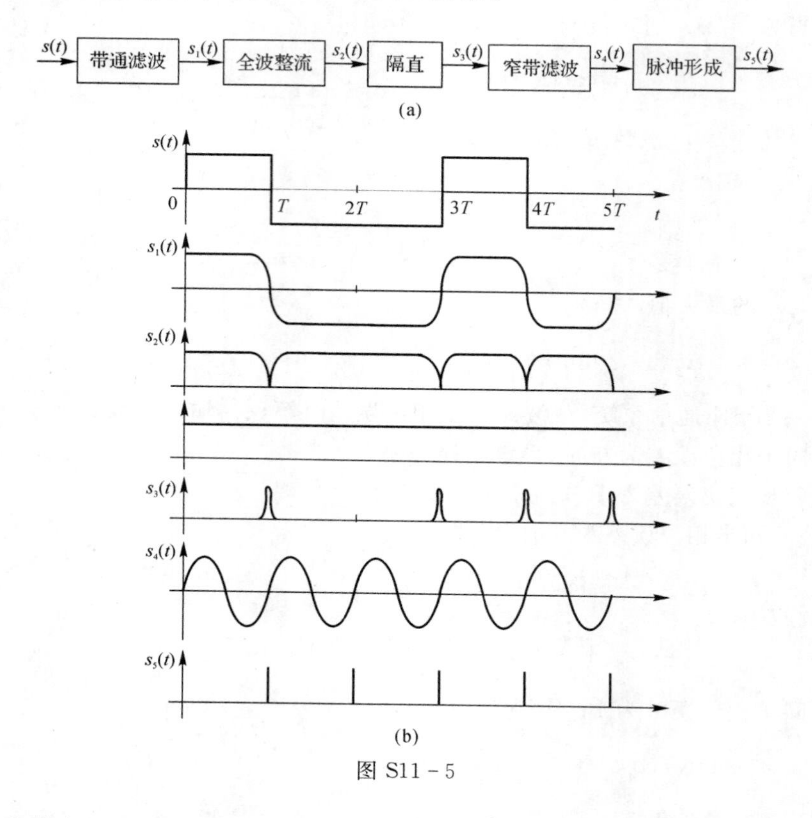

图 S11－5

11－6　在数字锁相环位同步中，晶振频率稳定度为 10^{-5}，码速率为 10^6 B，设允许的位同步误差为 $2\times10^{-2}\pi$。

(1)求同步保持时间；

(2)位同步输入码流中最多允许有多少个连 0 或连 1 码(设无噪声、无环路滤波器)？

解：(1)依题意，最大位同步误差 $\beta=2\times10^{-2}\pi$，频率稳定度为 $\rho=10^{-5}$，码速率 $f_b=10^6$ B。所以，收发两端码元固有重复频率差

$$\Delta F = 2\rho f_b = 2\times10^{-5}\times10^{6} = 20$$

注：此处考虑了晶振频率的双向漂移，故式中乘以 2ρ。

同步保持时间

$$T_L = \frac{\beta}{2\pi\Delta F} = \frac{2\times10^{-2}\pi}{2\pi\times20} = 5\times10^{-4}\,\text{s} = 0.5\ \text{ms}$$

(2)位同步输入码流中最多允许连0或连1码个数

$$N=\frac{T_{L}}{T_{b}}=T_{L}f_{b}=5\times10^{-4}\times10^{6}=500$$

11-7　若7位巴克码组的前后全为“1”的序列，加入图P11-7所示的7位巴克码识别器的输入端，且各移位寄存器的初始状态均为零，试计算出识别器中加法器的输出值并画出判决器的输出波形。

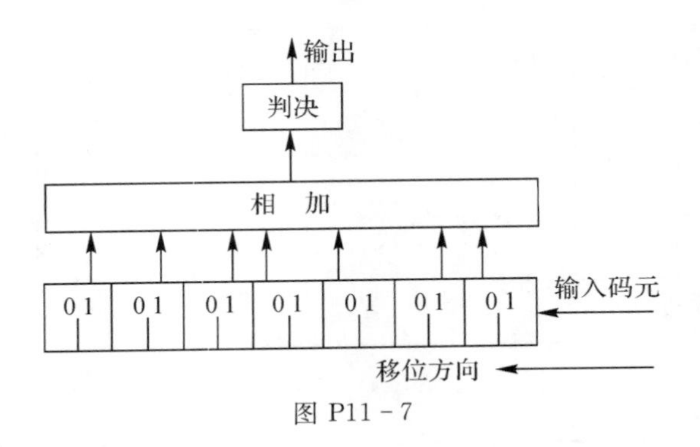

图P11-7

解:巴克码组识别器中，当输入的数据“1”存入移位寄存器时，“1”端的输出电平为高电平+1，“0”端的输出电平为低电平−1；当输入的数据“0”存入移位寄存器时，则反之。

依题意，加法器输出值见表S11-7，输出波形如图S11-7(a)所示。

表S11-7　　← 码元输入

相加器输出	1	1	1	0	0	1	0
−1	0	0	0	0	0	0	0
−3	0	0	0	0	0	0	1
−1	0	0	0	0	0	1	1
−3	0	0	0	0	1	1	1
−5	0	0	0	1	1	1	1
−3	0	0	1	1	1	1	1
−1	0	1	1	1	1	1	1
1	1	1	1	1	1	1	1
1	1	1	1	1	1	1	1
1	1	1	1	1	1	1	1
1	1	1	1	1	1	1	1
3	1	1	1	1	1	1	0
1	1	1	1	1	1	0	0
1	1	1	1	1	0	0	1

续表

相加器输出	1	1	1	0	0	1	0
7	1	1	1	0	0	1	0
−1	1	1	0	0	1	0	1
−1	1	0	0	1	0	1	1
−1	0	0	1	0	1	1	1
−3	0	1	0	1	1	1	1
−1	1	0	1	1	1	1	1
−1	0	1	1	1	1	1	1
1	1	1	1	1	1	1	1

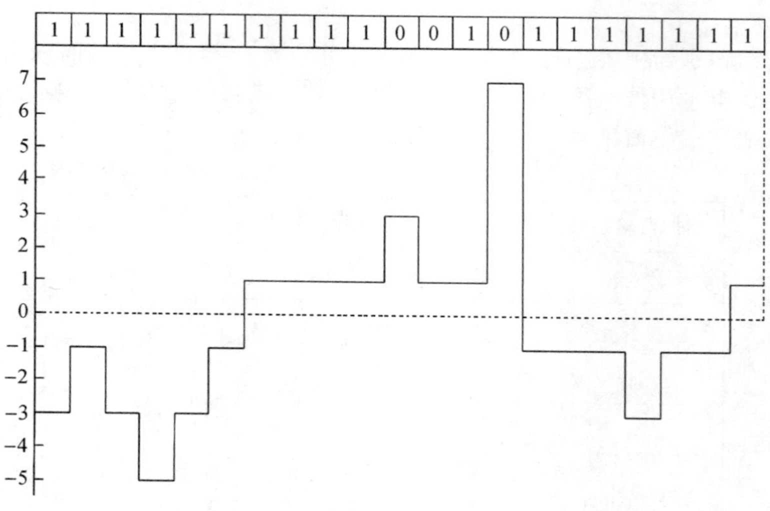

图 S11－7(a)

若要求同步码组无误码时，判决门限应该设为 6，这时判决器输出波形如图 S11－7(b)所示。

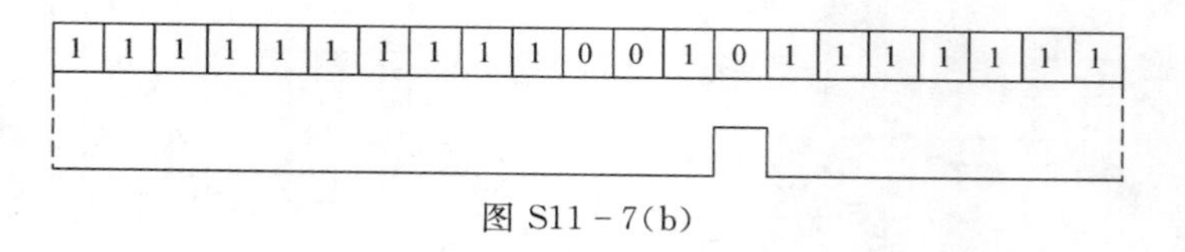

图 S11－7(b)

11－8　若 7 位巴克码组的前后信息码元全为“0”的序列，将它加入图 P11－7 所示的巴克码识别器输入端，试计算出识别器中加法器的输出值并画出判决器的输出波形。

解：方法同题 11－7。依题意加法器输出值见表 S11－8，输出波形如图 S11－8(a)所示。

表 S11-8

← 码元输入

相加器输出	1	1	1	0	0	1	0
−1	0	0	0	0	0	0	0
−1	0	0	0	0	0	0	0
−1	0	0	0	0	0	0	0
−1	0	0	0	0	0	0	0
−1	0	0	0	0	0	0	0
−1	0	0	0	0	0	0	0
−1	0	0	0	0	0	0	0
−3	0	0	0	0	0	0	1
−1	0	0	0	0	0	1	1
−3	0	0	0	0	1	1	1
−3	0	0	0	1	1	1	0
−3	0	0	1	1	1	0	0
−1	0	1	1	1	0	0	1
7	1	1	1	0	0	1	0
1	1	1	0	0	1	0	0
−1	1	0	0	1	0	0	0
1	0	0	1	0	0	0	0
1	0	1	0	0	0	0	0
1	1	0	0	0	0	0	0
−1	0	0	0	0	0	0	0
−1	0	0	0	0	0	0	0

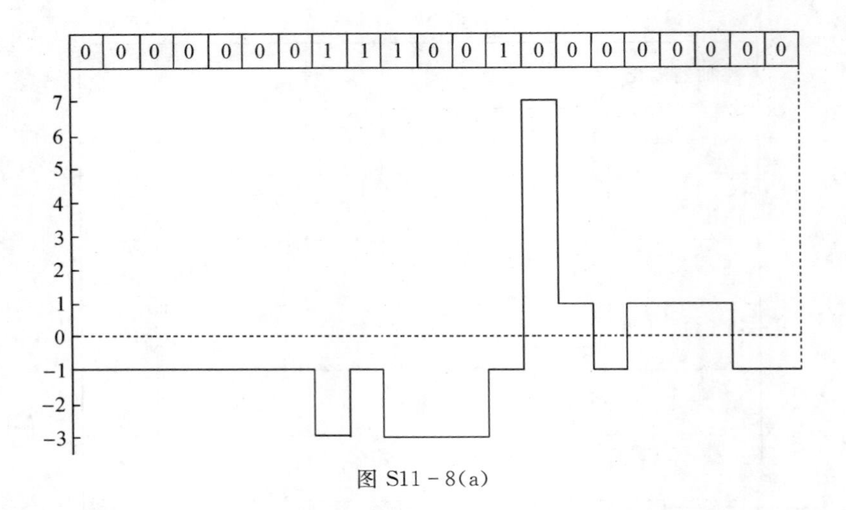

图 S11 - 8(a)

若要求同步码组无误码时，判决门限应该设为 6，这时判决器输出波形图 S11 - 8(b)所示。

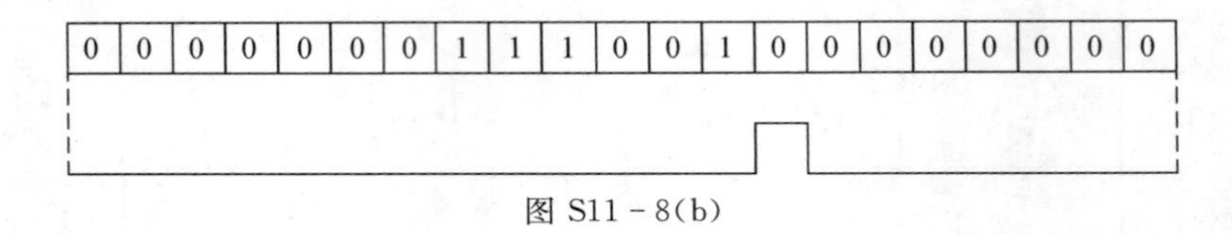

图 S11 - 8(b)

11 - 9　已知 5 位巴克码组为{1 1 1 0 1}，其中“1”用＋1 表示，“0”用－1 表示。

(1)试确定该巴克码的局部自相关函数，并用图表示；

(2)若用该巴克码作为帧同步码，画出接收端识别器的原理框图。

解：(1)5 位巴克码的局部自相关函数应满足

$$R(j)=\sum_{i=1}^{5-j}x_i x_{i+j}=\begin{cases}+5, & j=0\\ 0, & j=1,3;\quad j\geqslant 5\\ +1, & j=2,4\end{cases}$$

5 位巴克码的自相关波形如图 S11 - 9(a)所示。

(2)5 位巴克码识别器原理框图如图 S11 - 9(b)所示。

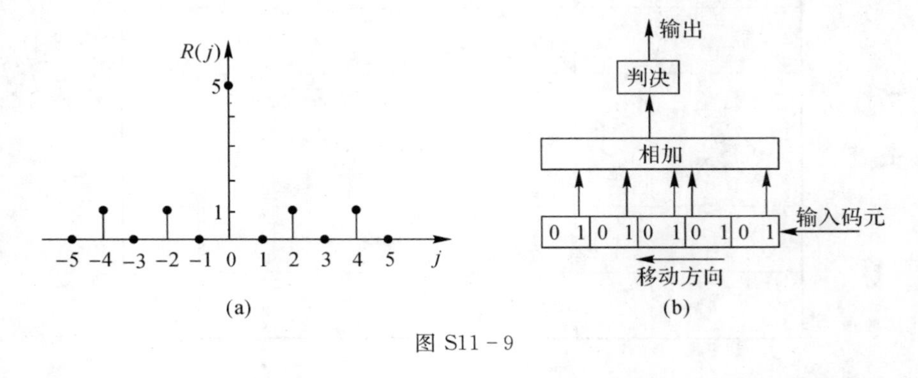

图 S11 - 9

11 - 10　若数字传输系统中帧同步码采用集中插入法，插入的同步码为 7 位巴克码。试确定

(1)画出帧同步码识别器的原理框图；

(2)若输入二进制序列为 010111100111100100(设移位寄存器初始状态为零)，试画出帧同步识别器各点的波形(设判决门限电平为 6)。

解:(1)7 位巴克码识别器原理框图如图 S11-10(a)所示。

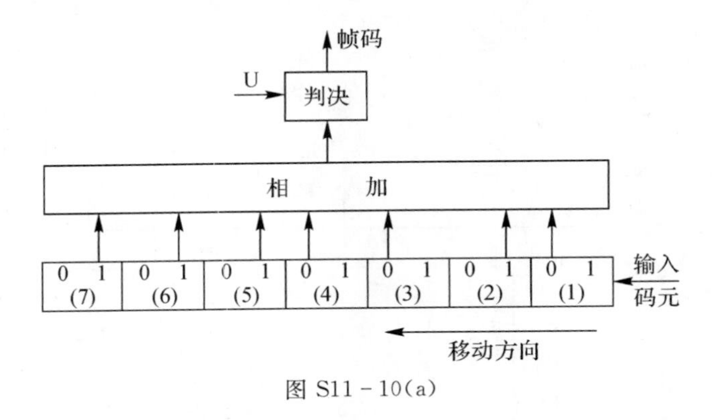

图 S11-10(a)

(2)输入为 010111100111100100(移位寄存器初始状态为零)时，加法器输出值见表 S11-10，输出波形如图 S11-10(b)所示。

表 S11-10

j	+	+	+	−	−	+	−	$\sum$	帧码
0	0	0	0	0	0	0	0	−1	
1	0	0	0	0	0	0	0	−1	
2	0	0	0	0	0	0	1	−3	
3	0	0	0	0	0	1	0	1	
4	0	0	0	0	1	0	1	−5	
5	0	0	0	1	0	1	1	−3	
6	0	0	1	0	1	1	1	−1	
7	0	1	0	1	1	1	1	−3	
8	1	0	1	1	1	1	0	1	
9	0	1	1	1	1	0	0	−1	
10	1	1	1	1	0	0	1	1	
11	1	1	1	0	0	1	1	5	
12	1	1	0	0	1	1	1	1	
13	1	0	0	1	1	1	1	−3	
14	0	0	1	1	1	1	0	−1	
15	0	1	1	1	1	0	0	−1	
16	1	1	1	1	0	0	1	1	
17	1	1	1	0	0	1	0	7	√
18	1	1	0	0	1	0	0	1	

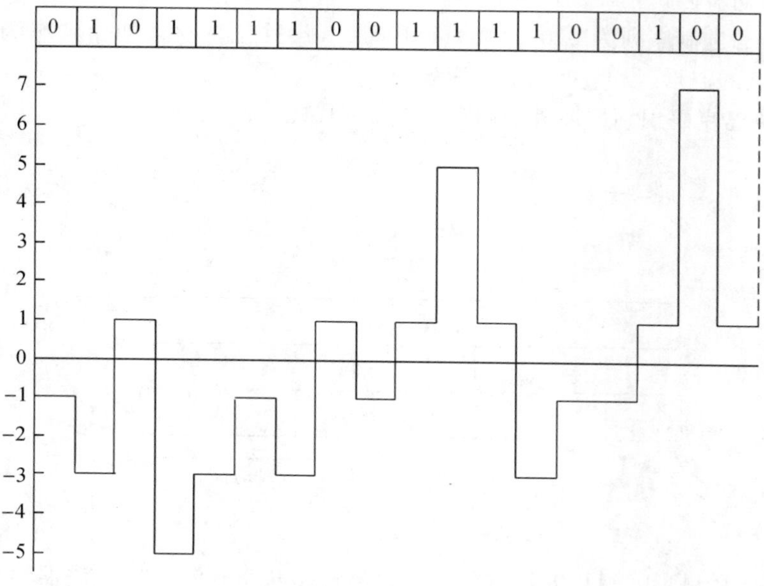

图 S11-10(b)

判决门限为 6 时,判决器输出波形图 S11-10(c)所示。

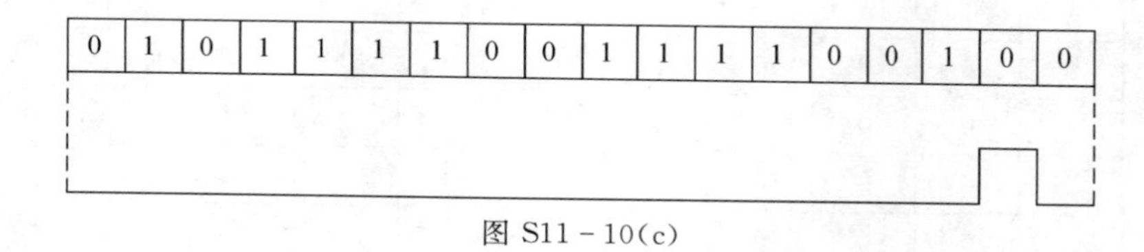

图 S11-10(c)

11-11　传输速率为 1 kb/s 的一个通信系统,设误码率为 10^{-4},帧同步采用连贯式插入法,同步码组的位数 $n=7$,试分别计算 $k=0$ 和 $k=1$ 时漏同步概率和假同步概率。若每帧中的信息位为 153,估算群同步的平均建立时间。

解:k 为判决器容许码组中出现的最大错码数。

(1)$k=0$ 时,漏同步概率

$$P_{\mathrm{L}}=1-\sum_{r=0}^{k}\mathrm{C}_n^r\,(1-P)^{n-r}P^r=1-\mathrm{C}_7^0\,(1-P)^7=1-(1-10^{-4})^7\approx 7\times 10^{-4}$$

假同步概率

$$P_{\mathrm{F}}=2^{-n}\sum_{r=0}^{k}\mathrm{C}_n^r=2^{-7}\mathrm{C}_7^0\approx 7.81\times 10^{-3}$$

同步平均建立时间

$$t_s=NT_{\mathrm{b}}(1+P_{\mathrm{L}}+P_{\mathrm{F}})=(153+7)\times 10^{-3}\times(1+7\times 10^{-4}+7.8\times 10^{-3})\approx 0.1614\ \mathrm{s}$$

(2)$k=1$ 时,漏同步概率

$$P_{\mathrm{L}}=1-\sum_{r=0}^{k}\mathrm{C}_n^r(1-P)^{n-r}P^r=1-\mathrm{C}_7^0(1-P)^7-\mathrm{C}_7^1(1-P)^6P=$$

$$1-(1-10^{-4})^7-7\times(1-10^{-4})\times 6\times 10^{-4}\approx 4.2\times 10^{-7}$$

假同步概率

$$P_F = 2^{-n}\sum_{r=0}^{k} C_n^r = 2^{-7}[C_7^0 + C_7^1] \approx 6.25 \times 10^{-2}$$

同步平均建立时间

$$t_s = NT_b(1+P_L+P_F) = (153+7)\times 10^{-3} \times (1+2.1\times 10^{-7} + 6.25\times 10^{-2}) \approx 0.170\ \text{s}$$

11.5 本章知识结构

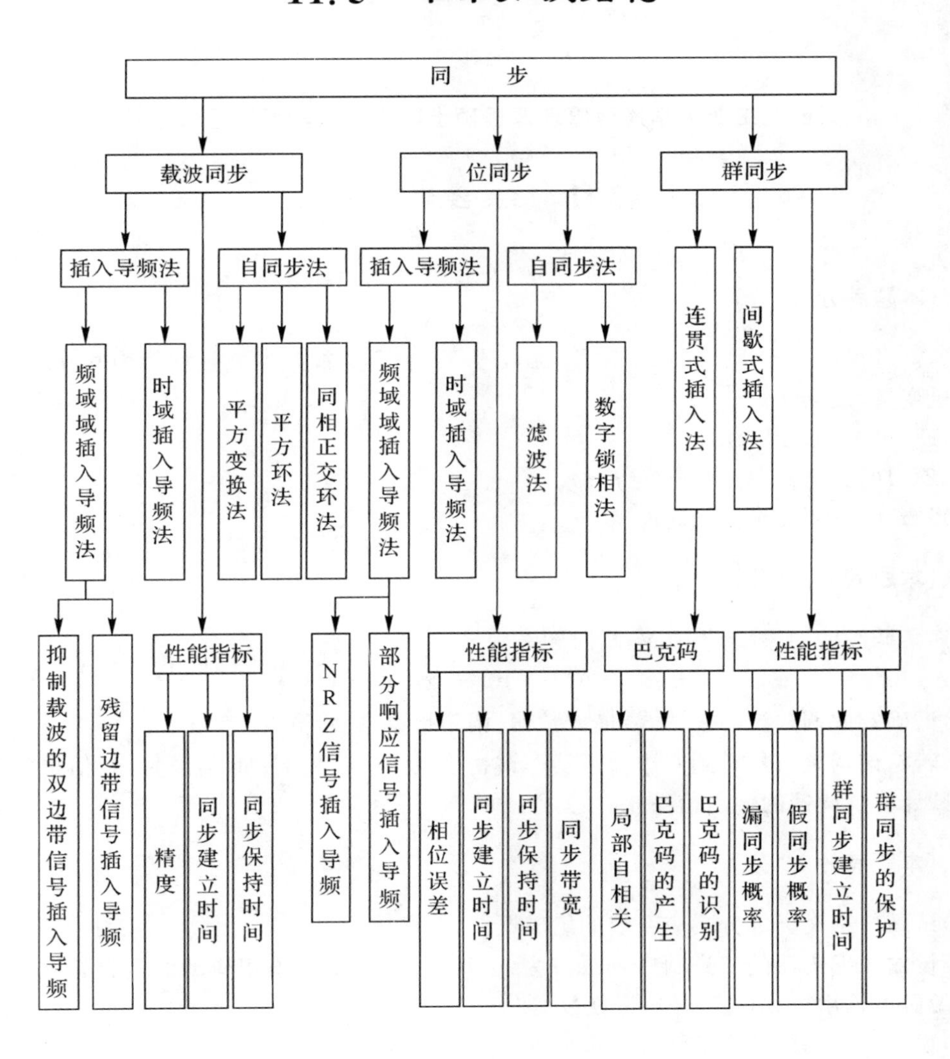

第 12 章　综合测试题

（西北工业大学通信原理课程硕士研究生入学考试题选编）

12.1　综合测试一

一、(本题满分 20 分)

设随机过程 $Z(t)=X_1\sin\omega_0 t-X_2\cos\omega_0 t$，若 X_1 与 X_2 是彼此独立且均值为 0、方差为 σ^2 的高斯随机变量，试求：

(1)$E[Z(t)]$、$E[Z^2(t)]$。

(2)$Z(t)$的一维概率密度函数 $f(z)$。

(3)$Z(t)$的自相关函数 $R(\tau)$。

二、(本题满分 20 分)

已知某调频波的振幅是 10 V，瞬时频率为

$$f(t)=10^6+10^4\cos 2\,000\pi t\ (\text{Hz})$$

(1)试确定此调频波的表达式、最大频偏、调频指数、频带宽度。

(2)若将该调频信号送到双边噪声功率谱密度为 10^{-10} W/Hz 的信道传输，信道的损耗为 70 dB，试计算解调器的输出信噪比。

三、(本题满分 15 分)

(1)试画出第Ⅳ类部分响应系统的组成框图。

(2)设输入编码器的二进制序列$\{a_k\}$为：0110001101，试写出相应的编码器输出序列$\{b_k\}$及相关编码器输出序列$\{c_k\}$，译码器恢复的$\{\hat{a}_k\}$值。

(3)说明部分响应技术的特点。

四、(本题满分 20 分)

对 8 路最高频率为 4 kHz，取值范围为[－6,6] V 的语音信号，采用时分复用的方式进行传输，试确定：

(1)若某一个抽样值为 0.7 V 时，采用 A 律 13 折线进行量化编码时编码器的输出。

(2)若采用 13 折线 A 律进行量化编码，总的输出比特率是多少？

(3)若采用量化级为 $M=4\ 096$ 的均匀量化编码,总的比特率又为多少?

(4)若将(2)、(3)输出的编码信号经过16DPSK调制,已调信号的最小带宽分别是多少?

五、(本题满分20分)

一个(7,4)循环码的全部码字为:0000000,0001011,0010110,0011101,0100111,0101100,0110001,0111010,1000101,1001110,1010011,1011000,1100010,1101001,1110100,1111111。

(1)确定该码的生成多项式,并确定该码的典型化生成矩阵和监督矩阵。

(2)对接收码字1000001进行译码。

(3)该码组若用于检测,能检测几位错误?该码组若用于纠错,能纠正几位错误?该码组若同时用于检测和纠正错误,纠检测错误能力如何?

(4)画出该码的编码器原理框图。

六、(本题满分15分)

(1)试画出利用科斯塔斯环(同相正交环)法提取相干载波的电原理框图,并推导说明其工作原理。

(2)与平方环法相比较,使用科斯塔斯环法提取载波有哪些优点。

七、(本题满分20分)

一空间通信系统采用2FSK信号传输,已知 f_1 为199 MHz,f_2 为201 MHz,地面接收天线增益为36 dB,空间天线增益为10 dB,路径损耗为 $(60+10\lg d)$ dB,d 为距离(km),噪声单边功率谱密度为 10^{-12} W/Hz。要求码元传输速率不小于1 MB,系统误码率 $P_e\leqslant10^{-5}$,最大通信距离为8000 km。

(1)试求当采用相干解调方式时,系统的最小发射功率。

(2)在数字调制系统中相干解调和非相干解调各自有什么特点?

(注:erf3.016=0.999 98,erf3.12=0.999 99)

八、(本题满分20分)

某三次群(34.368 Mb/s)数字微波系统的载波频率为4 GHz,信道带宽为25.776 MHz。

(1)请设计无码间干扰传输的数字传输系统,确定合适的滚降系数和调制方式。

(2)画出发送系统框图。

(3)画出系统各点的功率谱示意图。

12.2　综合测试二

一、(本题满分15分)

设消息信号 $m(t)$ 为带限于5 kHz的音频信号,分别采用DSB和SSB调制,载频为5 MHz。接收信号功率为2 mW,加性高斯白噪声单边功率谱密度为 2×10^{-9} W/Hz,进行相干解调。

(1)写出两者已调波的表示式;

(2)画出接收机原理方框图;

(3)试计算两者的信噪比增益。

二、(本题满分 15 分)

设有两随机过程 $Y(t)=X(t)\cos\omega_0 t$,$Z(t)=X(t)\cos(\omega_0 t+\theta)$其中 $X(t)$是广义平稳过程,相关函数为 $R_X(\tau)$,θ 是一个与 $X(t)$独立且均匀分布于$(0,2\pi)$的随机变量,试证明 $Y(t)$是非平稳过程,而 $Z(t)$是广义平稳过程。

三、(本题满分 20 分)

(1)一个理想低通滤波器特性信道的截止频率为 6 kHz,若发送信号采用 8 电平基带信号,求无码间干扰时的最高信息传输速率;若发送信号采用 3 电平第Ⅰ类部分响应信号,再确定无码间干扰时的最高信息传输速率。

(2)一射频信道是在 800 MHz 频段,带宽为 3 MHz 的频谱范围,若发送信号采用 $\alpha=0.5$ 的升余弦滚降频谱信号发送信息速率为 4 Mb/s 的信息信号,请画出发送系统框图(假设接收端恢复载波存在相位模糊)。

四、(本题满分 20 分)

试证明 $x^4+x^3+x^2+1$ 为(7,3)循环码的生成多项式,并要求:

(1)确定该码的生成矩阵和监督矩阵;

(2)若信息为 101,求其系统循环码的码字;

(3)若接收码字为 1101110,试进行译码;

(4)画出该循环码编器的原理框图。

五、(本题满分 20 分)

一空间通信系统,码元传输速率为 0.5 MB,接收机带宽为 1 MHz。地面接收天线增益为 40 dB,空间天线增益为 6 dB。路径损耗为$(60+10\lg d)$dB,d 为距离(km)。假设平均发射功率为 10W,信道噪声双边功率谱密度为 2×10^{-12} W/Hz。要求系统误码率 $P_e\leqslant10^{-5}$,试求下列情形能达到的最大通信距离。

(1)采用 2DPSK 方式(差分相干解调);

(2)采用 2PSK 方式。

(注:erf3.02=0.999 98,erf3.12=0.999 99)

六、(本题满分 20 分)

信号 $m(t)$采用 13 折线 A 律进行编码,设 $m(t)$的最高频率为 4 kHz,取值范围为 $-6.4\sim+6.4$V,$m(t)$的一个抽样脉冲值为-2.275 V。

(1)试求这时最小量化间隔等于多少?

(2)试求此时编码器输出的 PCM 码组和译码输出的量化误差;

(3)以最小采样速率进行采样,求传送该 PCM 信号所需要的最小带宽;

(4)若将该信号经 $\alpha=0.5$ 升余弦滚降滤波器后，再经过 8PSK 调制，确定输出信号的带宽。

七、(本题满分 20 分)

设到达接收机输入端的二进制信号码元 $s_1(t)$ 及 $s_2(t)$ 的波形如图 12-1 所示，输入高斯噪声功率谱密度为 $n_0/2$(W/Hz)：

(1)画出匹配滤波器形式的最佳接收机结构；

(2)确定匹配滤波器的单位冲激响应波形；

(3)确定匹配滤波器的输出波形；

(4)求系统的误码率。

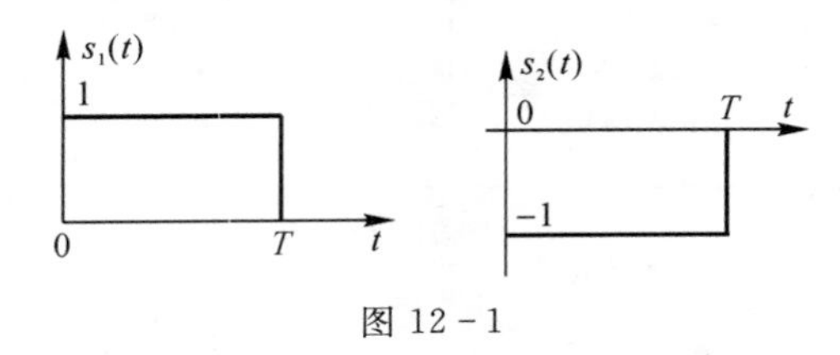

图 12-1

八、(本题满分 20 分)

某模拟带通信号 $m(t)$ 的频率限制在 150～151 kHz 范围内，今对 $m(t)$ 进行理想抽样。

(1)最低无失真抽样频率是多少？

(2)对抽样结果进行 16 级量化，并编为自然二进码，所得数据速率是多少？

(3)将这个数据通过一个频带范围为 200～206 kHz 的带通信道进行传输，请设计出相应的传输系统(画出发送、接收框图，标出滚降系数，标出载波频率)。

12.3　综合测试三

一、(本题满分 20 分)

均值为 0、自相关函数为 $e^{-|\tau|}$ 的高斯噪声 $X(t)$，通过传输特性为 $Y(t)=AX(t)+B$(A，B 为常数)的线性网络，试求：

(1)输入噪声的一维概率密度函数；

(2)输出噪声的一维概率密度函数；

(3)输出噪声功率。

二、(本题满分 20 分)

某二进制数字通信系统，已知发送端的信号振幅为 5 V，码元传输速率为 1 kB，接收机输入噪声的双边功率谱密度为 10^{-10} W/Hz，要求系统误码率 $P_e \leqslant 10^{-5}$，试求下列情形下由发送端到解调器输入端的衰减不得超过多少：

(1)采用 2FSK 方式(非相干解调)传输；

(2)采用 2PSK 方式传输。

(注：erf3.12=0.999 99，erf3.02=0.999 98)

三、(本题满分 15 分)

图 12-2 是实现余弦滚降频谱成形的方法之一，图中的时延 $\tau=1/(2f_s)$，LPF 为截止频率为 f_s 的理想低通滤波器。试求$|H(f)|$，画出$|H(f)|-f$曲线，并指出滚降系数是多少？

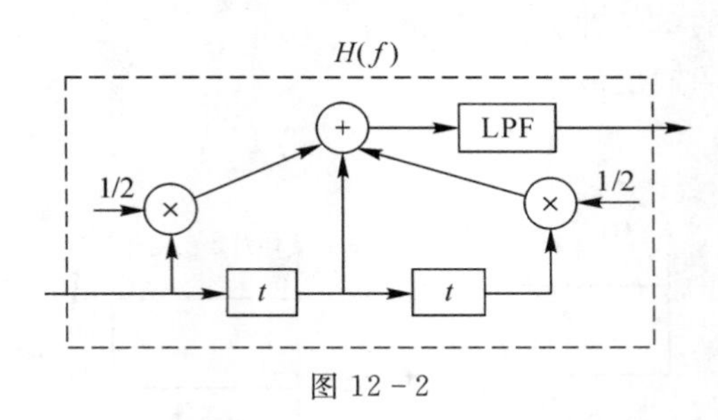

图 12-2

四、(本题满分 20 分)

将话音信号 $m(t)$采样后进行 A 律 13 折线 PCM 编码，设 $m(t)$的频率范围为 0～4 kHz，取值范围为－3～3V。

(1)请画出 PCM 系统的完整框图；

(2)若 $m(t)$的某一个抽样值为－2.11 V，问编码器输出的 PCM 码组是什么？收端译码后的量化误差是多少？

(3)对 10 路这样的信号进行时分复用后传输，传输信号采用占空比为 1/2 的矩形脉冲，问传输信号的主瓣带宽是多少？

五、(本题满分 20 分)

到达接收机输入端的二进制信号码元 $s_1(t)$及 $s_2(t)$的波形如图 12-3 所示，输入高斯白噪声单边功率谱密度为 n_0(W/Hz)：

(1)画出匹配滤波器形式的最佳接收机结构；

(2)确定匹配滤波器的单位冲激响应波形；

(3)确定输入信号为 $s_1(t)$时匹配滤波器的输出波形；

(4)确定该最佳接收机的误码率。

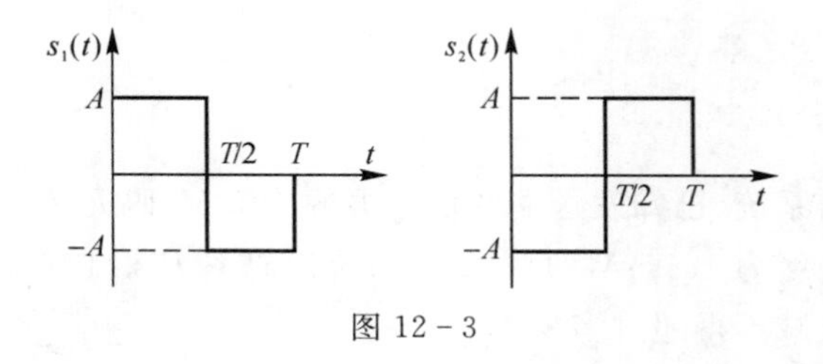

图 12-3

六、(本题满分 15 分)

在加性白高斯噪声信道(单边功率谱密度为 25×10^{-6} W/Hz)条件下,采用最佳接收的 2PSK 系统中,数字信息是 PCM 时分复用信号,每路 PCM 信号是由模拟信息(最高频率为 4 kHz)按奈氏速率取样,并采用 5 比特编码而产生。已知解调误比特率为 7.85×10^{-5},解调输入端 2PSK 信号幅度 $A=10$ V,试求出时分复用的路数 N 值。

(注:$\text{erfc}\sqrt{5}=1.57\times10^{-4}$)

七、(本题满分 20 分)

试证明 $x^4+x^3+x^2+1$ 为(7,3)循环码的生成多项式,并要求:

(1)确定该码的生成矩阵和监督矩阵;

(2)若信息为 011,求其系统循环码的码字;

(3)若接收码字为 0111011,试进行译码;

(4)画出该循环码编器的原理框图。

八、(本题满分 20 分)

在图 12-4 中,5 路电话信号分别进行 13 折线 A 律 PCM 编码,然后时分复用成为一个双极性非归零矩形脉冲序列,再转换为 M 进制脉冲幅度调制(MPAM),再通过频谱成形滤波器使输出脉冲具有 $\alpha=1$ 余弦滚降傅里叶频谱,然后将此数字基带信号送至基带信道中传输。

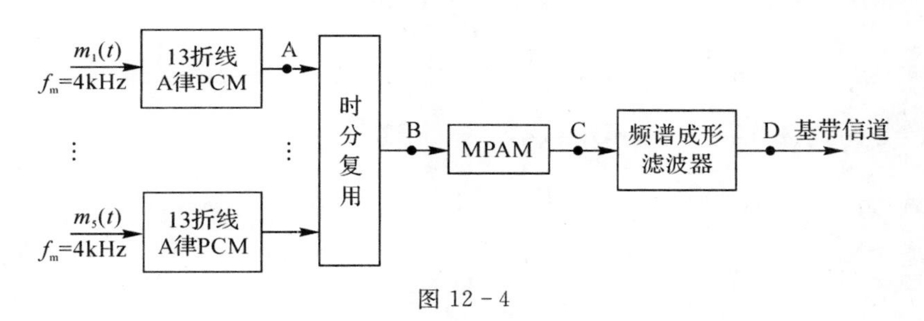

图 12-4

(1)请分别写出 A 点及 B 点的二进制码元速率;

(2)若基带信道要求限带于 64 kHz,请求出满足要求的最小 M 值,并写出 C 点的 M 进制符号速率;

(3)画出 C 点和 D 点的双边功率谱密度图。

附　录

附录 A　常用三角公式

常用三角公式如下：

$\sin(A\pm B)=\sin A\cos B\pm\cos A\sin B$

$\cos(A\pm B)=\cos A\cos B\mp\sin A\sin B$

$\cos A\cos B=\frac{1}{2}[\cos(A+B)+\cos(A-B)]$

$\sin A\sin B=\frac{1}{2}[\cos(A-B)-\cos(A+B)]$

$\sin A\cos B=\frac{1}{2}[\sin(A+B)+\sin(A-B)]$

$\sin A+\sin B=2\sin\frac{1}{2}(A+B)\cos\frac{1}{2}(A-B)$

$\sin A-\sin B=2\sin\frac{1}{2}(A-B)\cos\frac{1}{2}(A+B)$

$\cos A+\cos B=2\cos\frac{1}{2}(A+B)\cos\frac{1}{2}(A-B)$

$\cos A-\cos B=-2\sin\frac{1}{2}(A+B)\sin\frac{1}{2}(A-B)$

$\sin 2A=2\sin A\cos A$

$\cos 2A=2\cos^2 A-1=1-2\sin^2 A=\cos^2 A-\sin^2 A$

$\sin\frac{1}{2}A=\sqrt{\frac{1}{2}(1-\cos A)}$

$\cos\frac{1}{2}A=\sqrt{\frac{1}{2}(1+\cos A)}$

$\sin^2 A=\frac{1}{2}(1-\cos 2A)$

$\cos^2 A=\frac{1}{2}(1+\cos 2A)$

$\sin x=\frac{e^{jx}-e^{-jx}}{2j}$

$\cos x=\frac{e^{jx}+e^{-jx}}{2}$

$e^{jx}=\cos x+j\sin x$

$\sin(x\pm\frac{\pi}{2})=\pm\cos x$

$\cos(x\pm\frac{\pi}{2})=\mp\sin x$

$A\cos x-B\sin x=C\cos(x+\theta)$

其中 $C=\sqrt{A^2+B^2}$；$\theta=\arctan(B/A)$；$A=C\cos\theta$；$B=C\sin\theta$

附录 B　误差函数表

x	erf(x)	x	erf(x)	x	erf(x)	x	erf(x)
0.00	0.000000	0.36	0.389330	0.72	0.691433	1.08	0.873326
0.01	0.011283	0.37	0.399206	0.73	0.698104	1.09	0.876803
0.02	0.022565	0.38	0.409009	0.74	0.704678	1.10	0.880205
0.03	0.033841	0.39	0.418739	0.75	0.711156	1.11	0.883533
0.04	0.045111	0.40	0.428392	0.76	0.717537	1.12	0.886788
0.05	0.056372	0.41	0.437969	0.77	0.723822	1.13	0.889971
0.06	0.067622	0.42	0.447468	0.78	0.730010	1.14	0.893082
0.07	0.078858	0.43	0.456887	0.79	0.736103	1.15	0.896124
0.08	0.090078	0.44	0.466225	0.80	0.742101	1.16	0.899096
0.09	0.101281	0.45	0.475482	0.81	0.748003	1.17	0.902000
0.10	0.112463	0.46	0.484655	0.82	0.753811	1.18	0.904837
0.11	0.123623	0.47	0.493745	0.83	0.759524	1.19	0.907608
0.12	0.134758	0.48	0.502750	0.84	0.765143	1.20	0.910314
0.13	0.145867	0.49	0.511663	0.85	0.770668	1.21	0.912956
0.14	0.156947	0.50	0.520500	0.86	0.776190	1.22	0.915534
0.15	0.167996	0.51	0.529244	0.87	0.781440	1.23	0.918050
0.16	0.179012	0.52	0.537899	0.88	0.786687	1.24	0.920505
0.17	0.189992	0.53	0.546464	0.89	0.791843	1.25	0.922900
0.18	0.200936	0.54	0.554939	0.90	0.796908	1.26	0.925236
0.19	0.211840	0.55	0.563323	0.91	0.801833	1.27	0.927514
0.20	0.222703	0.56	0.571616	0.92	0.806768	1.28	0.929734
0.21	0.233522	0.57	0.579816	0.93	0.811564	1.29	0.931899
0.22	0.244296	0.58	0.587923	0.94	0.816271	1.30	0.934008
0.23	0.255023	0.59	0.595936	0.95	0.820891	1.31	0.936063
0.24	0.265700	0.60	0.603856	0.96	0.825424	1.32	0.938065
0.25	0.276326	0.61	0.611681	0.97	0.829870	1.33	0.940015
0.26	0.286900	0.62	0.619411	0.98	0.834232	1.34	0.941914
0.27	0.297418	0.63	0.627046	0.99	0.838508	1.35	0.943762
0.28	0.307880	0.64	0.634586	1.00	0.842701	1.36	0.945561
0.29	0.318283	0.65	0.642029	1.01	0.846810	1.37	0.947312
0.30	0.328267	0.66	0.649377	1.02	0.850838	1.38	0.949016
0.31	0.338908	0.67	0.656628	1.03	0.854784	1.39	0.950673
0.32	0.349126	0.68	0.663782	1.04	0.858650	1.40	0.952285
0.33	0.359279	0.69	0.670840	1.05	0.862436	1.41	0.953852
0.34	0.369365	0.70	0.677801	1.06	0.866144	1.42	0.955376
0.35	0.379382	0.71	0.684666	1.07	0.869773	1.43	0.956857

续表

x	erf(x)	x	erf(x)	x	erf(x)	x	erf(x)
1.44	0.958297	1.84	0.990736	2.24	0.998464	2.64	0.999811
1.45	0.959695	1.85	0.991111	2.25	0.998537	2.65	0.999822
1.46	0.961054	1.86	0.991472	2.26	0.998607	2.66	0.999831
1.47	0.962373	1.87	0.991821	2.27	0.998674	2.67	0.999841
1.48	0.963654	1.88	0.992156	2.28	0.998738	2.68	0.999849
1.49	0.964898	1.89	0.992479	2.29	0.998799	2.69	0.999858
1.50	0.966105	1.90	0.992790	2.30	0.998857	2.70	0.999866
1.51	0.967277	1.91	0.993090	2.31	0.998912	2.71	0.999873
1.52	0.968413	1.92	0.993378	2.32	0.998966	2.72	0.999880
1.53	0.969516	1.93	0.993656	2.33	0.999016	2.73	0.999887
1.54	0.970536	1.94	0.993923	2.34	0.999065	2.74	0.999893
1.55	0.971623	1.95	0.994179	2.35	0.999111	2.75	0.999899
1.56	0.972628	1.96	0.994426	2.36	0.999155	2.76	0.999905
1.57	0.973603	1.97	0.994664	2.37	0.999197	2.77	0.999910
1.58	0.974547	1.98	0.994892	2.38	0.999237	2.78	0.999916
1.59	0.975462	1.99	0.995111	2.39	0.999275	2.79	0.999920
1.60	0.976348	2.00	0.995322	2.40	0.999311	2.80	0.999925
1.61	0.977207	2.01	0.995525	2.41	0.999346	2.81	0.999929
1.62	0.978038	2.02	0.995719	2.42	0.999378	2.82	0.999933
1.63	0.978843	2.03	0.995906	2.43	0.999411	2.83	0.999937
1.64	0.979622	2.04	0.996086	2.44	0.999441	2.84	0.999941
1.65	0.980376	2.05	0.996258	2.45	0.999469	2.85	0.999944
1.66	0.981105	2.06	0.996423	2.46	0.999497	2.86	0.999948
1.67	0.981810	2.07	0.996582	2.47	0.999523	2.87	0.999951
1.68	0.982493	2.08	0.996734	2.48	0.999547	2.88	0.999954
1.69	0.983531	2.09	0.996880	2.49	0.999571	2.89	0.999956
1.70	0.983790	2.10	0.997021	2.50	0.999593	2.90	0.999959
1.71	0.984407	2.11	0.997155	2.51	0.999614	2.91	0.999961
1.72	0.985003	2.12	0.997284	2.52	0.999635	2.92	0.999964
1.73	0.985578	2.13	0.997407	2.53	0.999654	2.93	0.999965
1.74	0.986135	2.14	0.997525	2.54	0.999672	2.94	0.999968
1.75	0.986672	2.15	0.997639	2.55	0.999689	2.95	0.999970
1.76	0.987190	2.16	0.997741	2.56	0.999706	2.96	0.999972
1.77	0.987691	2.17	0.997851	2.57	0.999722	2.97	0.999973
1.78	0.988174	2.18	0.997957	2.58	0.999736	2.98	0.999975
1.79	0.988614	2.19	0.998046	2.59	0.999751	2.99	0.999977
1.80	0.989091	2.20	0.998137	2.60	0.999764	3.00	0.99997791
1.81	0.989525	2.21	0.998224	2.61	0.999777	3.01	0.99997926
1.82	0.989943	2.22	0.998308	2.62	0.999789	3.02	0.99998053
1.83	0.990347	2.23	0.998388	2.63	0.999800	3.03	0.99998173

续表

x	erf(x)	x	erf(x)	x	erf(x)	x	erf(x)
3.04	0.99998286	3.28	0.99999649	3.52	0.999999358	3.76	0.999999895
3.05	0.99998392	3.29	0.99999672	3.53	0.999999403	3.77	0.999999903
3.06	0.99998492	3.30	0.99999694	3.54	0.999999445	3.78	0.999999910
3.07	0.99998586	3.31	0.99999715	3.55	0.999999485	3.79	0.999999917
3.08	0.99998674	3.32	0.99999734	3.56	0.999999521	3.80	0.999999923
3.09	0.99998757	3.33	0.99999751	3.57	0.999999555	3.81	0.999999929
3.10	0.99998835	3.34	0.99999768	3.58	0.999999587	3.82	0.999999934
3.11	0.99998908	3.35	0.999997838	3.59	0.999999617	3.83	0.999999939
3.12	0.99998977	3.36	0.999997983	3.60	0.999999644	3.84	0.999999944
3.13	0.99999042	3.37	0.999998120	3.61	0.999999670	3.85	0.999999948
3.14	0.99999108	3.38	0.999998247	3.62	0.999999694	3.86	0.999999952
3.15	0.99999160	3.39	0.999998367	3.63	0.999999716	3.87	0.999999956
3.16	0.99999214	3.40	0.999998478	3.64	0.999999736	3.88	0.999999959
3.17	0.99999264	3.41	0.999998583	3.65	0.999999756	3.89	0.999999962
3.18	0.99999311	3.42	0.999998679	3.66	0.999999773	3.90	0.999999965
3.19	0.99999356	3.43	0.999998770	3.67	0.999999790	3.91	0.999999968
3.20	0.99999397	3.44	0.999998855	3.68	0.999999805	3.92	0.999999970
3.21	0.99999436	3.45	0.999998934	3.69	0.999999820	3.93	0.999999973
3.22	0.99999478	3.46	0.999999008	3.70	0.999999833	3.94	0.999999975
3.23	0.99999507	3.47	0.999999077	3.71	0.999999845	3.95	0.999999977
3.24	0.99999540	3.48	0.999999141	3.72	0.999999857	3.96	0.999999979
3.25	0.99999570	3.49	0.999999201	3.73	0.999999867	3.97	0.999999980
3.26	0.99999598	3.50	0.999999257	3.74	0.999999877	3.38	0.999999982
3.27	0.99999624	3.51	0.999999309	3.75	0.999999886	3.99	0.999999983

附录C 傅氏变换

1. 定义

正变换 $X(\omega)=F[x(t)]=\int_{-\infty}^{\infty}x(t)\mathrm{e}^{-\mathrm{j}\omega t}\mathrm{d}t$

$X(f)=F[x(t)]=\int_{-\infty}^{\infty}x(t)\mathrm{e}^{-\mathrm{j}2\pi ft}\mathrm{d}t$

反变换 $x(t)=F^{-1}[X(\omega)]=\frac{1}{2\pi}\int_{-\infty}^{\infty}X(\omega)\mathrm{e}^{\mathrm{j}\omega t}\mathrm{d}\omega$

$x(t)=F^{-1}[X(f)]=\int_{-\infty}^{\infty}X(f)\mathrm{e}^{\mathrm{j}2\pi ft}\mathrm{d}f$

2. 定理

运算名称	函　数	傅氏变换	
	$x(t)$	$X(\omega)$	$X(f)$
线性叠加	$ax_1(t)+bx_2(t)$	$aX_1(\omega)+bX_2(\omega)$	$aX_1(f)+bX_2(f)$
共　轭	$x^*(t)$	$X^*(-\omega)$	$X^*(-f)$
对　称	$X(t)$	$2\pi x(-\omega)$	$2\pi x(-f)$
标尺变换	$x(at)$	$\frac{1}{\lvert a\rvert}X(\omega/a)$	$\frac{1}{\lvert a\rvert}X(f/a)$
反　演	$x(-t)$	$X(-\omega)$	$X(-f)$
时　延	$x(t-t_0)$	$X(\omega)\mathrm{e}^{-\mathrm{j}t_0\omega}$	$X(f)\mathrm{e}^{-\mathrm{j}2\pi t_0 f}$
时域微分	$\frac{\mathrm{d}^n}{\mathrm{d}t^n}x(t)$	$(\mathrm{j}\omega)^nX(\omega)$	$(\mathrm{j}2\pi f)^nX(f)$
时域积分	$\int_{-\infty}^{t}x(\lambda)\mathrm{d}\lambda$	$\frac{1}{\mathrm{j}\omega}X(\omega)+\pi X(0)\delta(\omega)$	$\frac{1}{\mathrm{j}2\pi f}X(f)+\frac{1}{2}X(0)\delta(f)$
时域相关	$R(\tau)=\int x_1(t)x_2^*(t+\tau)\mathrm{d}t$	$X_1(\omega)X_2^*(\omega)$	$X_1(f)X_2^*(f)$
时域卷积	$x_1(t)*x_2(t)$	$X_1(\omega)X_2(\omega)$	$X_1(f)X_2(f)$
频　移	$x(t)\mathrm{e}^{\mathrm{j}\omega_0 t}$	$X(\omega-\omega_0)$	$X(f-f_0)$
频域微分	$(-\mathrm{j})^nt^nx(t)$	$\frac{\mathrm{d}^n}{\mathrm{d}\omega^n}X(\omega)$	$\left(\frac{1}{2\pi}\right)^n\frac{\mathrm{d}^n}{\mathrm{d}f^n}X(f)$
频域卷积	$x_1(t)x_2(t)$	$\frac{1}{2\pi}X_1(\omega)*X_2(\omega)$	$X_1(f)*X_2(f)$
帕塞瓦尔定理	$\int_{-\infty}^{\infty}x_1(t)x_2(t)\mathrm{d}t$	$\frac{1}{2\pi}\int_{-\infty}^{\infty}X_1(\omega)X_2^*(\omega)\mathrm{d}\omega$	$\int_{-\infty}^{\infty}X_1(f)X_2^*(f)\mathrm{d}f$

3. 常用傅里叶变换

函数名称	函　数	傅里叶变换	
	$x(t)$	$X(\omega)$	$X(f)$
$\mathrm{rect}(t)$	$\begin{cases}1, & \lvert t\rvert\leqslant\frac{1}{2}\\ 0, & \lvert t\rvert>\frac{1}{2}\end{cases}$	$\frac{\sin(\omega/2)}{\omega/2}$	$\frac{\sin\pi f}{\pi f}$
$\frac{\sin t}{t}$	$\frac{\sin\pi t}{\pi t}$	$\mathrm{rect}(\omega/2\pi)$	$\mathrm{rect}(f)$
指数函数	$\mathrm{e}^{-\alpha t}u(t)$	$\frac{1}{\alpha+\mathrm{j}\omega}$	$\frac{1}{\alpha+\mathrm{j}2\pi f}$
双边指数函数	$\mathrm{e}^{-\alpha\lvert t\rvert}$	$\frac{2\alpha}{\alpha^2+\omega^2}$	$\frac{2\alpha}{\alpha^2+4\pi^2 f^2}$
三角函数	$\begin{cases}1-\lvert t\rvert, & \lvert t\rvert\leqslant 1\\ 0, & \lvert t\rvert>1\end{cases}$	$\left[\frac{\sin(\omega/2)}{\omega/2}\right]^2$	$\left[\frac{\sin\pi f}{\pi f}\right]^2$
高斯函数	$\mathrm{e}^{-\pi t^2}$	$\mathrm{e}^{-\omega^2/4\pi}$	$\mathrm{e}^{-\pi f^2}$
冲激脉冲	$\delta(t)$	1	1
阶跃函数	$u(t)$	$\pi\delta(\omega)+\frac{1}{\mathrm{j}\omega}$	$\frac{1}{2}\delta(f)+\frac{1}{\mathrm{j}2\pi f}$
$\mathrm{sgn}t$	$t/\lvert t\rvert$	$2/\mathrm{j}\omega$	$1/\mathrm{j}\pi f$
常　数	K	$2\pi K\delta(\omega)$	$K\delta(f)$
余　弦	$\cos\omega_0 t$	$\pi\delta(\omega+\omega_0)+\pi\delta(\omega-\omega_0)$	$\frac{1}{2}\delta(f+f_0)+\frac{1}{2}\delta(f-f_0)$
正　弦	$\sin\omega_0 t$	$\mathrm{j}\pi\delta(\omega+\omega_0)-\mathrm{j}\pi\delta(\omega-\omega_0)$	$\frac{\mathrm{j}}{2}\delta(f+f_0)-\frac{\mathrm{j}}{2}\delta(f-f_0)$
复指数函数	$\mathrm{e}^{\mathrm{j}\omega_0 t}$	$2\pi\delta(\omega-\omega_0)$	$\delta(f-f_0)$
脉冲序列	$\sum\limits_{\infty}\delta(t-nT)$	$\frac{2\pi}{T}\sum\limits_{\infty}\delta(\omega-\frac{2\pi n}{T})$	$\frac{2\pi}{T}\sum\limits_{\infty}\delta(f-\frac{n}{T})$

参考书目

[1]张会生,张捷,李立欣.通信原理.2 版.北京:高等教育出版社,2017.
[2]张会生,陈树新. 现代通信系统原理.3 版. 北京:高等教育出版社,2014.
[3]樊昌信,曹丽娜.通信原理.7 版.北京:国防工业出版社,2012.
[4]曹志刚.通信原理与应用.北京:高等教育出版社,2015.
[5]周炯槃,庞沁华.通信原理.4 版. 北京:北京邮电大学出版社,2015.
[6]张辉,曹丽娜.现代通信原理与技术.4 版. 西安:西安电子科技大学出版社,2018.
[7]COUCH L W. Digital and Analog Communication Systems:英文版.8thed.北京:电子工业出版社,2015.
[8]YOUNG P H. Electronic Communication Techniques:4thed.影印版. 北京:科学出版社,2003.
[9]樊昌信,詹道庸. 通信原理.4 版. 北京:国防工业出版社,1995.
[11]冯玉珉.通信系统原理.2 版.北京:清华大学出版社,2011.
[12]罗新民,薛少丽,田琛,等. 现代通信原理.3 版. 北京:高等教育出版社,2017.
[13]蒋青.通信原理.北京:人民邮电出版社,2006.
[14]达新宇,陈树新.通信原理教程.2 版.北京:北京邮电大学出版社,2009.
[15]王福昌,熊兆飞.通信原理.北京:清华大学出版社,2006.
[16]沈振元.通信系统原理.西安:西安电子科技大学出版社,2003.
[17]PAPOULIS A, PILLAI S U. 概率、随机变量与随机过程.4 版.保铮,冯大政,水鹏朗,译.西安:西安交通大学出版社,2012.
[18]王新梅. 纠错码与差错控制. 北京:人民邮电出版社,1989.
[19]仇佩亮,张朝阳. 信息论与编码.2 版. 北京:高等教育出版社,2011.
[20]张树京,齐立新. 信息论与信息传输. 北京:清华大学出版社,2005.
[21]郑君里.信号与系统.3 版.北京:高等教育出版社,2011.